新一代产品几何技术规范（GPS）及应用图解

图解 GPS 几何公差规范及应用

张琳娜　赵凤霞　郑　鹏　方东阳
张　瑞　陈　磊　雷文平　武　欣　等编著

U0239520

机 械 工 业 出 版 社

本书着重以示例、图解及对照分析等形式，图文并茂地诠释产品 GPS 几何公差规范及其应用方法，阐述产品几何公差的规范设计与检测验证技术的新动态和研究成果。本书内容包括几何公差体系的发展概述、几何公差设计与检验的 GPS 数字化基础及图解、几何公差设计规范及图解、几何公差设计内容及方法图解、几何误差的检测与验证规范及图解、典型几何（形状）误差检测与验证规范及图解，以及基于新一代 GPS 的几何公差设计与检验数字化应用系统。

本书主要适用于从事机械设计（包括机械 CAD、机械制图）的设计人员，从事加工、检验、装配和产品质量管理的工程技术人员以及各级技术管理人员。本书也可作为产品几何公差的规范设计与检测验证相关国家标准的宣贯教材，以及大学毕业生岗前培训的参考资料和高等工科院校机械类及相关专业的教学参考书。

图书在版编目（CIP）数据

图解 GPS 几何公差规范及应用/张琳娜等编著. —北京：机械工业出版社，2017.8（2024.1 重印）

（新一代产品几何技术规范（GPS）及应用图解）

ISBN 978-7-111-57583-2

Ⅰ.①图⋯ Ⅱ.①张⋯ Ⅲ.①形位公差-图解 Ⅳ.①TG801.3-64

中国版本图书馆 CIP 数据核字（2017）第 183561 号

机械工业出版社（北京市百万庄大街 22 号 邮政编码 100037）
策划编辑：李万宇 责任编辑：李万宇 杨明远 责任校对：王 延
封面设计：马精明 责任印制：单爱军
北京虎彩文化传播有限公司印刷
2024 年 1 月第 1 版第 2 次印刷
184mm×260mm · 18 印张 · 432 千字
标准书号：ISBN 978-7-111-57583-2
定价：65.00 元

电话服务 网络服务
客服电话：010-88361066 机 工 官 网：www.cmpbook.com
010-88379833 机 工 官 博：weibo.com/cmp1952
010-68326294 金 书 网：www.golden-book.com
封底无防伪标均为盗版 机工教育服务网：www.cmpedu.com

丛书序言

制造业是国民经济的物质基础和工业化的产业主体。制造业技术标准是组织现代化生产的重要技术基础。在制造业技术标准中，最重要的技术标准是产品几何技术规范（Geometrical Product Specification，GPS），其应用涉及所有几何形状的产品，既包括机械、电子、仪器、汽车、家电等传统机电产品，也包括计算机、航空航天等高新技术产品。20世纪国内外大部分产品几何技术规范，包括极限与配合、几何公差、表面粗糙度等，基本上是以几何学为基础的传统技术标准，或称为第一代产品几何技术规范，其特点是概念明确，简单易懂，但是不能适应制造业信息化生产的发展和 CAD/CAM/CAQ/CAT 等的实用化进程。1996 年，国际标准化组织通过整合优化组建了一个新的技术委员会 ISO/TC 213——尺寸规范和几何产品规范及检验技术委员会，全面开展基于计量学的新一代 GPS 的研究和标准制定。新一代 GPS 是引领世界制造业前进方向的新型国际标准体系，是实现数字化设计、检验与制造技术的基础。新一代 GPS 是用于新世纪的技术语言，国际上特别重视。

在国家标准化管理委员会的领导下，我国于 1999 年组建了与 ISO/TC 213 对口的全国产品几何技术规范标准化技术委员会 SAC/TC 240。在国家科技部重大技术标准专项等计划项目的支持下，SAC/TC 240 历届标委会全体委员共同努力，开展了对新一代 GPS 体系基础理论及重要标准的跟踪研究，及时将有关国际标准转化为我国国家相应标准，同时积极参与有关国际标准的制定。尽管目前我国标准制修订工作基本上跟上了国际上新一代 GPS 的发展步伐，但仍然存在一定的差距，尤其是新一代 GPS 标准的贯彻执行缺乏技术支持，"落地"困难。基于计量学的新一代 GPS 标准体系，旨在引领产品几何精度设计与计量实现数字化的规范统一，系列标准的规范不仅科学性、先进性强，而且系统性、集成性、可操作性突出。其贯彻执行的关键问题是内容涉及大量的计量数学、误差理论、信号分析与处理等理论及技术，必须有相应的应用指南（方法、示例、图解等）及数字化应用工具系统（应用软件等）配套支持。为了尽快将新一代 GPS 的主要技术内容贯彻到企业、学校、研究院所和管理部门，让更多的技术人员和管理干部学习理解，并积极支持、参与研究相应国家标准的制定和推广工作，作者团队编撰了这套"新一代产品几何技术规范（GPS）及应用图解"系列丛书。这套丛书反映了编著者十余年来在该领域研究工作的成果，包括承担的国家自然科学基金"基于 GPS 的几何误差数字化测量认证理论及方法研究（50975262）"、国家重大科技专项、河南省系列科技计划项目的 GPS 的基础及应用研究成果。

"新一代产品几何技术规范（GPS）及应用图解"系列丛书由四个分册组成：《图解

GPS 几何公差规范及应用》《图解 GPS 尺寸精度规范及应用》《图解 GPS 表面结构精度规范及应用》《图解 GPS 数字化基础及应用》，各分册内容相对独立。该套丛书由张琳娜教授（SAC/TC 240 副主任委员）任主编，赵凤霞教授（SAC/TC 240 委员）任副主编。

"新一代产品几何技术规范（GPS）及应用图解"系列丛书以"先进实用"为宗旨，面向制造业数字化、信息化的需要，跟踪 ISO 的发展更新，以产品几何特征的规范设计与检测验证为对象，着重通过示例、图解以及对照分析等手段，实现对 GPS 数字化规范及应用方法的详细阐述，图文并茂、实用性强。全套丛书采用国家（国际）现行新标准，体系完整、内容全面，文字简明、图表数据翔实，采用了大量、详细的应用示例图解，力求增强可读性、易懂性和实用性。

"新一代产品几何技术规范（GPS）及应用图解"系列丛书可供从事机械设计（包括机械 CAD、机械制图）的设计人员，从事加工、检验、装配和产品质量管理的工程技术人员以及各级技术管理人员使用；也可作为产品几何公差的规范设计与检测验证相关国家标准的宣贯教材，以及大学毕业生岗前培训的参考资料和高等工科院校机械类及相关专业的教学参考书。

SAC/TC 240 主任委员　强　毅
SAC/TC 240 秘书长　明翠新

前　言

　　本书是"新一代产品几何技术规范（GPS）及应用图解"系列丛书的分册之一：《图解GPS几何公差规范及应用》，主要以产品几何公差的规范设计与检测验证为对象，着重通过示例、图解以及对照分析等手段，实现对GPS几何公差规范及应用方法的详细阐述，图文并茂、实用性强。全书采用国家（国际）新标准，体系完整、内容全面，文字简明、图表数据翔实，采用了大量、详细的应用示例图解，力求增强可读性、易懂性和实用性。

　　本书内容主要涉及产品几何公差数字化设计与检测验证过程中的规范、方法、应用指南及图解等方面。具体包括：几何公差国家（国际）新标准规范，几何公差设计过程中的原则与方法，几何误差检测验证过程中的原则与方法，几何公差设计与检测验证过程中的缺省规范及应用方法，几何公差设计与检测验证过程中不确定度的分析及评估方法，基于GPS的几何公差设计方法及应用技术，基于GPS的几何误差数字化检测验证方法及图解，几何误差检测方案的新老对比分析、典型应用示例及图解，面向几何公差数字化设计与检测验证的应用工具系统等。

　　本书主要由全国产品几何技术规范标准化技术委员会（SAC/TC 240）专家和多年来从事该领域研究及有关标准制修订的专业技术人员负责编撰。本书主要的编写人员有：张琳娜（SAC/TC 240副主任委员）、赵凤霞（SAC/TC 240委员）、郑鹏（SAC/TC 240委员）、方东阳、张瑞、陈磊、雷文平、武欣；另外，吴建权、贾英锋、金少博、薛兵、李纪峰、郭俊可、张浩然、田雪豪、王世强、李鹏飞、郭树青、秦源章、沈会祥也参与了本书图表及相关内容的编写、整理工作。本书由张琳娜、赵凤霞、郑鹏任主编。

　　由于编著者水平有限，书中难免存在不当之处，欢迎读者批评指正。

编著者

2017 年 6 月于郑州

目　录

丛书序言

前　言

第1章　概论 …………………………………………………………………………………… 1

　1.1　几何公差与几何误差 ………………………………………………………………… 1

　1.2　几何公差标准体系的发展概况 ……………………………………………………… 1

　1.3　新一代GPS几何公差规范对制造业信息化的影响 ……………………………… 3

　1.4　本书的框架结构 ……………………………………………………………………… 3

第2章　几何公差设计与检验的GPS数字化基础及图解 ……………………………… 5

　2.1　几何公差设计与检验的GPS基本原则 …………………………………………… 5

　2.2　几何公差设计与检验的GPS数字化基础 ………………………………………… 6

　　2.2.1　表面模型（surface model） ……………………………………………………… 7

　　2.2.2　几何要素（geometrical feature） ……………………………………………… 8

　　2.2.3　恒定类和恒定度（invariance type and invariance degree） ……………… 8

　　2.2.4　特征（characteristic） ………………………………………………………… 9

　　2.2.5　操作和操作集（操作算子）（operation and operator） …………………… 10

　　　2.2.5.1　操作（operation） ……………………………………………………… 10

　　　2.2.5.2　操作集（操作算子）（operator） …………………………………… 12

　　2.2.6　对偶性原理（duality principle） …………………………………………… 14

　2.3　几何公差设计与检验的优化管理工具——不确定度 ………………………… 15

　　2.3.1　新一代GPS不确定度的术语及定义 ……………………………………… 15

　　2.3.2　不确定度与操作、操作集之间的关系 …………………………………… 16

　　2.3.3　新一代GPS测量不确定度的评定与管理 ………………………………… 16

　　　2.3.3.1　工件与测量设备的认证中合格性判则及应用 ……………………… 16

　　　2.3.3.2　工件与测量设备的认证中测量不确定度评定及应用 ……………… 17

　　　2.3.3.3　工件与测量设备的认证中测量不确定度表述的协议导则及应用 … 19

第3章　几何公差设计规范及图解 …………………………………………………… 20

　3.1　几何公差的定义及图样标注规范 ……………………………………………… 20

　　3.1.1　几何公差的特征项目及符号 ……………………………………………… 21

　　3.1.2　几何公差的主要术语及公差带特征 ……………………………………… 21

　　　3.1.2.1　几何公差的主要术语 ………………………………………………… 21

3.1.2.2 几何公差带的特征 ··· 23

3.1.3 几何公差的标注规范 ··· 24

3.1.3.1 几何公差的全符号 ··· 24

3.1.3.2 几何公差框格的指引线 ··· 25

3.1.3.3 几何公差框格 ··· 25

3.1.4 几何公差框格第二格中的规范元素 ··································· 27

3.1.4.1 几何公差带的形状和宽度 ··· 27

3.1.4.2 几何公差带的组合规范元素 ··· 29

3.1.4.3 几何公差带的偏置规范元素 ··· 31

3.1.4.4 被测要素的滤波操作 ··· 34

3.1.4.5 关联被测要素的拟合操作 ··· 36

3.1.4.6 导出被测要素 ··· 38

3.1.4.7 （评定）参照要素的拟合规范元素 ··································· 39

3.1.4.8 参数规范元素 ··· 41

3.1.4.9 实体状态规范元素 ··· 41

3.1.4.10 自由状态规范元素 ·· 42

3.1.5 辅助要素框格的标注规范 ··· 43

3.1.5.1 相交平面 ··· 43

3.1.5.2 定向平面 ··· 44

3.1.5.3 方向要素 ··· 45

3.1.5.4 组合平面 ··· 46

3.1.6 几何公差框格相邻区域的标注规范 ··································· 47

3.1.6.1 几何公差框格相邻区域的标注规范 ··································· 47

3.1.6.2 组合被测要素或局部被测要素的标注 ································· 48

3.1.7 理论正确尺寸和简化的公差注法 ····································· 52

3.1.7.1 理论正确尺寸的标注规范 ··· 52

3.1.7.2 简化的公差标注 ··· 52

3.1.8 几何公差之间的关系 ··· 53

3.1.9 几何公差的定义 ··· 53

3.1.9.1 直线度规范 ··· 53

3.1.9.2 平面度规范 ··· 54

3.1.9.3 圆度规范 ··· 54

3.1.9.4 圆柱度规范 ··· 55

3.1.9.5 线轮廓度规范 ··· 55

3.1.9.6 面轮廓度规范 ··· 57

3.1.9.7 平行度规范 ··· 57

3.1.9.8 垂直度规范 ··· 61

3.1.9.9 倾斜度规范 ··· 63

3.1.9.10 同轴度和同心度规范 ·· 65

3.1.9.11 对称度规范 ·· 66

3.1.9.12 位置度规范 ·· 67

3.1.9.13 圆跳动规范 ·· 70

3.1.9.14 全跳动规范 ·· 73

3.1.10 废止的几何公差标注方法 ································· 73
3.2 基准和基准体系 ·· 75
3.2.1 术语及定义 ·· 76
3.2.2 符号和修饰符 ·· 77
3.2.3 基准和基准体系的图样标注规范 ························· 78
3.2.4 基准的拟合方法 ·· 86
3.2.4.1 单一基准的拟合 ····································· 87
3.2.4.2 公共基准的拟合 ····································· 89
3.2.4.3 基准体系的拟合 ····································· 89
3.2.5 基准和基准体系的建立 ···································· 90
3.2.5.1 单一基准 ·· 90
3.2.5.2 公共基准 ·· 93
3.2.5.3 基准体系 ·· 95
3.2.6 由接触要素建立基准的示例 ······························ 95
3.3 几何公差与尺寸公差的关系 ····································· 100
3.3.1 术语定义 ··· 100
3.3.2 独立原则（IP） ··· 102
3.3.3 包容要求（ER） ··· 102
3.3.4 最大实体要求（MMR） ····································· 103
3.3.5 最小实体要求（LMR） ····································· 103
3.3.6 可逆要求（RPR） ·· 118
3.4 几何公差值 ·· 120
3.4.1 几何公差的注出公差值 ····································· 120
3.4.1.1 直线度和平面度 ···································· 120
3.4.1.2 圆度和圆柱度 ······································ 122
3.4.1.3 平行度、垂直度和倾斜度 ···························· 123
3.4.1.4 同轴、对称度、圆跳动和全跳动 ···················· 125
3.4.1.5 位置度 ·· 126
3.4.2 几何公差的未注公差值 ····································· 127
3.4.2.1 直线度和平面度 ···································· 127
3.4.2.2 圆度和圆柱度 ······································ 127
3.4.2.3 平行度和垂直度 ···································· 127
3.4.2.4 对称度和同轴度 ···································· 128
3.4.2.5 圆跳动 ·· 128
3.4.2.6 轮廓度、倾斜度、位置度和全跳动 ·················· 128
3.4.2.7 未注几何公差的图样表示法 ························· 128
3.4.2.8 检测与拒收 ·· 129

第4章 几何公差设计内容及方法图解 ······························· 130
4.1 几何公差项目的选用 ·· 130
4.1.1 几何公差项目的选用方法 ··································· 130
4.1.2 几何公差项目的选用示例 ··································· 132
4.2 公差带的形状、大小、属性及偏置情况确定 ······················· 135
4.2.1 公差带形状的确定 ··· 135

4.2.2　公差带大小的确定 ··· 135
4.2.2.1　几何公差的注出公差值的设计 ································· 135
4.2.2.2　几何公差的未注公差值的设计 ································· 139
4.2.3　公差带属性的确定 ··· 141
4.2.4　公差带偏置的确定 ··· 141
4.3　被测要素的操作规范确定 ··· 142
4.3.1　滤波操作的选用 ··· 142
4.3.2　拟合操作的选用 ··· 142
4.3.2.1　关联被测要素的拟合操作 ······································· 142
4.3.2.2　有形状公差要求的被测要素的拟合操作 ················· 143
4.3.3　形状公差值参数规范元素的确定 ····································· 144
4.4　独立原则和相关要求的应用 ··· 144
4.4.1　独立原则的应用 ··· 144
4.4.2　包容要求的应用 ··· 145
4.4.3　最大实体要求的应用 ··· 145
4.4.4　最小实体要求的应用 ··· 145
4.4.5　可逆要求的应用 ··· 146
4.5　自由状态和延伸公差带的确定 ··· 146
4.6　基准和基准体系的确定 ··· 147
4.6.1　基准和基准体系的确定规则 ·· 147
4.6.2　基准和基准体系的设计内容 ·· 148
4.7　几何公差的设计方法及应用技术 ·· 148

第5章　几何误差的检测与验证规范及图解 ······································· 150
5.1　几何误差检测与验证基础 ·· 150
5.1.1　检测对象 ·· 151
5.1.2　几何误差检测与验证过程 ··· 151
5.1.3　几何误差检测条件 ··· 152
5.1.4　几何误差及其评定 ··· 152
5.1.4.1　形状误差及其评定 ··· 152
5.1.4.2　方向误差及其评定 ··· 153
5.1.4.3　位置误差及其评定 ··· 155
5.1.4.4　跳动 ·· 155
5.1.5　基准的建立和体现 ··· 155
5.1.5.1　拟合法 ··· 155
5.1.5.2　模拟法 ··· 156
5.1.5.3　基准目标 ·· 158
5.1.6　测量不确定度 ·· 159
5.1.7　合格评定 ·· 160
5.1.8　仲裁 ·· 160
5.2　几何误差的检验操作 ·· 160
5.2.1　几何误差的检验操作 ··· 160
5.2.1.1　分离操作 ·· 160
5.2.1.2　提取操作 ·· 160

5.2.1.3 滤波操作 ·· 161

5.2.1.4 拟合操作 ·· 161

5.2.1.5 组合操作 ·· 162

5.2.1.6 构建操作 ·· 162

5.2.1.7 评估操作 ·· 162

5.2.2 典型形状误差的检验操作图解 ·· 162

5.2.3 典型方向误差的检验操作图解 ·· 163

5.2.4 典型位置误差的检验操作图解 ·· 165

5.3 几何误差的最小区域判别法 ·· 167

5.3.1 形状误差的最小区域判别法 ·· 167

5.3.1.1 直线度误差的最小区域判别法 ·································· 167

5.3.1.2 平面度误差的最小区域判别法 ·································· 168

5.3.1.3 圆度误差的最小区域判别法 ····································· 169

5.3.2 方向误差的最小区域判别法 ·· 169

5.3.2.1 平行度误差的最小区域判别法 ·································· 169

5.3.2.2 垂直度误差的定向最小区域判别法 ···························· 170

5.3.3 位置误差的最小区域判别法 ·· 170

5.4 几何误差的检测与验证方案及示例 ·· 171

5.4.1 几何误差的检测与验证方案构建及表示 ······························ 171

5.4.2 典型几何误差的检测与验证方案及应用示例 ························· 171

5.4.2.1 直线度误差的检测与验证方案应用示例 ····················· 172

5.4.2.2 平面度误差的检测与验证方案应用示例 ····················· 178

5.4.2.3 圆度误差的检测与验证方案应用示例 ························· 180

5.4.2.4 圆柱度误差的检测与验证方案应用示例 ····················· 184

5.4.2.5 线轮廓度误差的检测与验证方案应用示例 ·················· 186

5.4.2.6 面轮廓度误差的检测与验证方案应用示例 ·················· 189

5.4.2.7 平行度误差的检测与验证方案应用示例 ····················· 192

5.4.2.8 垂直度误差的检测与验证方案应用示例 ····················· 199

5.4.2.9 倾斜度误差的检测与验证方案应用示例 ····················· 204

5.4.2.10 同轴度误差的检测与验证方案应用示例 ···················· 209

5.4.2.11 对称度误差的检测与验证方案应用示例 ···················· 214

5.4.2.12 位置度误差的检测与验证方案应用示例 ···················· 220

5.4.2.13 圆跳动的检测与验证方案应用示例 ························· 226

5.4.2.14 全跳动的检测与验证方案应用示例 ························· 229

5.4.3 GB/T 1958—2017 几何误差检测与验证规范的特点与分析 ········ 230

5.4.3.1 关于检测原则 ·· 230

5.4.3.2 关于检测方法 ·· 231

5.4.3.3 关于检测示例 ·· 235

5.4.3.4 关于检测方案 ·· 235

5.4.3.5 GB/T 1958—2017 典型示例中新增标注符号的应用 ········ 235

5.5 测量不确定度评估示例 ·· 240

5.5.1 基于新一代 GPS 的测量不确定度管理程序 ··························· 240

5.5.2 测量圆柱度误差的测量不确定度分析与评定示例 ·················· 240

第 6 章　典型几何（形状）误差检测与验证规范及图解 ································ 243

6.1　直线度误差检测规范及应用 ·· 243
6.1.1　直线度误差检测 ·· 244
6.1.1.1　检测方法 ·· 244
6.1.1.2　评定方法 ·· 244
6.1.2　基于新一代 GPS 的直线度特征与规范操作集（GB/T 24631.1~2—2009） ··· 247
6.1.3　直线度误差检验操作集的应用分析 ·· 247

6.2　平面度误差检测规范及应用 ·· 247
6.2.1　平面度误差检测 ·· 247
6.2.1.1　检测方法 ·· 247
6.2.1.2　平面度误差评定方法 ·· 248
6.2.2　基于新一代 GPS 的平面度特征与规范操作集（GB/T 24630.1~2—2009） ··· 251
6.2.3　平面度误差检验操作集的应用分析 ·· 251

6.3　圆度误差检测规范及应用 ·· 253
6.3.1　圆度误差检测 ·· 253
6.3.1.1　圆度误差检测方法 ·· 253
6.3.1.2　圆度误差评定方法 ·· 253
6.3.2　基于新一代 GPS 的圆度特征与规范操作集（GB/T 24632.1~2—2009） ····· 258
6.3.3　圆度误差检验操作集的应用分析 ·· 258

6.4　圆柱度误差检测规范及应用 ·· 258
6.4.1　圆柱度误差检测 ·· 258
6.4.1.1　圆柱度误差检测方法 ·· 258
6.4.1.2　圆柱度误差评定方法 ·· 259
6.4.2　基于新一代 GPS 的圆柱度特征与规范操作集（GB/T 24633.1~2—2009） ··· 261
6.4.3　圆柱度误差检验操作集的应用分析 ·· 261

第 7 章　基于新一代 GPS 的几何公差设计与检验数字化应用系统 ············· 262
7.1　基于新一代 GPS 的产品公差设计与检验数字化应用系统的构成 ················ 262
7.2　几何公差设计模块 ·· 263
7.3　几何误差检验模块 ·· 267
7.4　结束语 ·· 272

参考文献 ·· 273

第1章

概　论

1.1　几何公差与几何误差

零件的几何公差，即形状和位置公差，是对零件上各要素的形状及其相互间的方向或位置精度所给出的重要技术要求，是机械产品的静态和动态几何精度的重要组成部分。它对机器、仪器、工夹具及刃具等各种机械产品的功能，如工作精度、连接强度、密封性、运动平稳性、耐磨性及使用寿命、噪声等，都产生较大的影响，尤其是对在高速、高温、高压、重载条件下工作的精密机械和仪表，有着更加重要的意义。

在零件的生产过程中，由于机床-夹具-刀具-工件所构成的工艺系统会出现受力变形、热变化、振动及磨损等情况，在影响之下被加工零件的几何要素不可避免地会产生几何误差。例如，在车削圆柱表面时，刀具运动方向与工件旋转轴线不平行，会使加工表面呈圆锥形或双曲面形；在车削以顶尖支承的细长轴时，径向切削力使加工表面呈鼓形；在车削由自定心卡盘夹紧的环形工件的内孔时，会因夹紧力使工件变形而形成棱圆形；钻头移动方向与机床工作台面不垂直时，会产生孔轴线对定位基面的垂直度误差等。

几何误差的存在会使零件的使用功能受到影响。例如，在光滑工件的间隙配合中，形状误差使间隙分布不均匀，加速局部磨损，导致零件的工作寿命降低；在过盈配合中，形状误差则造成各处过盈量不一致而影响连接强度。对有结合要求的表面，几何误差的存在不仅影响结合的密封性，还会因实际接触面积减小而降低承载能力；对各种箱盖与箱体、法兰盘等零件，各螺孔之间的位置误差将引起装配困难；检验平台的工作表面的形状误差会影响其工作精度；车床主轴的两支承轴颈若存在几何误差，将直接影响主轴的回转精度等。

因此，对零件的几何要素规定适当的几何公差是十分重要的。

按图样规定的几何公差，选择适当的工艺方法加工制成的零件，还需要采用相应合理的检测方法，检查其各几何要素的几何误差是否满足图样规定的要求，以评定其形状和位置的合理性。因此，几何误差的检测和评定也是保证产品质量的一项重要工作。

1.2　几何公差标准体系的发展概况

为了控制机械零件的几何误差，提高机器设备的精度和寿命，保证互换性生产，我国于

1

20世纪70年代中期先后颁布了三项形状和位置公差国家标准（试行）。在1980年，结合我国实际情况，参照ISO标准完成了对原形状和位置公差的三个试行标准的修订和完善工作，并颁布实施了一整套几何公差国家标准：《形状和位置公差　代号及其注法》（GB 1182—1980），《形状和位置公差　术语及定义》（GB 1183—1980），《形状和位置公差　未注公差的规定》（GB 1184—1980），《形状和位置公差　检测规定》（GB/T 1958—1980）。这套几何公差标准，既包括公差制（GB 1182—1980～GB 1184—1980），也包括检验制（GB/T 1958—1980等），形成了完整的几何公差体系，填补了产品几何量基础标准的一项空白。此后，又相继发布了规范形位公差与尺寸公差关系的标准《公差原则》（GB/T 4249—1984）和几何误差检测与评定的相关系列标准《确定圆度误差的方法　两点、三点法》（GB/T 4380—1984）、《圆度测量　术语、定义及参数》（GB/T 7234—1987）、《评定圆度误差的方法　半径变化量测量》（GB/T 7235—1987）、《位置量规》（GB/T 8069—1987）、《直线度误差检测》（GB/T 11336—1989）、《平面度误差检测》（GB/T 11337—1989）、《形状和位置公差　位置度公差》（GB/T 13319—1991）、《圆度测量　三测点法及其仪器的精度评定》（JB/T 5996—1992）和《同轴度误差检测》（JB/T 7557—1994）等。在几何公差标准的贯彻实施过程中，根据生产需要不断地总结完善，并追踪国际标准的发展趋势，于1996年又重新修（制）订了四项基础性国家标准：《形状和位置公差　通则、定义、符号和图样表示法》（GB/T 1182—1996），《形状和位置公差　未注公差值》（GB/T 1184—1996），《公差原则》（GB/T 4249—1996）和《形状和位置公差　最大实体要求、最小实体求和可逆要求》（GB/T 16671—1996）。近年来，随着新一代GPS标准体系的出现和发展，GB相继对几何公差体系中的许多标准进行了修（制）订，例如：GB/T 1182—2008、GB/T 24630.1～2—2009、GB/T 24631.1～2—2009、GB/T 24632.1～2—2009、GB/T 24633.1～2—2009等，形成了比较完整的、与国际标准相对应的几何公差体系，如图1-1所示。

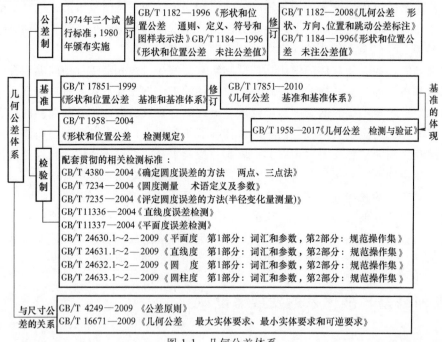

图 1-1　几何公差体系

近年来，为体现几何公差的数字化设计与计量作用，与几何公差相关的 ISO 标准又发生了巨大的变化，相继颁布了 ISO 1101：2017、ISO/DIS 5459：2016、ISO 2692：2014、ISO 8015：2011、ISO 12180：2011、ISO 12181：2011、ISO 12780：2011、ISO 12781：2011、ISO 1660：2017、ISO/DIS 5458：2016 等。我国目前也正在对 GB/T 1958—2004、GB/T 1182—2008、GB/T 17851—2010 等标准进行修订。

1.3　新一代 GPS 几何公差规范对制造业信息化的影响

新一代 GPS 是 ISO/TC 213 针对产品的设计与制造而规定的一系列宏观和微观的几何技术规范，几何公差规范属于其中的重要组成部分，它对制造业产生的影响有：

1) 在新一代 GPS 下，几何公差规范不仅仅只是为了保证产品的形状和位置精度，更主要的是为了实现产品的功能要求，同时设计出的公差和公差带也不仅仅只是几何量的公差，是要给出指导制造和指导检验的公差及规范的，即从源头上就要实现设计、制造、检测之间的协调统一，不产生歧义。这种协调统一客观反映了设计、制造和检验相辅相成的关系，体现了并行工程的思想，这将为 CIMS 等先进制造技术的发展提供技术支撑。这种协调统一也是标准化和计量技术在制造业中的一次技术飞跃，将对制造业保证质量、提高效率做出新的贡献。

2) 新一代 GPS 着重于提供一个适合 CAx 集成环境的、更加清晰明确的、系统规范的几何公差定义和数字化设计、计量规范体系来满足几何产品的功能要求，有利于实现 CAx 的集成。长期以来，由于产品形状和位置精度信息之间以及与结构、工艺、测量、评估等相关信息之间的内在关系的复杂性及系统研究的缺乏，导致形状和位置精度的内在规律性及其数学描述缺乏统一的规范，可操作性差，无法与 CAx 实现真正的集成。新一代 GPS 标准体系面向几何产品在"功能描述、规范设计、检验评定"过程的数学表达了统一规范的难题，通过科学的建模分类规范与数字化操作集成方法，实现了"几何要素"及其"规范/特征值"从定义、描述、规范设计到实际检验过程的数字化体现。显然，新一代 GPS 标准体系将产品的规范、加工和认证作为一个整体来考虑，为产品功能需求的表达提供了更为精确的方法，为 CAD 系统的软件设计者、计量操作法则的软件设计者、STEP（CAD 系统间的产品数据计算机处理交换）的标准制定者提供了统一的、标准的表达方式，这不仅对于促进 GPS 数字化的发展、提升形状和位置精度设计与制造水平有着重要的意义，而且对于从根本上实现制造业信息化时几何精度信息的集成共享也是至关重要的。

因此，新一代 GPS 在理论和技术上的变革，更适应现代制造新科技的发展，作为影响最广、最重要的基础标准体系，将会为制造业整体水平的提高做出贡献。将来企业的 GPS 系统就是产品精度信息的资源库，它与产品数据管理（PDM）、企业资源管理（ERP）、质量管理等相结合，对一个企业乃至一个国家的经济发展都会起到积极的作用。

1.4　本书的框架结构

本书共分 7 章，内容结构框架如图 1-2 所示。

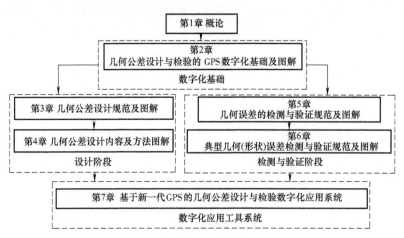

图 1-2　本书的内容结构框架

第2章

几何公差设计与检验的GPS数字化基础及图解

本章主要介绍几何公差设计与检验中所涉及的 GPS 数字化基础及相关标准的内容，主要涉及几何公差设计与检验的 GPS 基本原则（ISO 8015：2011）、几何公差设计与检验的 GPS 数字化基础（GB/Z 24637 系列和 GB/T 18780 系列对应的 ISO 17450 系列）、几何公差设计与检验的优化管理工具——不确定度（GB/T 18779 系列对应 ISO 14253 系列）。

2.1 几何公差设计与检验的 GPS 基本原则

ISO 8015：2011《产品几何技术规范（GPS）基本的概念、原则和规则》规定了对创建、解释和应用所有与产品几何技术规范和检验相关的国际标准、技术规范、技术文件有效的基本概念、基本原则和标注规则等。本书仅介绍其基本原则内容。

在图样上使用 GPS 规范时，要依据表 2-1 所列的原则；若图样上采用 GPS 公差符号，这些原则也是适用的。

表 2-1 基本原则

序号	基本原则	含　义
1	采用原则	机械工程产品规范一旦采用了 ISO GPS 体系的一部分,那么就等同于采用了整个 GPS 体系,除非在文件中另有说明(如说明了"引用相关文件")
2	层级原则	ISO GPS 体系是有层级划分的,其标准种类按层级包含以下几种类型:GPS 基础标准、GPS 综合标准、GPS 通用标准、GPS 补充标准 除非层级较低的标准中有其特殊的规定,否则层级较高的标准中的规定适用于所有情况
3	明确图样原则	图样必须是明确的。图样上所有规范都应使用 GPS 符号(不论有无规范修饰符)明确标注出来,相应的缺省规则或特殊规则以及相关文档的引用文件(如地区、国家或企业的标准)一并适用。因此,图样上未规定的要求是无效的
4	要素原则	实际工件可以被认为是由一些用自然边界限制的要素组成的。缺省情况下,每一个对要素或者要素之间关系的 GPS 规范都是对整个要素而言的,每一个 GPS 规范只对应于一个要素或一组要素。只有图样上有明确标注的时候才能改变这种缺省规定
5	独立原则	缺省情况下,对于一个要素或要素间关系的每一个 GPS 规范均是独立的,应分别满足,除非产品的实际规范中有其他标准的规定或特殊标注(如Ⓜ、Ⓛ、Ⓔ、CZ 等修饰符)
6	小数点原则	公称值和公差值小数点后没有标出的数值均为零。这一原则在图样和 GPS 标准中均适用。例如,±0.2 等同于±0.200000000000…等

（续）

序号	基本原则	含 义
7	缺省原则	一个完整的规范操作集(操作算子,本章中称为操作集)可以使用 ISO 基本 GPS 规范表示。ISO 基本 GPS 规范表示的规范要求是基于缺省的规范操作集。ISO GPS 标准为每个 ISO 基本 GPS 规范定义了缺省 GPS 规范操作集,该操作集在图样中不是直接可见的。特殊的 GPS 规范可以通过使用修饰符和/或简化符号在技术产品文件中注明,这些修饰符和/或简化符号在图样中是可见的
8	参考条件原则	缺省情况下,所有的 GPS 规范可在参考条件下适用。这些参考条件包括 ISO 1(GB/T 19765)中规定的标准温度 20℃、工件应无污染等。如需要任何附加或其他条件,例如湿度条件,应当在图样中规定
9	刚性工件原则	缺省情况下,工件应被视为具有无限的刚度,且所有 GPS 规范适用于在自由状态下、未受包括重力在内的任何外力作用而产生形变的工件。任何应用于工件的其他刚性附加条件应当在图样中明确注明
10	对偶性原则	GPS 标准中,工件要素的规范有序集合成规范操作集,即规范操作集是一个按规定顺序排列的、规定操作的集合。检验操作集是规范操作集的物理实现或实际应用,当检验操作集与规范操作集完全一致(具有相同的操作和相同的顺序)时,方法不确定度为零;反之,若二者不一致(操作或/和顺序不同)时,方法不确定度不为零 对偶性原则是指:①定义 GPS 规范操作集的 GPS 规范要求不依赖于任何测量程序或测量设备;②GPS 规范操作集由检验操作集实现。检验操作集独立于 GPS 规范本身,与 GPS 规范操作集呈镜像关系 GPS 规范并不规定哪些检验操作集是可行的。检验操作集是否可用,由测量不确定度和规范不确定度进行评价
11	功能控制原则	每一个工件的功能均可用功能操作集来表述,并可用一系列规范操作集来模拟。这些规范操作集定义了一系列被测特征量及相关公差 当工件所有的给定功能都能描述清楚、并用 GPS 规范控制时,工件规范是完整的。在大多数情况下,规范往往是不完整的,原因是一些功能描述/控制的并不理想或者根本就没有被描述/控制。因此,功能要求与一系列 GPS 规范之间的一致性有好有坏,功能描述不确定度可以量化两者之间的相互关系
12	一般规范原则	对于具有相同类型且没有明确注明 GPS 规范的要素和要素间关系的各个特征,一般 GPS 规范将分别适用。除非另有说明,一般 GPS 规范被认为是一组规范,分别适用于每个要素和要素间关系的各个特征 如果在标题栏内或附近标注一般 GPS 规范,那么仅有在产品技术文件中单独明确的 GPS 规范适用。如果在标题栏内或附近标注了两个或多个相互矛盾的一般 GPS 规范,应增加补充说明,用于解释每个一般 GPS 规范适用于哪些特征,以避免在规范中产生歧义。如果对同一特征的两个或多个一般 GPS 规范存在矛盾(由此会产生规范不确定度),一般规则仅要求遵守其中一个一般 GPS 规范,即最宽松的那个规范 注:图样中单独注明的 GPS 规范可以比一般 GPS 规范更松或者更严
13	归责原则	鉴于对偶性原则和功能控制原则的规定,必须量化规范操作集与功能操作集之间以及检验操作集与规范操作集之间的接近程度。功能描述的不确定性和规范的不确定性一起描述了规范操作集对功能操作集的接近程度,这些不确定性是设计者的责任。测量不确定度量化了检验操作集与规范操作集之间的接近程度,除非另有说明,测量不确定度是提供与规范一致性或不一致性证明的提供者的责任

2.2 几何公差设计与检验的 GPS 数字化基础

　　为建立产品几何技术规范的数字化设计与计量认证体系,"GB/Z 24637（GPS）通用概念"系列标准（对应 ISO 17450 系列标准）和"GB/T 18780（GPS）几何要素"系列标准（对应 ISO 14660 系列标准）,以及相关的"ISO 22432（GPS）规范和检验中采用的要素"

和"ISO 25378（GPS）特征和条件"等标准基于参数化几何学及向量代数等应用数学的方法，通过"表面模型""恒定类""恒定度""操作"和"操作集"等概念及其数学方法引入，实现了"几何要素"从定义、描述、规范到实际检验过程的数字化，比较有效地解决了几何产品在"功能描述、规范设计、检验评定"过程中数学表达统一规范的难题。

本节将着重对 GPS 数字化基础所涉及的标准的内容做概括性阐述，本节内容体系及所涉及的标准如图 2-1 所示。

图 2-1　本节内容体系及所涉及的标准

2.2.1　表面模型（surface model）

新一代 GPS 定义了在整个产品生命周期内（设计、制造、检测）适用的"表面模型"概念。根据 GPS 实施的不同阶段，表面模型分为公称表面模型、规范表面模型和检验表面模型；根据模型的性质，表面模型可分为理想表面模型和非理想表面模型两大类。表 2-2 给出了不同分类依据下表面模型之间的关系和定义。

表 2-2　表面模型的分类和定义

分类依据		定义	图示	备注
模型性质	实施阶段			
理想表面模型 ideal surface model	公称表面模型 nominal surface model	技术产品文件中定义的理想几何体的表面模型		公称表面模型是理想要素，它是由无限个点组成的连续表面，表面模型上的任何要素都是由无数个点组成的
非理想表面模型 non-ideal surface model	规范表面模型 specification surface model — 肤面模型 skin model	非理想几何体的表面模型		肤面模型是非理想要素，它是由无限个点组成的连续表面，但是不同于公称表面模型，也不同于实际工件的真实表面，而是两者之间联系的桥梁。它是用来表示连续表面的操作算子和检验算子的虚拟模型
	规范表面模型 specification surface model — 离散表面模型 discrete surface model	从肤面模型中提取获得的表面模型		离散表面模型是用来表示考虑有限点时的操作算子和检验算子的表面模型
	检验表面模型 verification surface model — 采样表面模型 sampled surface model	利用测量仪器对工件表面进行采样得到的测量点构成		采样表面模型是非理想要素，它适用于利用坐标测量的检验，不能用于如量规类测量方法的检验，因为该方法不能获得测量点的坐标

2.2.2 几何要素（geometrical feature）

几何要素（以下简称要素）是构成零件几何特征的点、线、面，它是产品表面模型的最小单元。它是研究几何公差与误差的具体对象。

为了便于研究几何公差和几何误差，几何要素可以按不同的角度进行分类，表2-3给出了一些分类依据下的几何要素的术语及定义。

表2-3 几何要素的分类、术语及定义

分类依据	术语	定义
对应的表面模型	理想要素 ideal feature	由参数化方程定义的要素,参数化方程的表达依赖于理想要素的类型和本质特征
	非理想要素 non-ideal feature	依赖于非理想表面模型(规范表面模型及检验表面模型)或者工件实际表面上的具有不完美形状的要素
对应的实施阶段	公称要素 nominal feature	由产品设计人员在产品技术文件中定义的理想几何体的几何要素
	规范要素 specification feature	从肤面模型或离散表面模型中得到的且由规范算子定义的几何要素
	检验要素 verification feature	由检验算子定义的从肤面模型、离散表面模型或采样表面模型或实际要素中得到的几何要素 注:从肤面模型或离散表面模型中得到的几何要素用于定义检验操作,从采样表面模型或实际要素中得到的几何要素用于执行检验操作
结构特征	组成要素 integral feature	面或面上的线
	导出要素 derived feature	由一个或几个组成要素得到的中心点、中心线或中心面。它是工件实际表面上并不存在的几何要素
数量与关联	单一要素 single feature	是一个点、一条线或一个面
	组合要素 compound feature	是几个单一要素的组合(见 ISO 22432)
设计要求	被测要素 toleranced feature	在零件设计图样上给定了几何公差要求的要素
	基准要素 datum feature	图样上规定用来确定被测要素方向或(和)位置的要素

2.2.3 恒定类和恒定度（invariance type and invariance degree）

新一代GPS将工件的几何形体分为七种恒定类，如球类、复合体类、回转体类等，所有的理想要素都属于七种恒定类中的一种，见表2-4，每种恒定类有其相应的恒定度。

按照恒定类的定义，当要素沿（或绕）X、Y 和 Z 轴六个方位的一个方向变动（平动或转动）时，其特征不变，则该相应方向的特征不变性为恒定度。如一个圆柱沿其轴线平动（T_Z）或绕其轴线转动（R_Z），它的特征（包括本质特征及方位特征）是不变的，因此，圆柱类具有两个恒定度。又如，一个圆锥沿其轴线旋转，其特征也不发生改变，它只有一个恒定度，有五个自由度，它属于回转体类。再如，球体绕其球心做 X、Y 和 Z 三个方向的旋转，其特征均不发生改变，它有三个恒定度，有三个自由度。因此，恒定类和恒定度的研究为产品几何特征的数字化建模提供了理论基础。

表 2-4 恒定类和恒定度

恒定类	示意图	恒定度	典型例子	方位要素	本质特征
复合体 C_X	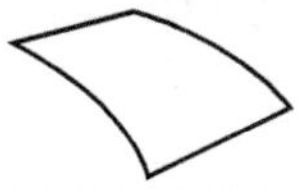	无	Bezier 曲面	平面(PL) 直线(SL) 点(PT)	
棱柱 C_T	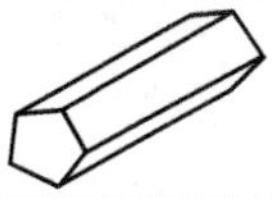	T_X	椭圆棱柱	平面 直线	长轴和短轴的长度
回转体 C_R	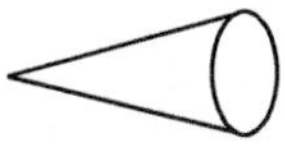	R_X	圆(CR) 锥(CO) 圆环(TO)	轴线,圆面,中心点 轴线,顶点 轴线,中心点	直径 顶角 母线和准线的直径
螺旋体 C_H	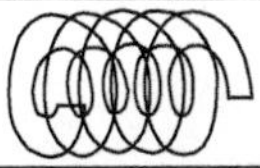	T_X,R_X	螺旋线 渐开线螺旋面	螺旋线 螺旋线	螺距和半径 螺旋角、压力角和基半径
圆柱 C_C	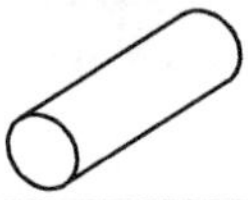	T_X,R_X	直线(SL) 圆柱(CY)	直线 轴线	无 直径
平面 C_P	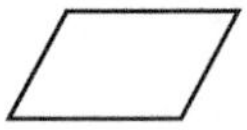	T_X,T_Y,R_Z	平面(PL)	平面	无
球 C_S	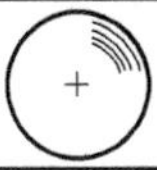	R_X,R_Y,R_Z	点(PT) 球(SP)	点 球心	无 球径

2.2.4 特征 （characteristic）

特征（characteristic）是用长度或角度来描述的一个或多个要素的几何性质。特征可在理想要素上定义，称为本质特征；也可在理想要素之间或理想要素与非理想要素之间定义，称为方位特征。特征可以是关于理想或非理想要素的单一特征（individual characteristic），即一个或多个要素的单一几何属性，如表面结构特征、形状特征、尺寸特征等。特征也可以是关于一个理想要素/非理想要素与另一个理想要素/非理想要素之间的关联特征（relationship characteristic），如方向特征、位置特征。常用的特征的分类及定义见表 2-5，特征之间的关系如图 2-2 所示。

表 2-5 特征的分类及定义

分类		定 义
基本特征	本质特征	本质特征是表征理想要素内在几何性质的特征,是理想要素参数化方程的参数。理想要素只有尺寸特征作为本质特征。例如:圆柱的直径(见图 a)、圆锥的顶角(见图 b)和两直线的夹角(见图 c)等。平面、直线和点没有本质特征 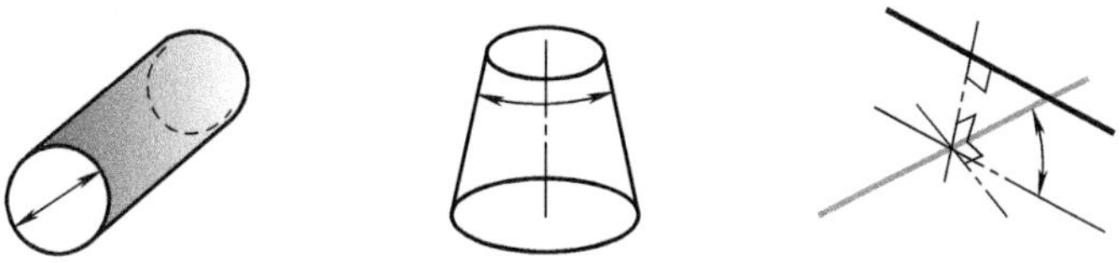 a) 圆柱　　　　　b)圆锥　　　　　c)两直线

（续）

分类		定 义
基本特征	方位特征	方位特征是两要素间的相对位置或方向。它可分为：理想要素间的方位特征（见图 a），有界要素和理想要素间的方位特征（见图 b），理想要素和非理想要素间的方位特征（见图 c），以及非理想要素间的方位特征（见图 d） 两要素的方位特征以一个要素到另一个要素间的距离函数为基础，此函数可以是最大距离、最小距离、均方距离或其他 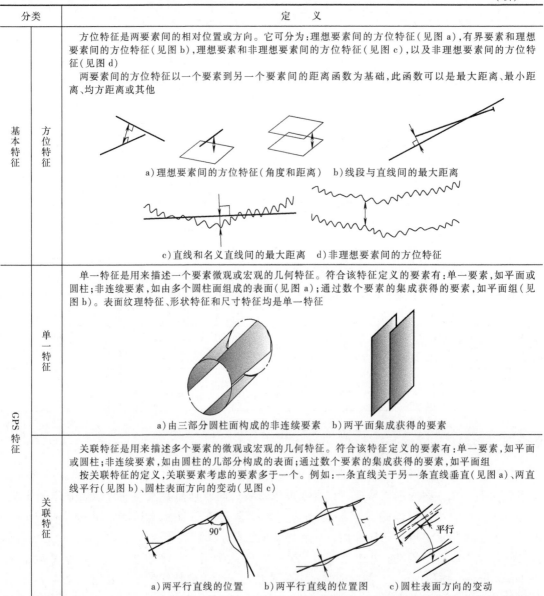 a）理想要素间的方位特征（角度和距离）　b）线段与直线间的最大距离 c）直线和名义直线间的最大距离　d）非理想要素间的方位特征
GPS特征	单一特征	单一特征是用来描述一个要素微观或宏观的几何特征。符合该特征定义的要素有：单一要素，如平面或圆柱；非连续要素，如由多个圆柱面组成的表面（见图 a）；通过数个要素的集成获得的要素，如平面组（见图 b）。表面纹理特征、形状特征和尺寸特征均是单一特征 a）由三部分圆柱面构成的非连续要素　b）两平面集成获得的要素
GPS特征	关联特征	关联特征是用来描述多个要素的微观或宏观的几何特征。符合该特征定义的要素有：单一要素，如平面或圆柱；非连续要素，如由圆柱的几部分构成的表面；通过数个要素的集成获得的要素，如平面组 按关联特征的定义，关联要素考虑的要素多于一个。例如：一条直线关于另一条直线垂直（见图 a）、两直线平行（见图 b）、圆柱表面方向的变动（见图 c） a）两平行直线的位置　b）两平行直线的位置图　c）圆柱表面方向的变动

2.2.5　操作和操作集（操作算子）（operation and operator）

2.2.5.1　操作（operation）

在新一代 GPS 国际标准体系中，为了清晰定义、规范统一几何产品的规范和检验，提出了操作的概念。在新一代 GPS 中操作是指为体现要素、获取规范值和特征值而对表面模型或实际工件表面所进行的特定处理方法。操作包

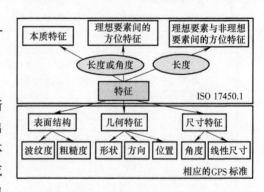

图 2-2　特征之间的关系

括要素操作和评估操作。要素操作的目的是获取理想要素或非理想要素；评估操作的目的是获取规范值或特征值。若这些操作应用于规范设计过程，则称为规范操作；若应用于检验过程，则称为检验操作。各种操作的定义见表2-6。与操作有关的术语及定义见表2-7。

表 2-6　操作的定义

操作类型		定义及说明	图示
要素操作	分离 partition	分离是用来获取有界要素的操作。它可以用来从肤面模型或实际表面获取某个非理想要素，也可以用来获得理想要素或非理想要素的某一部分。其目的是从整个模型中获取需要研究的要素或从整个要素中获取需要研究的一部分	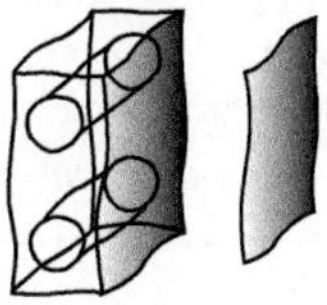
	提取 extraction	提取是用特定方法，从一个要素获取有限点集的操作。在对一个非理想要素进行提取操作时，依据一定的规则，从无限点集组成的非理想要素中获取离散的有限点集，这个点集近似地表示该非理想要素，以便计算机对这些离散数据进行处理	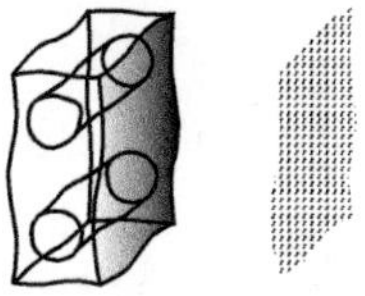
	滤波 filtration	滤波是通过降低非理想要素特定频段信息水平而获取所需非理想要素的操作。非理想要素的信息包含不同的频率成分，具有不同的几何特征：粗糙度、波纹度、结构和形状等。在滤波操作的过程中，应采用特定的规则，把具有不同特征的信息区分开来，滤掉对所研究特征无用的信息，仅保留有用的信息	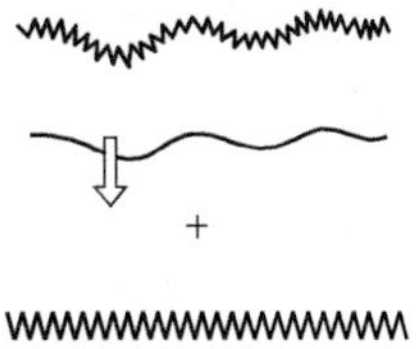
	拟合 association	拟合是依据特定准则使理想要素逼近非理想要素的操作。拟合操作过程实质上是一个目标约束优化的过程，目的是通过目标约束优化，完成非理想要素到替代理想要素的转换，从而实现对非理想要素特征的描述和表达	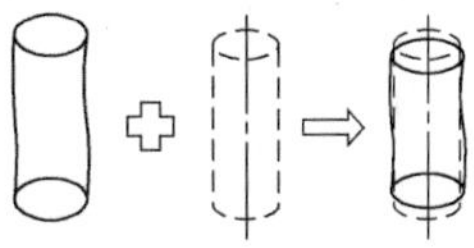
	组合 collection	组合是将多个要素结合在一起以实现某一特定功能的操作。在组合操作中，仅仅是把多个要素视为一个要素来考虑，并不一定要把它们连接起来。如两个要素 E 和 F 的组合操作可以表示为：$Collection(E,F)=\{E,F\}$，通过对两个平行柱面 E、F 的组合操作，目的是建立公共基准面（组合要素）$\{E,F\}$；多个要素的组合也可以简单地表示为 $\{XX_i\}$	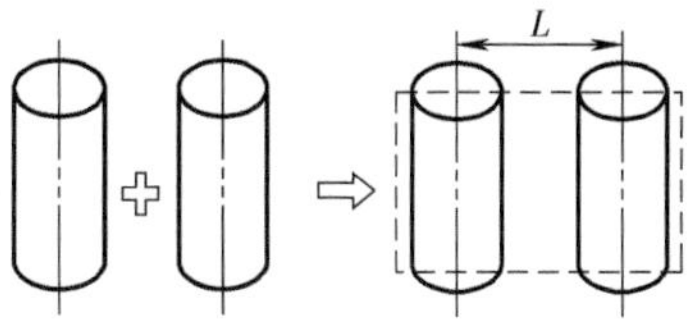
	构建 construction	构建是根据约束条件从理想要素中建立新理想要素的操作。构建操作的实质是建立与原理想要素有一定关系，即满足一定约束条件的新理想要素	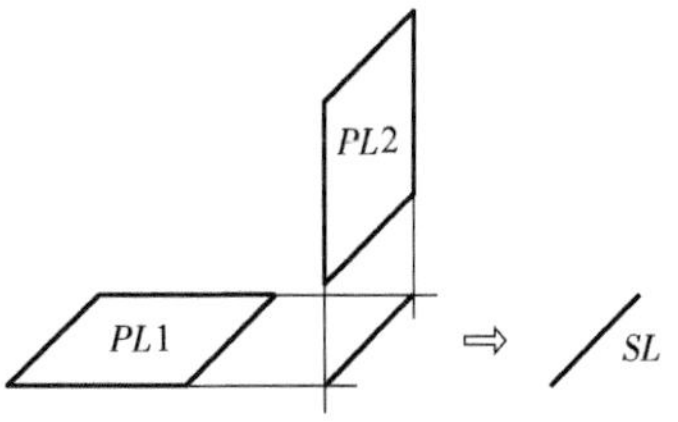
	重构 reconstruction	重构用于从非连续要素（如提取要素）创建连续要素（闭合或非闭合）的操作 　重构有多种类型，没有重构操作就不能建立起提取要素和理想要素之间的关联（这种关联可能导致空点集）	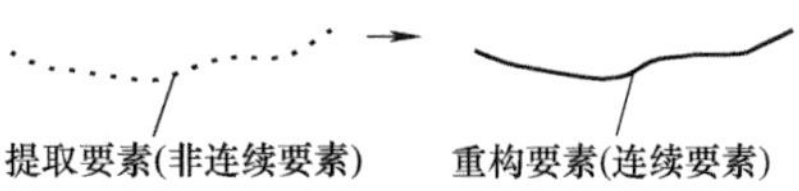

（续）

操作类型	定义及说明	图示
评估操作 evaluation	评估是用来确定公称值、特征值或特征规范值的操作。其特征值应该满足与特征规范值相对应的极限约束关系式，该约束评估关系式为：$l_1 \leqslant char \leqslant l_2$。式中，$char$ 为特征值；l_1，l_2 为与特征规范值相对应的极限值	
转化操作 transformation	当基本特征是局部特征时，几何特性会发生变化，这种变化可以用变异曲线来表示，并可提出处理措施。这些操作被称为转化	

表 2-7   与操作有关的术语及定义

术语	定义及说明
规范操作 specification operation	仅用数学表达式、几何图形、算法或其综合来明确表达的操作。规范操作是一个理论概念。规范操作应用在机械工程的几何领域时，作为规范操作集的一部分来规定产品的要求。例如：在轴的直径规范中，采用最小外接圆柱准则的拟合操作；在表面结构规范中，采用高斯滤波器的滤波操作
缺省规范操作 default specification operation	由标准、规则要求等规定的规范操作。在实际GPS规范中，采用了不带修饰符的ISO/GB基本GPS规范的规范操作。缺省规范操作可能是全球（ISO、GB）缺省、企业缺省或图样缺省的规范操作。例如：在轴的直径的规范中，用缺省标注 $\phi30\pm0.1$ 表示评估两点直径，又如，ISO 4288 中表面粗糙度 Ra 由缺省规则给出了滤波操作中缺省截止波长的高斯滤波器（缺省滤波器）
特定规范操作 special specification operation	采用带有修饰符的ISO基本GPS规范的规范操作，其优先级高于缺省规范操作。一个特定的规范是一个非缺省的规范。例如，在轴的直径规范中，当采用修饰符号Ⓔ时，则用包容要求，采用最小外接圆柱准则进行拟合操作，见 ISO 14405。在表面纹理 Ra 的规范中，如明确给出高斯滤波器（缺省的滤波器）的截止波长为 2.5mm，则替代 ISO 4288 中的缺省规则
实际规范操作 actual specification operation	产品技术文件中直接或隐含标注的规范操作。一个实际规范操作可能是：由ISO基本GPS规范间接标注出；由GPS规范单元直接标注出；不被标注出。例如，在一个实际规范操作中，当用规范 $\phi30\pm0.1$ 表示时，则按两点直径进行评估操作。又如，当用一个截止波长为 2.5mm 的滤波器规范表示表面粗糙度 $Ra1.5$ 时，则采用高斯滤波器（缺省的滤波器）以截止波长 2.5mm 进行的滤波操作和通过 Ra 算法进行的计算是两个实际规范操作
检验操作 verification operation	实际规范操作所规定的测量和/或测量器具的实施过程的操作。检验操作应用于机械工程的几何领域，检验产品是否与相应的规范操作一致。例如，当检验轴的直径时，如使用千分尺，则按两点直径进行评估。在表面粗糙度检验中使用公称半径为 $2\mu m$ 的探针，采样间隔为 $0.5\mu m$，在表面上进行数据点的提取
理想检验操作 perfect verification operation	对相应的实际规范操作没有偏离的检验操作。在理想检验操作中，仅有来自于计量特性偏差的测量不确定度分量。校准的目的一般是用来评价测量器具产生的不确定度量值。 例如，在表面粗糙度检验中，规范规定的提取操作是采用 $2\mu m$ 名义探针半径及 $0.5\mu m$ 的采样间隔从表面提取数据点
简化检验操作 simplified verification operation	对相应的实际规范操作有设计偏差的检验操作。除了测量器具的计量特性偏差产生的测量不确定度外，设计偏差也产生测量不确定度。例如，检验轴的尺寸时，规范规定的是最小外接圆柱拟合方法，而实际采用千分尺的两点法测量直径
实际检验操作 actual verification operation	在实际测量过程中使用的检验操作

2.2.5.2   操作集（操作算子）（operator）

为获得产品功能要求的完整描述、几何特征规范值（公差等）或特征值（实际偏差等）而使用的一组有序操作的集合，称为一个操作算子或操作集。操作集的定义和分类见表 2-8。

表 2-8 操作集的分类及定义

分类	定义及说明
功能操作集 function operator	与工件/要素的预期功能相关联的操作集,即以全面描述产品功能要求为目的而进行的一系列"操作"的有序集合 在大多数情况下,功能操作集在形式上不能表示为一组已定义好的操作的有序集合,但在概念上能被看一组精确描述工件功能要求的规范操作或检验操作的集合。功能操作集只是用来做对比的一个理想化概念,它用来评估一个规范操作集或检验操作集与功能需求的吻合程度 例如:轴在孔中无泄漏运行 2000h 的能力
规范操作集 specification operator	一组有序的规范操作,即在规范过程中,为确定特征规范值或(和)检验规范,而对肤面模型应用的一组规范操作的有序集合。规范操作集是以获得与 ISO GPS 标准对应的技术产品文件中标注的 GPS 规范综合的完整解释为结果的。规范操作集可能是不完整的,在这种情况下,会产生规范不确定度。一个规范操作集应根据功能要求,给予明确定义。例如,圆柱可能的直径有两点直径、最小外接圆直径、最大内切圆直径、最小二乘圆直径等,而不是一般概念的"直径"。规范操作集和功能操作集之间的差异会引起功能描述不确定度
完整规范操作集 complete specification operator	一组有序的、充分的和具有明确定义的规范操作,即完整定义的规范操作的有序集合 一个完整的规范操作集是明确的,并且不会产生规范不确定度。例如,对一局部直径进行 GPS 规范,采用两点法进行提取并指定两点距离的拟合方法
不完整规范操作集 incomplete specification operator	缺失一个或多个规范操作、不完整定义、无序的规范操作集,即存在一个或多个缺省的、未完全定义的、无序的,或同时满足上述 3 个条件的规范操作集 一个不完整规范操作集是含糊的,会产生规范不确定度。为了确定相应的理想检验操作集,当被给出一个不完整规范操作集时,有必要通过在不完整规范操作集中增加操作或部分缺省操作确立一个完整规范操作集
缺省规范操作集 default specification operator	按缺省顺序,只包含一组有序的缺省规范操作,即仅由一组缺省的规范操作按照缺省的顺序组合而成的规范操作集。缺省的规范操作集可能是由 ISO 标准指定的 ISO 缺省规范操作集、由国家标准指定的国家缺省规范操作集、由公司标准/文件指定的公司缺省规范操作集、由依照上述任一图样指出的图样缺省规范操作集,缺省规范操作集既可能是完整的规范操作集,也可能是不完整的规范操作集 例如,依照 ISO 标准,如一表面粗糙度的 GPS 规范为 Ra 1.5,其缺省规范操作集为:①从非理想表面肤面模型上分离出待规范要素;②从非理想表面复杂表面内分离出非理想直线;③采用 ISO 4288 给定的评估长度提取非理想直线;④采用 ISO 4288 规范的截止波长的高斯滤波器,及相应的探头半径和取样范围对提取的离散点进行滤波;⑤采用 ISO 4287 和 ISO 4288(16%规定)中规定的规则对 Ra 值进行评估。上述操作均为缺省的且按照缺省顺序组合,该规范操作的集合称为缺省规范操作集
特殊规范操作集 special specification operator	包含一个或多个特定规范操作的规范操作集 特殊规范操作集是由一个 GPS 规范定义的。特殊规范操作集既可能是完整规范操作集,也可能是不完整规范操作集 例如,规范 φ30±0.1 Ⓔ 是一个特定规范操作集,因为该规范操作中的拟合操作采用的是最小外接圆法,而不是缺省的规范操作。用一个截止波长为 2.5mm 的滤波器规范一个表面粗糙度 Ra1.5 就是一个特定规范操作集,因为该规范操作给定了截止波长,而不是一个缺省的规范操作
实际规范操作集 actual specification operator	与实际产品技术文件中给定的规范所对应的规范操作集 标准或实际规范操作集解释时依据的标准被直接或间接地鉴定。实际规范操作集既可能是完整规范操作集,也可能是不完整规范操作集。实际规范操作集既可能是特定规范操作集,也可能是缺省规范操作集

（续）

分类	定义及说明
检验操作集 verification operator	一组有序的检验操作。即：在检验/认证过程中，为确定特征值或（和）给出检验结论，而对实际工件表面进行的一系列有序检验操作的集合。检验操作集是规范操作集的计量学仿真，是测量过程的基础。检验算子可能不是给定的规范操作集的理想模拟，在这种情况下，两者之间的不一致会导致不确定度的产生，该不确定度属于测量不确定度的一部分 　　例如，对一轴规范直径进行检验，采用两点直径法拟合，选用测量仪器为千分尺，要求测量次数达到既定值，最后将其结果和与规定的系列规则相对应的结果相比较 　　检验操作集又包括：理想检验操作集、简化检验操作集和实际检验操作集
理想检验操作集 perfect verification operator	按规定顺序组合的完整的一组理想检验操作的检验操作集，即按指定顺序执行的一系列理想检验操作的集合 　　理想检验操作集中唯一的测量不确定度分量，是由操作集执行中测量仪器的计量特性偏差引起的。校准的目的一般是评价测量仪器的测量不确定度贡献的大小 　　例如，依照 ISO 标准，如一表面粗糙度的 GPS 规范为 $Ra1.5$，其理想检验操作集为：①从实际工件表面中分离出待研究要素；②在复杂表面内通过测量仪器的物理定位分离出非理想直线；③利用与 ISO 3274 要求相应的检测设备和 ISO 4287 给出的评估长度对表面特征进行提取，以获得表面的离散数据；④按照 ISO 4287 和 ISO 4288（16%规定）中定义的那样对 Ra 值进行评估。上述每个操作都是理想的检验操作，且应按照规范顺序执行。这样的检验操作集是一个理想的检验操作集
简化检验操作集 simplified verification operator	检验操作集包含了一个或多个简化检验操作，和（或）包含了偏离既定顺序的一系列检验操作。除了在操作集执行中测量仪器计量特性偏差所引起的测量不确定度外，简化检验操作集或操作顺序的偏离也是测量不确定度的贡献因素。这些不确定度贡献因素的大小也依赖于实际工件的几何特征（形状和角度的偏差） 　　例如，应用 ISO 标准，对规范为 $\phi30\pm0.1$ Ⓔ 的轴直径的上限值进行检验时，通过千分尺测量轴并使用两点直径计算就是一个简化检验操作集，因为规范标注了轴的最小外接圆直径（两点直径法评估）
实际检验操作集 actual verification operator	一组实际检验操作的有序集合 可能所选定的实际检验操作集与理想检验操作集不同，两者之间的差异会引起测量不确定度（即方法不确定度与测量仪器的测量不确定度之和）

2.2.6　对偶性原理（duality principle）

　　所谓"对偶性"是指在产品生命周期的三个过程中（功能描述过程、规范设计过程和检验/认证过程），研究对象及目标存在对偶平行关系。对偶性原理如图 2-3 所示。

　　在功能描述过程中，设计者根据产品功能要求，采用分离、组合、构建等要素操作进行公称设计，提出公称要求，实现从产品功能要求到功能规范的转换。

　　在规范设计过程中，设计者依据公称要求的几何量构建肤面模型，然后采用分离、提取、滤波、拟合等对肤面模型进行要素操作和评估操作，进而获得特征的规范值（公差值），实现从产品功能规范到几何特征规范的转换。根据特征规范值进行生产加工从而获得实际工件表面。

　　在检验/认证过程中，对实际工件表面进行分离、提取、滤波、拟合等要素操作，这些要素操作与肤面模型的要素操作呈对偶关系，然后进行评估操作获得被测要素的特征值（实际偏差值），将此特征值与特征规范值（公差值）进行一致性比较，从而判定工件的合格性。

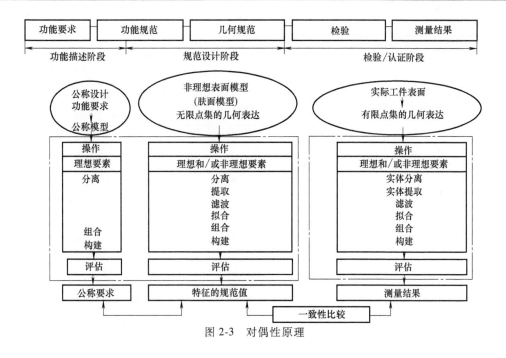

图 2-3 对偶性原理

2.3 几何公差设计与检验的优化管理工具——不确定度

在新一代 GPS 中,不确定度控制着产品的功能设计、规范实施、检测认证各个阶段的精度要求,协调着产品整个生命周期中的资源优化配置问题。不确定度的理论和关键技术为产品的数字化设计、制造与检验过程提供工件合格性的判定依据和不确定度的计算方法。

2.3.1 新一代 GPS 不确定度的术语及定义

新一代 GPS 标准体系将不确定度概念拓展到了 GPS 的"功能描述、规范设计、检验/认证"的全过程中,利用不确定度的量化统计特性和经济杠杆调节作用,实现全过程资源配置的优化。根据 ISO 17450 系列标准,新一代 GPS 规范的不确定度术语及定义见表 2-9,各种不确定度之间的关系以及与规范模型的关系如图 2-4 所示。

表 2-9 不确定度术语及定义

术语	定义及说明
不确定度 uncertainty	与一个预定值或一种关系相联系的参数。表征了合理地赋予预定值或关系的分散性 注:GPS 领域确定的不确定度(测量不确定度、规范不确定度、功能描述不确定度等)一般与 ISO 14253.2 和 ISO/IEC Guide 98-3 中的扩展不确定度相对应
规范不确定度 ambiguity of specification	用于实际要素/要素的实际规范操作集内在的不确定度 规范不确定度量化了规范操作集的不确定性。规范不确定度与测量不确定度性质相同。规范不确定度是与实际规范操作集有关的特性。规范不确定度的大小取决于预期的或实际的几何特性偏差(形状或角度偏差)
功能描述不确定度 ambiguity of the description of the function	由实际规范操作集和定义工件功能的功能操作集之间的差异引起的不确定度 注 1:功能描述不确定度尽可用数值和给定规范一致的单位来表示 注 2. 功能描述不确定度通常和单个的 GPS 规范没有关系。模拟一个功能通常需要若干单个 GPS 规范(例如,用尺寸、形状、表面结构描述工件的同一要素)

(续)

术语	定义及说明
方法不确定度 method uncertainty	由实际规范操作集和实际检验操作集之间的差异产生的不确定度,它忽略了实际检验操作集的计量特性偏差。方法不确定度值的大小反映了所选择的实际检验操作集对理想检验操作集的偏离程度 方法不确定度和测量器具不确定度之和为测量不确定度。即便是使用理想的测量仪器,也不可能将测量不确定度降低到方法不确定度之下
测量器具不确定度 implementation uncertainty	由实际检验操作集的计量特性偏离理想检验操作集规定的理想计量特性而产生的不确定度 校准的目的通常是为获取由测量仪器引起的测量不确定度的分量(测量器具不确定度)。和测量仪器没有直接相关的其他因素(如环境)也可能导致测量器具不确定度
总不确定度 total uncertainty	总不确定度是功能描述不确定度、规范不确定度和测量不确定度之和 总不确定度的大小表明了实际检验操作集偏离功能操作集的程度 总不确定度描述了基于测量确定功能性能的能力,它是不可预测和不易量化的 总不确定度、规范不确定度和功能描述不确定度都是不可预测和量化的

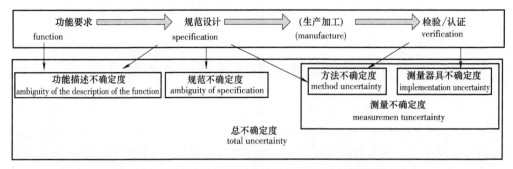

图 2-4   各种不确定度之间的关系以及与规范模型的关系

2.3.2   不确定度与操作、操作集之间的关系

ISO 17450-2:2012 明确了不确定度与操作、操作集之间的关系如图 2-5 所示。

2.3.3   新一代 GPS 测量不确定度的评定与管理

2.3.3.1   工件与测量设备的认证中合格性判则及应用

GB/T 18779.1—2002(对应 ISO 14253.1:1998)规范了工件和测量设备检验的合格性判定规则。GB/T 18779.1—2002(等同于 ISO 14253.1:1998)《产品几何量技术规范(GPS)   工件与测量设备的测量检验   第 1 部分:按规范检验合格或不合格的判定原则》,规定了按给定的(工件)公差限或(测量设备的)最大允许误差,并考虑其测量不确定度,检验工件或测量设备的特性合格或不合格的判定规则,适用于产品几何量技术规范(GPS)标准中规定的工件规范和测量设备规范,不适用于用极限量规的检验。

测量不确定度对检验/认证结果的影响是在规范给定的上下限附近引起一个"不确定区域"(见图 2-6)。根据 GPS 规定,只有测得值在"一致区域"内,方可评定工件合格;只有测得值在"不一致区域"内,方可判定工件不合格;而当测得值在"不确定区域"内时,

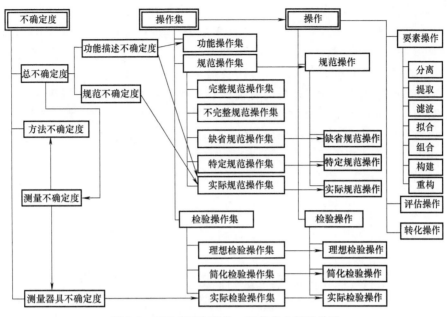

图2-5 不确定度与操作、操作集之间的关系

工件合格与否呈"不确定性",有待供需双方协商裁定。由此可见,"不确定区域"的大小既影响合格区、也影响不合格区,直接关系着供需双方的利益。

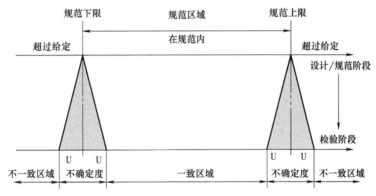

图2-6 测量不确定度对产品认证的影响

2.3.3.2 工件与测量设备的认证中测量不确定度评定及应用

产品计量认证的前提是选择合适的测量过程,这样才能保证合格性认证的有效进行,否则,一个本身有缺陷或者不合理的测量过程,即使最后的认证结果是合格的,也是不可取的。GB/T 18779.2—2004(对应ISO 14253.2:1999)规范了测量设备校准和产品检验中测量不确定度的评定指南和测量不确定度管理程序(Procedure of Uncertainty Management, PUMA),可以帮助企业选择在技术和经济上都充分合理的测量程序。GB/T 18779.2—2004(等同ISO 14253.2:1999)规范了GPS测量不确定度管理程序(PUMA),适用于工业生产GPS领域中测量标准和测量设备的校准以及工件GPS特征量的测量。PUMA分给定测量过程的不确定度管理(见图2-7)和不给定测量过程的不确定度管理(见图2-8)。

(1)给定测量过程的不确定度管理程序

给定测量过程的 PUMA 如图 2-7 所示，其目的是在测量任务（图中框 2）和测量方案（图中框 1），包括测量原理（图中框 3）、测量方法（图中框 4）、测量程序（图中框 5）和测量条件（图中框 6）都给定，并且不能再改变的情况下，估计测量不确定度的值 U_{EN}。如果存在要求的不确定度 U_R，U_{EN} 需要满足 U_R 的要求，即 $U_{EN} \leq U_R$；如果没有给定 U_R，则需要确定 U_{EN} 是否有改变的可能性，即是否能将 U_{EN} 估计得更小。如果可以，则重新估计 U_{EN}；如果不能，直接将 U_{EN} 作为评定结果。当所有能改进的可能性都已考虑过，但仍没有得到可以接受的测量不确定度 $U_{EN} \leq U_R$ 时，就证明不可能满足所要求的测量不确定度 U_R。

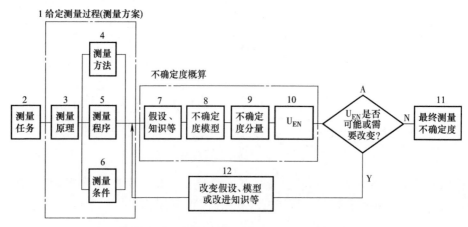

图 2-7　给定测量过程的测量不确定度管理程序

（2）不给定测量过程的不确定度管理程序

不给定测量过程的 PUMA 如图 2-8 所示，其目的是通过对目标不确定度 U_T 的逼近，帮助企业选择一套技术和经济都充分合理的测量方案。图中测量任务（图中框 1）已经明确，

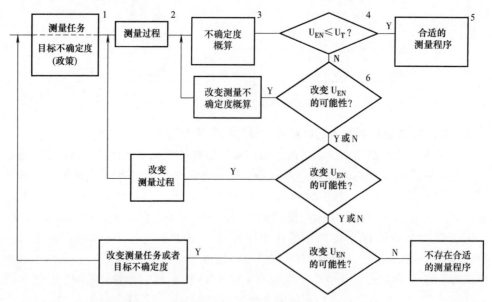

图 2-8　不给定测量过程的测量不确定度管理程序

测量过程（图中框 2）假设给定，基于对测量过程的测量不确定度影响因素的分析，基于 A 类或者 B 类评定方法以及分布类型等评定技术进行测量不确定度概算（图中框 3），得到测量不确定度的估计值 U_{EN}，通过逼近目标不确定度 U_T（图中框 4），目的在于得到合理的 U_{EN} 或者优化测量方案（即合适的测量程序，即图中框 5）。

2.3.3.3　工件与测量设备的认证中测量不确定度表述的协议导则及应用

GB/T 18779.3—2009（对应 ISO 14253.3：2002）主要是规范了供需双方在测量不确定度表述上达成一致性意见的协调过程。根据 GB/T 18779.1—2002，测量不确定度由按规范认证合格或不合格的一方给定，即由确定测量值的一方给定。在 GB/T 18779.3—2009（等同 ISO 14253.3：2002）中规定：确定测量不确定度的一方称为"甲方"，另一方称为"乙方"，"乙方"是可能质疑或否定给定测量不确定度的一方。双方只有在测量任务、实际测量方案和不确定度概算，以及置信因子（包含因子）的确定等方面均达成一致性协议时，才能最终在扩展测量不确定度的表达上达成一致意见。

ISO 14253 系列标准包含六项标准，其中前三项标准已分别于 2002 年、2004 年和 2009 年转化为国家标准，根据最新的 ISO 14253.1：2013、ISO 14253.2：2011 和 ISO 14253.3：2011 对现行国家标准的更新修订正在进行中；与 ISO 14253 系列标准后三项标准（ISO/TS 14253.4：2010、ISO/TS 14253.5：2015 和 ISO/TR 14253.6：2012）相对应的国家标准正在转化中。

第**3**章

几何公差设计规范及图解

零件的几何公差（即形状和位置公差），是对零件上各要素的形状及其相互间的方向或位置精度所给出的重要技术要求，是机械产品的静态和动态几何精度的重要组成部分。本章主要介绍几何公差设计及应用中所涉及的有关标准内容，本章的内容体系及涉及的标准如图3-1所示。

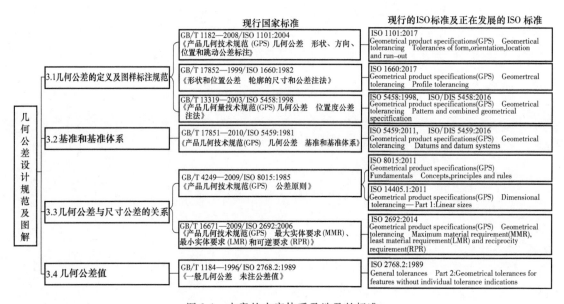

图 3-1　本章的内容体系及涉及的标准

3.1　几何公差的定义及图样标注规范

GB/T 1182—2008《产品几何技术规范（GPS）几何公差形状、方向、位置和跳动公差标注》等同采用 ISO 1101：2004 规定工件几何公差（形状、方向、位置和跳动公差）标注的基本要求和方法。目前，ISO 最新版本是 ISO 1101：2017《产品几何技术规范（GPS）几何公差形状、方向、位置和跳动公差标注》，其内容相对于现行国家标准有较大的变化，与之相对应的国家标准正在修订转化中。本节重点介绍 ISO 1101：2017，其内容结构体系如图

3-2 所示。

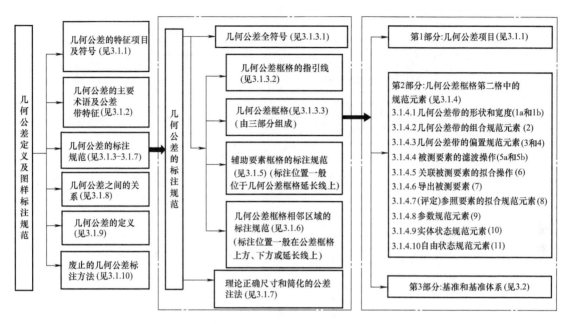

图 3-2　几何公差的定义及图样标注规范的内容结构体系

3.1.1　几何公差的特征项目及符号

ISO 1101 规定的几何公差特征项目名称及符号见表 3-1。几何公差的附加符号及说明见表 3-2。

表 3-1　几何公差特征项目名称及符号

公差类型	特征项目	符号	有无基准要求	公差类型	特征项目	符号	有无基准要求
形状公差	直线度	——	无	方向公差	垂直度	⊥	有
	平面度	▱			倾斜度	∠	
	圆度	○		位置公差	位置度	⊕	有或无
	圆柱度	⌭			同轴度(对轴线) 同心度(对中心点)	◎	有
形状、方向或位置公差	线轮廓度	⌒	有或无		对称度	=	
	面轮廓度	⌓		跳动公差	圆跳动	↗	有
方向公差	平行度	//	有		全跳动	↗↗	

3.1.2　几何公差的主要术语及公差带特征

3.1.2.1　几何公差的主要术语

几何公差的主要术语及定义见表 3-3。

表 3-2　几何公差的附加符号及说明

符号	说明	符号	说明
	组合规范元素		被测要素的规范符号
CZ	组合公差带（combined zone）	（全周轮廓符号）	全周（轮廓）
SZ	独立公差带（separate zones）	（全部轮廓符号）	全部（轮廓）或全表面
SIMi	同时要求，i 是序号；用于定义多重成组要素（pattern）；simultaneous requirement No. i	← →	区间符号
	不对等公差带规范元素	——→	从……到……
UZ	（给定偏置量的）偏置公差带（specified tolerance zone offset）unequally disposed zone	UF	联合要素（united feature）
	约束规范元素	LD	小径
OZ	（未给定偏置量的）线性偏置公差带（unspecified linear tolerance zone offset）offset zone	MD	大径
VA	（未给定偏置量的）角度偏置公差带（unspecified angular tolerance zone offset）varable angle	PD	节径（中径）
	在方向或位置公差中，拟合被测要素的规范元素		辅助要素框格或标识符
Ⓒ	最小区域（切比雪夫）要素	◁ // B	相交平面框格
Ⓖ	最小二乘要素	◁ // B ▷	定向平面框格
Ⓣ	贴切要素	← // B	方向要素框格
Ⓝ	最小外接要素	○ // B	组合平面框格
Ⓧ	最大内切要素	ACS	任意横截面
	导出要素的规范元素		实体状态的规范元素
Ⓐ	中心要素	Ⓜ	最大实体要求
Ⓟ	延伸公差带	Ⓛ	最小实体要求
	形状误差评定中，获得（评定）参照要素的拟合方法的规范元素	Ⓡ	可逆要求
C	无约束的最小区域（切比雪夫）法		与尺寸公差相关的符号
CE	有在实体外约束的最小区域（切比雪夫）法	Ⓔ	包容要求
CI	有在实体内约束的最小区域（切比雪夫）法		基准相关符号
G	无约束的最小二乘法	A / A	基准要素
GE	有在实体外约束的最小二乘法	φ2 / A1	基准目标
GI	有在实体内约束的最小二乘法	><	仅约束方向
N	最小外接法		理论正确尺寸符号
X	最大内切法	50	理论正确尺寸
	状态规范元素		几何公差框格
Ⓕ	自由状态条件（非刚性零件）	（几何公差框格符号）D	几何公差框格

表 3-3　几何公差的主要术语及定义

序号	术　语	定　义	章节索引
1	公差带 tolerance zone	由一个或几个理想的几何线或面所限定的、由线性尺寸表征公差值大小的区域	3.1.2.2
2	相交平面 intersection plane	由工件的提取要素建立的平面,用于标识提取表面上的一条直线或提取线上的一个点	3.1.5.1
3	定向平面 orientation plane	由工件的提取要素建立的平面,用于标识公差带的方向	3.1.5.2
4	方向要素 direction feature	由工件的提取要素建立的要素,用于标识公差带宽度(或局部偏差)的方向	3.1.5.3
5	组合平面 collection plane	由工件上的一个要素建立的平面,用于定义封闭的组合连续要素。当使用"全周"符号时,同时应使用组合平面	3.1.5.4
6	组合连续要素 compound continuous feature	由几个单一要素无缝组合在一起的单一要素,可以是封闭的或非封闭的。非封闭的组合连续要素可用"区间"符号和 UF 修饰符进行定义,封闭的组合连续要素可用"全周"符号和 UF 修饰符定义	3.1.6.2
7	理论正确尺寸 theoretically exact dimension(TED)	确定被测要素的理想形状、大小、方向和/或位置的尺寸	3.1.7.1
8	理论正确要素 theoretically exact feature(TEF)	具有理想形状、和/或具有理论正确位置与方向的公称要素	3.1.4.3
9	联合要素 united feature	由连续或不连续的组成要素组合而成的要素,并将其视为一个单一要素	3.1.6.1
10	成组要素 pattern	由一组相互之间具有确定理论正确方向和/或位置约束的、一个以上的单一要素、联合要素或/和组合要素等组合而成的 组成成组要素的几何要素可以是组合连续要素、联合要素、单一要素或尺寸要素(如表 3-9 序号 2 中图 a、c、e 所示);组成成组要素的几何要素也可以是成组要素(如表 3-9 序号 3 中图 a 所示的多重成组要素) 注:关于"成组要素(pattern)"详见 ISO 5458	3.1.4.2

3.1.2.2　几何公差带的特征

几何公差带是用来限制实际被测要素变动的区域。从它的特征来看,几何公差带不仅要考虑它的形状和大小,还要考虑它的方向和位置。

几何公差带的形状随实际被测要素的形状、所处的空间以及要求控制方向的差异而有所不同。常用的几何公差带的形状见表 3-4。

公差带的大小,即公差带区域的宽度 t 或直径 ϕt、$S\phi t$(t 是公差值代号),标注规范见 3.1.4.1 节。

公差带的方向是指与公差带延伸方向相垂直的方向,通常即被测要素指引线箭头所指的方向。

公差带的位置存在固定和浮动两种情况,见表 3-5。

表 3-4　几何公差带的形状

公差带	形状	公差带	形状
两平行直线之间的区域		圆柱面内的区域	
两等距曲线之间的区域		一段测量圆柱表面的区域	
两同心圆之间的区域		两同轴圆柱之间的区域	
圆内的区域		两平行平面之间的区域	
球内的区域		两等距曲面之间的区域	

表 3-5　几何公差带的位置

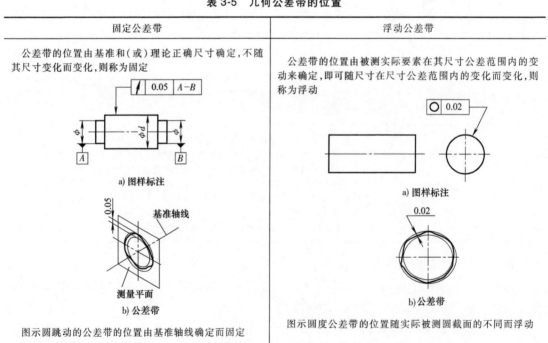

固定公差带	浮动公差带
公差带的位置由基准和(或)理论正确尺寸确定,不随其尺寸变化而变化,则称为固定	公差带的位置由被测实际要素在其尺寸公差范围内的变动来确定,即可随尺寸在尺寸公差范围内的变化而变化,则称为浮动
a) 图样标注	a) 图样标注
b) 公差带	b) 公差带
图示圆跳动的公差带的位置由基准轴线确定而固定	图示圆度公差带的位置随实际被测圆截面的不同而浮动

除非有进一步的限制要求，被测要素在公差带内可以具有任何形状或方向。

3.1.3　几何公差的标注规范

3.1.3.1　几何公差的全符号

几何公差的全符号由四部分组成：带箭头的指引线、几何公差框格、可选的辅助要素框格和可选的补充说明，如图3-3所示。

1）带箭头的指引线与几何公差框格相连，自框格的左端或右端引出，或从框格上方或下方引出，标注规范见3.1.3.2节。

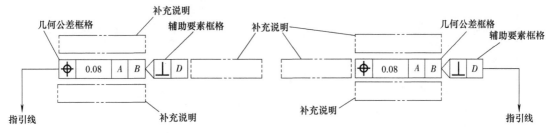

图3-3　几何公差的全符号

2）几何公差框格的详细内容见3.1.3.3节，从左至右填写的内容依次为：第1格为项目符号，见3.1.1节表3-1；第2格为几何公差值及附加符号，包括与公差带、被测要素和特征（值）等有关的规范元素，标注规范详见3.1.4节；第3格及后面各格为基准字母及附加符号，内容详见3.2节基准和基准体系。

3）辅助要素框格不是一个必选的标注，它位于几何公差框格右面，标注相交平面、定向平面、方向要素或组合平面等，内容详见3.1.5节。

4）补充说明不是一个必选的标注，一般位于几何公差框格的上方/下方或左侧/右侧，内容详见3.1.6节。

3.1.3.2　几何公差框格的指引线

对被测要素有几何公差要求时，几何公差的全符号用指引线与公差框格连接，指引线引自框格的任意一侧，终端带一箭头指向被测要素，被测要素的2D和3D标注规范及示例见表3-6。

3.1.3.3　几何公差框格

几何公差框格以细实线绘制，如图3-4所示，在图样上允许在水平或垂直方向配置，用细实线绘制的带箭头的指引线可以从框格的任一端垂直引出。框格可以由两格或多格组成。

表3-6　被测要素的2D和3D标注规范及示例

类型		标 注 规 范	标 注 示 例
被测要素为组成要素时	2D标注	箭头指向该被测要素的轮廓线或其延长线，且与尺寸线明显错开，示例见图a和图b 当被测要素是组成要素且指引线引自于要素的界限内，则以圆点终止。当表面可见时，此圆点是实心的，示例见图c；当表面不可见时，圆点为空心的，指引线为虚线；箭头指向指引线的水平线段，示例见图d	a）　　　　　　b） c）　　　　　　d）

（续）

类型	标注规范	标注示例
被测要素为组成要素时 — 3D标注	从被测要素轮廓上引出指引线时,指引线的终点为圆点,当表面可见时,该圆点为实心的,当表面不可见时,该圆点是空心的,指引线是一条虚线,示例见图 a 和图 b 从被测要素的轮廓延长线上或被测要素的界限内引出指引线时,指引线的终点是一个箭头,该箭头指向该被测要素的轮廓延长线,且与尺寸线明显错开,示例见图 a;或指向指引线的水平线段,示例见图 c	a) b) c)
被测要素为中心要素时 — 2D和3D标注	指引线的终点是一个箭头,且位于尺寸要素的尺寸线延长线上	a) 2D 标注　b)3D 标注 c) 2D 标注　d)3D 标注 e) 2D 标注　f)3D 标注
被测要素为中心要素时 — 采用修饰符Ⓐ	被测要素为回转体的中心要素时,可在几何公差框格左边起的第二框格内标注修饰符Ⓐ。在这种情况下,指引线不必与尺寸线对齐,可以在组成要素上用一个箭头终止(2D标注),示例见图 a;或用一个圆点终止(3D标注),示例见图 b	a) 2D 标注　b) 3D 标注

框格中自左至右（框格垂直放置时为从下到上）依次填写以下内容：第一格为项目符号部分，见3.1.1节表3-1；第二格为公差带、被测要素和特征规范部分，见3.1.4节；第三格及以后各格为按顺序排列的基准代号的字母及其他有关符号，见3.2节基准和基准体系。

几何公差框格的第二格中的规范元素以及

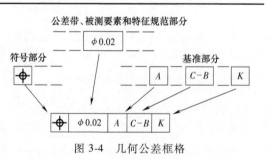

公差带、被测要素和特征规范部分

符号部分　　　　　　　　　　　　　　基准部分

$\phi\,0.02$

A　$C\text{-}B$　K

⊕ $\phi\,0.02$ A $C\text{-}B$ K

图 3-4　几何公差框格

这些规范元素应有的组别和顺序，如图 3-5 所示。由图可以看出，几何公差框格第二格中可以标注的元素有公差带、体现被测要素的操作、获得特征（值）的操作、实体状态和自由状态等规范元素，其中公差带包括公差带的形状、公差带的宽度、公差带的性质（是独立公差带还是组合公差带）、公差带的偏置和约束特征等几个部分，编号为 1a、1b、2、3、4；体现被测要素的操作包括滤波操作所用的滤波器类型、滤波器的嵌套指数、体现被测要素的拟合操作方法、导出要素类型等部分，编号为 5a、5b、6、7；获得特征（值）的操作部分包括（评定）参照要素的拟合准则和评估参数，编号为 8 和 9。

公差带					被测要素*				特征（值）**		实体状态	自由状态
形状	宽度	组合/独立	偏置	约束	滤波器		拟合被测要素	导出要素	（评定）拟合	（评估）参数		
					类型	嵌套指数						
ϕ $S\phi$	0.02 0.01-0.02 0.1/75 0.1/75×75 0.2/ϕ4 0.1/75×30° 0.1/10°×30°	CZ SZ	UZ+0.2 UZ−0.3 UZ+0.1<->+0.2 UZ+0.1<->−0.3 UZ−0.1<->+0.2	OZ VA ><	G S 等等	0.8 −250 0.8−250 500 −15 等等	ⓒ ⓖ ⓣ Ⓐ Ⓧ	Ⓐ Ⓟ	C CE CI G GE GI X N	P V T Q	Ⓜ Ⓛ Ⓡ	Ⓕ
1a	1b	2	3	4	5a	5b	6	7	8	9	10	11

* 为体现被测要素的操作；** 为获得特征值的操作。

图 3-5　几何公差框格第二格中的内容

3.1.4　几何公差框格第二格中的规范元素

3.1.4.1　几何公差带的形状和宽度

几何公差带的形状和宽度，对应图 3-5 中的编号 1a 和 1b，在标注时两者之间不得有间隔，标注规范及示例见表 3-7。

表 3-7　几何公差带的形状和宽度

序号	要求	标注规范及示例
1	几何公差带的形状	几何公差带的形状见表 3-4。若被测要素是表面，那么所定义的公差带形状为基于被测要素的理论几何形状而生成的两等距表面之间的区域。若被测要素是线轮廓，那么所定义的公差带形状为基于被测要素的理论几何形状而生成的两等距之间的区域。若被测要素是一条公称提取直线，那么所定义的公差带形状为两平行平面之间的区域。如果被测要素是直线或点且公差带是圆形或圆柱形，公差值之前应使用符号"ϕ"，见图 a。如果被测要素是一个点且公差带是球形，公差值之前应使用符号"$S\phi$"，见图 b。除此之外，几何公差值前不加附加符号，见图 c 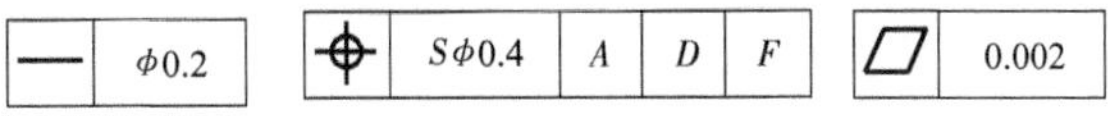 一 | ϕ0.2　　⊕ | $S\phi$0.4 | A | D | F　　▱ | 0.002 a)　　　　　　b)　　　　　　c)
2	几何公差带的宽度	几何公差值表示了公差带的宽度，它是必须标注的规范元素，单位为 mm。除非另有说明（见图 c 和图 d），公差带的宽度应与指定的几何形状垂直（见图 a 和图 b）

（续）

序号	要求	标注规范及示例
2	几何公差带的宽度	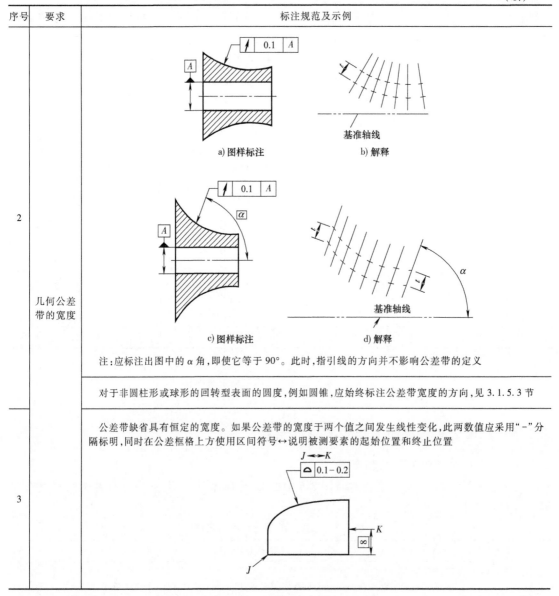 a) 图样标注 b) 解释 基准轴线 c) 图样标注 d) 解释 基准轴线 注：应标注出图中的 α 角，即使它等于 90°。此时，指引线的方向并不影响公差带的定义 对于非圆柱形或球形的回转型表面的圆度，例如圆锥，应始终标注公差带宽度的方向，见 3.1.5.3 节
3		公差带缺省具有恒定的宽度。如果公差带的宽度于两个值之间发生线性变化，此两数值应采用"–"分隔标明，同时在公差框格上方使用区间符号↔说明被测要素的起始位置和终止位置

几何公差缺省适用于整个被测要素，如果公差适用于整个要素区域内的任何局部，标注规范及示例见表3-8。

表3-8 被测要素的局部区域标注规范及示例

类型	标注规范	标注示例及解释
任意线性局部区域	如果同一特征的公差适用于一个局部长度，且处于该要素整体尺寸的任意位置，则在公差值的后面加注局部限定区域的线性尺寸值，并在两者间用斜线隔开，如图 a 所示。 如果同一特征要标注两个或两个以上的公差时，采用组合方式标注，如图 b 所示	 a) b) 表示在被测要素的任意 200mm 长度上，其直线度允许值为 0.05mm

（续）

类型	标 注 规 范	标 注 示 例 及 解 释
任意线性局部区域	如果局部区域是一个线性区域,可使用线段来定义。该线段来自于标注长度的线段在被测要素上的正交投影,同时该线段的中点与被测要素在该点法向上垂直对齐	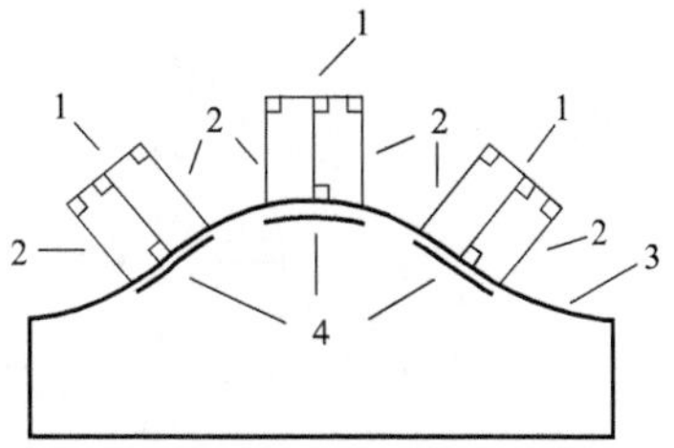 1—斜投影后标注的线条长度,其在中点处与被测要素的切线平行。这些线条中的任意一条都是由沿被测要素的点组成的 2—线条 1 端点相对于被测要素的垂直投影 3—被测要素 4—被测要素的限制部分
任意矩形、圆形、圆柱及球形局部区域	任意矩形局部区域,标有长度和高度,并用"×"分开。该区域在两个方向上都可移动。应使用定向平面框格来表示第一个数值所适用的方向(详见表 3-19 示例)	▱ │ 0.1/75×50 表示在被测要素的任意 75mm×50mm 矩形局部区域上,其平面度允许值为 0.1mm
	任意圆形区域,则用带有直径符号的直径值来定义	▱ │ 0.2/ϕ75 表示在被测要素的任意直径为 ϕ75mm 的圆区域上,其平面度允许值为 0.2mm
	任意圆柱区域,使用在该圆柱轴线方向上的长度来定义,并且带有"×"以及相对于圆周尺寸的角度。该区域可沿圆柱轴线的轴线方向和圆周方向移动	75×30°
	任意球形区域,使用两个角度尺寸来定义,并用"×"分开。该区域在两个方向上都可移动	10°×20°

3.1.4.2　几何公差带的组合规范元素

几何公差带的组合规范元素,对应图 3-5 中的编号 2。如果规定适用于多个要素,应标注规定应用于要素的方式,标注规范及示例见表 3-9。

表 3-9　几何公差带的组合规范元素的标注规范及示例

序号	要求	标注规范及示例
1	多个被测要素分别具有独立公差带时的标注	如果对多个被测要素提出相同的规范要求,但这些被测要素具有相互独立的公差带时,对这些被测要素可标注同一个几何公差框格,同时在几何公差值后面可加注 SZ 符号 SZ 是独立公差带规范元素,一般不标注,是缺省规范,如图 a 和图 c 所示;如果要进行强调,则需在几何公差值后加注 SZ,如图 e 所示。一般情况下,除位置公差外,其他几何公差标注 SZ 均为多余的 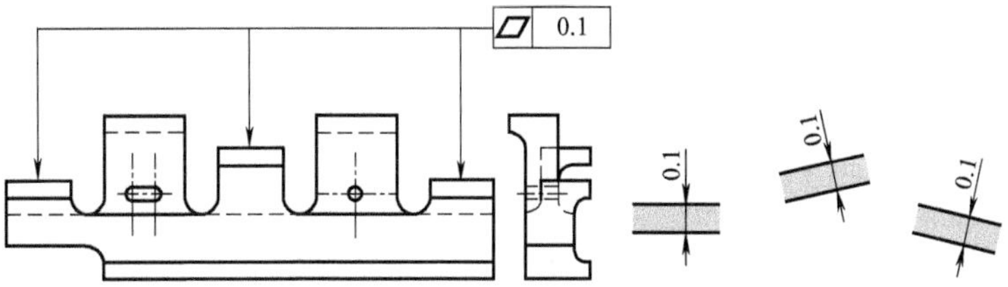 a) 图样标注　　　　　　　b) 解释

（续）

序号	要求	标注规范及示例
1	多个被测要素分别具有独立公差带时的标注	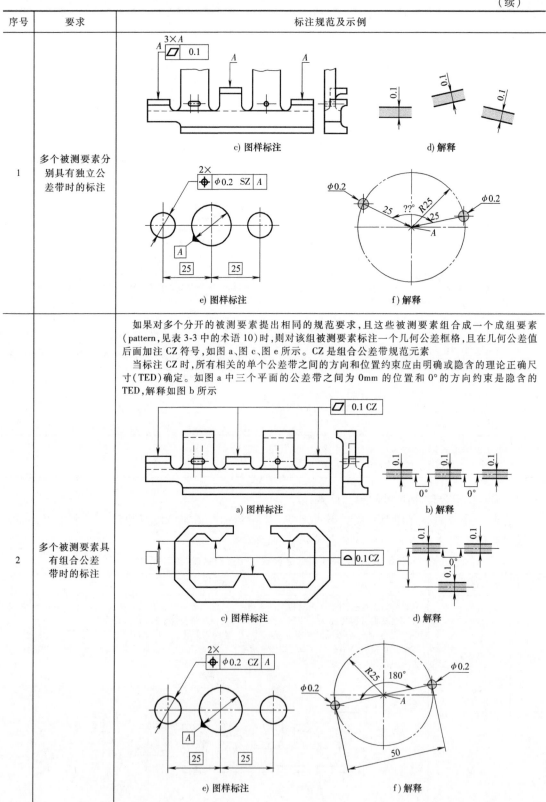
2	多个被测要素具有组合公差带时的标注	如果对多个分开的被测要素提出相同的规范要求，且这些被测要素组合成一个成组要素（pattern，见表3-3中的术语10）时，则对该组被测要素标注一个几何公差框格，且在几何公差值后面加注 CZ 符号，如图 a、图 c、图 e 所示。CZ 是组合公差带规范元素 当标注 CZ 时，所有相关的单个公差带之间的方向和位置约束应由明确或隐含的理论正确尺寸（TED）确定。如图 a 中三个平面的公差带之间为 0mm 的位置和 0° 的方向约束是隐含的 TED，解释如图 b 所示

（续）

序号	要求	标注规范及示例
3	多个被测要素具有多重组合公差要求时的标注	当成组要素（pattern）的结构是多重组合时，即被测成组要素是由 N 个（N 为一个或若干个）单一要素和 N 个成组要素组合而成的多重成组要素（multiple pattern），如图 a 所示的 ϕ11mm 孔（一个单一要素）与 2×ϕ10mm 的孔（一个成组要素）。组成该多重成组要素的几何要素可以具有不同的几何公差要求（即可以有不同的几何公差框格），其间的方向和/或位置约束有明确或隐含的理论正确尺寸确定，定义该多重成组要素须采用同时性要求符号 SIMi（i 表示序号）表示，如图 a 所示 图 a 的标注中，被测成组要素（pattern）是由对应 SIM1 的 2×ϕ10mm 孔组成的成组要素与 ϕ11mm 孔的单一要素组合而成的多重成组要素，其 2×ϕ10mm 孔的组合公差带与 ϕ11mm 孔的单一公差带之间是相互关联的（在位置和方向上有约束）。两孔的组合公差带与单一公差带在方向上是垂直关系（隐含的 TED）；在位置上，其中心距保持理论正确尺寸（40mm，明确的 TED），解释如图 b 所示 a) 标注示例 b) 有 SIM 时的标注解释　　c) 无 SIM 时的标注解释 如果没有 SIM 修饰符，2×ϕ10mm 孔的组合公差带（两个相距为 50mm、直径为 0.2 的圆柱区域，一个距基准 A 为 20mm，另一个为 30mm）与 ϕ11mm 孔的单一公差带（距基准 A 为 40mm、直径为 0.2 的圆柱区域）是相互独立的，无位置和方向上的约束关系，解释如图 c 所示 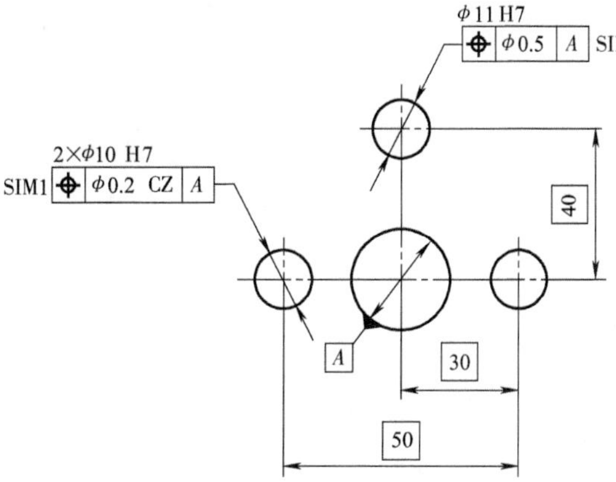 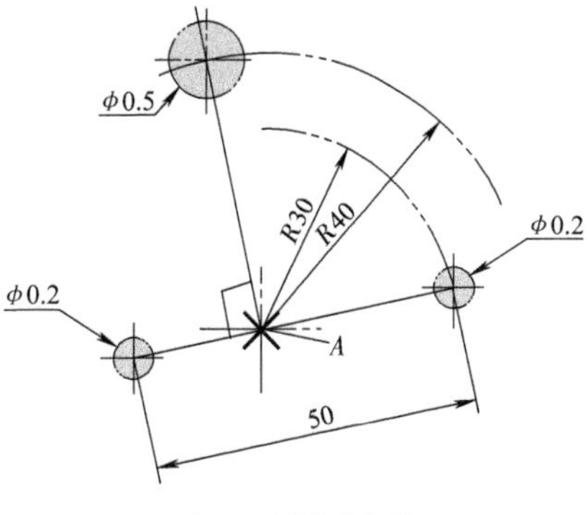 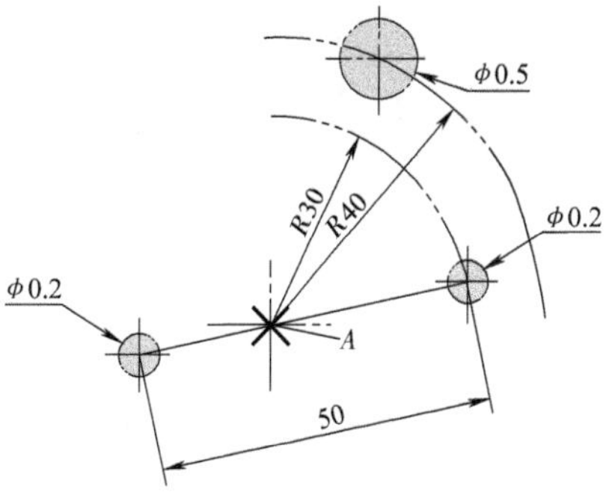

3.1.4.3　几何公差带的偏置规范元素

几何公差带的偏置规范元素对应图 3-5 中的编号 3 和 4。缺省情况下，公差带以理论正确要素（TEF）为参照要素，关于其对称；但是如果允许公差带的中心偏置于 TEF 时，根据是否给定偏置量分别标注 UZ 或 OZ，标注规范及示例见表 3-10。

表 3-10　几何公差带的偏置规范元素的标注规范及示例

符号	标注规范	标注示例
UZ(给定偏置量的)偏置公差带	缺省情况下,由理论正确尺寸确定的轮廓,公差带的中心位于由理论正确尺寸或 CAD 数据定义的理论正确要素(TEF)上。如果允许公差带的中心不位于 TEF 上,但相对于 TEF 有一个给定的偏置量时,应标注符号 UZ,并在其后面给出偏置的方向和偏置量大小。若偏置的公差带中心是向实体外部方向偏置,偏置量前标注"+";若偏置的公差带中心是向实体内部方向偏置,偏置量前标注"-" 　　UZ 规范元素仅可用于组成要素 　　如图所示,轮廓度的公差带中心位于自 TEF 向实体内部方向偏置 0.25mm 的位置上	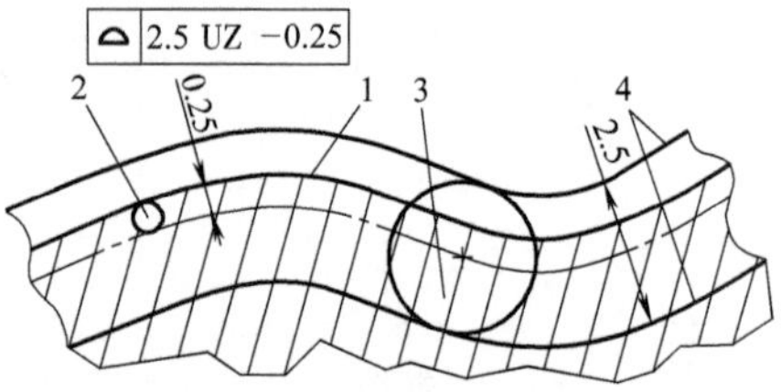 1—理论正确要素(TEF),实体位于该轮廓的下方 2—定义偏置理论要素的球,球径为偏置量 0.25mm 3—定义公差带中心的球,球径为公差带的大小 2.5mm 4—公差带的两界限
	如图是给定偏置量的偏置公差带应用于面轮廓度的示例 　　图中,与基准 F 平行的全周轮廓的面轮廓度的公差带中心位于自由 R20、R40 和 20 等理论正确尺寸确定的理论正确要素(TEF)向实体内偏置 0.1mm 的位置上	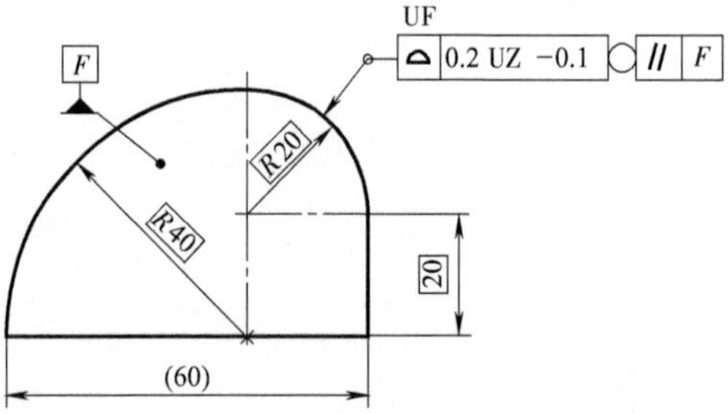 a) 图样标注 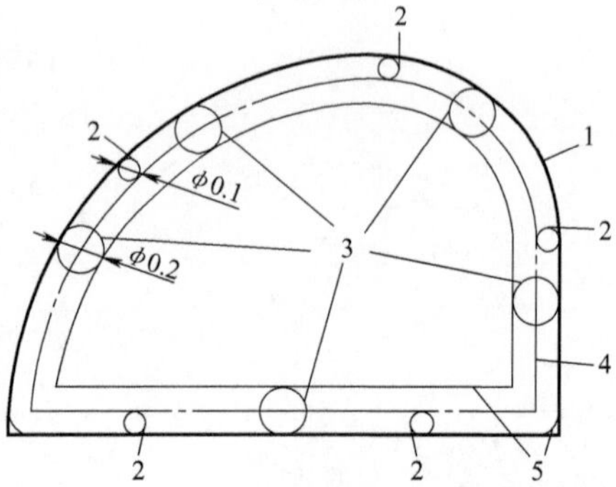 b) 解释 1—由 R20、R40 和 20 等理论正确尺寸确定的理论正确要素(TEF) 2—定义偏置理论要素的球,球径为偏置量 0.1mm,自 TEF 向实体内偏置 3—定义公差带中心的球,球径为公差带的大小 0.2mm 4—公差带的中心 5—公差带的两界限
	如图是给定偏置量的偏置公差带应用在位置度的示例 　　图中,上表面的位置度的公差带中心位于自与基准 P 相距为 20mm 的理论正确平面向实体外部方向偏置 0.003mm 的位置上	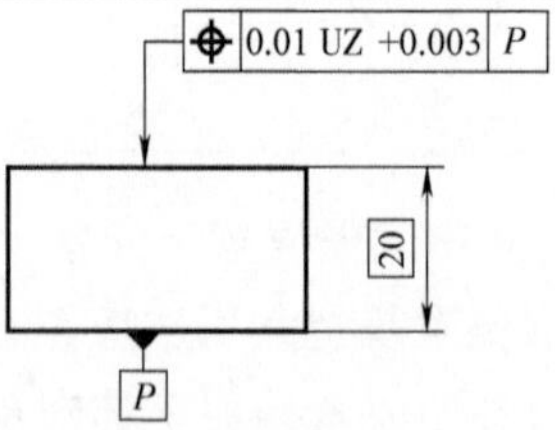 a) 图样标注

（续）

符号	标注规范	标注示例
UZ(给定偏置量的)偏置公差带	如图是给定偏置量的偏置公差带应用在位置度的示例 图中,上表面的位置度的公差带中心位于自与基准 P 相距为 20mm 的理论正确平面向实体外部方向偏置 0.003mm 的位置上	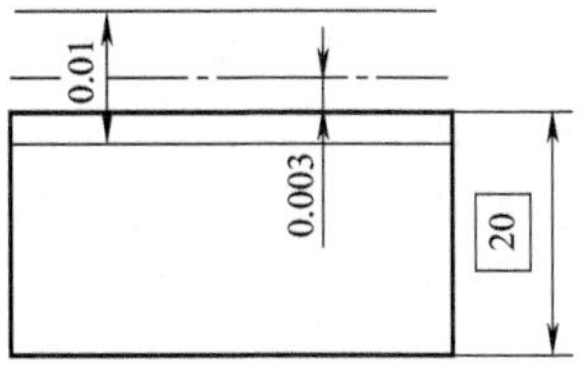 b) 解释
OZ(未给定偏置量的)线性偏置公差带	如果公差带允许相对于 TEF 的对称状态有一个常数的偏置,即允许公差带中心相对于 TEF 有一个常数的偏置,但未规定该常数大小,则在几何公差值后面标注符号 OZ 标注 OZ 时,因为对偏置量没有限制,所以有 OZ 修饰符的公差通常会和一个无 OZ 修饰符的较大公差组合使用。通过这样的方式与较大的、固定的公差带组合使用,偏置公差带可控制被测要素的轮廓形状	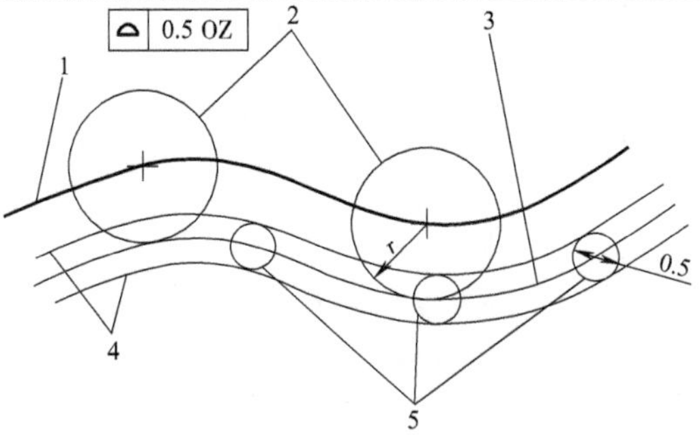 1—理论正确要素(TEF) 2—定义偏置理论要素的球或圆(该球或圆有无穷多个,本图例中画出了两个) 3—偏置理论要素,与 TEF 相距为 r,r—常数,未指定的偏置量 4—公差带的两界限 5—定义公差带的球或圆(该球或圆有无穷多个,本图例中画出了三个)
	如图是未给定偏置量的偏置公差带应用于轮廓度的示例,该图来自于 ISO/DIS 1660—2014 图中,从 H 到 K 的面轮廓度定义了一个具有较大公差值(为 0.2mm)的固定公差带和一个具有较小公差值(为 0.05mm)的未给定偏置量的线性偏置公差带。固定公差带相对于由理论正确尺寸 $R40$、$R20$ 和 20 确定的理论正确要素(TEF)4 对称分布;而偏置公差带相对于理论正确要素(TEF)4 向材料内或向材料外偏置 Δ 两个轮廓度公差的组合使被测要素的轮廓形状和位置均得以控制,其中轮廓形状控制在偏置公差带内,偏置公差带控制在固定公差带内且可在其中浮动	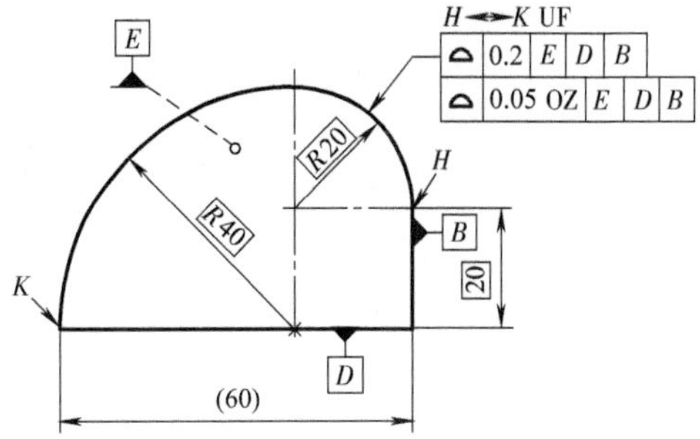 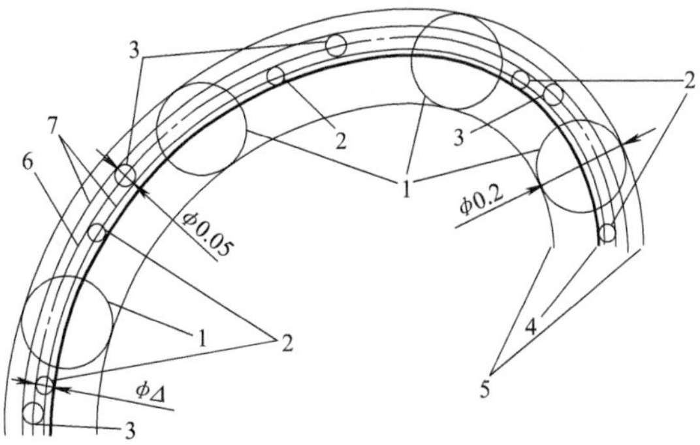 1—定义固定公差带中心的球集,球径为 0.2mm 2—定义偏置公差带中心的球集,球的直径是由偏置理论几何体定义的未给定的常数值 3—定义偏置公差带的球集,球径为 0.05mm 4—由理论正确尺寸确定的公称几何形状(理论正确要素) 5—固定公差带的两边界 6—偏置公差带的中心 7—偏置公差带的两边界

3.1.4.4 被测要素的滤波操作

目前在 GPS 标准中还未规定缺省的滤波器，因此，如果图样或其他技术文件中没有明确给出滤波器，那么就是未使用滤波操作。

被测要素的滤波操作应同时标注滤波器的类型和滤波器的嵌套指数，对应图 3-5 中的编号 5a 和 5b。其中，滤波器的符号及其嵌套指数见表 3-11，标注规范及示例见表 3-12。

表 3-11　滤波器的符号及其嵌套指数类型

序号	符号	滤波器	嵌套指数
1	G	高斯滤波器	截止长度或截止 UPR
2	S	样条滤波器	截止长度或截止 UPR
3	SW	样条小波滤波器	截止长度或截止 UPR
4	CW	复合小波滤波器	截止长度或截止 UPR
5	RG	稳健高斯滤波器	截止长度或截止 UPR
6	RS	稳健样条滤波器	截止长度或截止 UPR
7	OB	开放球滤波器	球半径
8	OH	开放水平线段滤波器	线段长度
9	OD	开放盘滤波器	盘半径
10	CB	封闭球滤波器	球半径
11	CH	封闭水平线段滤波器	线段长度
12	CD	封闭盘滤波器	盘半径
13	AB	交变球滤波器	球半径
14	AH	交变水平线段滤波器	线段长度
15	AD	交变盘滤波器	盘半径
16	F	傅里叶(声波)滤波器	波长或 UPR 数
17	H	包滤波器	H0 表示凸包

注：对于开放型要素，如直线、平面与圆柱体的轴向，嵌套指数是截止长度，以毫米标注。对于封闭型要素，如在圆周方向的圆柱、圆环及球，嵌套指数应以 UPR 标注（波数/转）。

表 3-12　滤波器的标注规范及示例

序号	类型	标注规范及示例	示例解释
1	开放型要素采用低通滤波器	对于低通滤波器，嵌套指数后应添加"-"。嵌套指数以毫米标注 // 0.2 S0.25- V ⟨ // C C ▽ V	规范元素 S 表示使用的是样条滤波器，截止波长为 0.25mm。数值 0.25 后面的"-"表示这是一个低通滤波器，将去除比截止波长短的波。规范要求被测要素必须先使用 0.25mm 的低通样条滤波器进行滤波 在公差框格后边的相交平面框格表示此规范应用于与基准 C 平行的线要素，因此，每条滤波后的线应在与基准 V 平行的公差带范围内，公差带由距离为 0.2mm 的两条直线之间的区域定义

（续）

序号	类型	标注规范及示例	示例解释
2	开放型要素采用高通滤波器	对于高通滤波器,嵌套指数前应添加"-"。嵌套指数以毫米标注 — 0.3 SW-8 ∥ C C	规范元素 SW 表示使用样条小波滤波器,截止波长为 8mm,数值 8 前面的"-"表示这是一个高通滤波器,将去除比截止波长长的波。规范要求被测要素必须先使用 8mm 的高通样条小波滤波器进行滤波。每条滤波后的线应在直线公差带范围内,公差带由距离为 0.3mm 的两条直线之间的区域定义
3	开放型要素采用双侧具有相同滤波器的带通滤波器	对于双侧使用相同的带通滤波器,应当首先给出低通滤波器嵌套指数,然后再给出高通滤波器嵌套指数,并用"-"分开。嵌套指数以毫米标注 — 0.4 G0.25-8 ∥ C C	规范元素 G 表示采用的高斯滤波器。因为有两个用"-"分开的数值,所以规范采用的是带通滤波器。数值 0.25 表示采用 0.25mm 截止波长的低通滤波器去除比截止值短的波;数值 8 表示采用 8mm 截止波长的高通滤波器去除比截止值长的波。滤波后保留波长在 0.25mm 与 8mm 之间的波。每条滤波后的线应在直线公差带范围内,公差带由距离为 0.4mm 的两条平行直线之间的区域定义
4	开放型要素采用双侧具有不同滤波器的带通滤波器	对于双侧使用不同的带通滤波器,应当分别给出每个滤波器的类型的嵌套指数,其中,低通滤波器写在高通滤波器的前面。嵌套指数以毫米标注 — 0.2 S0.08-CW-2.5 ∥ C C	规范元素 S 表示采用的是样条滤波器,截止波长为 0.08mm,数值 0.08 后面的"-"表示这是一个低通滤波器,将去除比截止波长短的波 规范元素 CW 表示采用的是复合小波滤波器,截止波长为 2.5mm,数值 2.5 前面的"-"表示这是一个高通滤波器,将去除比截止波长长的波 规范要求被测要素使用截止波长为 0.08mm 的低通样条滤波器和截止波长为 2.5mm 的高通复合小波滤波器同时进行滤波,每条滤波后的线应在直线公差带范围内,公差带为距离 0.2mm 的两条平行直线之间的区域
5	封闭轮廓采用低通滤波器	对于低通滤波器,嵌套指数后应添加"-"。嵌套指数以 UPR(每周波动数)给出 ◎ 0.01 G50 -	规范元素 G 表示采用高斯滤波器。被测要素是一个封闭轮廓,数值 50 表示 50 UPR,数值后面有"-",这是一个低通滤波器,去除比短波长的波(更高的 UPR 数)。规范要求被测要素采用 50 UPR 的高斯低通滤波器进行滤波。每条滤波后的圆周线应在公差带范围内,公差带为半径差 0.01mm 的两个同心圆之间的区域
6		⌀ 0.05 CB1.5 -	规范元素 CB 表示采用封闭球滤波器。数值 1.5 表示结构元素为半径 1.5mm 的球,数值后面有"-",这是一个低通滤波器,去除比短波长的波(更高的 UPR 数)。滤波后的表面应在公差带范围内,公差带为半径差 0.05mm 的两个同轴圆柱之间的区域

(续)

序号	类型	标注规范及示例	示例解释
7	开放型要素两个方向上采用两种不同的滤波器	开放型要素在两个方向上采用两种不同的滤波器时,如平面。使用相交平面框格指明第一个滤波器所使用的方向,第二个滤波器所使用的方向应与第一滤波器的方向垂直,并使用"×"分隔两个滤波器的标注。如果两个滤波器是相同类型的,滤波器的类型不得标注两次 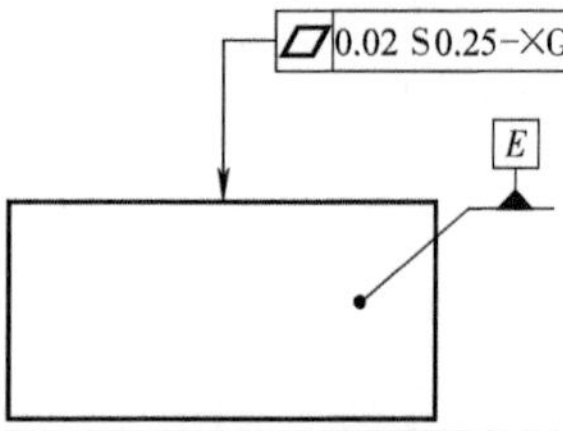 ▱ 0.02 S0.25-×G0.8- // E E	规范元素 S 表示在由相交平面框格指定的方向上采用样条滤波器滤波,"0.25-"表示采用0.25mm 截止波长的低通滤波器;规范元素 G 表示在与相交平面框格指定的方向垂直的方向上采用高斯滤波器,"0.8-"表示采用 0.8mm 截止波长的低通滤波器去除比截止值短的波长。"×"将两个滤波器标注分开。滤波后的表面应在距离0.02mm 的两个平行平面之间
8	一个方向上开放另一个方向封闭的要素采用的滤波器	对于在一个方向上开放,而在另一个方向上封闭的要素,如圆柱,开放方向上的滤波器应在封闭方向的滤波器之前标注,并用"×"分隔两个滤波器的标注。如果两个滤波器是相同类型的,滤波器的类型不得标注两次 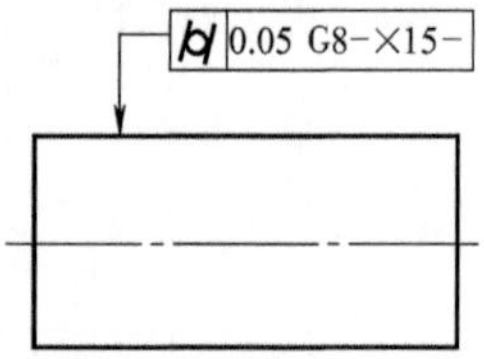 ⌀ 0.05 G8-×15-	规范元素 G 表示采用的是高斯滤波器。被测要素在轴线方向上是开放要素,在圆周方向上是封闭要素。因为在轴线方向上的嵌套指数是以 mm 给出的,在圆周方向上的嵌套指数是以 UPR 给出的。根据约定,轴线方向上的滤波值应先于圆周滤波值给出。"8-"表示在轴线方向采用截止波长为 8mm 的低通滤波器,"15-"表示在圆周方向采用嵌套指数为 15 UPR 的低通滤波器。"×"将两个滤波器标注分开
9	采用傅里叶滤波器	对于仅用傅里叶滤波器,标注规范元素 F,当其应用单一的谐波(波长或 UPR 数)时,应标注单一数值。如果包含一系列谐波的滤波要素时,则应遵循表中上述规则进行标注 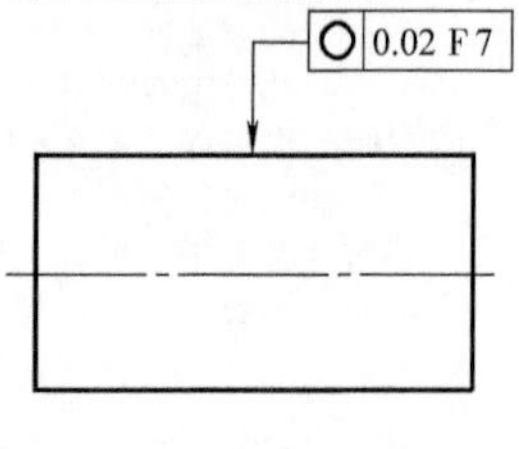 ◯ 0.02 F 7	规范元素 F(傅里叶)表示用于一个单一谐波(波长或 UPR 数)或一系列谐波。数值 7 表示 7 UPR 为确定的谐波。因此,规范应用于被测要素的第 7 次谐波。每条滤波后的圆周线应在公差带范围内,公差带为半径差 0.02mm 的两个同心圆之间的区域 图中,如果标注为"F7-",表示规范应用于被测要素包含了比 7UPR 长的或相等的谐波成分(较小的 PR 数),即所有的谐波成分是从 1 到 7 UPR 的波形。如果标注为"F-7",表示规范应用于被测要素包含了所有比标注值短的或相等的谐波成分(较大的 UPR 数),即所有的谐波成分是 7 UPR 以上的波形。如果标注为"F7-2",表示规范应用于被测要素包含了在一定的谐波范围内的谐波成分,即谐波成分在 2 UPR 到 7 UPR 之间
10	采用包滤波器	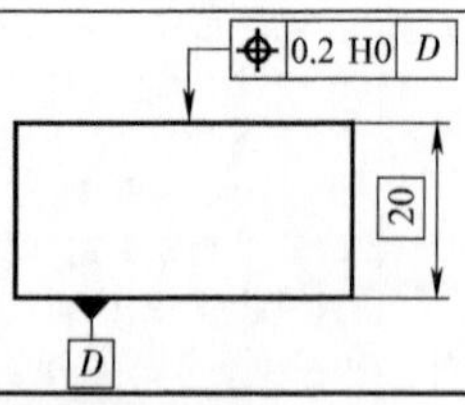 ⊕ 0.2 H0 D 20 D	规范元素 H 表示被测要素须采用包滤波器。数值 0 表示该滤波器是凸包滤波器。滤波后的表面应在距离 0.2mm 的两个平面范围内,它们相对于基准 D 的方向和位置都是理论正确状态

3.1.4.5 关联被测要素的拟合操作

对于有方向和位置公差要求的被测要素(即关联被测要素),缺省情况下,几何公差规范是对所标注的实际提取组成要素或导出要素的要求,而当几何公差值后面带有最大内切(Ⓧ)、最小外接(Ⓝ)、最小二乘(Ⓖ)、最小区域(Ⓒ)、贴切(Ⓣ)等符号时,表示的是对被测要素的拟合要素的几何公差要求。

符号Ⓒ、Ⓖ、Ⓝ、Ⓣ和Ⓧ是拟合被测要素的规范元素,对应图 3-5 中的编号 6,它仅用于有基准的公差要求，如方向公差和位置公差，标注规范和示例见表3-13。如果拟合被测要素的规范元素与滤波器规范元素一起使用，则拟合是对滤波后的非理想要素进行的操作。

拟合被测要素的范围应与其拟合的要素范围一致。当被测要素为导出要素时，拟合的要素应是间接拟合要素，见 ISO 22432。拟合被测要素的规范元素不得与下列规范元素一并使用：（评定）参照要素的拟合规范元素见 3.1.4.8 节，参数的规范元素见 3.1.4.8 节或实体状态的规范元素见 3.1.4.9 节。

表 3-13　拟合被测要素的规范元素标注规范及示例

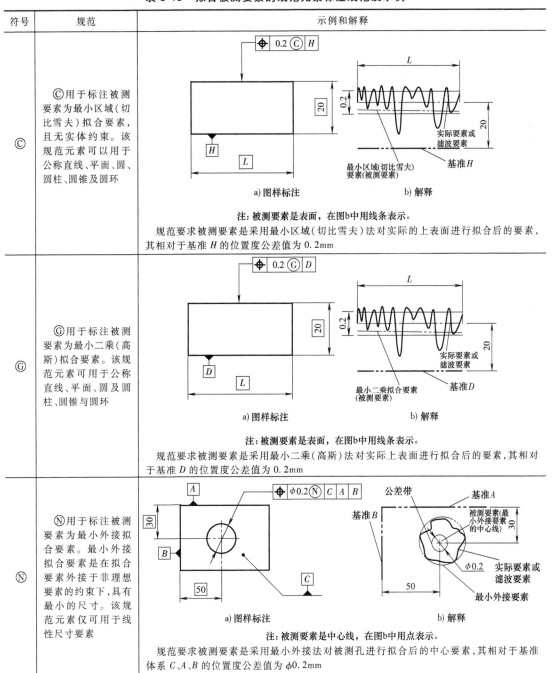

符号	规范	示例和解释
Ⓒ	Ⓒ用于标注被测要素为最小区域（切比雪夫）拟合要素，且无实体约束。该规范元素可以用于公称直线、平面、圆、圆柱、圆锥及圆环	a) 图样标注　　　b) 解释 注：被测要素是表面，在图b中用线条表示。 规范要求被测要素是采用最小区域（切比雪夫）法对实际的上表面进行拟合后的要素，其相对于基准H的位置度公差值为 0.2mm
Ⓖ	Ⓖ用于标注被测要素为最小二乘（高斯）拟合要素。该规范元素可用于公称直线、平面、圆及圆柱、圆锥与圆环	a) 图样标注　　　b) 解释 注：被测要素是表面，在图b中用线条表示。 规范要求被测要素是采用最小二乘（高斯）法对实际上表面进行拟合后的要素，其相对于基准D的位置度公差值为 0.2mm
Ⓝ	Ⓝ用于标注被测要素为最小外接拟合要素。最小外接拟合要素是在拟合要素外接于非理想要素的约束下，具有最小的尺寸。该规范元素仅可用于线性尺寸要素	a) 图样标注　　　b) 解释 注：被测要素是中心线，在图b中用点表示。 规范要求被测要素是采用最小外接法对被测孔进行拟合后的中心要素，其相对于基准体系C、A、B的位置度公差值为 φ0.2mm

（续）

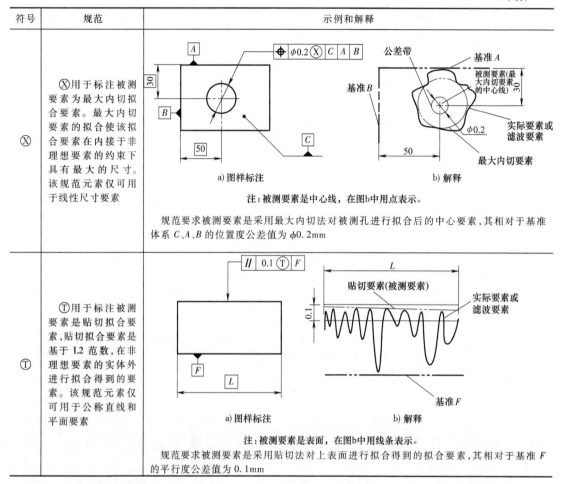

符 号	规 范	示例和解释
Ⓧ	Ⓧ用于标注被测要素为最大内切拟合要素。最大内切要素的拟合使该拟合要素在内接于非理想要素的约束下具有最大的尺寸。该规范元素仅可用于线性尺寸要素	a) 图样标注 b) 解释 注：被测要素是中心线，在图b中用点表示。 规范要求被测要素是采用最大内切法对被测孔进行拟合后的中心要素，其相对于基准体系 C、A、B 的位置度公差值为 $\phi 0.2$mm
Ⓣ	Ⓣ用于标注被测要素是贴切拟合要素，贴切拟合要素是基于 L2 范数，在非理想要素的实体外进行拟合得到的要素。该规范元素仅可用于公称直线和平面要素	a) 图样标注 b) 解释 注：被测要素是表面，在图b中用线条表示。 规范要求被测要素是采用贴切法对上表面进行拟合得到的拟合要素，其相对于基准 F 的平行度公差值为 0.1mm

3.1.4.6 导出被测要素

导出被测要素符号有Ⓐ和Ⓟ，对应图 3-5 中的编号 7，其中符号有Ⓐ的规范见表 3-6。符号Ⓟ用于标注延伸被测要素，此时被测要素是要素的延伸部分或其导出要素，标注规范和示例见表 3-14。

延伸被测要素是一个从实际要素中构建出来的拟合要素。延伸要素的缺省拟合方法是相应的实际要素与无约束实体外接触的拟合要素之间的最大距离为最小。

表 3-14 延伸被测要素的标注规范和示例

序号	类型	规范	示例
1	被测要素延伸长度直接在图样上用TED标注	当使用"虚拟"的组成要素直接在图样上标注延伸被测要素的长度时，该虚拟要素采用细长双点画线绘制，同时延伸长度用理论正确尺寸（TED）标注在修饰符Ⓟ后面	Ⓟ 25 ϕt Ⓟ

（续）

序号	类型	规范	示 例
2	被测要素延伸长度间接标注在公差框格中	当在公差框格中间接地标注延伸被测要素的长度时，数值应标注在修饰符 Ⓟ 的后面，如右图所示。此时可以省略代表延伸要素的细长双点画线 这种间接标注的使用仅限于不通孔	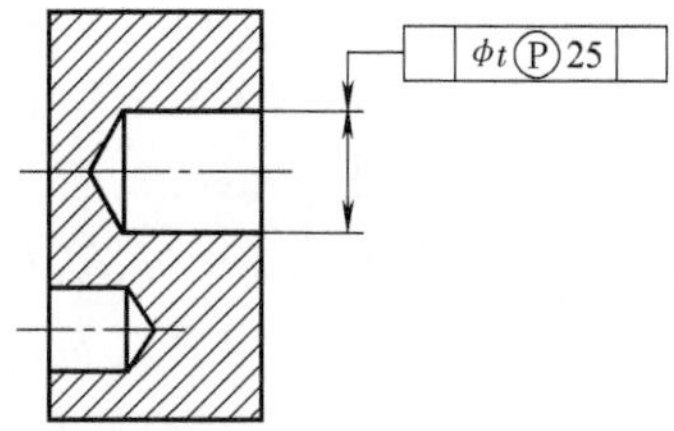 ϕt Ⓟ 25
3	延伸要素的参考平面	延伸要素的起点采用参考平面来构建 参考平面是与所考虑要素相交的第一个平面，如右图中的1。参考平面是一个对实际要素的拟合平面，并且与延伸要素垂直	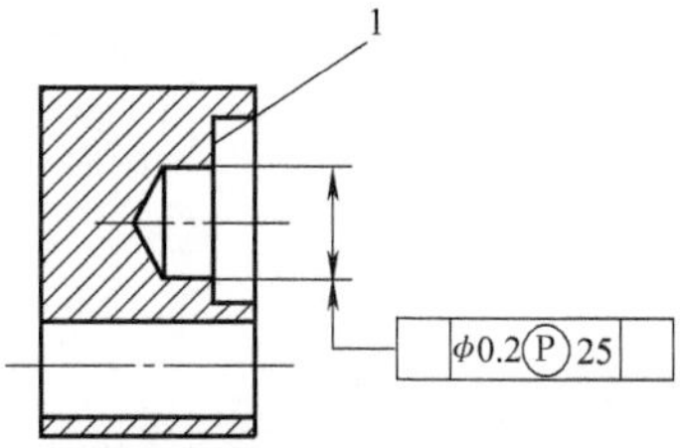 $\phi 0.2$ Ⓟ 25 1—定义被测要素起点的参考平面
4	延伸要素的起点与参考表面有偏离的直接标注和间接标注	延伸要素的起点缺省位于参考平面上，终点位于沿起点向延伸要素实体外方向上的延伸长度处。如果延伸要素的起点与参考表面有偏离，应采用如下方式来标注： 若直接标注，应使用 TED 来规定偏离量，如右图示	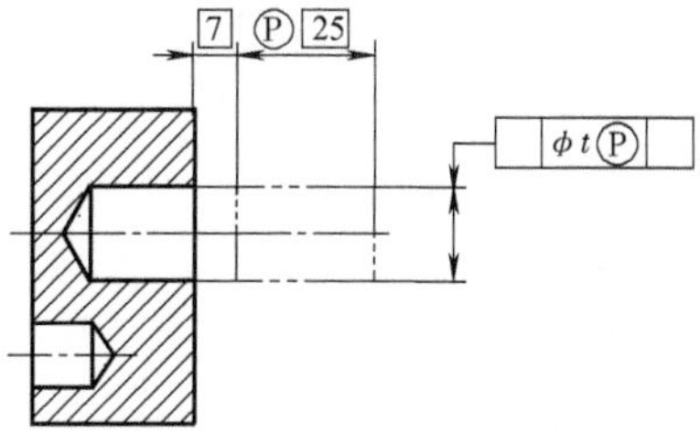 7 Ⓟ 25 ϕt Ⓟ
		若间接标注，修饰符 Ⓟ 后的第一个数值表示参考平面到延伸被测要素的最远界限距离，第二个数值前面有一个减号，表示参考平面到延伸要素的最近界限距离；延伸要素的长度为这两个数值的差值	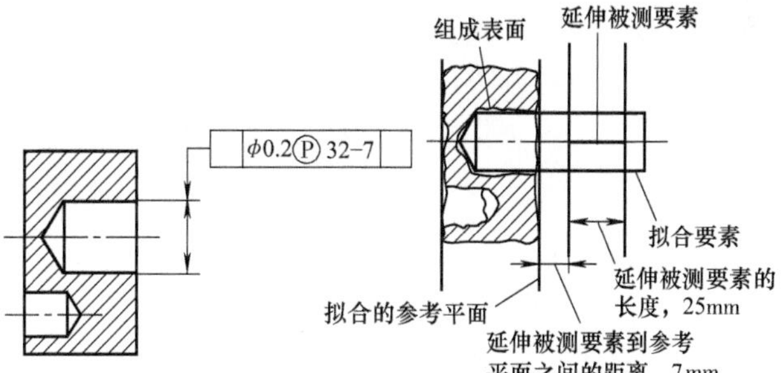 $\phi 0.2$ Ⓟ 32-7 a) 间接标注 组成表面 延伸被测要素 拟合要素 延伸被测要素的长度，25mm 拟合的参考平面 延伸被测要素到参考平面之间的距离，7mm b) 间接标注的解释
5	Ⓟ 可以与其他修饰符一起使用	修饰符 Ⓟ 可以根据需要与其他规范修饰符一起使用。右图示是 Ⓟ 与 Ⓐ 修饰符一起使用的示例	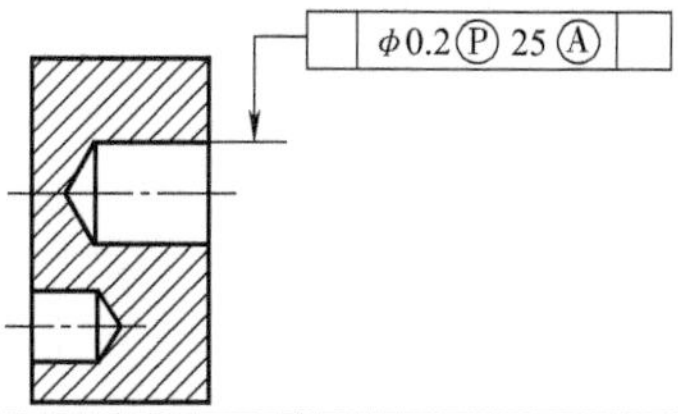 $\phi 0.2$ Ⓟ 25 Ⓐ

3.1.4.7 （评定）参照要素的拟合规范元素

（评定）参照要素的拟合规范元素仅用于无基准要求的形状公差，对应图3-5中的编号8。对于有形状公差要求的被测要素，为确定被测要素的理想要素的位置，即（评定）参照要素，需进行拟合操作。其拟合操作方法及规范元素（符号）有：无约束的最小区域（切比雪夫）拟合（符号 C）、有实体外约束的最小区域拟合（符号 CE）、有实体内约束的最小区域拟合（符号 CI）、无约束的最小二乘拟合（符号 G）、有实体外约束的最小二乘拟合（符号 GE）、有实体内约束的最小二乘拟合（符号 GI）、最小外接拟合（符号 N）和最大内切拟合（符号 X）等。其中，无约束的最小区域（切比雪夫）拟合 C 是缺省的（评定）参照要素，即如果工程图样上无相应的符号专门规定，确定（评定）参照要素的拟合一般缺省为最小区域拟合。标注规范和示例见表 3-15。

注意，对被测要素同时采用滤波规范元素和（评定）参照要素规范元素时，滤波器规范元素必须位于（评定）参照要素规范元素之前，且滤波器规范元素后面必须标注嵌套指数值，而（评定）参照要素规范元素仅有字母。

表 3-15　（评定）参照要素的拟合规范元素标注规范及示例

符号	规范	示例及解释
C	C 用于标注无约束的最小区域（切比雪夫）拟合。它使被测要素上的最远点与（评定）参照要素之间的最大距离为最小。C 可以缺省不标注 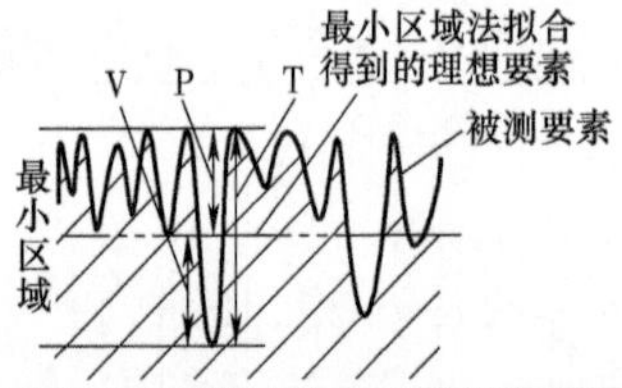	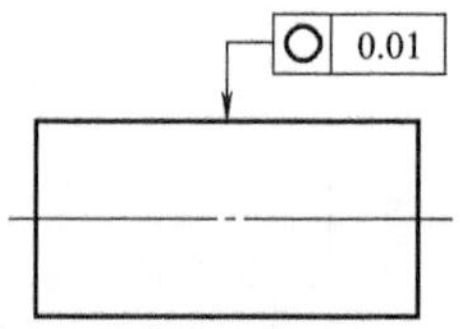 （评定）参照要素采用了缺省标注，规范要求采用最小区域法拟合法确定（评定）参照要素（理想要素）的位置
CE	CE 用于标注有实体外约束的最小区域（切比雪夫）拟合。它使被测要素上的最远点与（评定）参照要素之间的最大距离为最小，同时保持（评定）参照要素在实体的外部 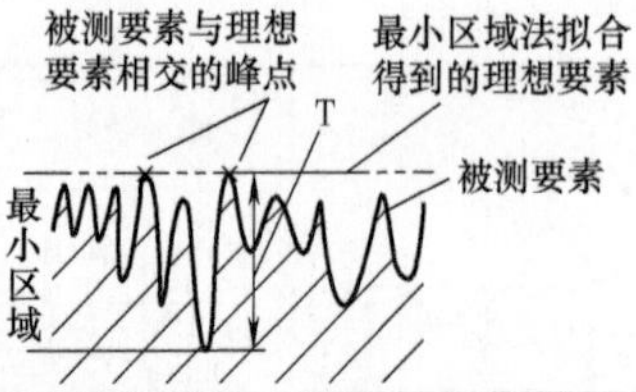	
CI	CI 用于标注有实体内约束的最小区域（切比雪夫）拟合。它使被测要素上的最远点与（评定）参照要素之间的最大距离为最小，同时保持（评定）参照要素在实体的内部 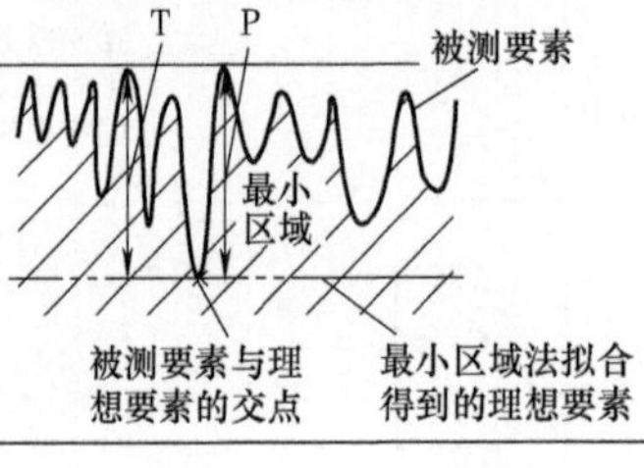	
G	G 用于标注无约束的最小二乘拟合。它使被测要素与（评定）参照要素之间距离的平方和为最小	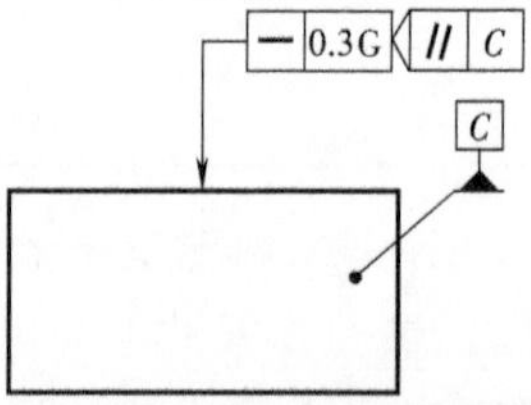 符号 G 表示采用最小二乘拟合法确定（评定）参照要素的位置，直线度允许值为 0.3mm

（续）

符号	规范	示例及解释
GE	GE 用于标注有实体外约束的最小二乘拟合。它使被测要素与（评定）参照要素之间距离的平方和为最小，同时保持（评定）参照要素在实体的外部	
GI	GI 用于标注有实体内约束的最小二乘拟合。它使被测要素与（评定）参照要素之间距离的平方和为最小，同时保持（评定）参照要素在实体的内部	
N	N 用于标注最小外接拟合。它仅适用于线性尺寸的被测要素。当（评定）参照要素完全处于被测要素的外部时，它使（评定）参照要素的尺寸为最小 被测尺寸要素　拟合要素的尺寸（最小的）　最小外接拟合要素	0.01 G50－N 几何公差框格第二格中，"G50－"表示采用截止波长为 50 UPR 的高斯低通滤波器进行滤波，符号 N 表示采用最小外接拟合法确定（评定）参照要素的位置
X	X 用于标注最大内切拟合。它仅适用于线性尺寸的被测要素。当（评定）参照要素完全处于被测要素的内部时，它使（评定）参照要素的尺寸为最小 被测尺寸要素　拟合要素的尺寸（最大的）　最大内切要素	

3.1.4.8 参数规范元素

参数规范元素仅用于无基准要求的形状规范，目的是规范形状特征值的评估操作，对应图 3-5 中的编号 9，其可用的规范评估参数有：峰谷参数（T）、峰高参数（P）、谷深参数（V）和均方根参数（Q）。评估参数为可选规范元素，缺省参数为峰谷参数（T）。标注规范和示例见表 3-16。

3.1.4.9 实体状态规范元素

实体要求规范元素Ⓜ、Ⓛ和Ⓡ是可选的规范元素，对应图 3-5 中的编号 10，标注规范和示例见表 3-17，其他详见 3.3 节。

表 3-16 参数规范元素标注规范和示例

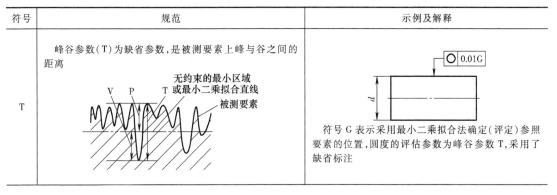

符号	规范	示例及解释
T	峰谷参数（T）为缺省参数，是被测要素上峰与谷之间的距离 无约束的最小区域或最小二乘拟合直线　被测要素 V　P　T	0.01G 符号 G 表示采用最小二乘拟合法确定（评定）参照要素的位置，圆度的评估参数为峰谷参数 T，采用了缺省标注

（续）

符 号	规 范	示例及解释
P	峰高参数（P）是被测要素上的峰点与（评定）参照要素之间的距离。P仅相对于最小区域（切比雪夫）拟合和最小二乘拟合进行定义，即拟合规范元素C和G	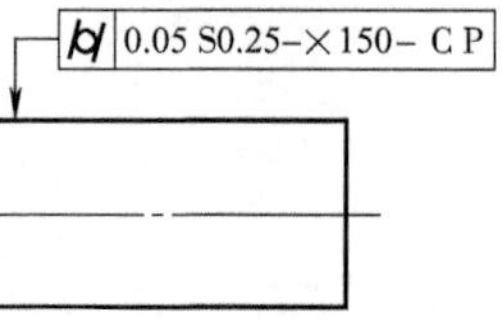 ⌀0.05 S0.25-×150- C P 符号S表示采用样条滤波器滤波，"0.25-"表示在圆柱轴线方向用截止波长为0.25mm的低通滤波器滤波，"150-"表示在圆柱圆周方向用嵌套指数为150UPR的低通滤波器滤波。符号C表示采用最小区域拟合法确定（评定）参照要素的位置，符号P表示圆柱度的评估参数为峰高参数
V	谷深参数（V）是被测要素上的谷点与（评定）参照要素之间的距离。V仅相对于最小区域（切比雪夫）拟合和最小二乘拟合进行定义，即拟合规范元素C和G	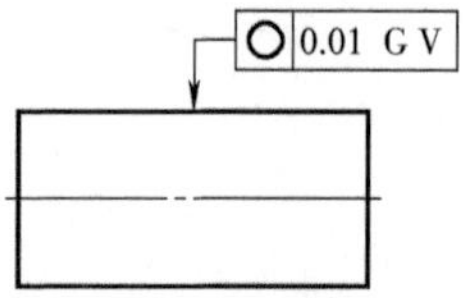 ⭕0.01 G V 符号G表示采用最小二乘拟合法确定（评定）参照要素的位置，符号V表示圆度的评估参数为谷深参数
Q	Q用于标注被测要素相对于（评定）参照要素的残差平方和的平方根或标准差 对于线性要素：$Q = \sqrt{\dfrac{1}{l}\int_0^l Z^2(x)\,\mathrm{d}x}$ 对于区域要素：$Q = \sqrt{\dfrac{1}{a}\int_0^a Z^2(x)\,\mathrm{d}x}$ 式中：l为被测要素的长度；a为被测要素的面积；x为在被测要素上的位置；$Z(x)$为被测要素的局部偏差函数，$Z(x)$的原点是（评定）参照要素	

表3-17 实体状态规范元素标注规范和示例

符 号	规 范	标 注 示 例
Ⓜ	可根据需要应用于被测要素和/或基准要素，规范元素标注在相应公差值和/或基准字母的后面	⌖ ⌀0.04 Ⓜ A　　⌖ ⌀0.04 A Ⓜ　　⌖ ⌀0.04 Ⓜ A Ⓜ a) 被测要素应用MMR　　b) 基准要素应用MMR　　c) 被测要素和基准要素均应用了MMR
Ⓛ		⌖ ⌀0.5 Ⓛ A　　⌖ ⌀0.5 A Ⓛ　　⌖ ⌀0.5 Ⓛ A Ⓛ a) 被测要素应用LMR　　b) 基准要素应用LMR　　c) 被测要素和基准要素均应用了LMR
Ⓡ	只可用于被测要素，不能用于基准要素，同时Ⓡ不能单独使用，需要和Ⓜ或Ⓛ一起使用	⌖ ⌀0.3 Ⓜ Ⓡ A　　◎ ⌀0.1 Ⓛ Ⓡ A a)　　　　　　　　　b)

3.1.4.10 自由状态规范元素

自由状态是零件只受到重力作用时的状态，对应图3-5中的编号10。对于非刚性零件，其自由状态条件符号Ⓕ标注在几何公差值后面，标注规范和示例如图3-6所示，其他详见GB/T

图3-6 非刚性零件自由状态的标注

16892—1997。

3.1.5 辅助要素框格的标注规范

辅助要素框格有相交平面框格、定向平面框格、方向要素框格和组合平面框格，它们可标注在几何公差框格的右侧。如果需标注其中的若干个时，相交平面框格应在最接近几何公差框格的位置标注，其次是定向平面框格或方向要素框格（这两个不应同时标注），最后是组合平面框格。当标注此类框格中的任何一个时，指引线可连接在几何公差框格的左侧或右侧，或最后一个辅助要素框格上，如图 3-3 所示。

3.1.5.1 相交平面

相交平面是由工件的提取要素建立的平面，用于标识提取表面上的一条线或提取线上的一个点。使用相交平面可以定义线要素的方向，如面内的线的直线度、线轮廓度、一个线要素的方位和表面上全周符号规范的线。

用于建立相交平面的恒定类仅有回转类（如圆锥或圆环）、圆柱类（如圆柱）和平面类（如平面）。相交平面的标注规范和示例见表 3-18。

表 3-18 相交平面的标注规范和示例

类型	规 范	示例及解释
相交平面的图样表达	1）相交平面用放置到几何公差框格右面的相交平面框格（ // B 、 ⊥ B 、 ∠ B 或 ≡ B ）表示 2）相交平面框格的第一个格中放置相交平面相对于基准的构建方式符号，如"//""⊥""∠"和"≡"。其中，"//"表示与基准平行；"⊥"表示与基准垂直；"∠"表示与基准呈一定的夹角；"≡"表示相交平面对称于（包含）基准要素 3）相交平面框格的第二格中放置基准字母，如字母"B"，该字母与标注在图中的基准要素对应 4）根据需要，指引线可与相交平面的框格相连，而不与几何公差框格相连	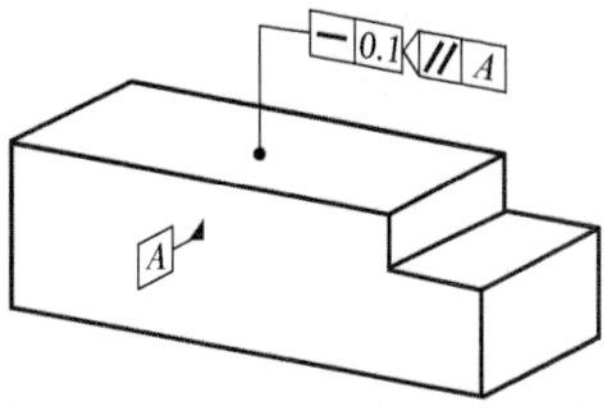 相交平面框格 // A 表示被测要素是提取表面上与基准平面 A 平行的直线，规范要求这些直线的直线度允许值为 0.1mm 相交平面框格 ⊥ A 表示被测要素是提取表面上与基准平面 A 垂直的直线，规范要求这些直线的直线度允许值为 0.1mm 相交平面框格 ≡ A 表示被测要素是提取表面上以对称于（包含）轴线 A 建立的相交平面上的轮廓曲线，规范要求这些轮廓曲线的轮廓度允许值为 0.1mm

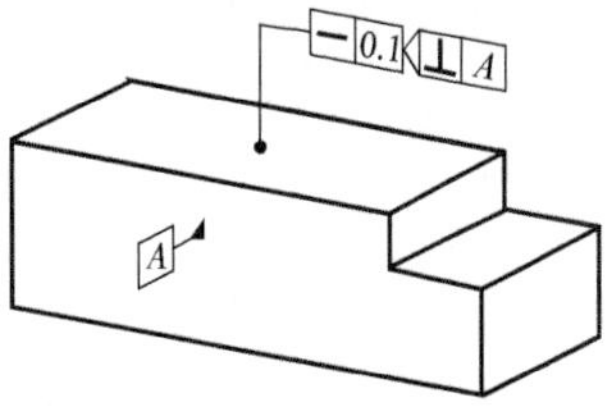

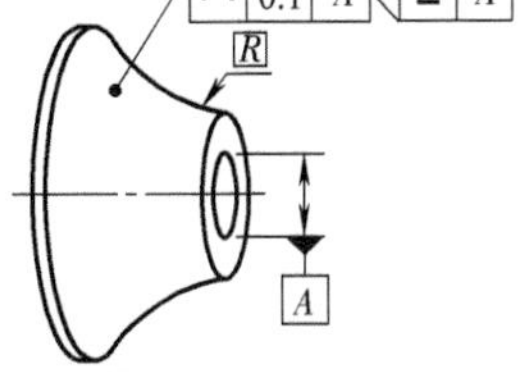

（续）

类型	规 范	示例及解释
相交平面的应用规则	1）除圆柱、圆锥或球的母线的直线度或圆度外,当被测要素是组成要素上的一条线时,应标注相交平面,以避免对被测要素产生误解 2）当被测要素是一个要素在给定方向上的所有直线,而且公差符号没有清晰地表明被测要素是平面要素还是要素上的直线时,应使用相交平面框格来表示出被测要素是要素上的直线和这些直线的方向,如右图所示 3）相交平面应按照平行于、垂直于、呈一定的角度于或对称于（包含）在相交平面框格第二框格中所给出的基准来建立,并不产生额外的方向约束	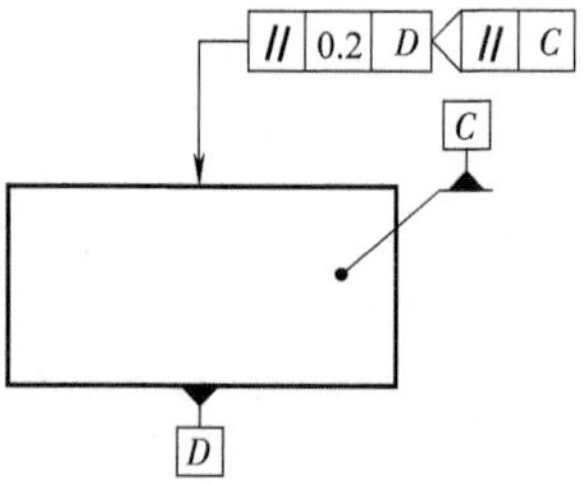 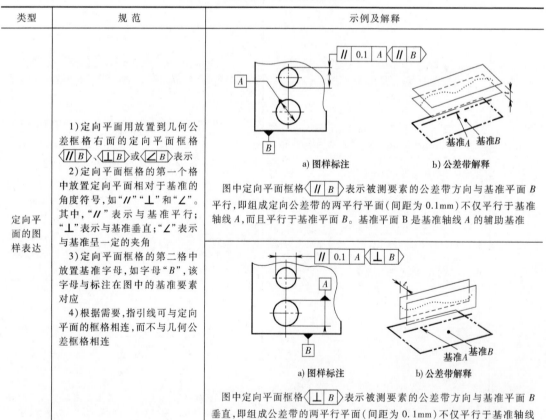

3.1.5.2 定向平面

定向平面是由工件的提取要素建立的平面,用于标识公差带的方向。当被测要素是导出要素（中心线或中心点）,且公差带由两个平行平面或圆柱面限定的情况下,可以使用定向平面定义公差带的方向,如给定方向的平行度、给定方向的垂直度等。也可以使用定向平面定义被测要素为矩形局部区域时公差带的方向。用于建立定向平面的恒定类仅有回转类（如圆锥或圆环）、圆柱类（如圆柱）和平面类（如平面）。定向平面的标注规范和示例见表3-19。

表3-19 定向平面的标注规范和示例

类型	规 范	示例及解释
定向平面的图样表达	1）定向平面用放置到几何公差框格右面的定向平面框格 $\langle\!/\!/\,B\rangle$、$\langle\perp B\rangle$ 或 $\langle\angle B\rangle$ 表示 2）定向平面框格的第一个格中放置定向平面相对于基准的角度符号,如"//""⊥"和"∠"。其中,"//"表示与基准平行;"⊥"表示与基准垂直;"∠"表示与基准呈一定的夹角 3）定向平面框格的第二格中放置基准字母,如字母"B",该字母与标注在图中的基准要素对应 4）根据需要,指引线可与定向平面的框格相连,而不与几何公差框格相连	a) 图样标注　　b) 公差带解释 图中定向平面框格 $\langle\!/\!/\,B\rangle$ 表示被测要素的公差带方向与基准平面 B 平行,即组成定向公差带的两平行平面（间距为0.1mm）不仅平行于基准轴线 A,而且平行于基准平面 B。基准平面 B 是基准轴线 A 的辅助基准 a) 图样标注　　b) 公差带解释 图中定向平面框格 $\langle\perp B\rangle$ 表示被测要素的公差带方向与基准平面 B 垂直,即组成公差带的两平行平面（间距为0.1mm）不仅平行于基准轴线 A,而且垂直于基准平面 B。基准平面 B 是基准轴线 A 的辅助基准

（续）

类型	规 范	示例及解释
定向平面的图样表达	1）定向平面用放置到几何公差框格右面的定向平面框格 $\langle\!/\!/\ B\rangle$、$\langle\perp B\rangle$ 或 $\langle\angle B\rangle$ 表示 2）定向平面框格的第一个格中放置定向平面相对于基准的角度符号，如"$/\!/$""$\perp$"和"$\angle$"。其中，"$/\!/$"表示与基准平行；"$\perp$"表示与基准垂直；"$\angle$"表示与基准呈一定的夹角 3）定向平面框格的第二格中放置基准字母，如字母"B"，该字母与标注在图中的基准要素对应 4）根据需要，指引线可与定向平面的框格相连，而不与几何公差框格相连	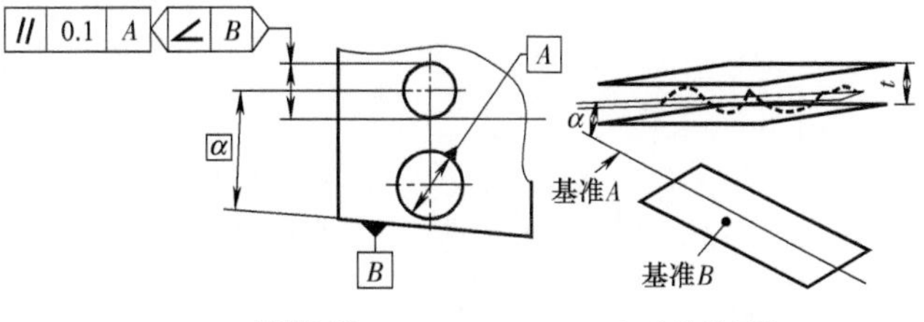 a）图样标注　　　　b）公差带解释 图中定向平面框格 $\langle\angle\ B\rangle$ 表示被测要素的公差带方向与基准平面 B 呈一定的夹角 α（图中注明的：理论正确角度），即组成定向公差带的两平行平面（间距为 0.1mm）不仅平行于基准轴线 A，而且与基准平面 B 呈一定的夹角 α（理论正确角度）
定向平面的应用规则	当被测要素是一个笛卡儿坐标系中某个方向上控制的点或中心线时，或者是需要控制矩形局部区域的方向时，应标注定向平面，如右图所示 若几何规范中包含定向平面框格，则应符合下列规则： 1）当定向平面所定义的角度等于 0° 或 90° 时，应分别使用"$/\!/$"或"$\perp$"符号 2）当定向平面所定义的角度不是 0° 或 90° 时，应使用"$\angle$"符号，并且应清晰地定义出定向平面与定向平面框格中最右侧的基准之间的理论夹角	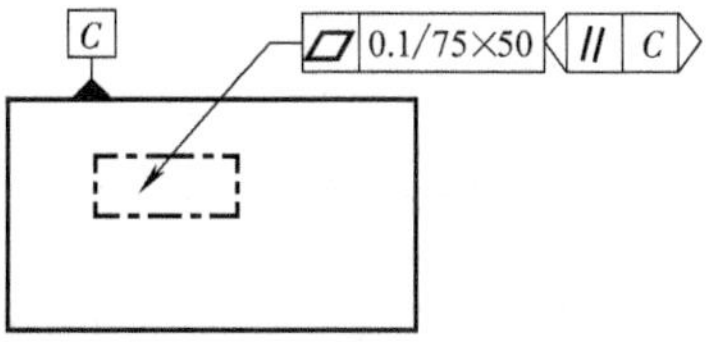 定向平面框格 $\langle\!/\!/\ C\rangle$ 表示矩形局部区域（75mm×50mm）被测要素的公差带方向与基准平面 C 平行，即组成形状公差带的两平行平面（间距为 0.1mm）应沿被测矩形局部区域（75mm×50mm）的长度方向（75mm）与基准平面 C 保持平行

3.1.5.3　方向要素

由工件的提取要素建立的要素，用于标识公差带宽度的方向。当被测要素是组成要素且公差带的宽度与规定的几何要素表面不垂直时，应使用方向要素。对于非圆柱形或非球形要素的圆度，应使用方向要素来标识公差带宽度的方向。

用于建立方向要素的恒定类仅有回转类（如圆锥或圆环）、圆柱类（如圆柱）和平面类（如平面）。方向要素的标注规范和示例见表 3-20。

表 3-20　方向要素的标注规范和示例

类型	规 范	示例及解释
方向要素的图样表达	1）方向要素用放置到几何公差框格右面的方向要素框格 $\langle\!/\!/\ C\rangle$、$\langle\perp C\rangle$、$\langle\angle C\rangle$ 或 $\langle/\ C\rangle$ 表示 2）方向要素框格的第一个格中放置平行度"$/\!/$"、垂直度"$\perp$"、倾斜度"$\angle$"或跳动"$/$"方向符号 3）方向要素框格的第二个格中放置基准字母，如字母"C"，该字母与标注在图中的基准要素对应 4）根据需要，指引线可与组合平面的框格相连，而不与几何公差框格相连	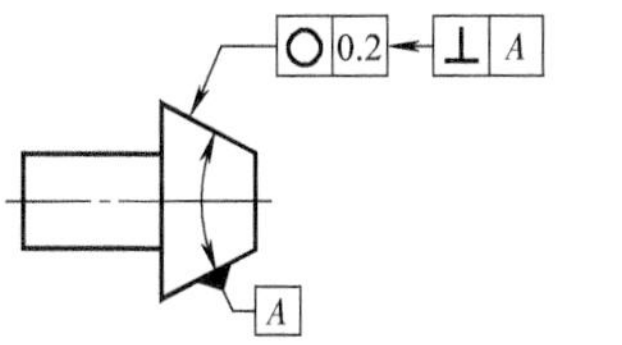 方向要素框格 $\langle\perp A\rangle$ 表示圆度规范在垂直于被测要素的轴线方向上，即径向圆度

（续）

类型	规 范	示例及解释
方向要素的图样表达	1）方向要素用放置到几何公差框格右面的方向要素框格 ←∥C、←⊥C、←∠C 或 ←⁄C 表示 2）方向要素框格的第一个格中放置平行度"∥"、垂直度"⊥"、倾斜度"∠"或跳动"⁄"方向符号 3）方向要素框格的第二格中放置基准字母，如字母"C"，该字母与标注在图中的基准要素对应 4）根据需要，指引线可与方向要素的框格相连，而不与几何公差框格相连	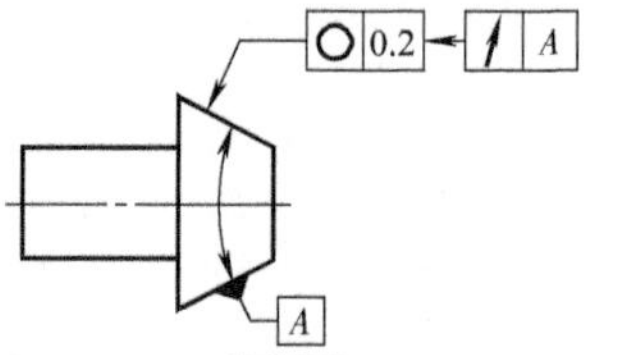 方向要素框格 ←⁄A 表示圆度规范在被测要素表面垂直的方向上 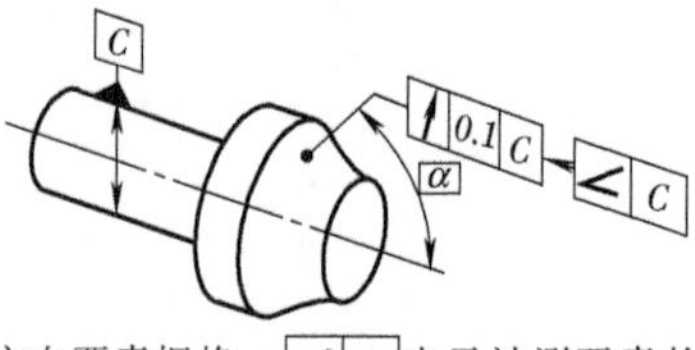 方向要素框格 ←∠C 表示被测要素的方向在与基准 C 呈一定的理论夹角 α 的方向上图中的 α 角必须标注出，即使它等于 90°
方向要素的应用规则	若几何规范中包含方向要素框格，则应符合下列规则： 1）公差带的宽度方向应参照方向要素框格中标注的基准来建立 2）当方向定义为与被测要素的表面垂直时，应使用跳动符号，并且被测要素（或其导出要素）应在方向要素框格中作为基准来标注 3）当方向所定义的角度为等于 0°或 90°时，应分别使用平行度符号或垂直度符号 4）当方向所定义的角度不是 0°或 90°时，应使用倾斜度符号，而且应清晰地定义出方向要素与方向要素框格的基准之间的 TED 夹角 5）当由几何公差框格所定义的基准要素与用于建立方向要素的要素相同时，则可以省略方向要素，如右图所示	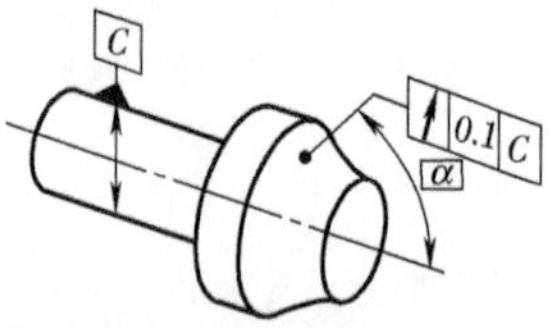 该图中的方向要素省略未注

3.1.5.4 组合平面

组合平面是由工件上的一个要素建立的平面，用于定义封闭的组合连续要素。当使用"全周"符号时，应同时使用组合平面框格定义，此时表明全周要求仅适用于由组合平面所定义的组合连续表面，而不是整个工件。组合平面的标注规范和示例见表 3-21。

表 3-21　组合平面的标注规范和示例

规 范	示例及解释
1）组合平面用放置到几何公差框格右面的组合平面框格 ◯∥A 和 ◯⊥A 表示 2）组合平面框格的第一个格中放置组合平面相对于基准的构建方式符号，如"∥""⊥"。其中，"∥"表示与基准平行；"⊥"表示与基准垂直 3）组合平面框格的第二格中放置基准字母，如字母"A"，该字母与标注在图中的基准要素对应 4）根据需要，指引线可与组合平面的框格相连，而不与几何公差框格相连	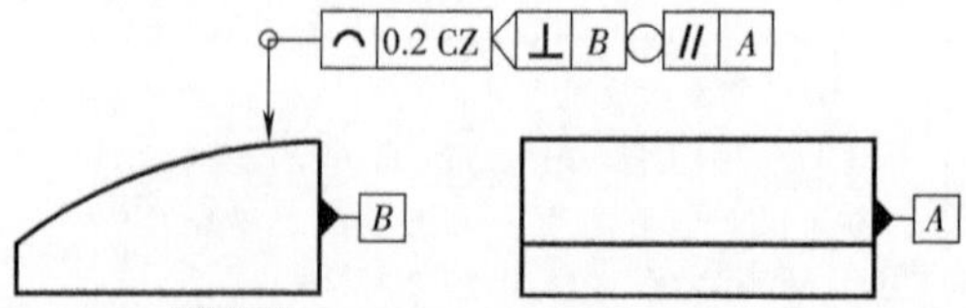 组合平面框格 ◯∥A 表示图样上所标注的面轮廓要求是对与基准 A 平行的由 a、b、c 和 d 组成的组合连续要素的要求

（续）

规　范	示例及解释
1）组合平面用放置到几何公差框格右面的组合平面框格 ○∥ A 和 ○⊥ A 表示 2）组合平面框格的第一个格中放置组合平面相对于基准的构建方式符号，如"∥""⊥"。其中，"∥"表示与基准平行；"⊥"表示与基准垂直 3）组合平面框格的第二个格中放置基准字母，如字母"A"，该字母与标注在图中的基准要素对应 4）根据需要，指引线可与方向要素的框格相连，而不与几何公差框格相连	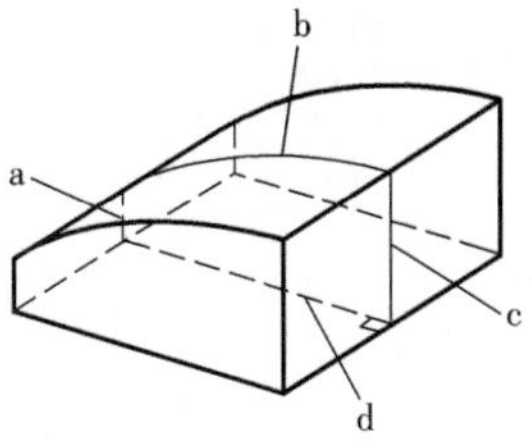

3.1.6　几何公差框格相邻区域的标注规范

3.1.6.1　几何公差框格相邻区域的标注规范

如果被测要素不是几何公差框格的指引线及箭头所标注的完整要素，则应给出被测要素的补充说明标注。补充说明可在与几何公差框格相邻的两个区域内标注，一个是上/下相邻的标注区域，另一个是水平相邻的标注区域，如图3-3所示，补充说明的标注规范和示例见表3-22。

表 3-22　几何公差框格相邻区域的标注规范和示例

类型		规　范	示例及解释
补充说明的标注位置		1）当上/下相邻的标注区域内的标注意义一致时，优选使用上部相邻标注区域 2）在上/下相邻标注区域内的标注应左对齐。在水平相邻标注区域内的标注，如果指引线位于几何公差框格的右侧，则应左对齐，如果指引线位于几何公差框格的左侧，则应右对齐	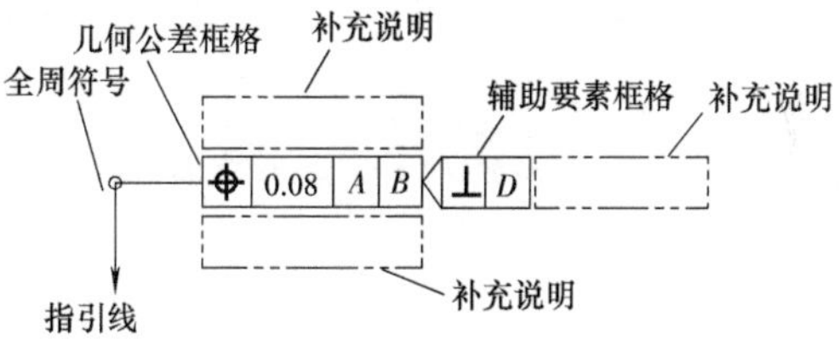
补充说明的标注顺序		如果在相邻的上/下标注区域内有不止一个标注，这些标注应按下面的顺序给出，且在每个标注之间留一定的间隔： 1）与整组相关的标注，如 N× 或 N×，M× 2）尺寸公差标注 3）"区间"标注 4）表示联合要素的 UF，以及用来构建联合要素的要素数量 N×，即"UFN×" 5）表示任意横截面的 ACS 6）表示螺纹与齿轮的 LD、PD 或 MD	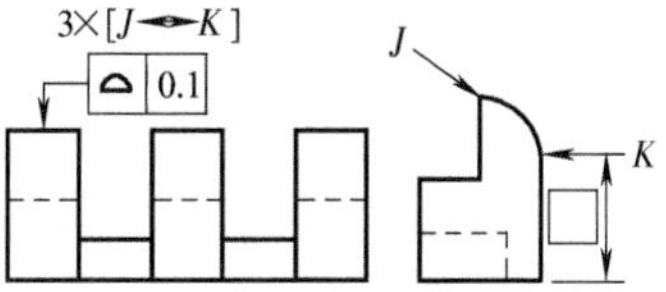 注：有 N× 和"区间"标注的示例
被测要素的补充说明	任意横截面 ACS 的标注	如果被测要素为一个提取组成要素和一个横截面之间的交线，或一个提取中心线与一个横截面之间的交点，则在公差框格的上方或下方邻近区域标注规范元素 ACS。如果有基准，则 ACS 规范元素也将基准要素规范在相应的横截面内，该横截面垂直于所标注的基准或其组成要素的直线方位要素 ACS 规范元素仅用于回转表面、圆柱表面或棱柱表面	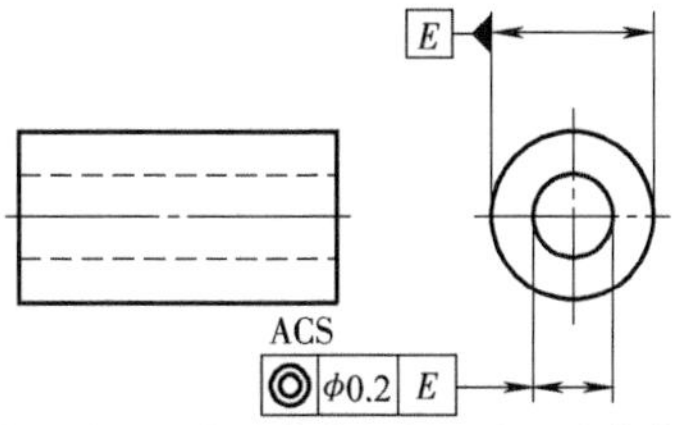 ACS 表示被测要素为内孔的提取中心线与任一横截面的交点，基准要素 E 为在该同一横截面内的外圆的中心点

（续）

类型		规　范	示例及解释
被测要素的补充说明	几个相同要素的标注	当某项公差应用于几个相同要素时,应在几何公差框格的上方、被测要素的尺寸之前注明要素的个数,并在两者之间加上符号"×"	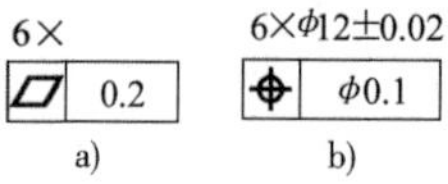 6× 　　　6×φ12±0.02　 [▱ 0.2]　　[⊕ φ0.1]　 a)　　　　　b)
	UF 的标注	如果公差适用于多个要素且被当作联合要素时,则应标注 UF 规范元素,同时可使用"N×"或多根指引线来定义要素	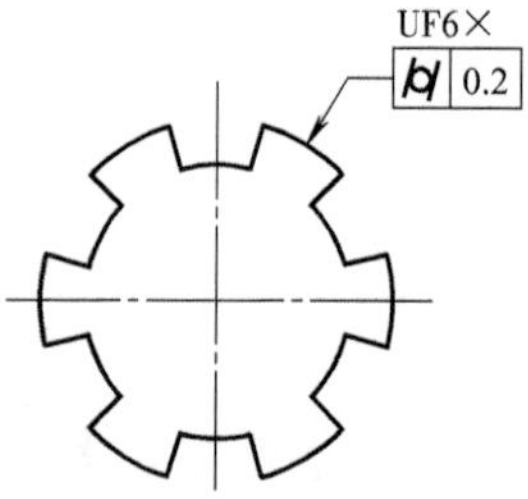 UF6×　[⊘ 0.2]　由 6 段非连续的要素形成的圆柱要素
	齿轮、螺纹和花键的标注	对螺纹规定的公差与基准均适用于从螺纹中径(PD)圆柱导出的轴线,否则应另有说明,例如用"MD"表示大径,用"LD"表示小径。以齿轮、花键为被测要素或基准要素时,需说明所指的要素,如用"PD"表示节径,用"MD"表示大径,用"LD"表示小径	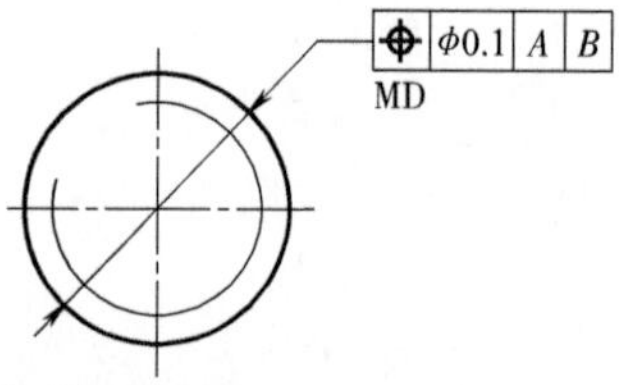 [⊕ φ0.1 A B]　MD　被测要素为螺纹大径
	区间的标注	在公差框格上方使用区间符号◄——►说明被测要素的起始位置和终止位置	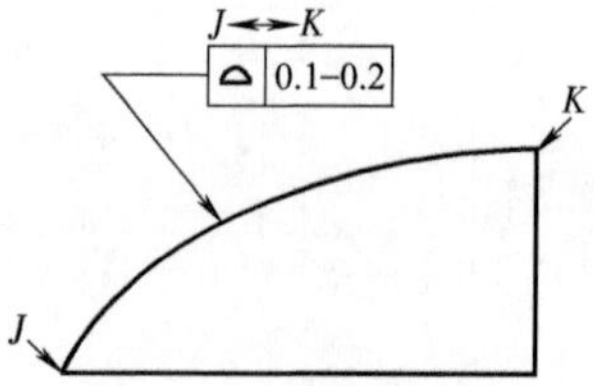 J◄——►K　[⌒ 0.1-0.2]　K　J
	N×组的标注	N×组的标注是在几何公差框格的上方区域给出信息,以标识该公差所适用的要素,注出的信息包括每个 N×组内的要素数量、该 N×组中要素的尺寸及公差等有关信息　若 N×与 CZ 连用即可定义成组要素(pattern),关于此内容的详细信息,详见 ISO 5458、GB/T 13319—2003	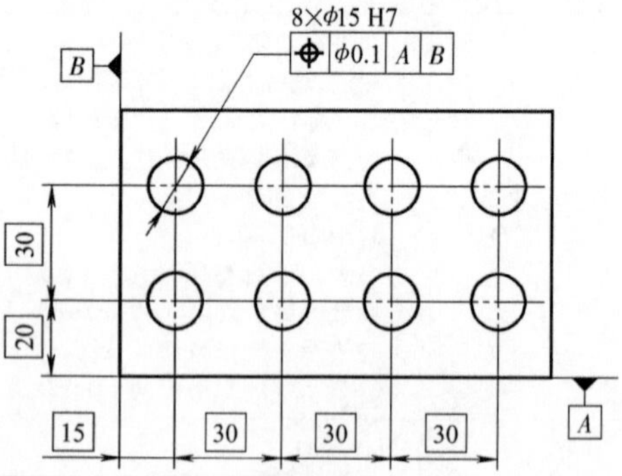 8×φ15 H7　[⊕ φ0.1 A B]　B　30　20　15 30 30 30　A

3.1.6.2　组合被测要素或局部被测要素的标注

当被测要素只是一个单一要素的一部分,或者是一个组合连续要素时,应使用以下方法之一来标注:

1) 连续的封闭要素（单一要素或组合要素）,见表3-23。

2) 单一要素的局部区域,见表3-24。

3) 连续的非封闭要素（单一要素或组合要素）,见表3-25。

表 3-23 连续的封闭要素标注规范和示例

类型	规 范	示例及解释
全周符号"○"	如果将一个几何公差特征作为独立要求应用到横截面的整个轮廓上,或者将其作为独立要求应用到封闭轮廓所表示的所有要素上时,应使用全周符号"○"表示,全周符号"○"放置在公差框格的指引线与参考线的交点上。同时,使用组合平面框格定义组合平面 全周要求仅适用于由组合平面定义的表面,而不是整个工件	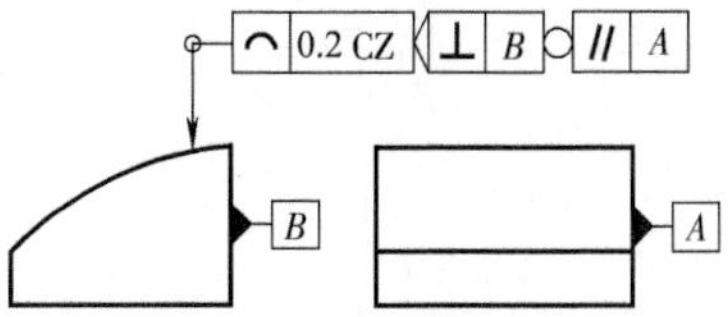 a) 2D图样标注 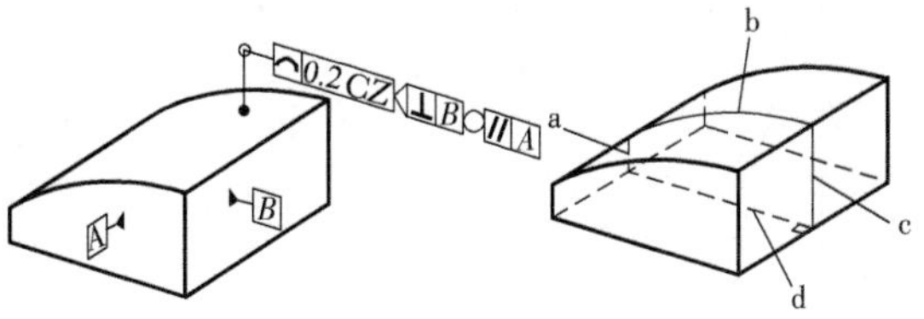 b) 3D图样标注 c) 解释 图样上所标注的要求适用于所有横截面中的线 a、b、c 和 d;图中 CZ 规范元素表示横截面上的 a、b、c、d 轮廓线具有组合公差带。当使用线轮廓度符号时,如果相交平面与组合平面相同,则可以省略不注组合平面符号
全表面符号"◎"	如果将几何公差特征作为独立要求应用到工件的所有要素上,应使用全表面符号"◎"来标注	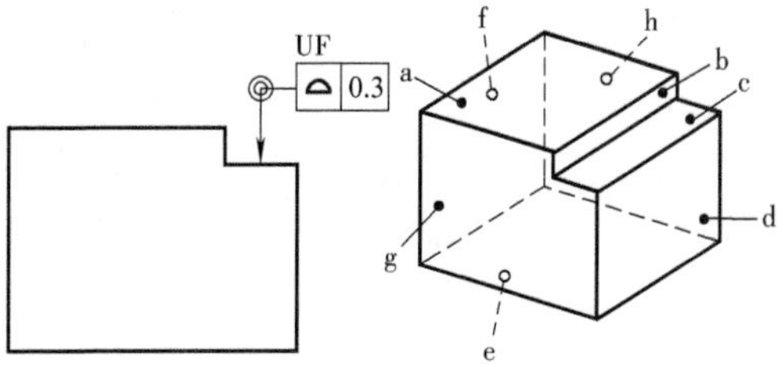 a) 图样标注 b) 解释 图样上所标注的要求适用于 a、b、c、d、e、f、g、h 等工件上的所有表面
"○"或"◎"与 SZ、CZ 或 UF 的联合使用	全周"○"或全表面"◎"符号应始终与 SZ(独立公差带)、CZ(组合公差带)或 UF(联合要素)规范元素同时使用 1)如果"全周"或"全表面"符号与 SZ 规范元素共同使用时,则特征规范是对所标注被测组合连续要素中的每个要素的独立要求,即要素之间的公差带是相互无关的,此时等同于使用多根指引线——指向每个被测要素,或者等同于在公差框格相邻区域标注 N×	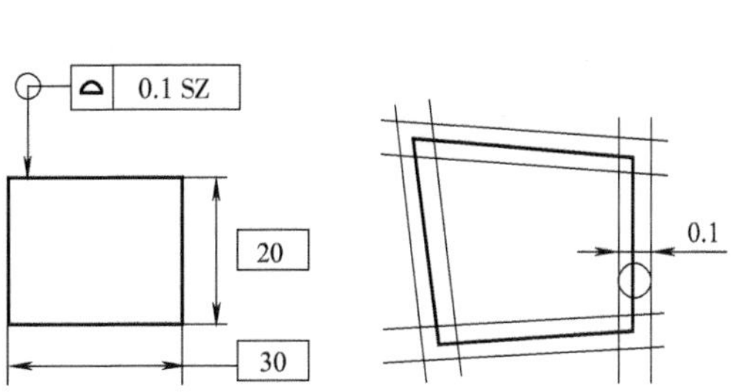 a) 图样标注 b) 解释(各要素之间无方向/位置约束)

（续）

类型	规 范	示例及解释
"○"或"◎"与 SZ、CZ 或 UF 的联合使用	2）如果"全周"或"全表面"符号与 CZ 规范元素共同使用时（如右图 a 所示），则特征规范是对所标注的被测组合连续要素，即成组要素（pattern），中的每个要素相互之间处于理论正确关系（如右图 b 所示各要素相互之间方向保持垂直等）时的公差要求，即构成组要素的所有要素具有组合公差带，而且从一个要素的公差带到下一个要素的公差带的过渡区域是这两个公差带的延伸、相交成尖角而形成的，如图 b 所示	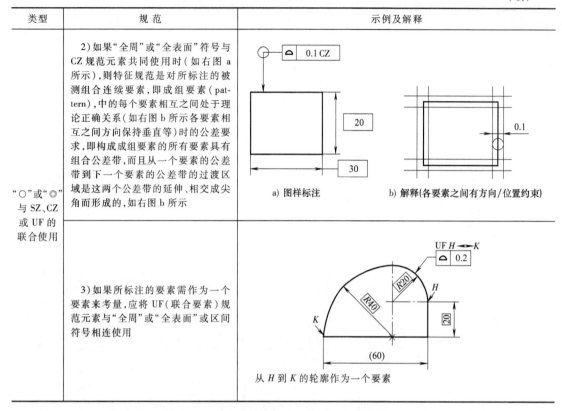a）图样标注　　　　b）解释（各要素之间有方向/位置约束）
	3）如果所标注的要素需作为一个要素来考量，应将 UF（联合要素）规范元素与"全周"或"全表面"或区间符号相连使用	从 H 到 K 的轮廓作为一个要素

表 3-24　单一要素的局部区域标注规范和示例

表达方式	规 范	示例及解释
用粗长点画线表示	如果给出的公差仅适用于要素的某一指定局部区域，则应用粗长点画线表示出该局部的位置，其尺寸由理论正确尺寸确定（如右图所示） 从公差框格左端或右端引出的指引线应终止在局部区域上	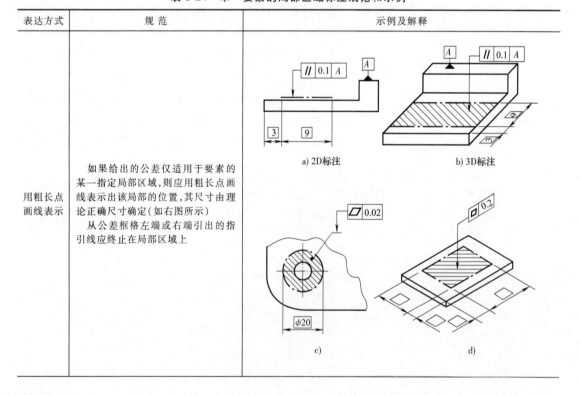a）2D 标注　　　　b）3D 标注 c）　　　　　　　d）

（续）

表达方式	规　范	示例及解释
用定义拐角点的方式标注	将拐角点定义为组成要素的交点，拐角点的位置由理论正确尺寸（TED）来定义，并且用大写字母和带箭头的指引线来标注。字母标注在公差框格的上方，最后两个字母之间布置一个"区间"符号。约束区域边界由连接拐角点的相连直线形成	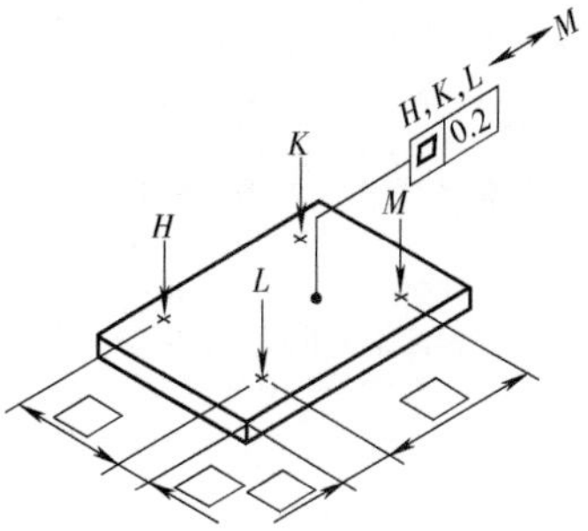

表 3-25　连续的非封闭要素标注规范和示例

类型	规　范	示例及解释
局部区域或连续的局部区域	如果一个公差只适用于要素上一个已定义的局部区域，或者连续要素的一些连续的局部区域，而不是横截面的整个轮廓（或者整个轮廓表面），应使用"区间"符号"↔"来表示这种限制，同时定义出被测要素的起止点 1）用于定义被测要素起止点的点或线都应使用大写字母一一定义，且与端点为箭头的指引线相连。如果该点或线不是轮廓要素的边界点，则应由 TED 定义其位置 2）公差框格应使用指引线与该组合被测要素相连。指引线从框格的右端或左端引出。其端头为箭头，指向组合要素的轮廓。箭头也可以布置在参照线上，再用指引线指向表面	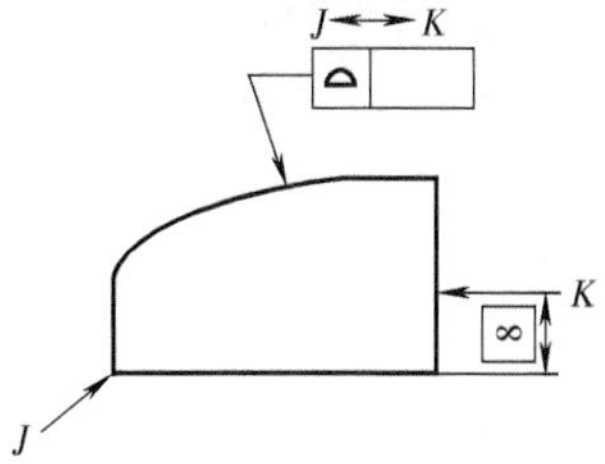 a) 图样标注 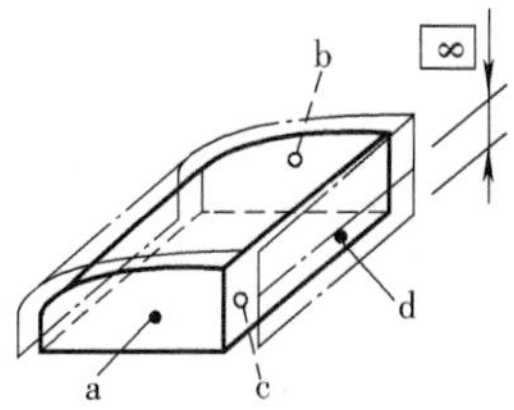 b) 解释
连续的非封闭要素起止点的标注方式	为避免对被测公称要素的解释问题，要素的起止点应采用图示的方式来表达	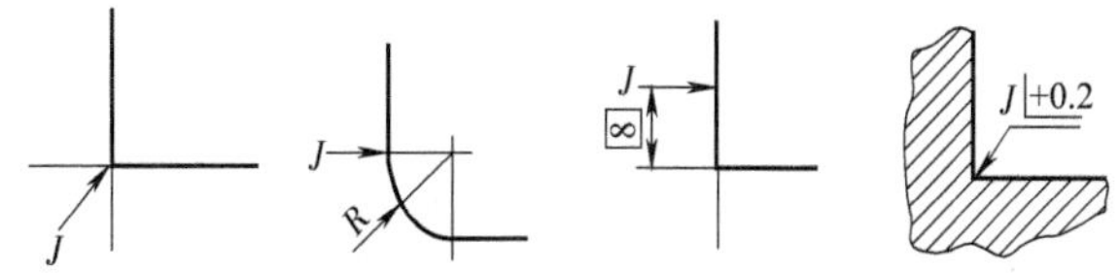 a) 尖锐的边界或拐角　b) 圆角的交点（相切且连续）　c) 相对于拐角或边界有一定偏置（带有TED）　d) 与符合ISO 13715边界表达相组合
多个组合连续要素的集合的标注方式	如果同一个规范适用于一个组合连续要素的集合，则这一集合可标注在公差框格的上方，相互之间上下布置，如图 a 所示 　　如果集合内的所有组合连续要素的定义是完全一致的，则可以使用"N×"的标注方式将组的标注简化。此时，用于定义起止点的字母布置在方括号内，如图 b 所示	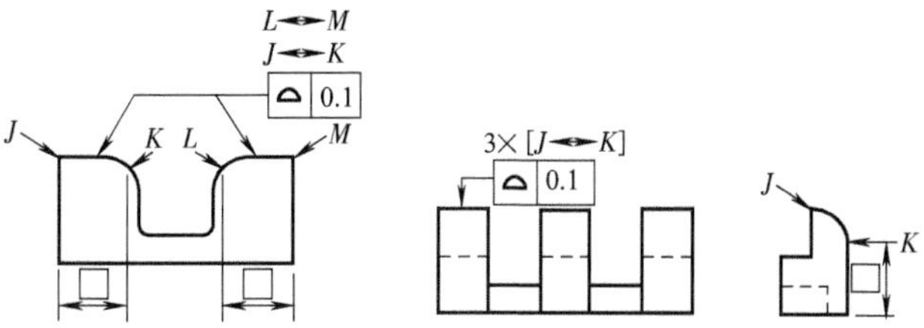 a)　　　　　　b)

（续）

类型	规　范	示例及解释
多个组合连续要素的组合（成组要素）标注方式	由两段分开的被测组合连续要素组成被测成组要素（pattern），其各段组合连续要素在满足其理论正确方位约束前提下，具有相同的几何公差要求。根据此要求，应对各被测要素标注一个几何公差框格，且在几何公差框格上方标注各段区间、几何公差值后面加注 CZ 符号，如图所示 　其成组要素公差带及有关信息详见 3.1.4.2 节	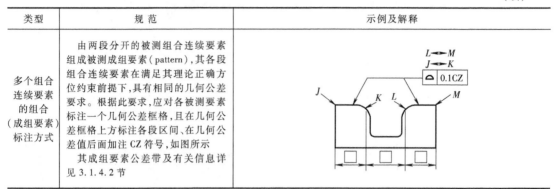

3.1.7　理论正确尺寸和简化的公差注法

3.1.7.1　理论正确尺寸的标注规范

当给出一个或一组要素的位置、方向或轮廓公差时，分别用来确定其理论正确位置、方向或轮廓的尺寸称为理论正确尺寸（TED）。TED 也用作确定基准体系中各基准之间方向关系的尺寸。TED 没有公差，并标注在一个方框中，它可以明确标注，或者是隐式的（如 0°、90°），示例如图 3-7 所示。

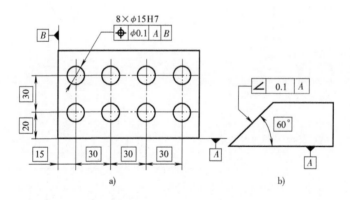

图 3-7　TED 标注示例

a）理论正确线性尺寸　b）理论正确角度

TED 也可从 CAD 文件中的公称模型的轮廓上提取，此时，应在标题栏附近注明。

3.1.7.2　简化的公差标注

对于复杂的规范，可使用简化的公差标注。简化的公差标注由一个含有两格的公差框格组成。第一个包含要素符号，第二个为空白。在几何公差框格附近标注区内标注一个带编号的旗注符号。带有编号的旗注符号应标注于标题栏附近，后面是其所代表的完整规范，如图 3-8 所示。

如果某个要素需要给出几种特征项目的公差，可采用上下叠加公差框格的形式标注，如图 3-9 所示。此时，指引线应连接在其中一个公差框格左侧或右侧的中点，而非整个公差框格中间的延伸线。

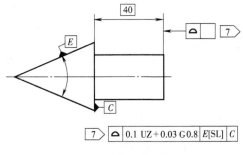

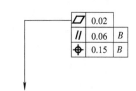

图 3-8　简化的公差标注　　　　　　　　　图 3-9　同时标注几种公差项目的示例

3.1.8　几何公差之间的关系

出于功能考虑，可以使用一个或多个特征公差来定义一个要素的几何误差。某些形式的公差既可以限制某种类型的几何误差，也可以限制该要素其他类型的几何误差。

要素的位置公差可同时控制该要素的位置误差、方向误差和形状误差。

要素的方向公差可同时控制该要素的方向误差和形状误差。

要素的形状公差只能控制该要素的形状误差。

3.1.9　几何公差的定义

按 ISO 1101:2017 的规定，几何公差项目共有 14 项，表 3-26 和表 3-40 给出各种几何公差及其公差带定义的解释。需要说明的是，随定义给出的示意图只表示与特定定义相应的几何偏差的变化范围，所有图例的长度尺寸单位均为 mm。

3.1.9.1　直线度规范

被测要素可以是组成要素或者导出要素，其公称被测要素的属性和形状为给定的一条直线或一组直线要素，是一个线要素。表 3-26 给出了直线度公差带的定义、标注示例和解释。

表 3-26　直线度的公差带定义、标注示例和解释

符号	公差带定义	标注示例和解释
—	1. 在给定平面内 公差带为在平行于基准 A 的给定平面内和给定方向上、间距等于公差值 t 的两平行直线所限定的区域 a—任何距离	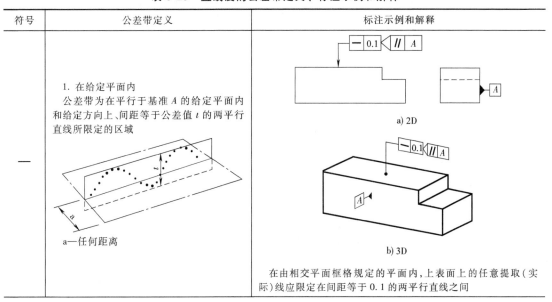 a) 2D b) 3D 在由相交平面框格规定的平面内，上表面上的任意提取（实际）线应限定在间距等于 0.1 的两平行直线之间

（续）

符号	公差带定义	标注示例和解释
—	2. 在给定方向上 公差带为间距等于公差值 t 的两平行面所限定的区域 3. 在任意方向上 公差值前加注了符号 ϕ，公差带为直径等于公差值 ϕt 的圆柱面所限定的区域	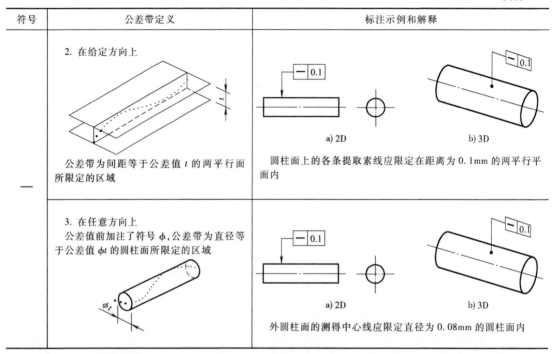 a) 2D　　b) 3D 圆柱面上的各条提取素线应限定在距离为 0.1mm 的两平行平面内 a) 2D　　b) 3D 外圆柱面的测得中心线应限定直径为 0.08mm 的圆柱面内

3.1.9.2 平面度规范

被测要素可以是组成要素或导出要素，其公称被测要素的属性和形状为明确给定的一个平面，是一个区域要素。表 3-27 给出了平面度的公差带定义、标注示例和解释。

表 3-27　平面度的公差带定义、标注示例和解释

符号	公差带定义	标注示例和解释
▱	公差带为间距等于公差值 t 的两平行平面所限定的区域 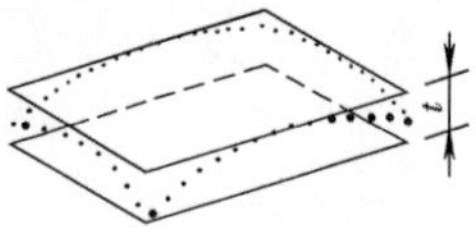	提取表面应限定在间距等于 0.08mm 的两平行平面之内 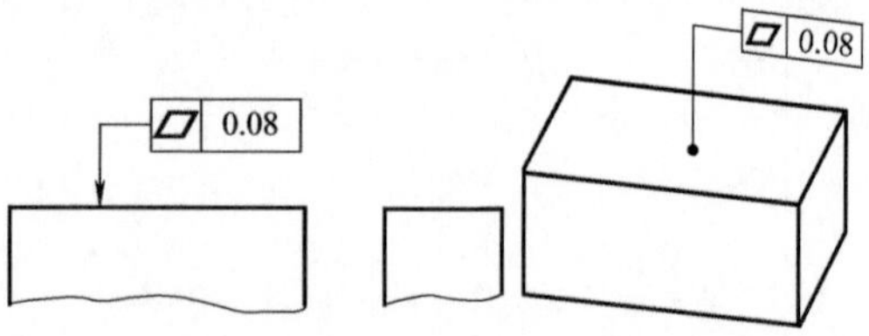 a) 2D　　b) 3D

3.1.9.3 圆度规范

被测要素是组成要素，其公称被测要素的属性和形状为明确给定的一条圆周线或一组圆周线，属线要素。

对于圆柱要素，圆度应用于与被测要素轴线垂直的横截面上。对于球形要素，圆度应用于包含球心的横截面上；对于非圆柱体和非球形要素，应标注方向要素。表 3-28 给出了圆度的公差带定义、标注示例和解释。

表 3-28　圆度的公差带定义、标注示例和解释

符号	公差带定义	标注示例和解释
○	公差带为在给定横截面内、半径差为 t 的两同心圆所限定的区域 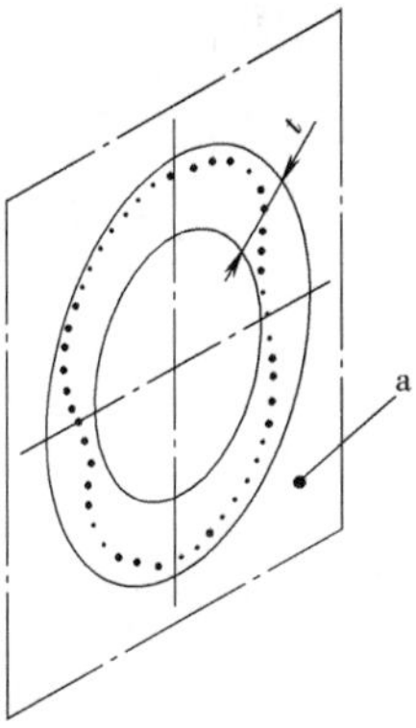 a—任意横截面	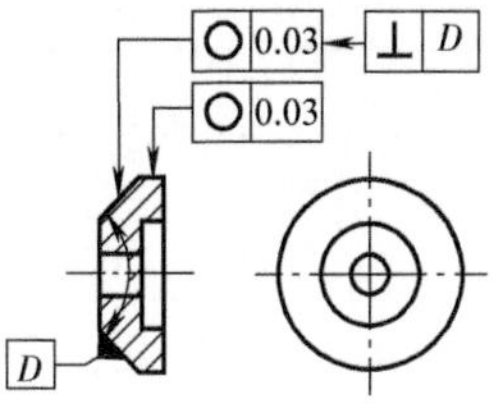 a) 2D 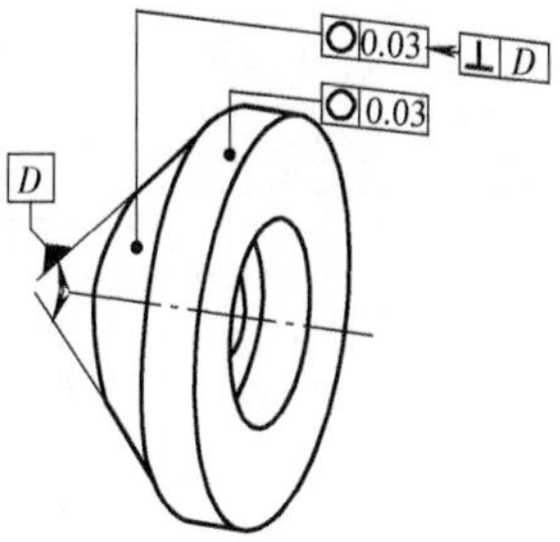　　　　b) 3D 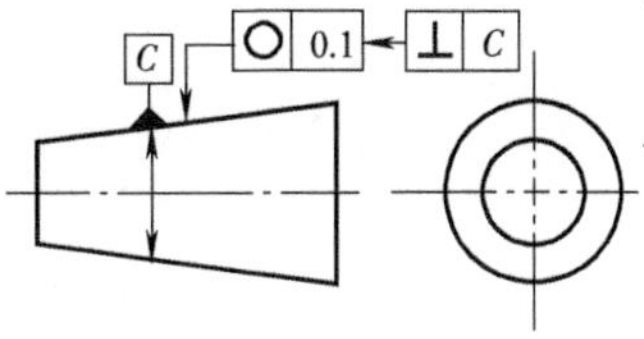 c) 2D 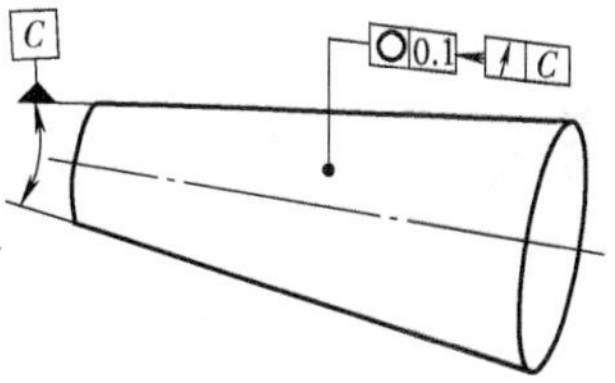　　　　d) 3D 在圆柱面和圆锥面的任意横截面内，提取圆轮廓应限定在半径差为 0.03mm 的两共面同心圆内。对于圆柱表面，这是缺省的应用方式，而对于圆锥表面则必须使用方向要素框格进行标注

3.1.9.4　圆柱度规范

被测要素是组成要素，其公称被测要素的属性和形状为明确给定的圆柱表面，属区域要素。表 3-29 给出了圆柱度的公差带定义、标注示例和解释。

表 3-29　圆柱度的公差带定义、标注示例和解释

符号	公差带定义	标注示例和解释
⌭	公差带为半径差等于 t 的两同轴圆柱面所限定的区域  	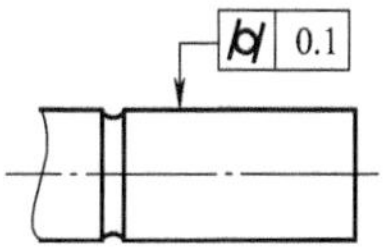 a) 2D 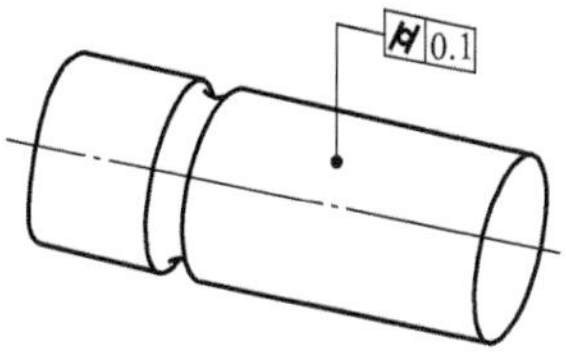 b) 3D 提取圆柱表面应限定在半径差等于 0.1mm 的两同轴圆柱面之间

3.1.9.5　线轮廓度规范

被测要素是组成要素或导出要素，其公称被测要素的属性和形状由一个线要素或者一组

线要素明确给定；其公称被测要素的形状，除了其本身是一条直线的情况以外，其他均应通过图样上完整的标注或者基于 CAD 模型的查询明确给定。ISO 1660 给出了轮廓度公差的标注规则和规范，是对 ISO 1101 的进一步补充，表 3-30 给出的线轮廓度公差带定义、标注示例和解释来自于 ISO 1101 和 ISO 1660。

表 3-30　线轮廓度的公差带定义、标注示例和解释

符号	公差带定义	标注示例和解释
⌒	**1. 无基准的线轮廓度** 公差带为直径等于公差值 t、圆心位于具有理论正确几何形状上的一系列圆的两包络线所限定的区域 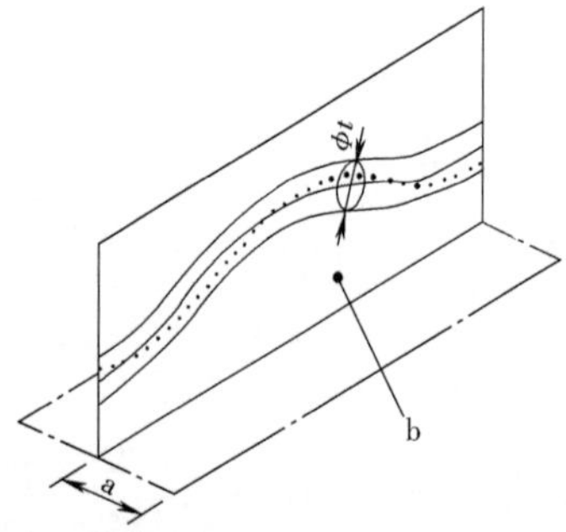 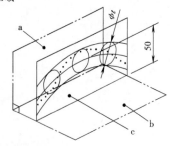 a—任一距离 b—平行于基准 A 的平面	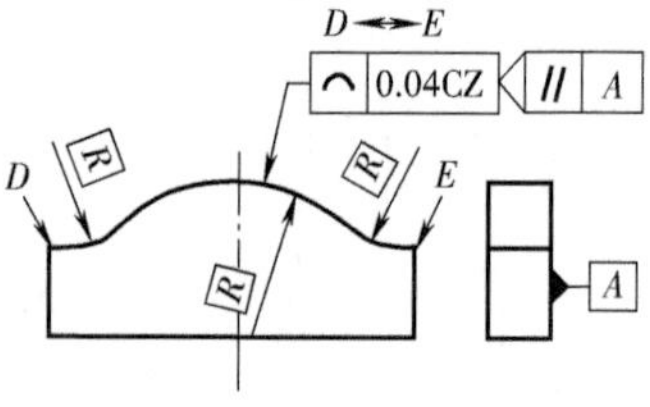 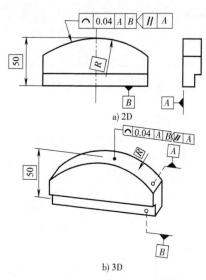 a) 2D 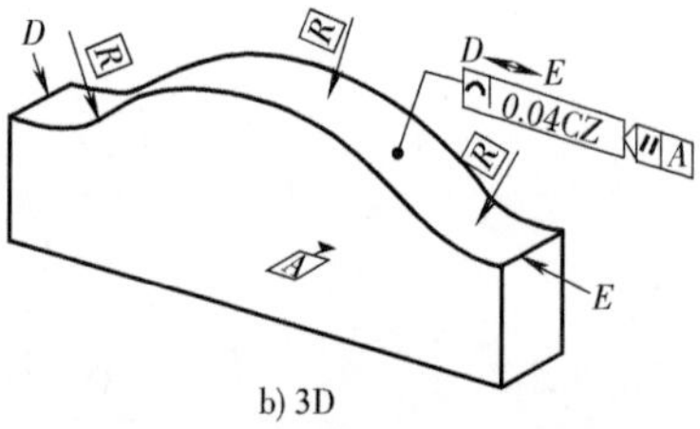 b) 3D 在平行于基准平面 A 的每一截面内，如相交平面框格所注，提取轮廓线应限定在直径为 0.04mm，圆心位于理论正确几何形状上的一系列圆的两等距包络线之间
	2. 有基准的线轮廓度 公差带为直径等于公差值 t、圆心位于相对于基准平面 A 和基准平面 B 确定的被测要素理论正确几何形状上的一系列圆的两包络线所限定的区域 a—基准平面 A b—基准平面 B c—平行于基准 A 的平面	a) 2D b) 3D 在由相交平面框格规定的平行于基准平面 A 的每一截面内，提取轮廓线应限定在直径为 0.04mm，圆心位于由基准平面 A 和基准平面 B 确定的被测要素理论正确几何形状线上的一系列圆的两等距包络线之间

（续）

符号	公差带定义	标注示例和解释
⌒	**3. 导出要素的线轮廓度** 公差带为直径等于公差值 t、圆心位于具有理论正确几何形状上的一系列球的两包络圆柱所限定的区域 注：本图例来自于 ISO 1660：2017	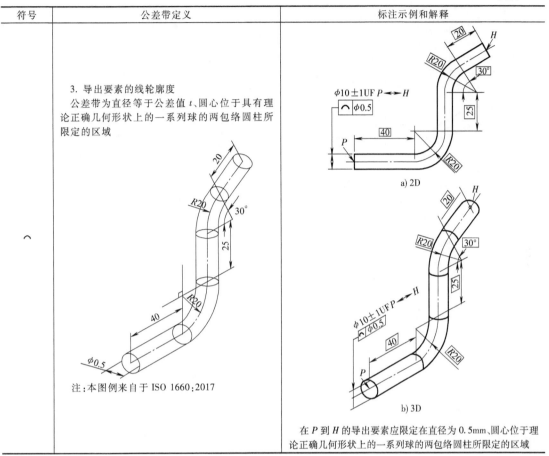 a) 2D b) 3D 在 P 到 H 的导出要素应限定在直径为 0.5mm、圆心位于理论正确几何形状上的一系列球的两包络圆柱所限定的区域

3.1.9.6　面轮廓度规范

被测要素可以是组成要素或导出要素，其公称被测要素的属性形状由一个区域要素明确给定；其公称被测要素的形状，除了其本身是一个平面的情况以外，其他均应通过图样上完整的标注或者基于 CAD 模型的查询明确给定。ISO 1660 给出了轮廓度公差的标注规则和规范，是对 ISO 1101 的进一步补充，表 3-31 给出的面轮廓度公差带定义、标注示例和解释来自于 ISO 1101 和 ISO 1660。

对于有基准要求的面轮廓度：①若是限制方向的规范，规范元素 "><" 应放置在几何公差框格第二格几何公差值后面，或把 "><" 放在基准后面，如果公差带位置的确定无须依赖基准，也可以不标注基准，公称被测要素与基准要素之间的角度尺寸应由明确的和/或缺省的 TED 给定；②若是位置规范，在几何公差框格中至少需要一个基准，公称被测要素与基准要素之间的角度和线性尺寸应由明确的和/或缺省的 TED 给定。

3.1.9.7　平行度规范

被测要素可以是组成要素或者是导出要素。其公称被测要素的属性和形状可以是一个线要素、一组线要素或一个面要素。每一个公称被测要素的形状由一条直线或一个平面明确给定。如被测要素的公称状态为平面，且被测要素为平面上的一组直线，则应标注相交平面框格。公称被测要素与基准之间的 TED 角度应由缺省的 0°定义。表 3-32 给出了平行度的公差带定义、标注示例和解释。

表 3-31　面轮廓度的公差带定义、标注示例和解释

符号	公差带定义	标注示例和解释
D	**1. 无基准的面轮廓度** 公差带为直径等于公差值 t、球心位于理论准确几何形状上的一系列圆球的两个包络面所限定的区域 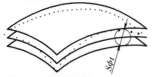	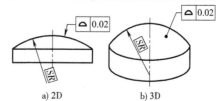 a) 2D　　　　b) 3D 提取轮廓面应限定在直径为 0.02mm、球心位于被测要素理论准确几何形状表面上的一系列圆球的两等距包络面之间
	2. 有基准的面轮廓度 公差带为直径等于公差值 t、球心位于相对于基准平面 A 确定的被测要素理论正确几何形状上的一系列球的两包络面所限定的区域 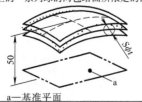 a—基准平面	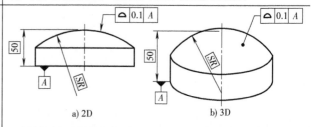 a) 2D　　　　b) 3D 提取轮廓面应限定在直径距离为 0.1mm、球心位于由基准平面 A 确定的被测要素理论正确几何形状上的一系列圆球的两等距包络面之间
	3. 导出要素的面轮廓度 公差带为直径等于公差值 t、球心位于理论准确几何形状上的一系列圆球的两个包络面所限定的区域 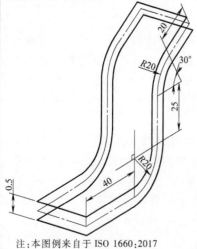 注：本图例来自于 ISO 1660:2017	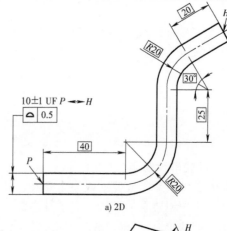 a) 2D 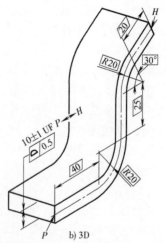 b) 3D 导出要素轮廓面应限定在直径等于 0.5mm、球心位于被测要素理论准确几何形状表面上的一系列圆球的两等距包络面之间

表 3-32 平行度的公差带定义、标注示例和解释

符号	公差带定义	标注示例和解释

//	**1. 中心线对基准体系的平行度**
	
	公差带为间距等于公差值 t 的两平行平面所限定的区域。该两平行平面平行于基准轴线 A，且平行于基准平面 B。基准平面 B 是基准轴线 A 的辅助基准
	
	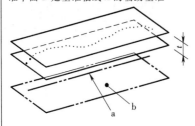
	
	a—基准 A
	b—基准 B
	
	公差带为间距等于公差值 t、平行于基准轴线 A 且垂直于基准平面 B 的两平行平面所限定的区域。基准平面 B 是基准轴线 A 的辅助基准
	
	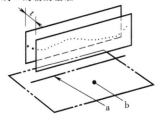
	
	a—基准轴线 A
	b—基准平面 B
	
	图示为分别给定两个方向的平行度要求。其公差带分别为间距等于 t_1 和 t_2，且平行于基准轴线 A 的两组平行平面所限定的区域。其公差带的方向分别由相应的定向平面确定
	
	定向平面框格规定公差值为 t_1 的平行度公差带（间距为 $t_1 = 0.1$mm 且平行于 A 的两平行平面）的方向平行于基准平面 B
	
	定向平面框格规定公差值为 $t_2 =$ 的平行度公差带（间距为 $t_2 = 0.2$mm 且平行于 A 的两平行平面）的方向垂直于基准平面 B
	
	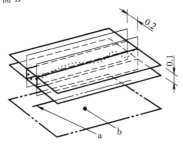
		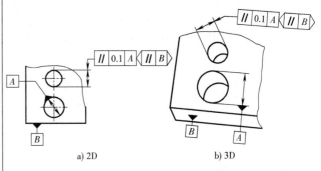
		
		      a) 2D b) 3D
		
		提取中心线应限定在间距为 0.1mm、平行于基准轴线 A 且平行于基准平面 B 的两平行平面之间。其中基准平面 B 是由定向平面框格规定的、基准轴线 A 的辅助基准，用以明确图示平行度公差带的方向
		
		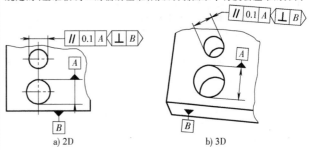
		
		      a) 2D b) 3D
		
		提取中心线应限定在间距为 0.1mm、平行于基准轴线 A 且垂直于基准平面 B 的两平行平面之间。其中基准平面 B 是由定向平面框格规定的、基准轴线 A 的辅助基准，用以明确图示平行度公差带的方向
		
		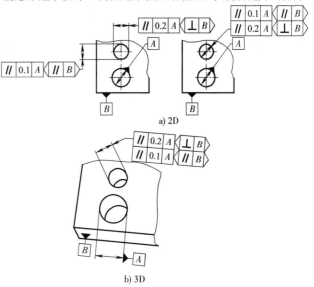
		
		      a) 2D
		
		      b) 3D
		
		提取中心线应限定在两组间距分别为公差值 0.1mm 和 0.2mm，且平行于基准轴线 A 的平行平面之间。定向平面框格分别规定了两平行度公差带（即两组平行于 A 的两平行平面）相对于基准平面 B 的方向

（续）

符号	公差带定义	标注示例和解释
//	**2. 线对基准轴线的平行度** 若公差值前加注符号 φ，公差带为平行于基准轴线、直径等于公差值 t 的圆柱面所限定的区域 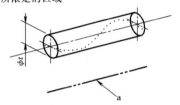 a—基准轴线	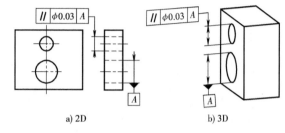 a) 2D　　　　b) 3D 提取中心线应限定在平行于基准轴线 A、直径为 0.03mm 的圆柱面内
	3. 线对基准平面的平行度 公差带为平行于基准平面、间距等于公差值 t 的两平行平面所限定的区域 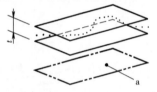 a—基准平面	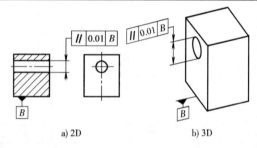 a) 2D　　　　b) 3D 提取中心线应限定在平行于基准平面 B、间距为 0.01mm 的两平行平面内
	4. 面上的（一组）线对基准平面的平行度 公差带为间距等于公差值 t 且平行于基准平面 A 的两平行直线之间的区域。该两平行直线位于平行于基准平面 B 的平面内 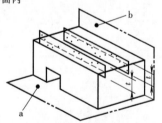 a—基准平面 A　b—基准平面 B	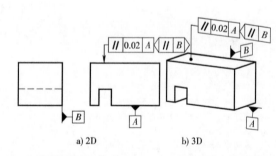 a) 2D　　　　b) 3D 由相交平面框格规定的、平行于基准平面 B 的每一条提取线应限定在间距为 0.02mm 且平行于基准平面 A 的两平行直线之间。该两平行直线、位于平行于基准平面 B 的平面内
	5. 面对基准轴线的平行度 公差带为间距等于公差值 t、平行于基准轴线的两平行平面所限定的区域 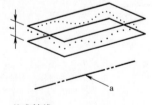 a—基准轴线	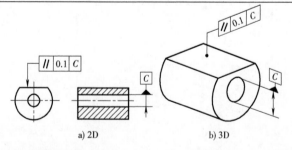 a) 2D　　　　b) 3D 提取表面应限定在间距为 0.1mm、平行于基准轴线 C 的两平行平面之间

（续）

符号	公差带定义	标注示例和解释
∥	6. 面对基准平面的平行度 公差带为间距等于公差值 t、平行于基准平面的两平行平面所限定的区域 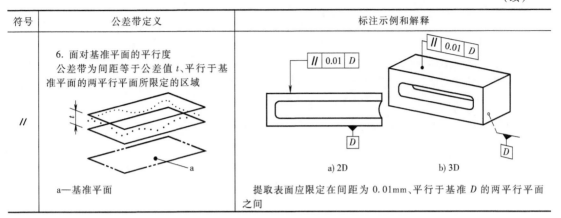 a—基准平面	a) 2D　　b) 3D 提取表面应限定在间距为 0.01mm、平行于基准 D 的两平行平面之间

3.1.9.8　垂直度规范

被测要素可以是组成要素或者是导出要素。其公称被测要素的属性和形状可以是一个线要素、一组线要素或一个面要素。每一个公称被测要素的形状由一条直线或一个平面明确给定。如被测要素的公称状态为平面，且被测要素为平面上的一组直线，则应标注相交平面框格；公称被测要素与基准之间的 TED 角度应由缺省的 90°定义。表 3-33 给出了垂直度的公差带定义、标注示例和解释。

表 3-33　垂直度的公差带定义、标注示例和解释

符号	公差带定义	标注示例和解释
⊥	1. 线对基准轴线的垂直度 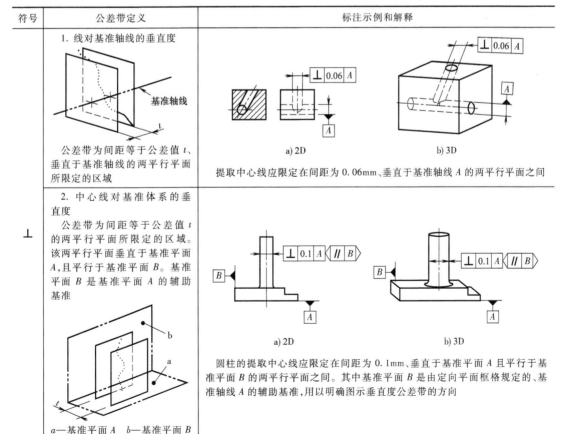 公差带为间距等于公差值 t、垂直于基准轴线的两平行平面所限定的区域	a) 2D　　b) 3D 提取中心线应限定在间距为 0.06mm、垂直于基准轴线 A 的两平行平面之间
	2. 中心线对基准体系的垂直度 公差带为间距等于公差值 t 的两平行平面所限定的区域。该两平行平面垂直于基准平面 A，且平行于基准平面 B。基准平面 B 是基准平面 A 的辅助基准 a—基准平面 A　b—基准平面 B	a) 2D　　b) 3D 圆柱的提取中心线应限定在间距为 0.1mm、垂直于基准平面 A 且平行于基准平面 B 的两平行平面之间。其中基准平面 B 是由定向平面框格规定的、基准轴线 A 的辅助基准，用以明确图示垂直度公差带的方向

（续）

符 号	公差带定义	标注示例和解释
⊥	图示为分别给定两个方向的垂直度要求。其公差带分别为间距等于 t_1 和 t_2 且垂直于基准平面 A 的两组平行平面所限定的区域。其公差带的方向分别由相应的定向平面确定 定向平面框格规定公差值为 t_1 的垂直度公差带（间距为 $t_1 = 0.1$mm 且垂直于 A 的两平行平面）的方向垂直于基准平面 B 定向平面框格规定公差值为 t_2 的垂直度公差带（间距为 $t_2 = 0.2$mm 且垂直于 A 的两平行平面）的方向平行于基准平面 B 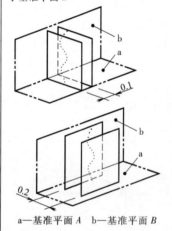 a—基准平面 A　b—基准平面 B	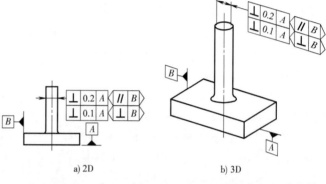 　　　a) 2D　　　　　　　　b) 3D 　　提取中心线应限定在间距分别为 0.1mm 和 0.2mm 且垂直于基准平面 A 的两平行平面之间。定向平面框格分别规定了两垂直度公差带（即两组垂直于 A 的平行平面）相对于基准平面 B 的方向
	3. 线对基准平面的垂直度 　　若公差值前加注符号 ϕ，公差带为直径等于公差值 t，且轴线垂直于基准平面的圆柱面所限定的区域 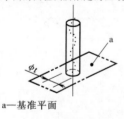 a—基准平面	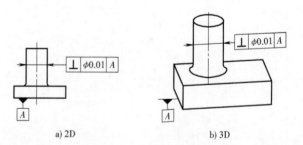 　　a) 2D　　　　　　　　b) 3D 　　提取中心线应限定在直径为 0.01mm，且轴线垂直于基准平面 A 的圆柱面内

（续）

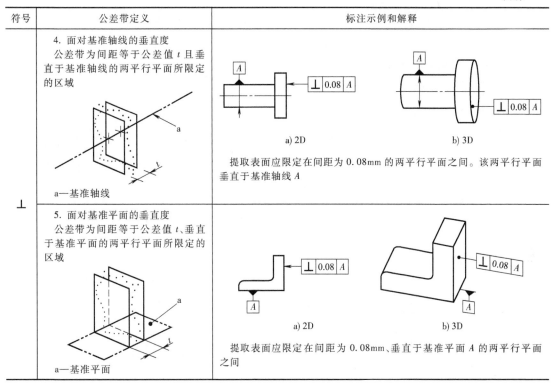

符号	公差带定义	标注示例和解释
⊥	4. 面对基准轴线的垂直度 公差带为间距等于公差值 t 且垂直于基准轴线的两平行平面所限定的区域 a—基准轴线	a) 2D　　　　b) 3D 提取表面应限定在间距为 0.08mm 的两平行平面之间。该两平行平面垂直于基准轴线 A
⊥	5. 面对基准平面的垂直度 公差带为间距等于公差值 t、垂直于基准平面的两平行平面所限定的区域 a—基准平面	a) 2D　　　　b) 3D 提取表面应限定在间距为 0.08mm、垂直于基准平面 A 的两平行平面之间

3.1.9.9　倾斜度规范

　　被测要素可以是组成要素或者是导出要素。其公称被测要素的属性和形状可以是一个线要素、一组线要素或一个面要素。每一个公称被测要素的形状由一条直线或一个平面明确给定。如被测要素的公称状态为平面，且被测要素为平面上的一组直线，则应标注相交平面框格。公称被测要素与基准之间的 TED 角度应至少由一个 TED 明确给出，另外的角度则可由缺省的 0° 或 90° 定义。表 3-34 给出了倾斜度的公差带定义、标注示例和解释。

表 3-34　倾斜度的公差带定义、标注示例和解释

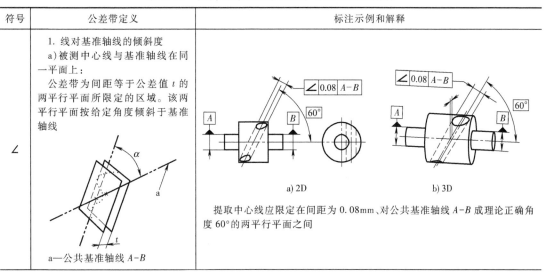

符号	公差带定义	标注示例和解释
∠	1. 线对基准轴线的倾斜度 　a) 被测中心线与基准轴线在同一平面上： 公差带为间距等于公差值 t 的两平行平面所限定的区域。该两平行平面按给定角度倾斜于基准轴线 a—公共基准轴线 $A-B$	a) 2D　　　　b) 3D 提取中心线应限定在间距为 0.08mm、对公共基准轴线 $A-B$ 成理论正确角度 60° 的两平行平面之间

（续）

符号	公差带定义	标注示例和解释
∠	b）被测中心线与基准轴线在不同平面内 公差带为直径等于公差值 ϕt 的圆柱面所限定的区域。该圆柱的轴线按给定角度倾斜于基准轴线 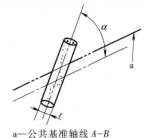 a—公共基准轴线 $A-B$	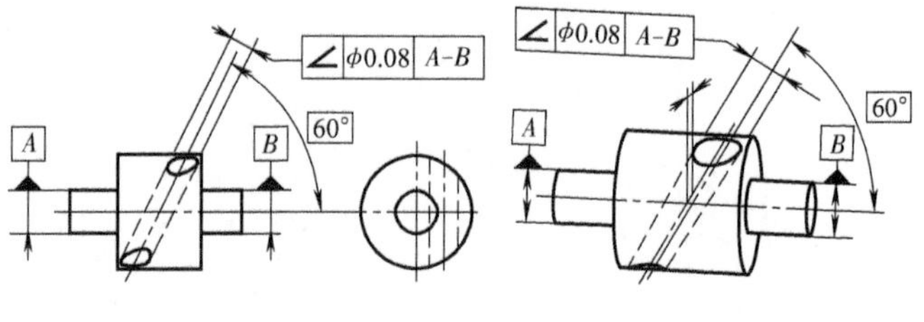 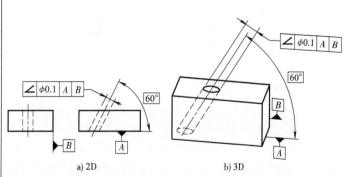 a）2D　　　　　b）3D 提取中心线应限定在间距为 0.08mm 的两平行平面之间。该两平行平面以理论正确角度 60°对公共基准轴线 $A-B$ 倾斜
	2. 线对基准平面的倾斜度 若公差值前加注符号 ϕ，公差带为直径等于公差值 t 的圆柱面所限定的区域。该圆柱面公差带的轴线平行于基准平面 B，并按给定角度倾斜于基准平面 A 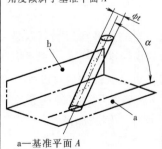 a—基准平面 A b—基准平面 B	a）2D　　　　　b）3D 提取中心线应限定在直径为 0.1mm 的圆柱面内。该圆柱面的中心线按理论正确角度 60°倾斜于基准平面 A 且平行于基准平面 B
	3. 面对基准轴线的倾斜度 公差带为间距等于公差值 t 的两平行平面所限定的区域。该两平行平面按给定角度倾斜于基准轴线 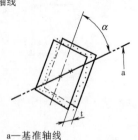 a—基准轴线	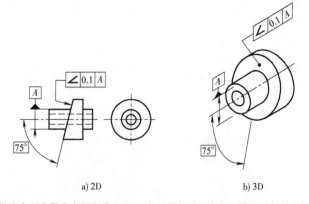 a）2D　　　　　b）3D 提取表面应限定在间距为 0.1mm 的两平行平面之间。该两平行平面按理论正确角度 75°倾斜于基准轴线 A

（续）

符号	公差带定义	标注示例和解释
∠	4. 面对基准平面的倾斜度 公差带为间距等于公差值 t 的两平行平面所限定的区域。该两平行平面按给定角度倾斜于基准平面 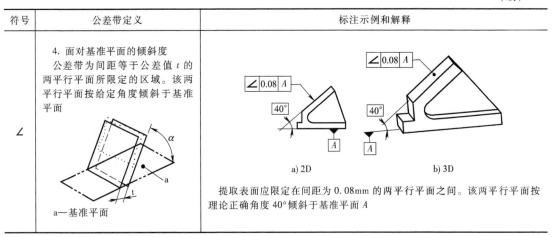 a—基准平面	 a) 2D　　　b) 3D 提取表面应限定在间距为 0.08mm 的两平行平面之间。该两平行平面按理论正确角度 40°倾斜于基准平面 A

3.1.9.10　同轴度和同心度规范

被测要素是一个导出要素，其公称被测要素的属性和形状是一个点、一组点或一条直线。当所标注的要素的公称状态为一条直线，且被测要素为一组点时，应标注规范元素"ACS"，此时，每一个点的基准也是同一横截面上的一个点。公称被测要素与基准之间的角度和线性尺寸则由缺省的 TED 给定。表 3-35 给出了同轴度和同心度的公差带定义、标注示例和解释。

表 3-35　同轴度和同心度的公差带定义、标注示例和解释

符号	公差带定义	标注示例和解释
◎	1. 点的同心度 公差值前标注符号 ϕ，其公差带为直径等于公差值 t 的圆所限定的区域。该圆的圆心与基准点重合 a—基准点 2. 轴线的同轴度 公差值前标注符号 ϕ，其公差带为直径等于公差值 t 的圆柱面所限定的区域。该圆柱面的轴线与基准轴线重合 a—基准轴线	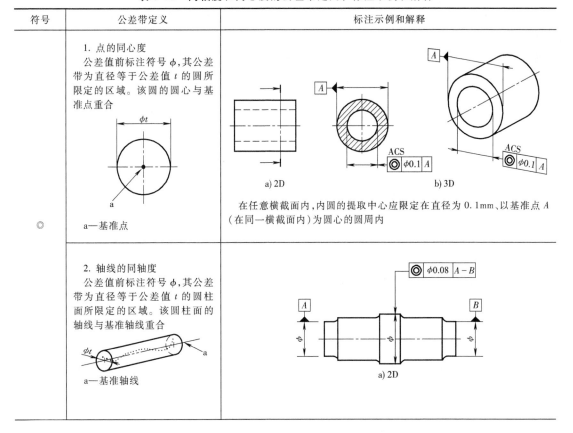 a) 2D　　　b) 3D 在任意横截面内，内圆的提取中心应限定在直径为 0.1mm、以基准点 A（在同一横截面内）为圆心的圆周内 a) 2D

（续）

符号	公差带定义	标注示例和解释
◎	2. 轴线的同轴度 公差值前标注符号 ϕ，其公差带为直径等于公差值 t 的圆柱面所限定的区域。该圆柱面的轴线与基准轴线重合 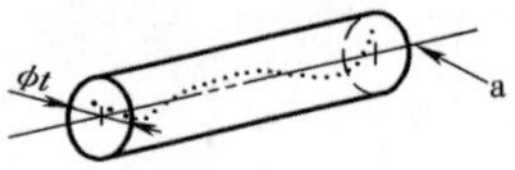 a—基准轴线	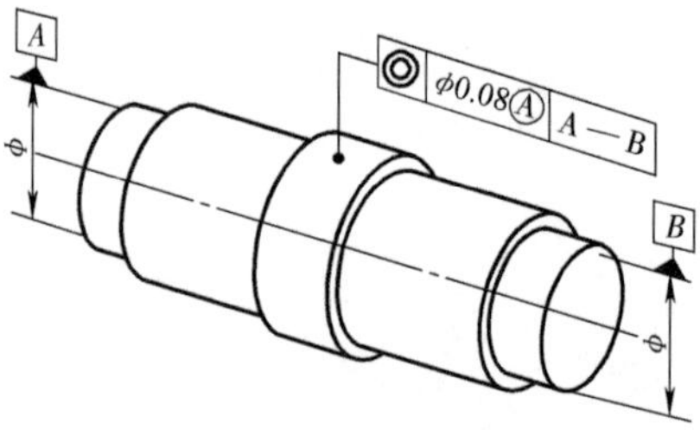 b) 3D 被测圆柱面的提取中心线应限定在直径为 0.08mm、以公共基准轴线 A–B 为轴线的圆柱面内 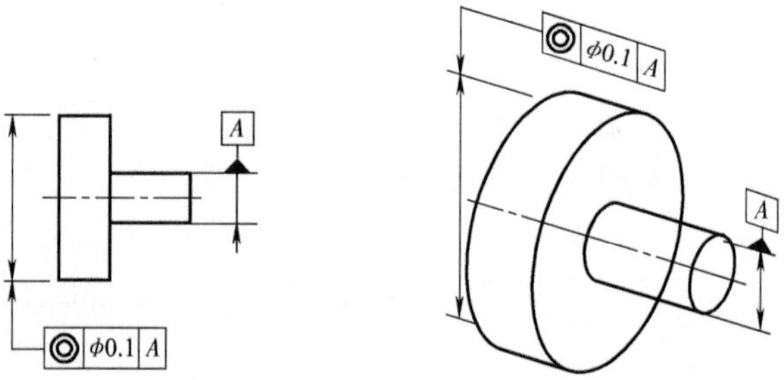 a) 2D　　　b) 3D 被测圆柱面的提取中心线应限定在直径为 0.1mm、以基准轴线 A 为轴线的圆柱面内 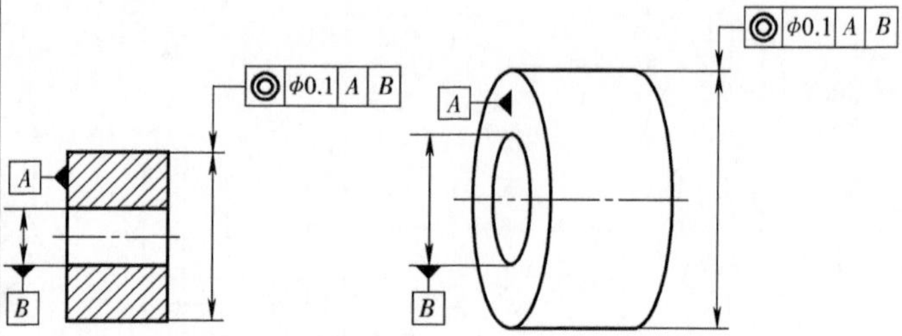 a) 2D　　　b) 3D 被测圆柱的提取中心线应限定在直径为 0.1mm、以垂直于基准平面 A 的基准轴线 B 为轴线的圆柱面内

3.1.9.11　对称度规范

被测要素可以是导出要素，也可以是组成要素（如表 3-18 相交平面的标注示例）。其公称被测要素的属性和形状可以是一个点、一组点、一条直线、一组直线或者一个平面。当所标注的要素的公称状态为一个平面，且被测特征为该平面上的一组直线时，应标注相交平面框格。当所标注的要素的公称状态为一条直线，且被测要素为直线上的一组点时，应标注 ACS。在这种情况下，每一个点的基准都是在同一横截面上的一个点。在公差框格中须至少标注一个基准，该基准可使公差带的位置确定。公称被测要素与基准之间的角度和线性尺寸可由缺省的 TED 给定。

如果所有相关的线性 TED 均为零时，对称度可应用在所有位置度的场合。表 3-36 给出了对称度的公差带定义、标注示例和解释。

表 3-36　对称度的公差带定义、标注示例和解释

符号	公差带定义	标注示例和解释
=	中心平面的对称度公差带为间距等于公差值 t、对称于基准中心平面的两平行平面所限定的区域 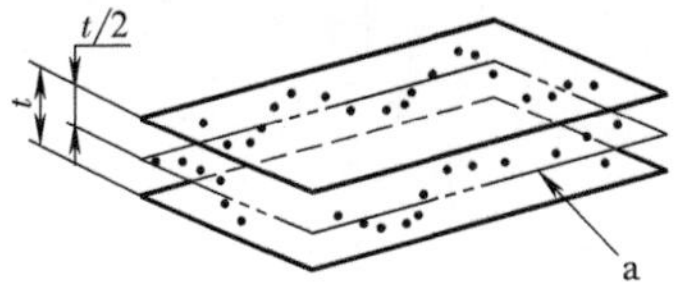 a—基准中心平面	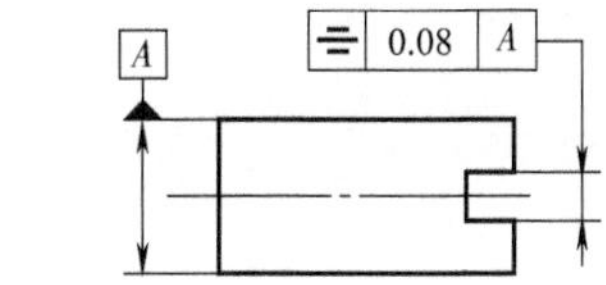 a) 2D 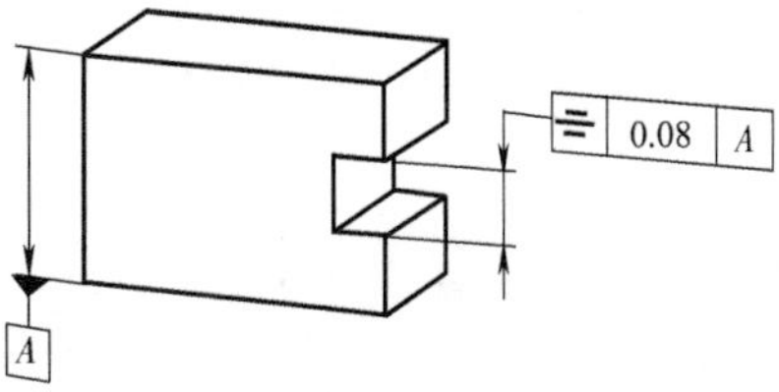 b) 3D 提取中心面应限定在间距为 0.08mm、对称于基准中心平面 A 的两平行平面之间 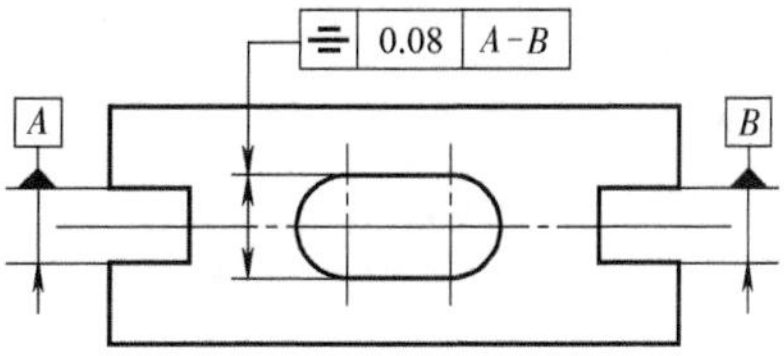 a) 2D 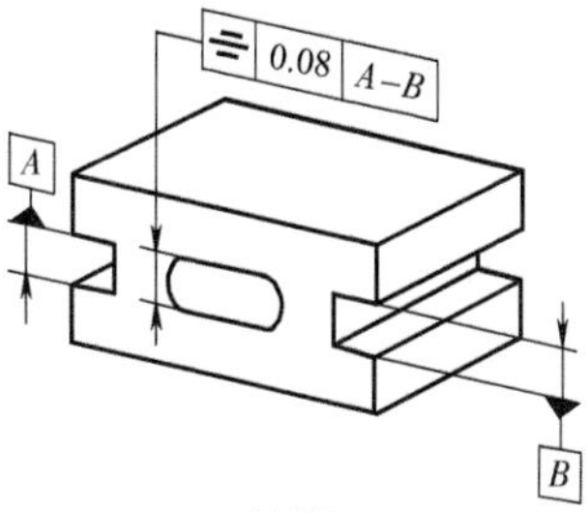 b) 3D 提取中心面应限定在间距为 0.08mm、对称于公共基准中心平面 $A-B$ 的两平行平面内

3.1.9.12　位置度规范

被测要素可以是组成要素或导出要素，其公称被测要素的属性和形状为一个组成要素或导出的点、直线或平面，或为非直导出线或者非平导出面。公称被测要素的形状，除了要素为直线和平面的情况以外，应通过图样上完整的标注或 CAD 模型的查询明确给定。

表 3-37 给出了位置度的公差带定义、标注示例和解释。

表 3-37　位置度的公差带定义、标注示例和解释

符号	公差带定义	标注示例和解释
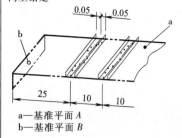	**1. 点的位置度** 若公差值前加注 $S\phi$，公差带为直径等于公差值 t 的球面所限定的区域。该球面中心的位置由理论正确尺寸和基准 A、B 和 C 确定 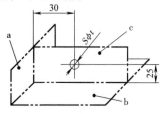 a—基准平面 A　b—基准平面 B c—基准平面 C	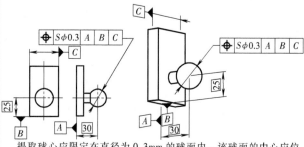 提取球心应限定在直径为 0.3mm 的球面内。该球面的中心应位于由基准平面 A、B、C 和理论正确尺寸确定的球心的理论正确位置上
	2. 线的位置度 1）给定一个方向的位置度时，公差带为间距等于公差值 t、对称于线的理论正确位置的两平行直线所限定的区域。线的理论正确位置由基准平面 A、B 和理论正确尺寸确定。公差只在一个方向上给定 a—基准平面 A b—基准平面 B	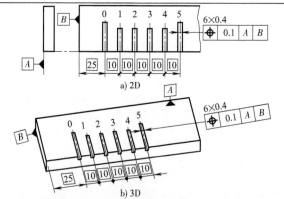 每条刻线的提取中心线应限定在间距为 0.1mm、对称于由基准平面 A、B 和理论正确尺寸确定的理论正确位置的两平行直线之间
	2）给定两个方向上的位置度时，公差带为间距分别等于 t_1 和 t_2、对称于线的理论正确位置的两组平行平面所限定的区域。线的理论正确位置由基准平面 C、A 和/或 B，以及相应的理论正确尺寸确定。对应两个方向位置度公差带的方向由定向平面框格规定	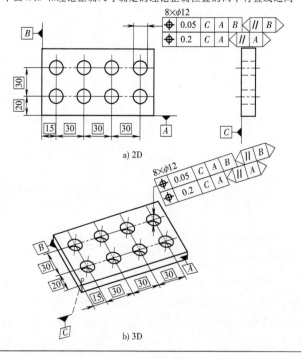

（续）

符号	公差带定义	标注示例和解释
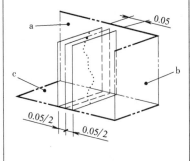 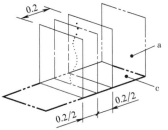 a—第二基准 A，垂直于基准 C b—第三基准 B，垂直于基准 C 和 A c—基准 C 3）任意方向上的位置度，公差带为直径等于公差值 t 的圆柱面所限定的区域。该圆柱面的轴线的位置由基准平面 C、A、B 和理论正确尺寸确定 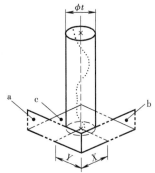 a—基准平面 A b—基准平面 B c—基准平面 C		各孔的提取中心线在给定方向上应分别限定在间距为 0.05mm 和 0.2mm，且相互垂直的两组平行平面内。每组平行平面的理论正确位置由基准平面 C、A、B 和理论正确尺寸确定，每组平行平面的方向由定向平面框格规定（如图示间距为 0.05mm 的位置度公差带方向平行于基准平面 B；另一个平行于基准平面 A） 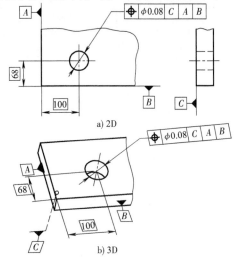 提取中心线应限定在直径为 0.08mm 的圆柱面内。该圆柱面的轴线应处于由基准平面 C、A、B 和理论正确尺寸确定的理论正确位置上 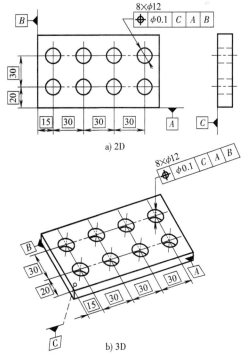 各提取中心线应限定在直径为 0.1mm 的圆柱面内。该圆柱面的轴线应处于基准平面 C、A、B 和理论正确尺寸确定的各孔轴线的理论正确位置上

（续）

符号	公差带定义	标注示例和解释
⌖	3. 轮廓平面或中心平面的位置度公差带为间距等于公差值 t，且对称于理论正确位置的两平行平面所限定的区域。理论正确位置由基准平面、基准轴线和理论正确尺寸确定 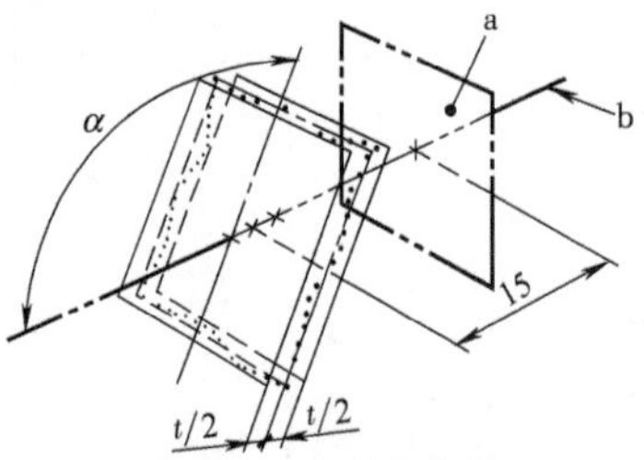 a—基准平面　b—基准轴线 公差带为间距等于公差值 t，且对称于理论正确位置的两平行平面所限定的区域 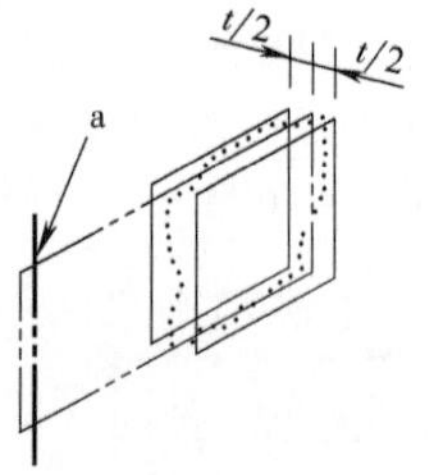 a—基准轴线	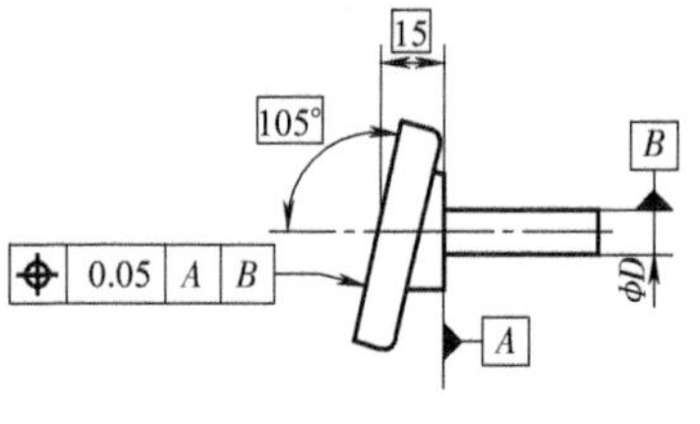 a) 2D 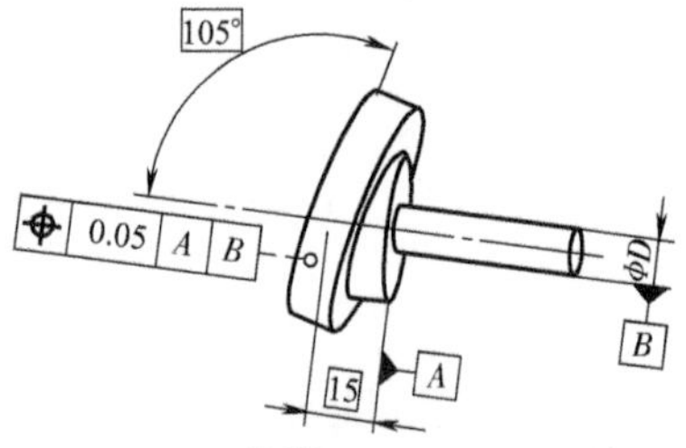 b) 3D 提取面应限定在间距为 0.05mm，且对称于面的理论正确位置的两平行平面内。面的理论正确位置由基准平面 A、基准轴线 B 和理论正确尺寸确定 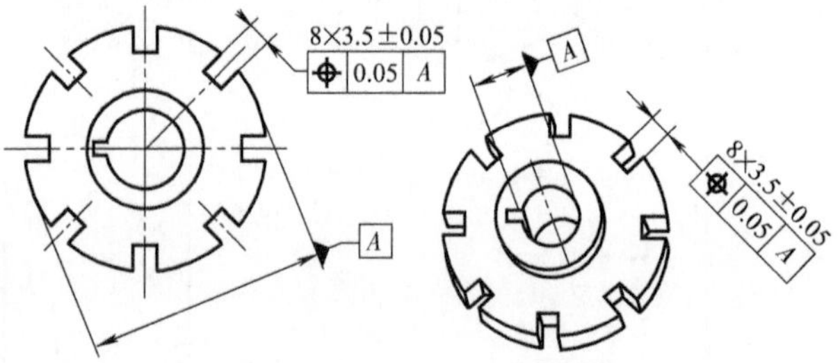 a) 2D　　b) 3D 提取中心面应限定在间距为 0.05mm 的两平行平面内。该两平行平面对称于由基准轴线 A 和理论正确角度 45° 确定的理论正确位置

3.1.9.13　圆跳动规范

被测要素是一个组成要素，其公称被测要素的属性和形状由一条圆环线或者一组圆环线明确给定，属线性要素。表 3-38 给出了圆跳动的公差带定义、标注示例和解释。

表 3-38　圆跳动的公差带定义、标注示例和解释

符号	公差带定义	标注示例和解释
↗	1. 径向圆跳动公差 公差带为在任一垂直于基准轴线的横截面内、半径差等于公差值 t、圆心在基准轴线上的两同心圆所限定的区域	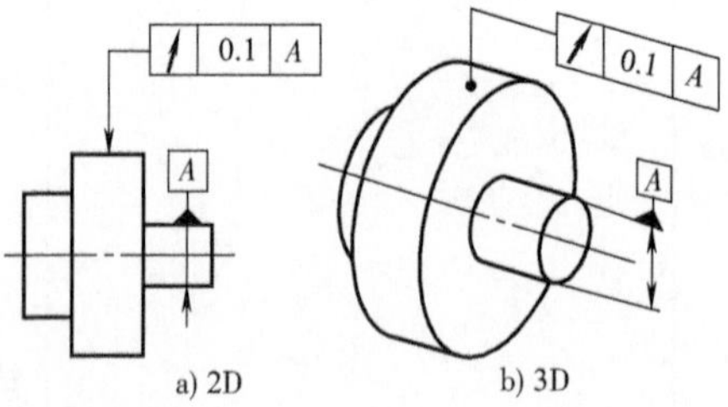 a) 2D b) 3D

（续）

符号	公差带定义	标注示例和解释
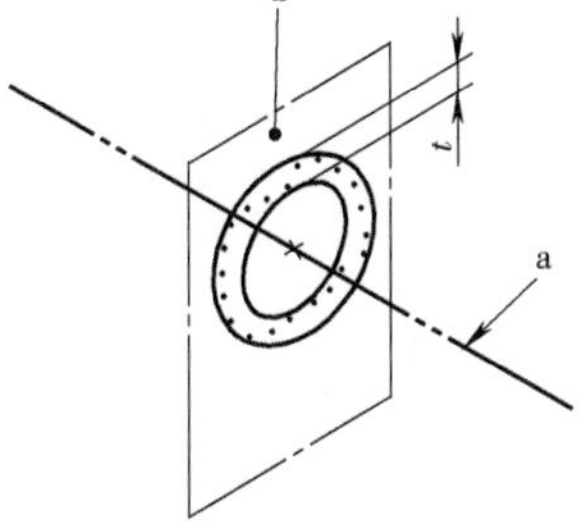 $\int$ a—基准轴线 b—横截面 圆跳动通常适用于整个要素,但也可规定只适用于局部要素		在任一垂直于基准 *A* 的横截面内,提取线应限定在半径差为 0.1mm、圆心在基准轴线上的两同心圆内 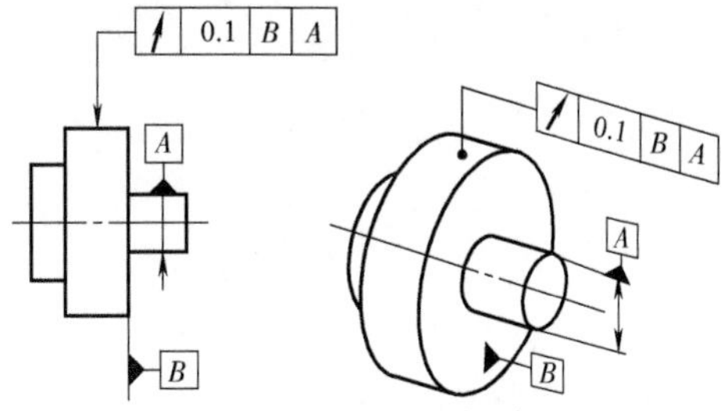 在任一平行于基准平面 *B*、垂直于基准轴线 *A* 的截面上,提取线应限定在半径差为 0.1mm、圆心在基准轴线上的两同心圆之间 在任一垂直于公共基准轴线 *A-B* 的横截面内,提取线应限定在半径差为 0.1mm、圆心在基准轴线 *A-B* 上的两同心圆之间 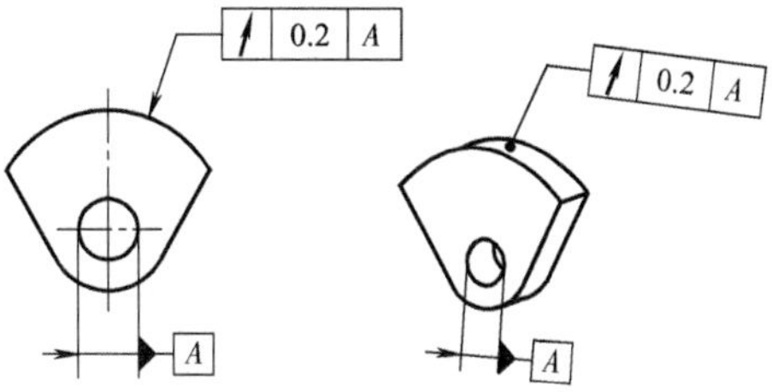 在任一垂直于基准轴线 *A* 的横截面内,提取线应限定在半径差为 0.2mm、圆心在基准轴线上的两同心圆弧内

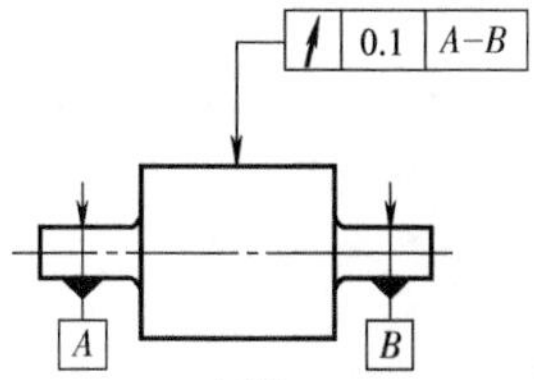

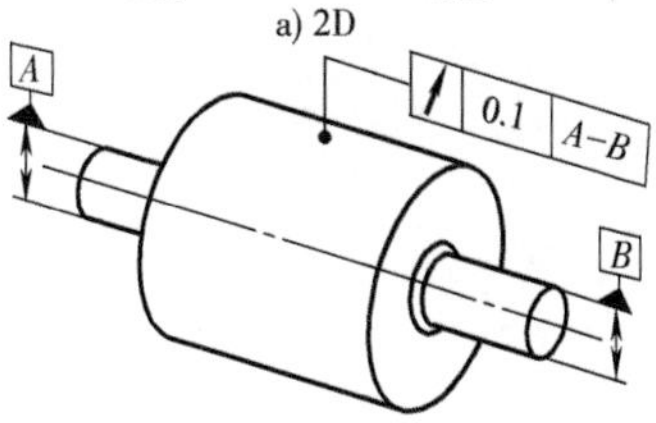

（续）

符号	公差带定义	标注示例和解释
	2. 轴向圆跳动公差 　　公差带为与基准同轴的任一半径的圆柱截面上、间距等于公差值 t 的两圆所限定的区域 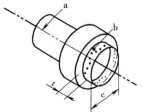 a—基准轴线 b—公差带 c—任意直径	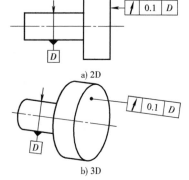 a) 2D b) 3D 　　在与基准轴线 D 同轴的任一圆柱截面上，提取线应限定在轴向距离为 0.1mm 的两等圆之间
	3. 斜向圆跳动公差 　　公差带为与基准同轴的任一圆锥截面上，间距等于公差值 t 的两圆所限定的区域。除非另有规定，测量方向应沿表面的法向 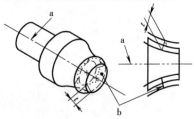 a—基准轴线 b—公差带	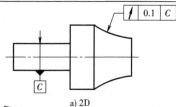 a) 2D 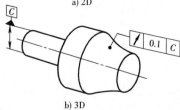 b) 3D 　　在与基准轴线 C 同轴的任一圆锥截面上，提取线应限定在素线方向间距等于 0.1mm 的两不等圆内。当标注公差的素线不是直线时，圆柱截面的锥角要随实际位置而变化
	4. 给定方向的斜向圆跳动公差 　　公差带为与基准同轴的具有给定角度的任一圆锥截面上，间距等于公差值 t 的两圆所限定的区域 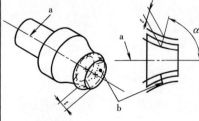 a—基准轴线 b—公差带	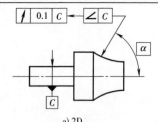 a) 2D 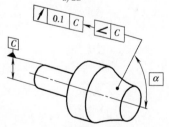 b) 3D 　　在与基准轴线 C 同轴且具有给定角度 α 的任一圆锥截面上，提取线应限定在素线方向间距为 0.1mm 的两不等圆之间

3.1.9.14　全跳动规范

被测要素是一个组成要素，其公称被测要素的属性和形状是一个平面或一个回转表面，对于回转表面，其公差带保持了被测要素的公称形状，但不约束径向尺寸。表3-39 给出了全跳动的公差带定义、标注示例和解释。

表3-39　全跳动的公差带定义、标注示例和解释

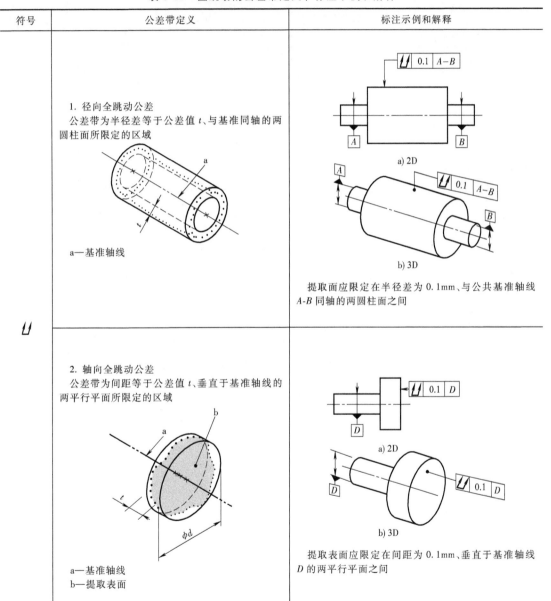

符号	公差带定义	标注示例和解释
⤢	1. 径向全跳动公差 公差带为半径差等于公差值 t、与基准同轴的两圆柱面所限定的区域 a—基准轴线	a) 2D b) 3D 提取面应限定在半径差为 0.1mm、与公共基准轴线 A-B 同轴的两圆柱面之间
	2. 轴向全跳动公差 公差带为间距等于公差值 t、垂直于基准轴线的两平行平面所限定的区域 a—基准轴线 b—提取表面	a) 2D b) 3D 提取表面应限定在间距为 0.1mm、垂直于基准轴线 D 的两平行平面之间

3.1.10　废止的几何公差标注方法

由于一些图样标注方法含义模糊，所以不再使用。在 ISO 1101：2017（E）的附录 A 中列出了若干曾经使用、现已废止的标注方法，见表3-40。

表 3-40　废止的几何公差标注方法

序号	状况	废止的几何公差标注方法	替代
1	当公差涉及单个轴线、单个中心平面（见图 a），或者公共轴线、公共中心平面（见图 b、图 c）时，曾经用末端带箭头的指引线将它们与公差框格直接连接	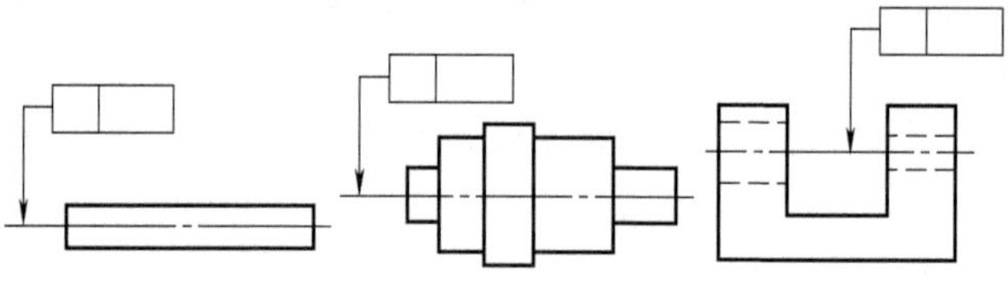 a)　　　　b)　　　　c) 废止的轴线、中心平面标注方法	由 3.1.3.2 节的表 3-6 所示的标注方式替代
2	以轴线、中心平面、公共轴线、公共中心平面为基准时，曾经将它们与基准三角形和基准字母直接连接	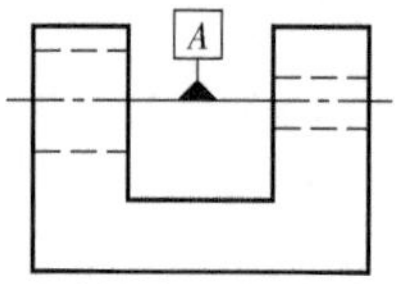 废止的公共轴线为基准的标注方法	
3	在标注基准字母时没有给出它们的先后顺序，这样不容易区分第一基准与第二基准	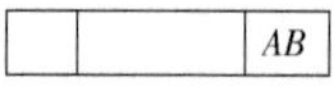 废止的基准的标注方法	
4	用指引线直接连接公差框格和基准要素的方法	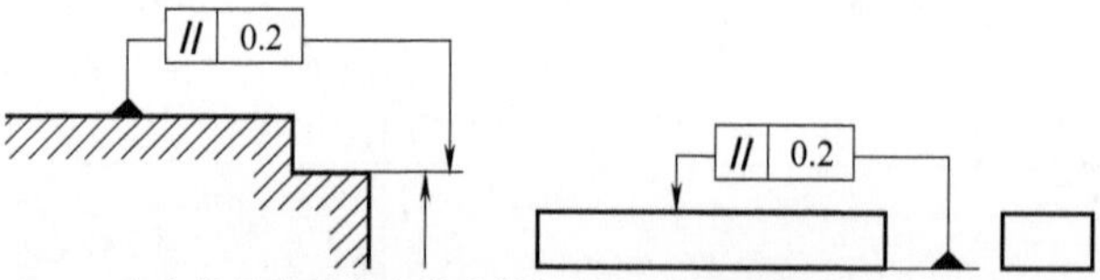 废止的用指引线直接连接被测和基准要素的标注方法	
5	在公差框格上方注写"公共公差带"	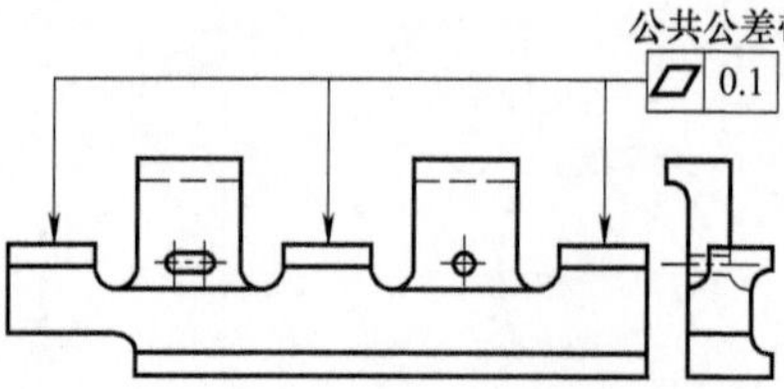 a) 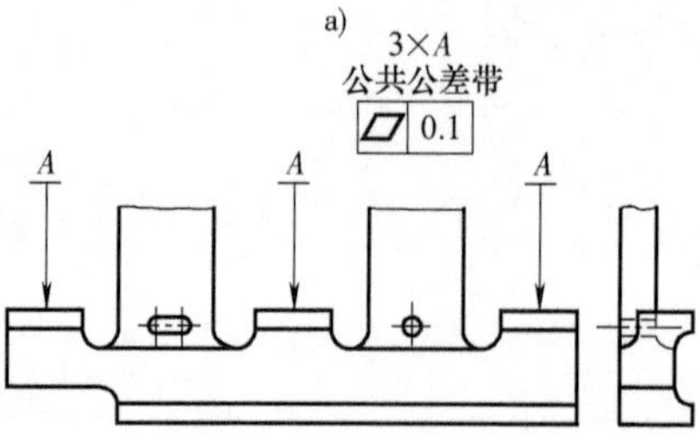 b) 废止的公共公差带的标注方法 　　注意，在 ISO 1101 中 CZ 已由原来的 common zone 变化为 combined zone，现译为"组合公差带"，取消"公共公差带"的说法。见 3.1.4.2 节	由 3.1.4.2 节的表 3-9 所示的标注方式替代

（续）

序号	状况	废止的几何公差标注方法	替代
6	曾经使用规范元素 NC 来规定被测要素不允许有凸起。这个规范元素已不再使用，因为要素的非凸特性构成是模棱两可的	⬭ 0.1 NC 废止的无凸点的标注方法	
7	曾经使用规范元素 LE 来规定线要素的公差。这个规范元素已不再使用，因为现在对于这种情况应该使用相交平面框格，这样 LE 就多余了	LE ∥ 0.02 A B B A 废止的线要素标注方法	

3.2　基准和基准体系

基准和基准体系是确定各要素间几何关系的依据，是几何公差中的重要部分。对单一被测要素提出形状公差要求时，是不需要标明基准的。只有对关联被测要素有方向、位置或跳动公差要求时，才必须标明基准。

现行国家标准 GB/T 17851—2010《产品几何技术规范（GPS）　几何公差　基准和基准体系》是根据 ISO 5459：1981《几何公差　基准和基准体系》，同时考虑 ISO/DIS 5459.2：2004《产品几何量技术规范（GPS）　几何公差　基准和基准体系》，对 GB/T 17851—1999 进行的修订。GB/T 17851—2010 规定了几何公差的基准和基准体系的定义、在技术图样上的标注及在实际应用中的体现方法。适用于采用模拟基准要素和采用基准要素的拟合组成要素或拟合导出要素建立基准和基准体系的情况。ISO 5459：2011《产品几何技术规范（GPS）　几何公差　基准和基准体系》规定了产品技术文件中的基准和基准体系的术语、规则和在技术图样上的标注方法，并给出了一些基准建立的示例，与之相对应的国家标准正在修订转化中。本节重点介绍 ISO 5459：2011，其内容结构体系如图 3-10 所示。

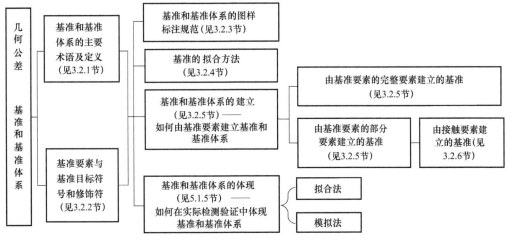

图 3-10　基准和基准体系的内容结构体系

3.2.1　术语及定义

基准和基准体系中相关的术语及定义见表 3-41。

表 3-41　基准和基准体系中相关的术语及定义

序号	术　语	含义及解释
1	基准 datum	用来定义几何公差带的位置和(或)方向,或用来定义实体状态的位置和(或)方向(当有相关要求时,如最大实体要求)的一个(组)方位要素 基准是一个理论正确的参考要素,它可以由一个面、一条直线或一个点,或它们的组合定义
2	基准要素 datum feature	零件上用来建立基准并实际起基准作用的实际(组成)要素(如一条边、一个表面或一个孔)
3	单一基准 single datum	从一个单一表面或从一个尺寸要素中获得的基准要素中建立的基准
4	公共基准(组合基准) common datum	从两个或多个同时考虑的基准要素中建立的基准
5	基准体系 datum-system	从两个或多个基准要素中按一个明确序列建立的两个或多个方位要素集
6	基准目标 datum target	一个基准要素的一部分,可以是一个点、一条线或一个区域。当基准目标是一个点、一条线或一个区域时,它分别用基准目标点,基准目标线或基准目标区域表示
7	移动基准目标 moveable datum target	具有可控运动的基准目标
8	接触要素 contacting feature	不同于所考虑的公称要素的恒定类,且与相应的基准要素拟合的其他任何恒定类型的理想要素,如图 3-11 所示
9	方位要素 situation feature	能确定要素的方向和/或位置的要素。方位要素可以是点、直线、平面或螺旋线等。例如,圆柱的方位要素是轴线,圆锥的方位要素是顶点和轴线
10	尺寸要素 feature of size	由一定大小的线性尺寸或角度尺寸确定的几何形状。尺寸要素可以是圆柱形、球形、两平行对应面、圆锥形或楔形
11	组成要素 integral feature	面或面上的线
12	导出要素 derived feature	由一个或几个组成要素得到的中心点、中心线或中心面。例如:球心是由球面得到的导出要素,该球面为组成要素。圆柱的中心线是由圆柱面得到的导出要素,该圆柱面为组成要素
13	拟合组成要素 associated integral feature	按规定的方法由提取组成要素形成的并具有理想形状的组成要素
14	拟合导出要素 associated derived feature	由一个或几个拟合组成要素导出的中心点、轴线或中心平面

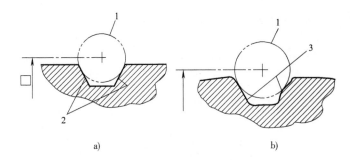

图 3-11　接触要素示例

a）在公称模型上的接触要素　b）在实际工件上的接触要素

1—接触要素：与基准要素或与所考虑的要素接触的理想球　2—所考虑的要素：公称梯形槽
（两个非平行表面的组合）　3—基准要素：梯形槽的实际要素（两个非平行表面的组合）

3.2.2　符号和修饰符

表 3-42 给出了用来建立基准的基准要素和基准目标符号。表 3-43 给出了基准和基准体系中的相关修饰符。

表 3-42　基准要素和基准目标符号

特征项目	符　号	特征项目	符　号
基准要素符号		单一基准目标框格	
基准目标点	✕	移动基准目标框格	
闭合基准目标线	◯	非闭合基准目标线	✕—·—·—✕
基准目标区域			

表 3-43　相关修饰符

符　号	说明	符　号	说明
[LD]	小径	[PT]	点（方位要素）
[MD]	大径	[SL]	直线（方位要素）
[PD]	节径（中径）	[PL]	面（方位要素）
[ACS]	任意横截面	><	仅约束方向
[ALS]	任意纵截面	Ⓟ	延伸公差带（对第二基准、第三基准）
[CF]	接触要素	[DV]	可变距离（对公共基准的）
Ⓜ	最大实体要求	Ⓛ	最小实体要求

3.2.3　基准和基准体系的图样标注规范

基准和基准体系的图样标注规范见表3-44。

表3-44　基准和基准体系的图样标注规范

序号	规范类别	图例	规范要求的说明
1	基准符号	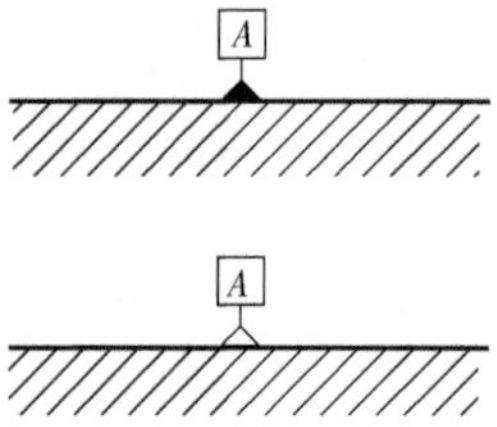	基准符号一般由方框、细实线、填充（或未填充）的三角形、短横线以及基准字母组成。方框内填写的字母与几何公差框格中的对应字母相同。基准字母一般为一个大写的英文字母，当英文字母表中的字母在一个图样上已用完，可以采用重复的双字母或三字母，如 AA、CCC 等。为避免混淆，基准字母一般不采用 I、O、Q 和 X 以及 E、F、J、L、M、P、R 等。无论基准要素符号在图样上的方向如何，方框内的基准字母要水平书写
2	基准目标符号	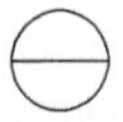 a) 基准目标框格 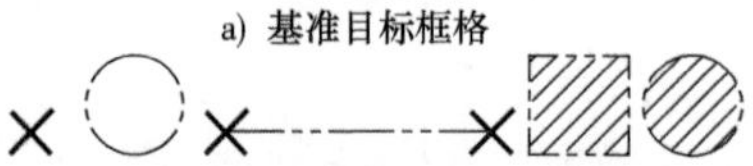 b) 基准目标指示符	基准目标符号一般由基准目标框格（见图a）、终点带或不带箭头或圆点的指引线，以及基准目标指示符（见图b）三部分组成。基准目标框格被一个水平线分为两部分，下部分中注写一个指明基准目标的字母和数字（从1到n），上部分注写基准目标区域的尺寸等一些附加的信息
3	基准目标类型	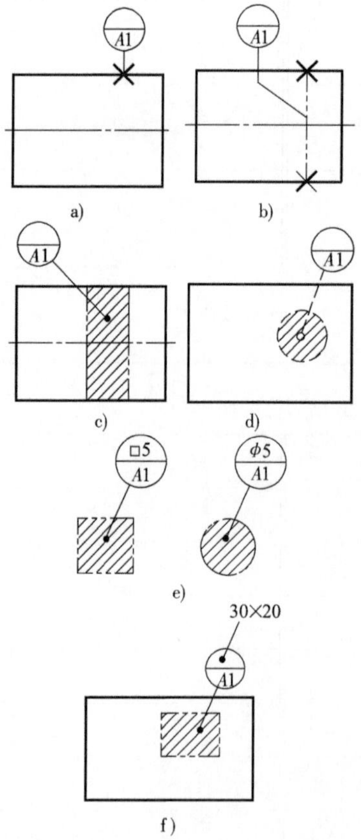	用以建立基准的基准目标的类型有三种，即点目标、线目标和区域目标 1）点目标，基准目标框格用一个终点带或不带箭头的指引线连到一个十字叉指示符，见图a；此时，基准目标框格的上半部分没有大小的表示 2）线目标，基准目标框格用一个终点带或不带箭头的指引线连到两个十字叉指示符的双点画细线连线上，见图b，该连线可以是直线、圆或一条任何形状的线。如果连线是封闭的，此时两个十字叉指示符可以省略不画 3）区域目标，基准目标框格用一个终点为圆点的指引线连到一个用双点画细线环绕的阴影区域，见图c 当区域基准目标为不可见面时，指引线应该为虚线并且以空心圆点结束，见图d

（续）

序号	规范类别	图例	规范要求的说明
3	基准目标类型	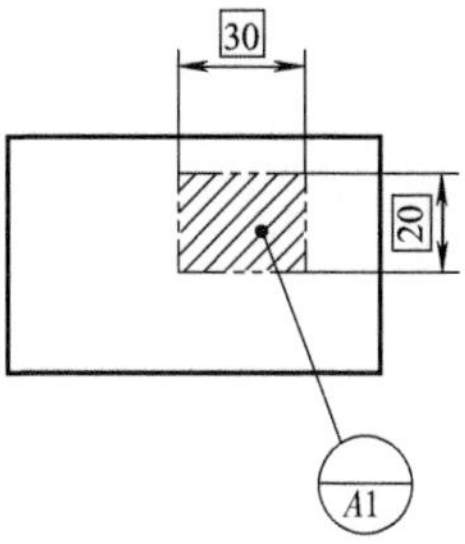 g)	区域基准目标可为方形的区域也可为圆形的区域,区域范围尺寸被认为是理论正确尺寸,且需要标注出该区域的尺寸。区域的尺寸即可以标注在基准目标的框格中,见图 e,也可标注在基准目标的框格外,见图 f,或直接在图样中标注出区域的大小,见图 g
4	移动基准目标	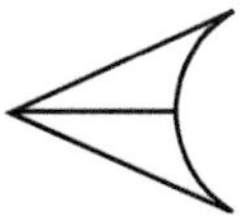 a) 移动修饰符 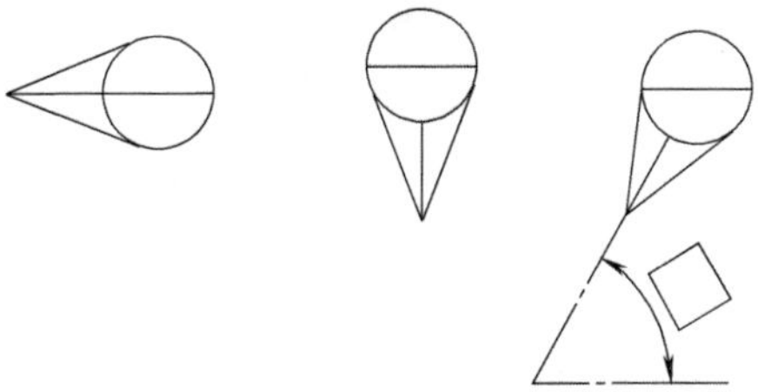 b) 移动基准目标(水平、垂直或倾斜移动)	当基准目标的位置不固定时,用移动基准目标表示。基准目标移动的方向由移动修饰符表示。移动修饰符是由两条基准目标框格圆的切线和一条基准目标框格中线构成,见图 a 　　移动修饰符的中线方向表示了基准目标移动的方向,见图 b。移动修饰符不能确定移动基准目标与其他基准或基准目标之间的距离 　　当两个或两个以上的移动基准目标用于确定一个基准时,它们要同步移动。移动基准目标的应用示例见图 3-12
5	基准或基准体系在几何公差框格中的布局	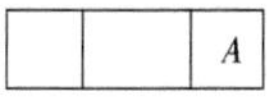	单一基准:以单个要素建立基准时,几何公差框格有三个部分,基准用一个大写字母注写在第三个框格中
		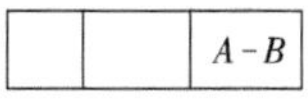	公共基准:以两个要素建立公共基准时,几何公差框格有三个部分,基准用中间加连字符的两个大写字母注写在第三个框格中
		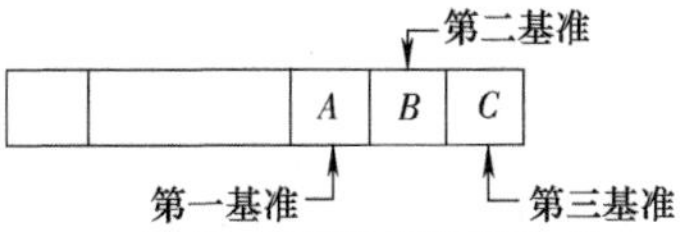 a) 三个单一基准组成的基准体系 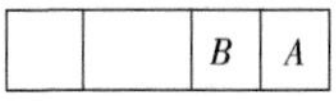 b) 两个单一基准组成的基准体系 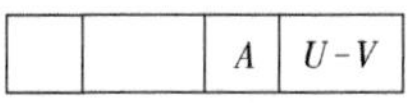 c)一个单一基准和一个公共基准(或组合基准)组成的基准体系	基准体系:以两个或三个要素建立基准体系时,几何公差框格有三个以上的组成部分,表示基准的大写字母按基准的优先顺序自左向右注写在几何公差框格第二格后面的各框格内。其中写在几何公差框格第三格的称为第一基准,写在几何公差框格第四格的称为第二基准,写在几何公差框格第五格的称为第三基准

（续）

序号	规范类别	图例	规范要求的说明
6	基准由组成要素建立时	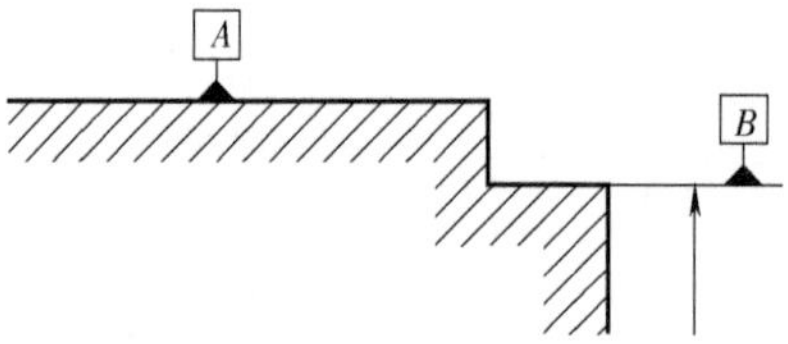 a) 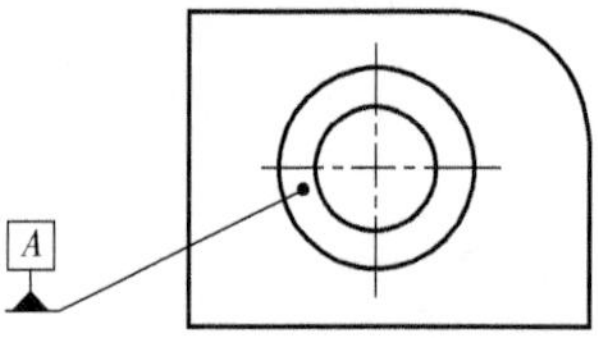 b) 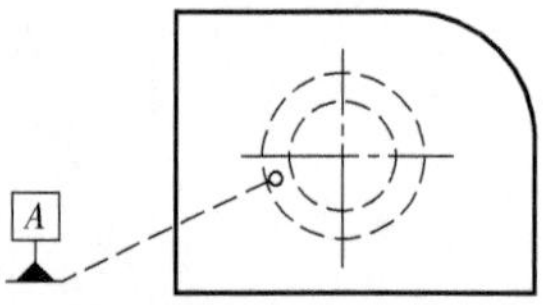 c) 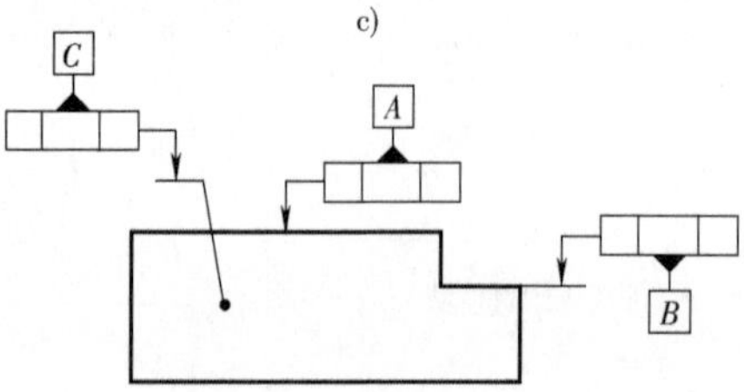 d)	当基准要素是轮廓线或轮廓面时，基准符号的三角形放置在要素的轮廓线或其延长线上（与尺寸线明显错开），如图a所示 基准符号的三角形也可放置在该轮廓面引出线的水平线段上，如图b所示 当轮廓面为不可见时，则用引出线为虚线，端点为空心圆，如图c所示 基准符号的三角形也可放置在指向轮廓或其延长线上的几何公差框格上，如图d所示
7	基准由中心要素建立时	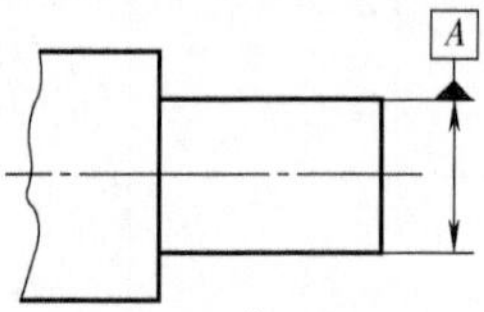 a) 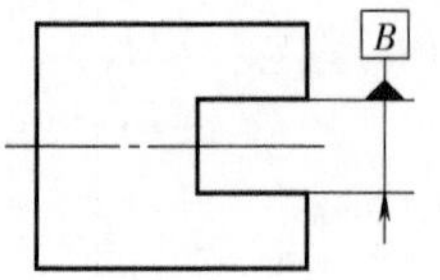 b) 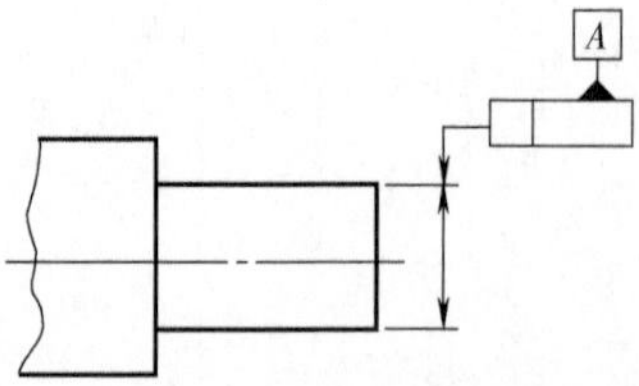 c)	当基准是由标注尺寸要素确定的轴线、中心平面或中心点时，基准符号的三角形可以放置在该尺寸线的延长线上，见图a 如果没有足够的位置标注基准要素尺寸的两个箭头，那么其中一个箭头可用基准符号的三角形代替，见图b 基准符号的三角形也可以放置在几何公差框格上方，见图c

（续）

序号	规范类别	图例	规范要求的说明
7	基准由中心要素建立时	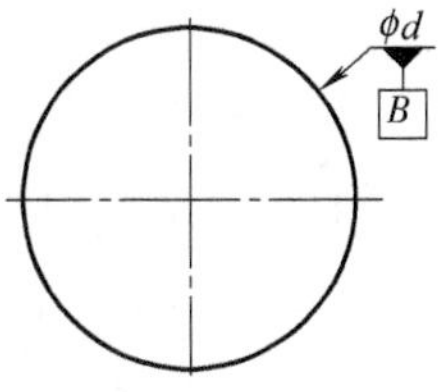 d) 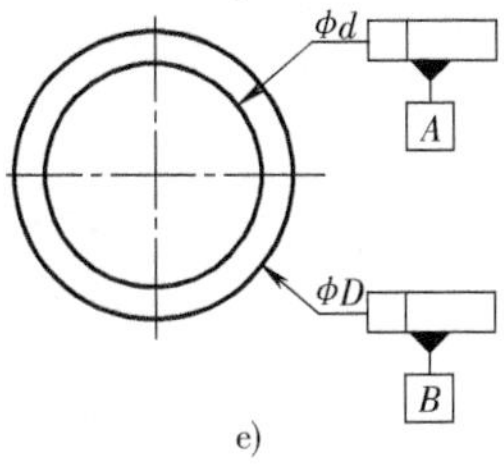 e)	基准符号的三角形也可以放置在尺寸线的下方或几何公差框格下方,见图 d 和图 e
8	由一个或多个基准目标建立的基准	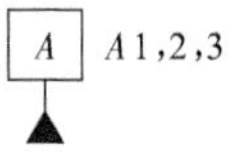 A　$A1,2,3$	如果一个单一基准由属于一个表面的一个或多个基准目标建立,那么在标识该表面的基准要素标识符附近重复注写,并在其后面依次写出识别基准目标的序号,中间用逗号分开 　示例如图 3-13 所示,基准 A 由 A1、A2 和 A3 三个基准目标建立,基准 B 由 B1、B2 二个基准目标建立,基准 C 由 C1 一个基准目标建立
9	基准由一个基准目标区域建立时	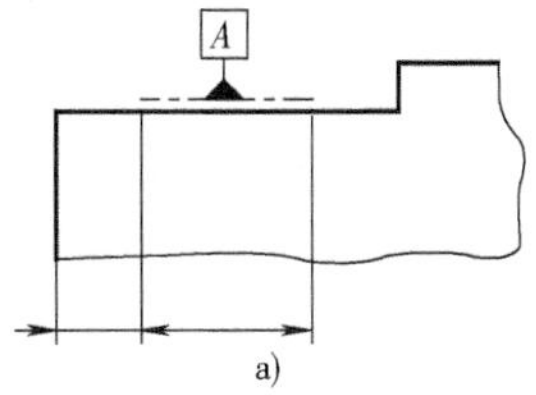 a) 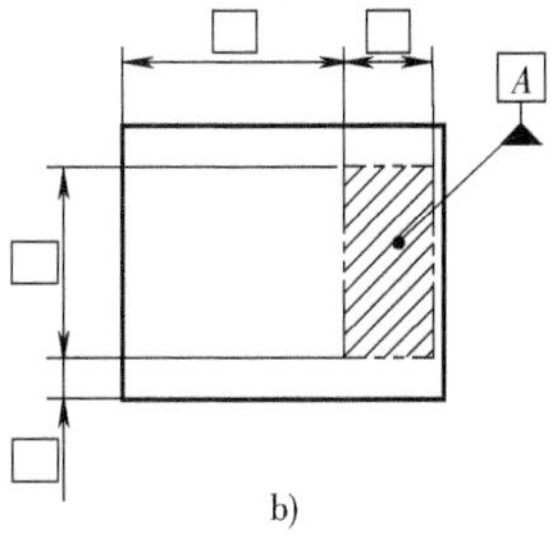 b) 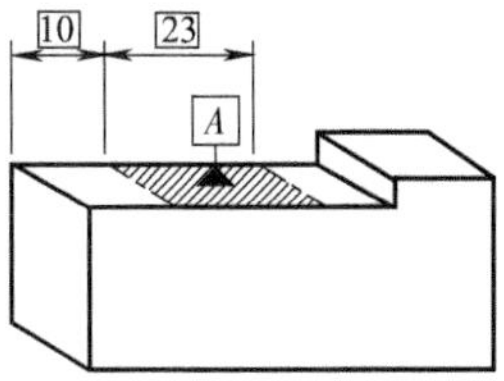 c)	如果只有一个基准目标,是以要素的某一局部建立基准,此时用粗点画线示出该部分并加注尺寸,见图 a 和图 b。图 c 是 3D 标注示例

（续）

序号	规范类别	图例	规范要求的说明
10	基准由[ACS]和[ALS]局部要素建立时	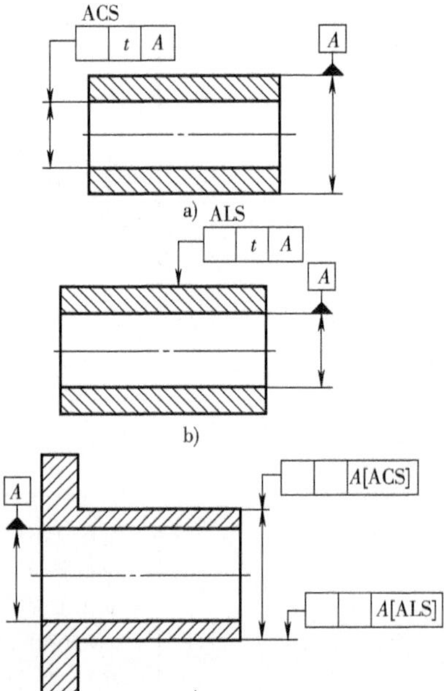	如果以组成要素的任意横截面建立基准时,则在几何公差框格上方或在几何公差框格中的基准字母后面标注[ACS],示例见图a和图c。当ACS标注在几何公差框格上方时,则表示被测要素和基准要素是在同一横截面上 如果以组成要素的任意纵截面建立基准时,则在几何公差框格上方或在几何公差框格中的基准字母后面标注[ALS],示例见图b和图c。此时,基准要素是用来建立基准的实际组成要素与其正剖面之间的交集,基准要素和被测要素在同一纵截面方向上
11	拟合要素与公称基准要素属于不同的恒定类时	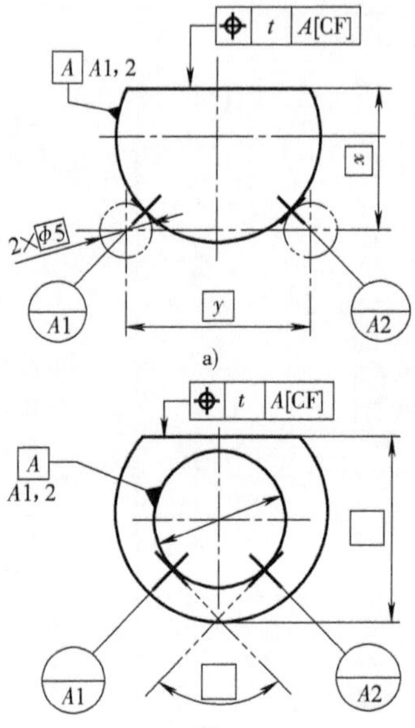	缺省情况下,用于建立基准的拟合要素与其公称表面一般属于相同的恒定类,但是如果用于建立基准的拟合要素与基准要素的公称要素属于不同的恒定类时,应该采用基准目标,且在图样中画出接触要素的位置,在几何公差框格中基准字母后面注写[CF]符号,见图a和图b 接触要素的尺寸应该是固定的,且应在图样上表示出来。当该尺寸不能隐含显示的时候,在图样上用一个与基准要素相连的双点画细虚线画出接触要素,见图a中直径为5的圆和图b中夹角 修饰符[CF]意指用工件中基准要素的一部分来建立基准,工件和接触要素之间的接触位置不能完全正确被确定,它依赖于实际工件的尺寸和几何形状。修饰符[CF]允许在一个单一要素上的基准目标之间的尺寸是可变的,如图3-12中的基准目标B 基准目标被用来表达接触要素和工件表面之间的公称接触时,基准目标可以省略不注,如图b所示 [CF]的标注示例见图3-14和图3-15

（续）

序号	规范类别	图例	规范要求的说明

图例栏：

$B[PL]$ $B[SL]$ $B[PT]$

a)   b)   c)

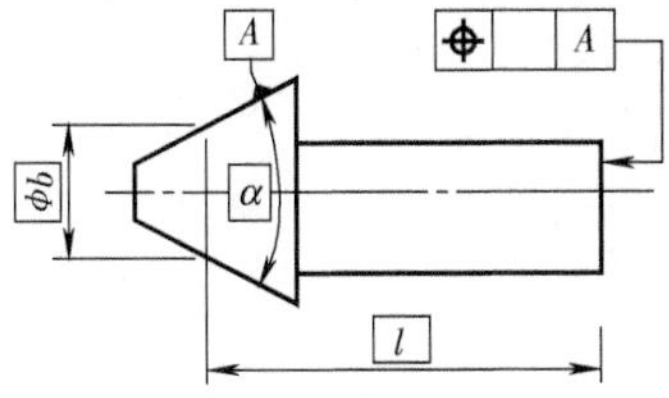

d)

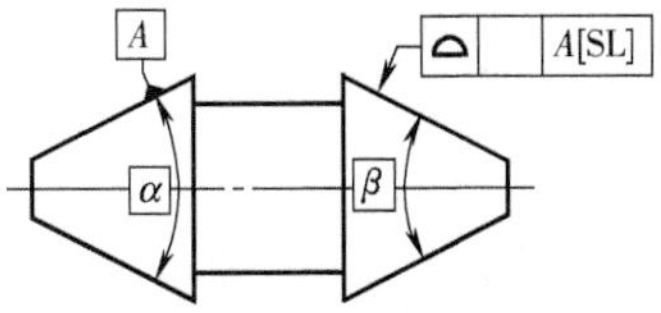

e)

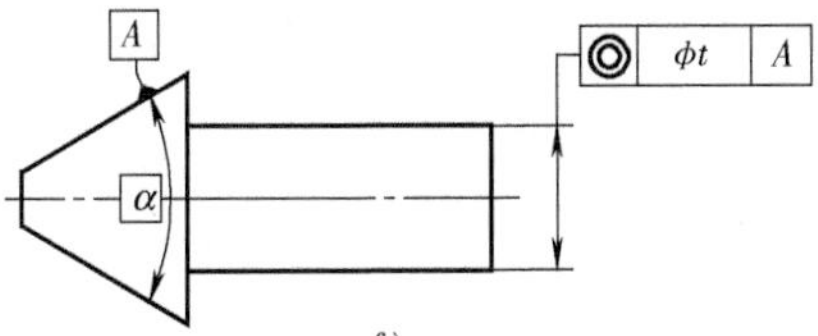

f)

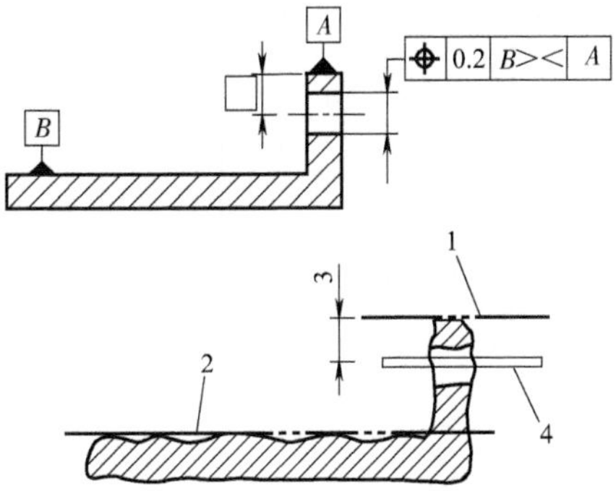

g)

1—基准 A 在实体外与基准 B 平行的方向约束下的拟合平面

2—基准 B 在实体外的拟合平面

3—公差带相对于基准平面 A 的距离

4—在基准 B 的方向约束下和基准 A 的位置约束下的公差带

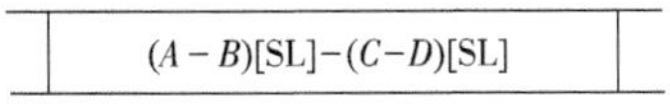

$(A-B)[SL]-(C-D)[SL]$

h)

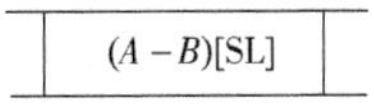

$(A-B)[SL]$

i)

序号 12，规范类别：**基准由基准要素的某一方位要素建立时**

规范要求的说明栏：

如果要求单一基准或公共基准的所有方位要素全部用来限制几何特征公差带的所有可能的自由度时，不需要在基准字母后面附加[PL]、[SL]、[PT]、><等符号

除非从规范中可以明显看出所用的方位要素外，如果不要求应用单一基准或公共基准的所有方位要素和/或基准不限制位置时，均应在基准字母后面附加[PL]、[SL]、[PT]、><等符号。其中，符号[PL]表示需要的方位要素是平面；符号[SL]表示需要的方位要素是直线；符号[PT]表示需要的方位要素是点。符号><表示基准只限制被测要素公差带的方向而不限制其位置，在方向公差规范中（如垂直度、平行度、倾斜度），符号><省略不标注

1）基准后面[PL]、[SL]、[PT]为单一基准时的标注方式如图 a、图 b、图 c 所示。

示例：

图 d 中，圆锥 A 的轴线和顶点两个方位要素均作为基准，此时在基准字母 A 后面不需要附加[PL]、[SL]、[PT]、><等符号

图 e 中，只用圆锥 A 的轴线这一方位要素作为基准要素，此时需要在基准字母 A 后面附加[SL]符号

图 f 中，规范要求被测要素与基准同轴，可以明显地看出，基准只用圆锥的轴线这一方位要素即可，此时在基准字母 A 后面不需要附加[PL]、[SL]、[PT]、><等符号

图 g 中，基准 B 只约束被测要素公差带的方向而不约束其位置，此时可在基准字母 B 后面附加><符号

2）基准为公共基准时的标注方式如图 h 和图 i 所示

当[PL]、[SL]、[PT]等修饰符应用于公共基准的所有元素时，表示公共基准的字母应写在括号中，如图 h 中(A-B)和(C-D)

当[PL]、[SL]、[PT]等修饰符应用于公共基准的某一元素时，此时表示公共基准的字母不写在括号中，只将[PL]、[SL]、[PT]等修饰符放在所应用的那个基准要素字母后面，如图 i 所示

（续）

序号	规范类别	图例	规范要求的说明
13	公共基准的特殊标注	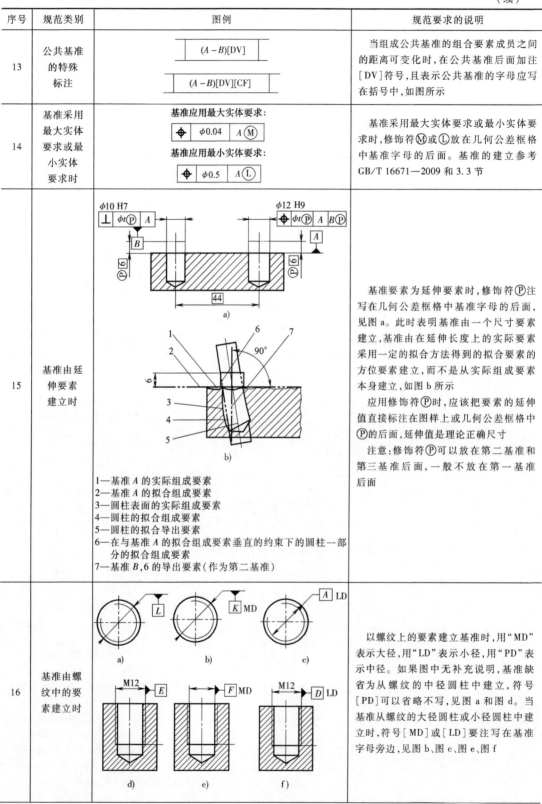	当组成公共基准的组合要素成员之间的距离可变化时，在公共基准后面加注[DV]符号，且表示公共基准的字母应写在括号中，如图所示
14	基准采用最大实体要求或最小实体要求时	基准应用最大实体要求： 基准应用最小实体要求：	基准采用最大实体要求或最小实体要求时，修饰符Ⓜ或Ⓛ放在几何公差框格中基准字母的后面。基准的建立参考GB/T 16671—2009 和 3.3 节
15	基准由延伸要素建立时	a) b) 1—基准 A 的实际组成要素 2—基准 A 的拟合组成要素 3—圆柱表面的实际组成要素 4—圆柱的拟合组成要素 5—圆柱的拟合导出要素 6—在与基准 A 的拟合组成要素垂直的约束下的圆柱一部分的拟合组成要素 7—基准 B,6 的导出要素（作为第二基准）	基准要素为延伸要素时，修饰符Ⓟ注写在几何公差框格中基准字母的后面，见图 a。此时表明基准由一个尺寸要素建立，基准由在延伸长度上的实际要素采用一定的拟合方法得到的拟合要素的方位要素建立，而不是从实际组成要素本身建立，如图 b 所示 应用修饰符Ⓟ时，应该把要素的延伸值直接标注在图样上或几何公差框格中Ⓟ的后面，延伸值是理论正确尺寸 注意：修饰符Ⓟ可以放在第二基准和第三基准后面，一般不放在第一基准后面
16	基准由螺纹中的要素建立时	a)　　b)　　c) d)　　e)　　f)	以螺纹上的要素建立基准时，用"MD"表示大径，用"LD"表示小径，用"PD"表示中径。如果图中无补充说明，基准缺省为从螺纹的中径圆柱中建立，符号[PD]可以省略不写，见图 a 和图 d。当基准从螺纹的大径圆柱或小径圆柱中建立时，符号[MD]或[LD]要注写在基准字母旁边，见图 b、图 c、图 e、图 f

（续）

序号	规范类别	图例	规范要求的说明
17	基准由齿轮中的要素建立时	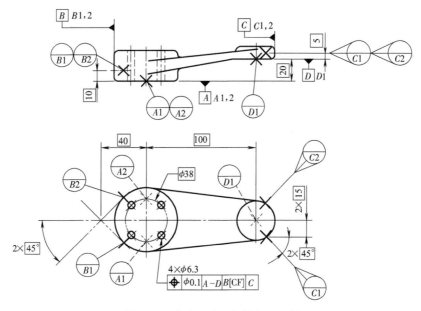	以齿轮上的要素建立基准时，基准符号标注在所要求的要素位置上。 图 a 中的基准符号 *A* 表明基准由分度圆建立，相应的修饰符为"PD"；基准符号 *B* 表明基准由齿根圆建立，相应的修饰符为"LD"；基准符号 *C* 表明基准由齿顶圆建立，相应的修饰符为"MD" 图 b 中的基准符号 *D* 表明基准由齿轮右轮廓建立；基准符号 *E* 表明基准由齿轮左轮廓建立

图 3-12 移动基准目标的标注示例

注：本图中，基准目标 *B*1、*B*2 和 *C*1、*C*2 之间的距离是未知的，因此，*C*1、*C*2 之间被定义为相对于基准目标 *B*1、*B*2 的移动基准目标，*C*1、*C*2 同时移动。

在图 3-15a 中，基准目标 *A*1 和 *A*2 是由圆柱 *A* 和一个接触要素之间的交点定义的，*A*1 和 *A*2 之间的距离由理论正确尺寸确定并且是固定的，用于建立基准的拟合要素不是圆柱 *A* 及其轴线，而是由接触要素所形成的方位要素建立的。该图例中，接触要素的方位要素由一个面（第一方位要素）和一条直线（第二方位要素）组成，其中面是包含两线基准目标的

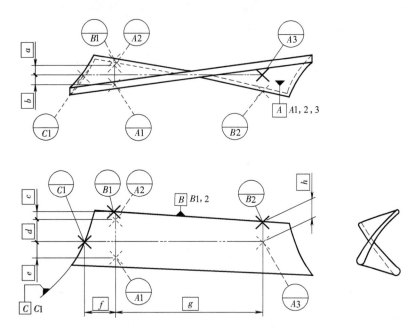

图 3-13　由一个或多个基准目标建立的基准标注示例

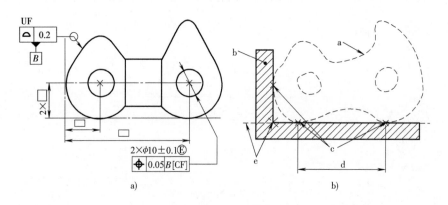

图 3-14　不注写基准目标符号的［CF］标注示例

a）图样标注　b）解释

注：1. UF 表示基准 B 为联合要素，其含义见 3.1.2 节。

2. a 是基准要素；b 是接触要素；c 是基准要素和接触要素之间的交点；d 是两接触点之间
　　的实际距离；e 是基准（面和直线）。

拟合直线形成的面，直线是垂直于第一方位要素的两基准目标之间的中线。

在图 3-15b 中，基准目标 $A1$ 和 $A2$ 是由圆柱 A 和一个接触要素之间的交点定义的，基准目标 $A1$ 和 $A2$ 之间的距离是可变的，它取决于圆柱面 A 的实际直径和由一个角度为 α 的 V形块定义的接触要素。用于建立基准的拟合要素是"V"形块而不是圆柱。

3.2.4　基准的拟合方法

对基准要素进行拟合操作以获取基准或基准体系的拟合要素时，该拟合要素要按一定的拟合方法与实际组成要素（或其滤波要素）相接触，且保证该拟合要素位于其实际组成要

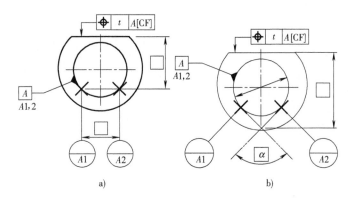

图 3-15　注写基准目标符号的［CF］标注示例

a）A1 与 A2 之间距离固定　b）A1 与 A2 之间距离可变

素的实体之外（如图 3-16 所示）。可用的拟合方法有最小外接法、最大内切法、实体外约束的最小区域法、实体外约束的最小二乘法。除非图样上有专门规定，拟合方法一般缺省规定为：最小外接法（对于被包容面）、最大内切法（对于包容面，如图 3-16 b 所示）、实体外约束的最小区域法（对于平面、曲面等，如图 3-16 a 所示）；缺省规定也允许采用实体外约束的最小二乘法（对于包容面、被包容面、平面、曲面等），若有争议，则按一般缺省规定仲裁。（详见 ISO 5459：2011 附录 A 与 GB/T 1958—2017 附录 B.10）

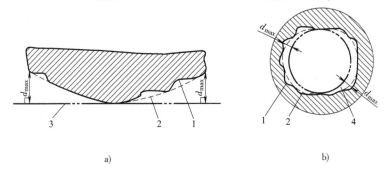

图 3-16　（对一个平表面和一个圆柱表面的）拟合要素示例

a）平面　b）圆柱

1—实际组成要素　2—滤波要素　3—实体外与滤波要素的最大距离为最小的相切平面

4—实体外与滤波要素的最大距离为最小的最大内切圆柱

注意，当用一个本质特征为线性的尺寸要素建立基准时，如果本质特征是可变的，则拟合要素与实际要素之间要相接触，如图 3-17a 所示。如果本质特征是固定不变的，则拟合要素与实际要素之间不要求相接触，如图 3-17b 所示。

当用本质特征为角度的尺寸要素建立基准时，拟合要素与实际要素之间要求相接触。

3.2.4.1　单一基准的拟合

1）当一个单一基准由一个尺寸要素建立，且这个尺寸对于拟合来说是可变的（如圆柱、球、两平行平面或圆环），缺省的拟合准则见表 3-45。

2）当一个单一基准由一个尺寸要素建立，且这个尺寸对于拟合来说是固定的（如一个圆锥体或楔块），缺省的拟合准则是基准要素和拟合要素之间的最大距离为最小（在这种特

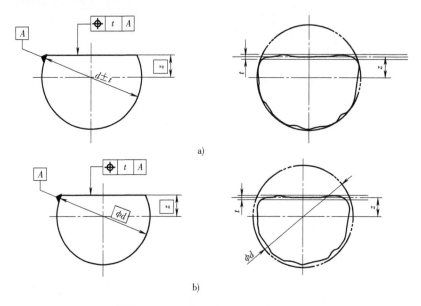

图 3-17 建立在公称圆柱表面上的单一基准示例（无 [CF] 修饰符）

a）圆柱的直径是可变的 b）圆柱的直径为理论正确尺寸

殊情况下，实体约束不应用在拟合要素和基准要素之间）。最小距离是拟合要素法向的距离。

3）当从一个平面或一个复杂表面（不是尺寸要素），或从一个锥体或一个楔块（带有角度的尺寸要素）中建立单一基准时，缺省的拟合准则见表 3-46。

4）当单一基准从一个圆锥形的表面建立时，拟合是多样的，那么缺省的拟合准则是基准要素与带外部实体约束和固定本质特征约束的拟合要素之间的最大距离为最小。

考虑到不同应用情况的需求，缺省规定也允许采用实体外约束的最小二乘法（对于各种类型的基准要素），若出现与上述一般缺省规定 1）~4）有争议的情况，则按上述一般缺省规定仲裁。（详见 GB/T 1958—2017 附录 B.10）

表 3-45 具有可变本质特征的尺寸要素的缺省拟合准则

基准要素的类型	内部/外部	缺省的拟合准则		方位要素
		目标函数	实体约束	
球	内部	最大内切:基准要素的最大内切球的最大直径	在实体外	拟合球的中心（球心）
	外部	最小外接:基准要素的最小外接球的最小直径		
圆柱	内部	最大内切:基准要素的最大内切圆柱的最大直径	在实体外	拟合圆柱的轴线（直线）
	外部	最小外接:基准要素的最小外接圆柱的最小直径		
两平行平面	内部	最大内切:同时对两基准要素进行拟合的两平行平面间的最大距离	在实体外	两拟合平面的中心平面（平面）
	外部	最小外接:同时对两基准要素进行拟合的两平行平面间的最小距离		
环	内部	最大内切:基准要素的最大内切环横截面的最大直径,(圆环在内部接触面上具有直径可变的准线和直径固定的中心线)	在实体外	平面和拟合圆环的中心（平面和点）
	外部	最小外接:基准要素的最小外接环横截面的最小直径,(圆环在外部接触面上具有直径可变的准线和直径固定的中心线)		

表 3-46 非尺寸要素和具有固定本质特征的尺寸要素的缺省拟合准则

基准要素的类型	内部/外部	缺省的拟合准则		方位要素
		目标函数	实体约束	
圆锥	内部	最小区域（切比雪夫）：带有固定本质特征（固定角度）约束的拟合圆锥和基准要素之间的最大距离为最小	在实体外	拟合圆锥的方位要素（直线和点）
	外部			
楔形	内部	最小区域（切比雪夫）：带有固定本质特征（固定角度）约束的拟合楔形和基准要素之间的最大距离为最小	在实体外	拟合楔形的方位要素（平面和直线）
	外部			
复杂表面	不分内外部	最小区域（切比雪夫）：带有固定参数约束的拟合复杂表面与基准要素之间的最大距离为最小	在实体外	拟合复杂表面的方位要素（平面、直线和点）
平面	不分内外部	最小区域（切比雪夫）：拟合平面与基准要素之间的最大距离为最小	在实体外	拟合平面（平面）

3.2.4.2 公共基准的拟合

公共基准的拟合方法是同时（在一个步骤中）对几个非理想表面进行拟合的理想单一表面的组合。

公共基准的拟合过程包括不同拟合要素间的位置和方向约束。这些约束是由要素的组合重新定义的本质特征。这些约束要么明确地由理论正确尺寸定义，要么是隐含的约束（隐含的方向约束为 0°、90°、180°、270°，隐含的位置约束为 0mm）。单一基准中表述的内部约束下的拟合对公共基准同样适用，但是应该添加拟合要素间的补充约束（如共面、同轴，等等）。

缺省的拟合准则由约束和目标函数共同定义。约束对建立公共基准的每个拟合要素均适用：①在其相应的滤波要素的实体外；②当考虑其他修饰符时（如［DV］），考虑方向和位置约束来定义组合中公称要素之间的关系（以隐含或明确 TED 表示）。目标函数为各拟合要素和其滤波要素之间的最大距离同时为最小。

3.2.4.3 基准体系的拟合

基准体系的拟合方法是以一定顺序（需要几个步骤）对几个非理想表面拟合的理想单一表面（具有方向和/或位置约束）的集成。

基准体系是由一定顺序的两个或三个基准构成的。这些基准（第一、第二、第三基准）可以是一个单一基准或者是一个公共基准。在基准体系中，对各个基准要素的拟合是按照基准体系中定义的顺序一个接一个进行的。其中：第一基准对第二基准有方向约束，且由第一和第二基准之间的理论正确相对方向确定。如果存在第三基准，那么第一基准对第三基准有方向约束，且由第一和第三基准之间的理论正确相对方向确定。第二基准对第三基准有方向约束，由第二和第三基准之间的理论正确相对方向确定。

基准体系缺省拟合准则为：

1）如果第一基准是单一基准或者公共基准而没有附加约束时，对第一基准的缺省拟合准则分别是单一基准或公共基准的缺省拟合准则。

2）如果第二基准是单一基准或者公共基准，且有来自第一基准的附加方向约束（由理论正确角度明确地确定或者由角度 0°、90°、180°或 270°隐含确定）时，第二基准的缺省拟合准则分别是单一基准或公共基准的缺省拟合准则。

3）如果第三基准是单一基准或者公共基准，且有来自第一基准和第二基准的附加方向约束（由理论正确角度明确确定或者由角度 0°、90°、180°或 270°隐含确定）时，第三基准的缺省拟合准则分别是单一基准或公共基准的缺省拟合准则。

3.2.5 基准和基准体系的建立

由基准要素建立基准时，基准由在实体外对基准要素或其提取组成要素进行拟合得到的拟合组成要素的方位要素建立，拟合方法及缺省规则见 3.2.4 节。

3.2.5.1 单一基准

单一基准由一个基准要素建立，该基准要素从一个单一表面或一个尺寸要素中获得，单一基准的建立示例见表 3-47。

表 3-47 单一基准的建立示例

基准要素的类型	图样规范	基准的建立
球面	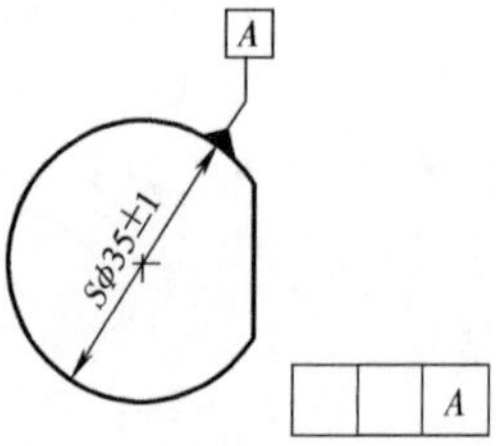	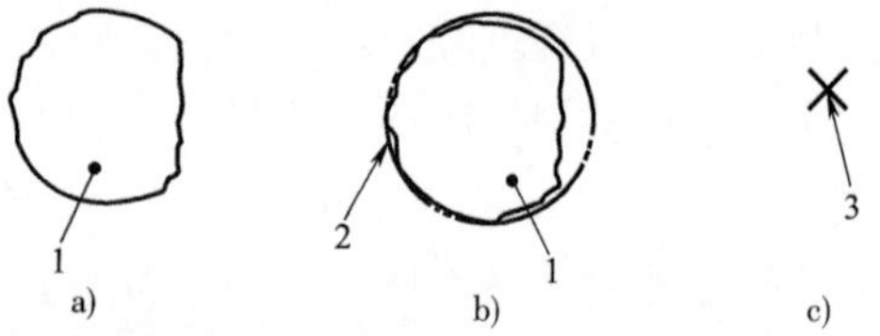 1—球面经分离、提取后得到的实际组成要素，见图 a 2—在实体外约束下采用最小外接球法对 1 进行拟合，得到的拟合球面，见图 b 3—基准，由拟合球面的方位要素建立。拟合球面的恒定类为球面类，其方位要素为其球心，见图 c
圆柱面	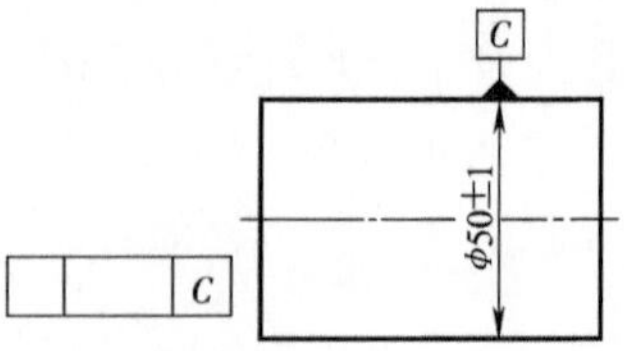	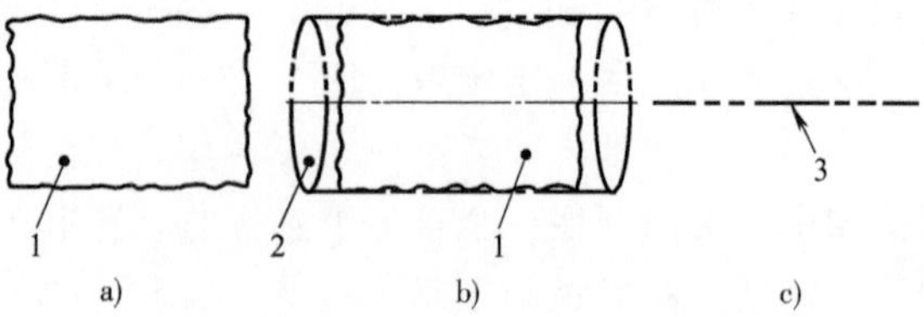 1—圆柱面经分离、提取后得到的实际组成要素，见图 a 2—在实体外约束下采用最小外接圆柱法对 1 进行拟合，得到的拟合圆柱面，见图 b 3—基准，由拟合圆柱面的方位要素建立。拟合圆柱面的恒定类为圆柱面类，其方位要素为其轴线，见图 c

（续）

基准要素的类型	图样规范	基准的建立
圆锥	应用圆锥的所有方位要素： 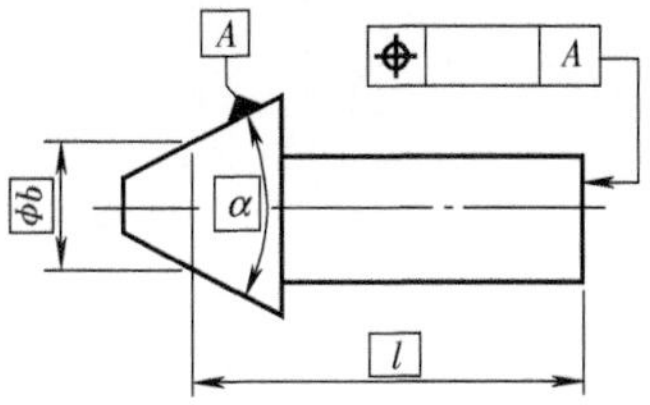	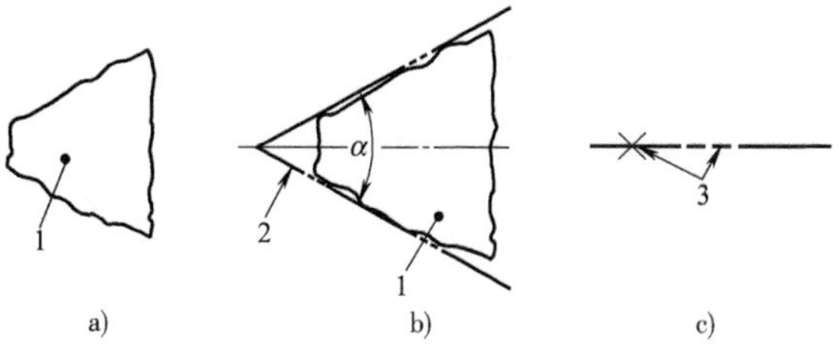 1—圆锥面 A 经分离、提取后得到的实际组成要素，见图 a 2—在实体外约束下采用角度为 α 的最小外接圆锥对 1 进行拟合，得到拟合圆锥面，见图 b 3—基准，由拟合圆锥的方位要素建立。拟合圆锥面的恒定类为回转面类，其方位要素为圆锥的轴线和顶点，见图 c
	仅用圆锥的其中一个方位要素： 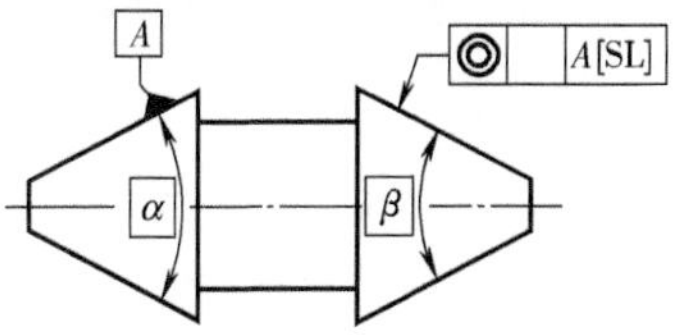	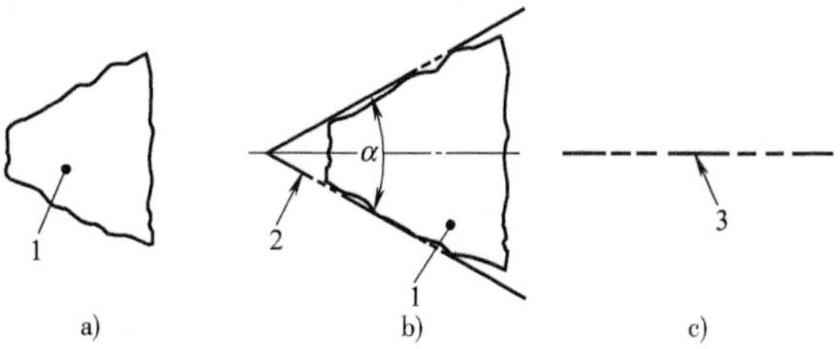 1—圆锥面 A 经分离、提取后得到的实际组成要素，见图 a 2—在实体外约束下采用角度 α 的最小外接圆锥对 1 进行拟合，得到的拟合圆锥面，见图 b 3—基准，仅用拟合圆锥面的直线方位要素建立。拟合圆锥面的恒定类为回转面类，其方位要素为圆锥的轴线和顶点，但是图中注有修饰符 [SL]，注明仅用圆锥的轴线这一方位要素建立基准，见图 c
	规范可以明显确定的方位要素： 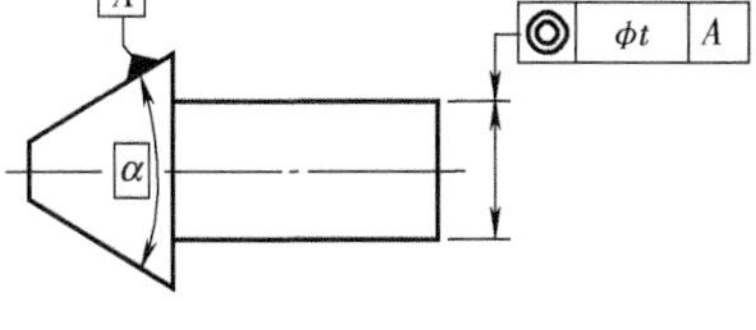	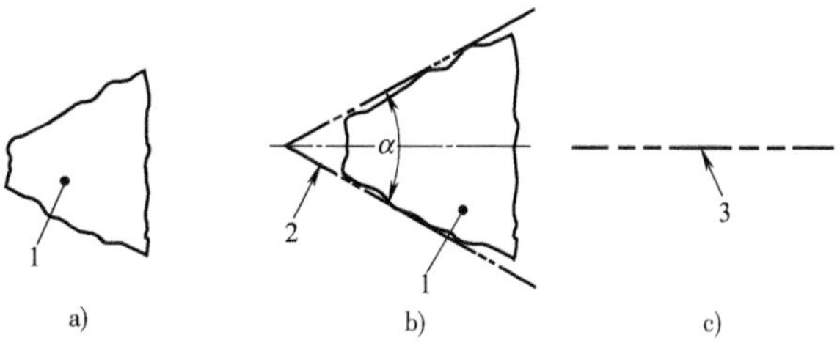 1—圆锥面 A 经分离、提取后得到的实际组成要素，见图 a 2—在实体外约束下采用角度为 α 的最小外接圆锥对 1 进行拟合，得到的拟合圆锥面，见图 b 3—基准，仅由拟合圆锥面的直线方位要素建立。拟合圆锥面的恒定类为回转面类，其方位要素为圆锥的轴线和顶点，但是本图例中，顶点对被测要素公差带的位置无影响，因此仅用圆锥的轴线这一方位要素建立基准，见图 c

（续）

基准要素的类型	图样规范	基准的建立
平面	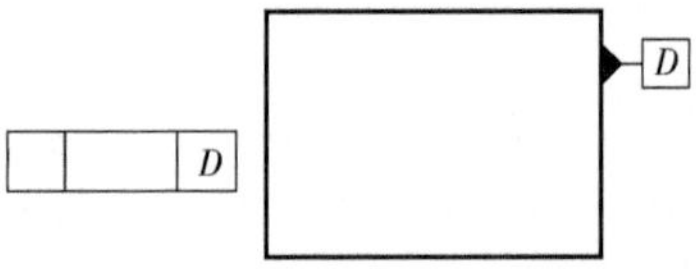	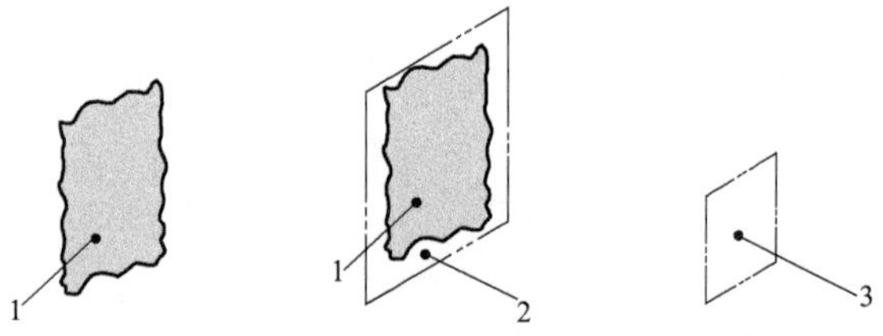 a) b) c) 1—平面 D 经分离、提取后得到的实际组成要素，见图 a 2—在实体外约束下采用最小区域法对 1 进行拟合，得到的拟合平面，见图 b 3—基准，由拟合平面的方位要素建立。拟合平面的恒定类为平面类，其方位要素为平面本身，见图 c
曲面	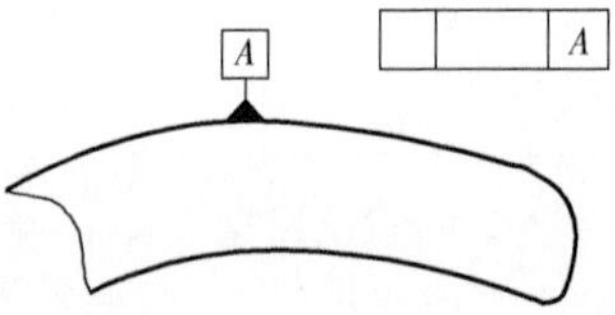	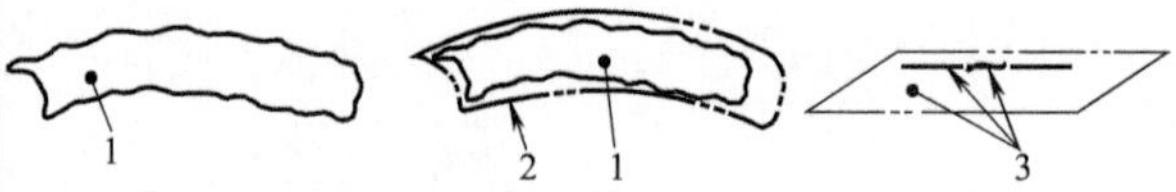 a) b) c) 1—曲面经分离、提取后得到的实际组成要素，见图 a 2—在实体外约束下采用最小区域法对 1 进行拟合，得到的拟合曲面，见图 b 3—基准，由拟合曲面的方位要素建立。拟合曲面的恒定类为复合面类，其方位要素为一个平面、一条直线和一个点，见图 c
相交平面	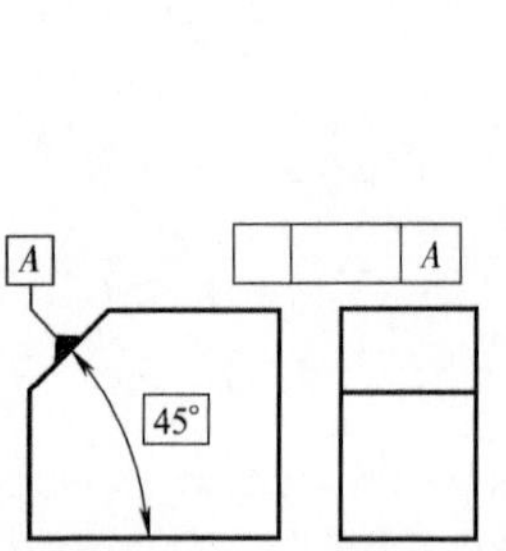 45°	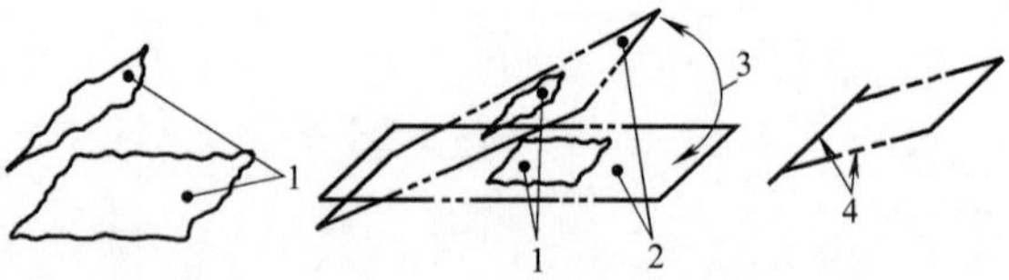 a) b) c) 1—两个表面经分离、提取和组合后组成的具有一定夹角的实际组成要素，见图 a 2—在实体外约束下，分别采用最小区域法对组合的两实际组成要素 1 在夹角为 45° 的约束下同时进行拟合，得到的两个拟合平面，图 b 3—方向约束（45°夹角） 4—基准，由组合的两拟合平面的方位要素建立。组合的两拟合平面的恒定类为棱柱面类，其方位要素为两拟合平面的角平分面和交线，见图 c

（续）

基准要素的类型	图样规范	基准的建立
两相对平行平面	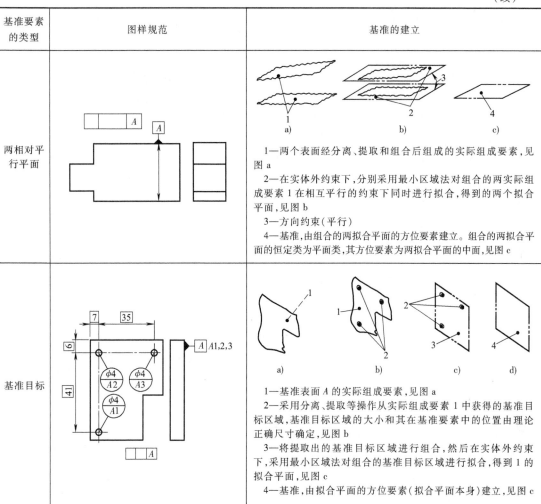	1—两个表面经分离、提取和组合后组成的实际组成要素,见图 a 2—在实体外约束下,分别采用最小区域法对组合的两实际组成要素 1 在相互平行的约束下同时进行拟合,得到的两个拟合平面,见图 b 3—方向约束(平行) 4—基准,由组合的两拟合平面的方位要素建立。组合的两拟合平面的恒定类为平面类,其方位要素为两拟合平面的中面,见图 c
基准目标		1—基准表面 A 的实际组成要素,见图 a 2—采用分离、提取等操作从实际组成要素 1 中获得的基准目标区域,基准目标区域的大小和其在基准要素中的位置由理论正确尺寸确定,见图 b 3—将提取出的基准目标区域进行组合,然后在实体外约束下,采用最小区域法对组合的基准目标区域进行拟合,得到 1 的拟合平面,见图 c 4—基准,由拟合平面的方位要素(拟合平面本身)建立,见图 c

3.2.5.2　公共基准

公共基准由两个或两个以上同时考虑的基准要素建立,公共基准的建立示例见表 3-48。

表 3-48　公共基准的建立示例

基准要素的类型	图样规范	基准的建立
两个共面的平面		1—两个表面经分离、提取和组合后的实际组成要素,见图 a 2—在实体外约束下,分别采用最小区域法对组合的两实际组成要素 1 在共面约束下同时进行拟合,得到的两个拟合平面,见图 b 3—两个拟合平面之间的方向和位置约束:共面约束 4—基准,由组合的两个拟合平面的方位要素(公共平面)建立,见图 c

（续）

基准要素的类型	图样规范	基准的建立
两个同轴的圆柱面	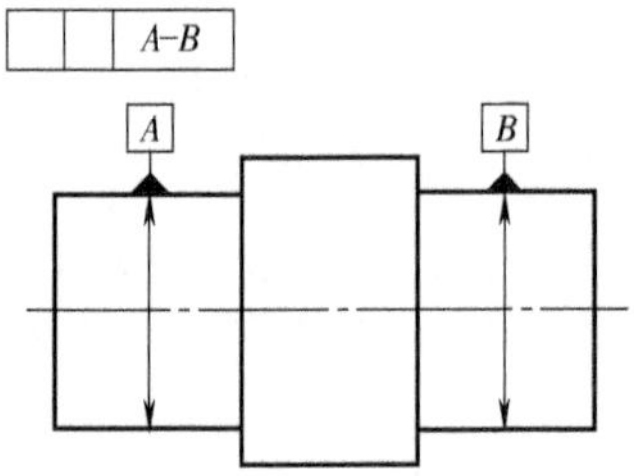	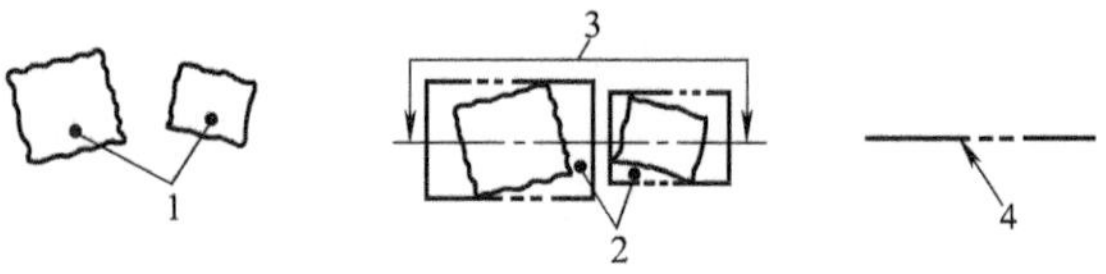 1—两个圆柱面经分离、提取和组合后的实际组成要素，见图 a 2—在实体外约束下，分别采用最小外接圆柱法对组合的两实际组成要素 1 在同轴约束下同时进行拟合，得到的两个拟合圆柱面，见图 b 3—两个拟合圆柱面之间的方向约束（平行）和位置约束（同轴） 4—基准，由组合的两拟合圆柱面的方位要素建立。组合的两拟合圆柱面的恒定类为圆柱面类，其方位要素为两圆柱面的公共轴线，见图 c
相互垂直的平面和圆柱面	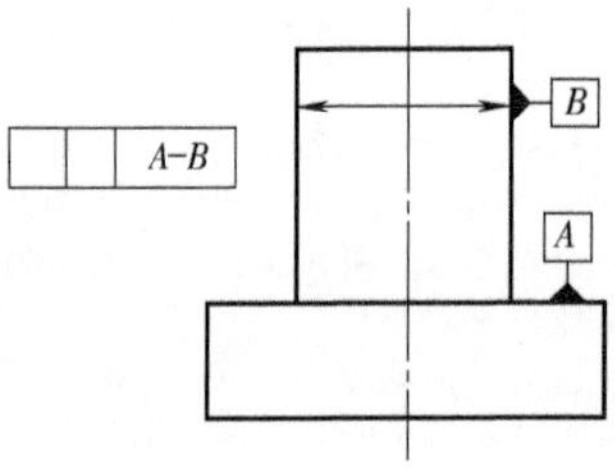	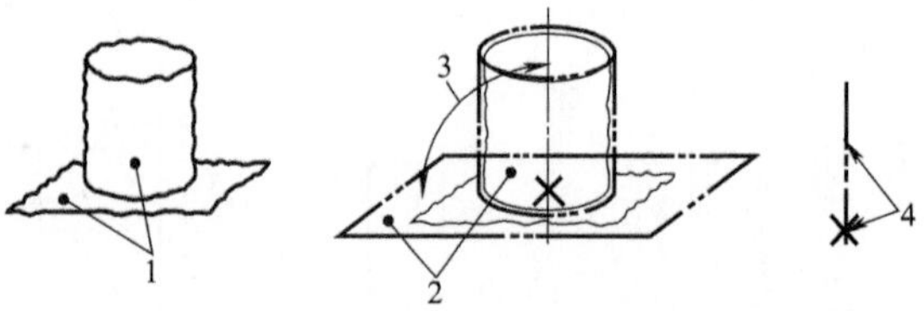 1—两个表面经分离、提取和组合后的实际组成要素，见图 a 2—在实体外约束下，分别采用最小区域法和最小外接圆柱法对组合的两实际组成要素 1 在垂直约束下同时进行拟合，得到的一个具有可变直径的拟合圆柱和一个拟合平面，见图 b 3—拟合圆柱和拟合平面之间的方向约束（垂直） 4—基准，由组合的拟合圆柱面和拟合平面的方位要素建立。组合的拟合圆柱面和拟合平面的恒定类为回转面类，其方位要素为圆柱的轴线和平面与轴线的交点，见图 c
两平行圆柱面	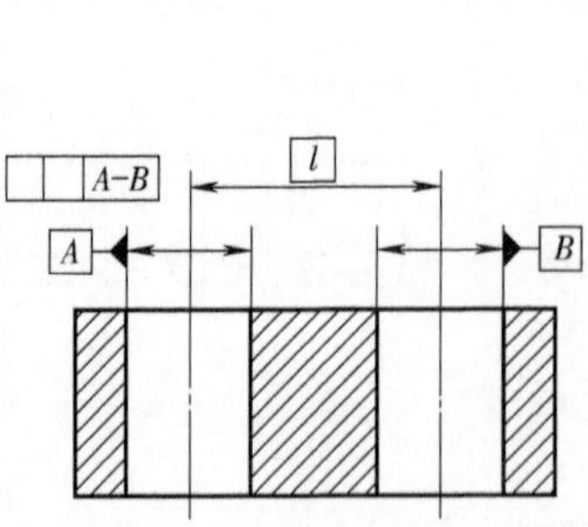	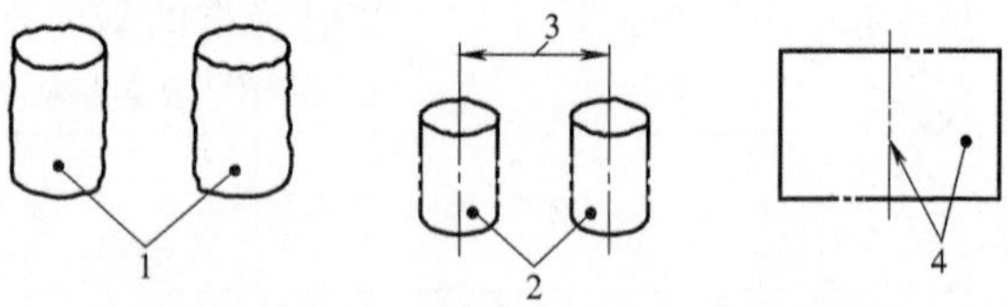 1—两个内圆柱面经分离、提取和组合后的实际组成要素，见图 a 2—在实体外约束下，分别采用最大内切圆柱法对组合的两实际组成要素 1 在相互平行的方向约束下和距离为 l 的位置约束下同时进行拟合，得到的两个拟合圆柱面，见图 b 3—两拟合圆柱面之间的方向（平行）约束和位置约束（距离为尺寸 l） 4—基准，由组合的两拟合圆柱面之间的方位要素建立。组合的两拟合圆柱面的恒定类为棱柱面类，其方位要素为包含两拟合圆柱轴线的平面和两轴线的中线，见图 c

（续）

基准要素的类型	图样规范	基准的建立
五个圆柱面	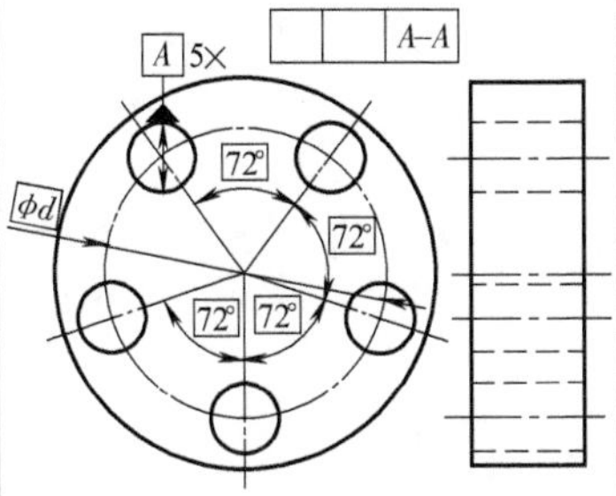	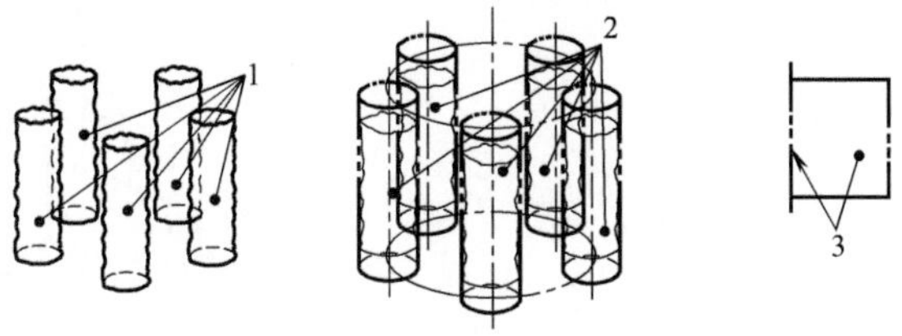 1—五个圆柱面经分离、提取和组合后的实际组成要素，见图 a 2—在实体外约束下，分别采用最大内切圆柱法对组合的五个实际组成要素 1 在相互平行的方向约束下和轴线位于直径为尺寸 d 的圆周上且相互之间的夹角为 72°的位置约束下同时进行拟合，得到的五个拟合圆柱面，见图 b 3—基准，由组合的五个拟合圆柱面之间的方位要素建立。组合的五个拟合圆柱面的恒定类为棱柱面类，其方位要素有两个：一个是五个拟合圆柱面轴线的中线，另一个是包含该中线和一个拟合圆柱面轴线的平面，见图 c
两平行平面	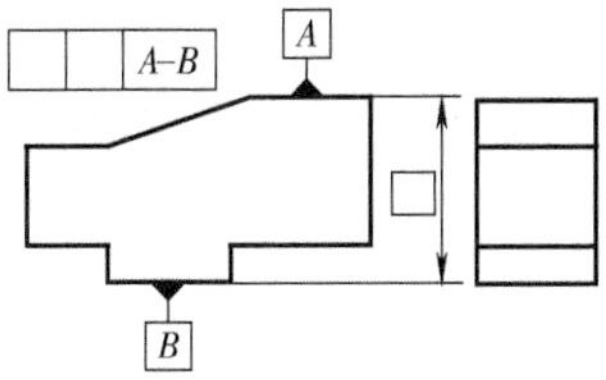	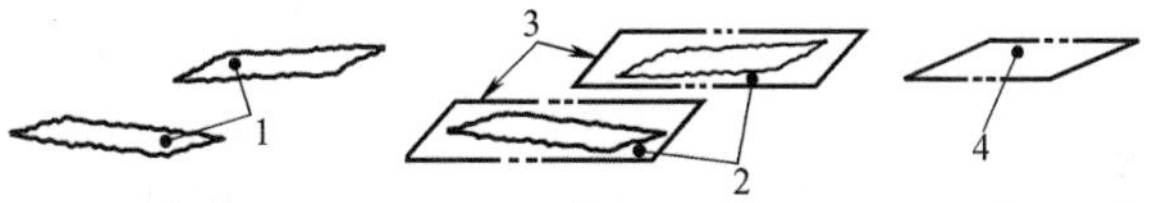 1—两个表面经分离、提取和组合后的实际组成要素，见图 a 2—在实体外约束下，分别采用最小区域法对组合的两实际组成要素 1 在相互平行的方向约束下和距离由 TED 定义的位置约束下同时进行拟合，得到的两个拟合平面，见图 b 3—两拟合平面之间的方向约束（平行）和位置约束（由 TED 定义的距离） 4—基准，由组合的两拟合平面之间的方位要素建立。组合的两拟合平面的恒定类为平面类，其方位要素为两拟合平面的中面，见图 c

3.2.5.3　基准体系

基准体系由两个或三个单一基准或公共基准按一定顺序排列建立，该顺序由几何规范所定义。基准体系的建立示例见表 3-49。

3.2.6　由接触要素建立基准的示例

当用于建立基准的拟合要素与基准要素的公称要素属于不同的恒定类时，即称为由接触要素建立基准。采用接触要素建立基准实质上是用基准要素上与拟合要素接触的部分（点、线或面）建立基准，相当于采用基准目标。且在图样中画出接触要素的位置，在几何公差框格中的基准要素字母后面注写［CF］符号。由接触要素建立基准的示例见表 3-50。

表 3-49 基准体系的建立示例

基准要素的类型	图样规范	基准的建立
三个相互垂直的平面		 0—经分离、提取和组合后的实际组成要素,见图 a 1—在实体外约束下,采用最小区域法对第一基准要素 A 进行拟合得到的拟合平面,见图 a 2—在实体外约束下且与拟合平面 1 垂直的约束下,采用最小区域法对第二基准要素 B 进行拟合得到的拟合平面,见图 b 3—拟合平面之间的方向约束(垂直) 4—在实体外约束下且与拟合平面 1 和拟合平面 2 同时垂直的约束下,采用最小区域法对第三基准要素 C 进行拟合得到的拟合平面,见图 c 5—基准体系,由三个拟合平面的方位要素建立。组合的三个拟合平面的恒定类为复合面类,其方位要素为一个平面(对应于第一基准)、一条直线(第二基准和第一基准的交线)和一个点(第三基准与第二基准和第一基准的交线形成的交点),见图 d
相互垂直的平面和圆柱面		 0—经分离、提取和组合后的实际组成要素,见图 a 1—在实体外约束下,采用最小外接法对第一基准要素 A 进行拟合得到的拟合圆柱面,见图 a 2—第一基准,由拟合圆柱面的方位要素(轴线)建立,见图 b 3—在实体外约束下且与拟合圆柱面 1 垂直的约束下,采用最小区域法对第二基准要素 B 进行拟合得到的拟合平面,见图 b 4—拟合平面与拟合圆柱之间的方向约束(垂直) 5—基准体系,由拟合圆柱面和拟合平面的方位要素建立。相互垂直的拟合圆柱和拟合平面的恒定类为回转面类,其方位要素为一条直线(对应于第一基准)和一个点(第二基准和第一基准的交点),见图 c

（续）

基准要素的类型	图样规范	基准的建立
一个平面和两个平行的圆柱轴线	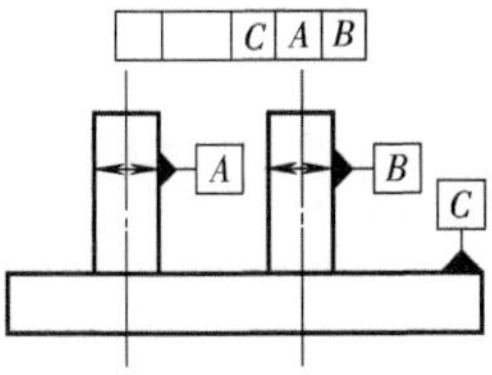 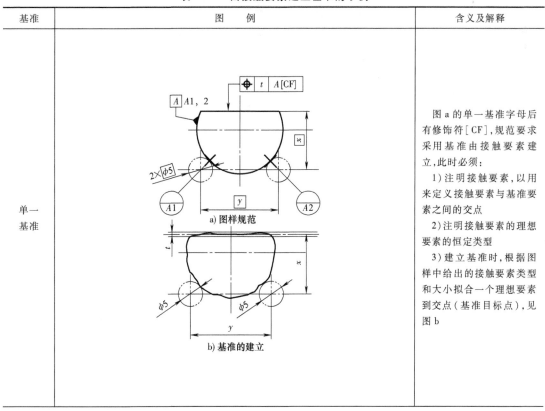	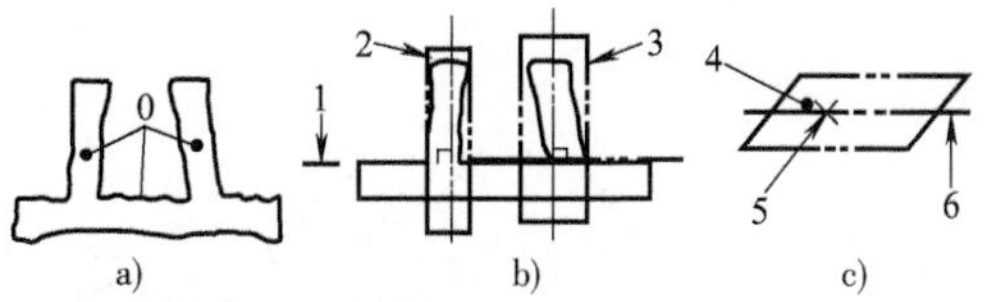 0—经分离、提取和组合后的实际组成要素,见图 a 1—在实体外约束下,采用最小区域法对第一基准要素 C 进行拟合得到的拟合平面(图示中用直线表示),见图 b 2—第二基准,是在实体外约束下且与拟合平面 1 垂直的约束下,采用最小外接圆柱法对第二基准要素 A 进行拟合得到的拟合圆柱面,见图 b 3—第三基准,是在实体外约束下且同时与拟合平面 1 垂直、与拟合圆柱面 2 平行的约束下,采用最小外接圆柱法对第三基准要素 C 进行拟合得到的拟合圆柱面,见图 b 4、5 和 6 组成了基准体系,是由组合的三个拟合面的方位要素建立。组合的三个拟合面的恒定类为复合面类,其方位要素为一个平面(对应于第一基准)、一个点(第二基准的轴线与第一基准垂直相交的点)和一条直线(包括第三基准的轴线和第二基准的轴线的平面与第一基准的交线),见图 d

表 3-50 由接触要素建立基准的示例

基准	图 例	含义及解释
单一基准	a) 图样规范 b) 基准的建立	图 a 的单一基准字母后有修饰符[CF],规范要求采用基准由接触要素建立,此时必须: 1)注明接触要素,以用来定义接触要素与基准要素之间的交点 2)注明接触要素的理想要素的恒定类型 3)建立基准时,根据图样中给出的接触要素类型和大小拟合一个理想要素到交点(基准目标点),见图 b

(续)

基准	图　例	含义及解释
公共基准	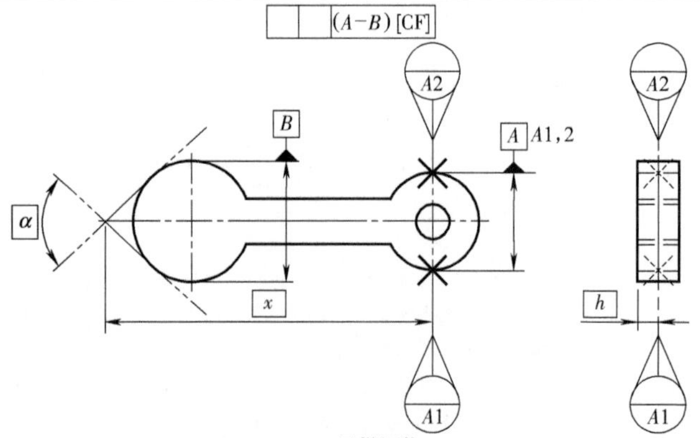 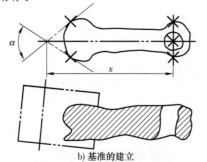　 ☐|(A−B)[CF] a) 图样规范 注:基准B的基准目标被隐含地定义为接触要素和基准要素之间的交点,图未注写出基准目标符号 b) 基准的建立	图 a 中,公共基准 A-B 的公称要素为同时包含圆柱 A 轴线和圆柱 B 轴线的面,采用基准目标规范时,公共基准 A-B 由对圆柱 A 和 B 实际表面同时拟合的两个接触要素建立。 　如图 b 所示,第一个接触要素是一个带有固定夹角 α 的楔块,该楔块与基准要素 B 接触,形成了两个接触点(即两个基准目标采用了隐式表示),两个接触点之间距离是可变的。第二个接触要素是两个移动基准目标 A1、A2 的集合,两个移动基准目标移动的方向与楔块的中面方向垂直,两个移动基准目标的对称中心点与楔块顶点之间距离 x 由理论正确尺寸定义,是固定的。两移动基准目标的对称中心点与楔块的中面共面,该平面即为建立的公共基准 A-B
	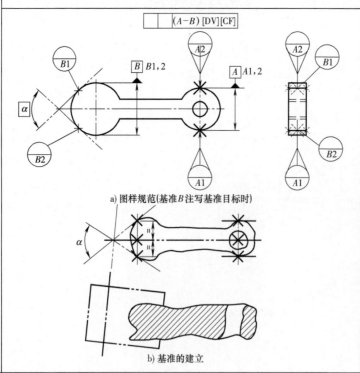 ☐|(A−B)[DV][CF] a) 图样规范(基准B注写基准目标时) b) 基准的建立	图 a 中,公共基准 A-B 的公称要素为同时包含圆柱 A 轴线和圆柱 B 轴线的面,采用基准目标规范时,公共基准 A-B 由对圆柱 A 和 B 实际表面同时拟合的两个接触要素建立。由于两个接触要素之间的距离是不固定的,因此在基准字母后面加注[DV]符号 　如图 b 所示,第一个接触要素是一个带有固定夹角 α 的楔块,该楔块与基准要素 B 在两个基准目标 B1、B2 处接触,两个接触点之间距离是可变的。第二个接触要素是两个线移动基准目标 A1、A2 的集合,两个线移动基准目标移动的方向与楔块的中面方向垂直,两个移动基准目标的对称中心线与楔块顶点之间距离是可变的。两移动基准目标的对称中心线与楔块的中面共面,该平面即为建立的公共基准 A-B

（续）

基准	图　　例	含义及解释

基准体系

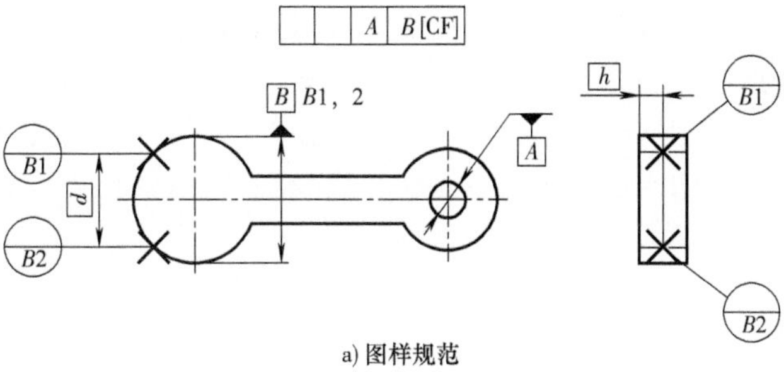

a) 图样规范

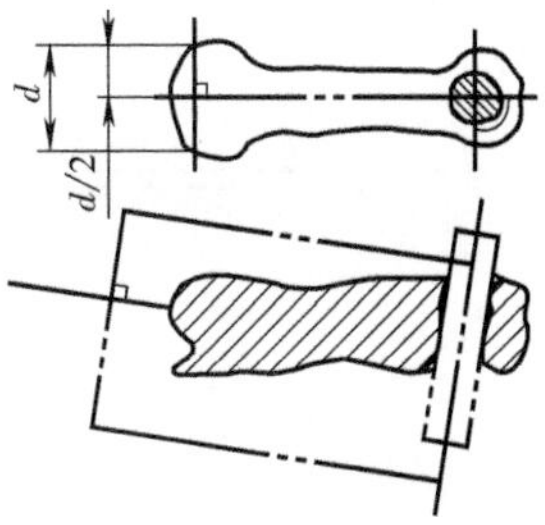

b) 基准的建立

基准体系的建立方式如下：

首先建立第一基准：对第一基准要素 A 的实际组成要素或其提取组成要素采用最大内切圆柱面进行拟合，以拟合圆柱面的轴线作为第一基准

然后建立第二基准：第二基准由对工件实际表面进行拟合的接触要素建立。接触要素是两个相距为理论正确尺寸 d 的点基准目标 $B1$、$B2$ 的集合。建立点基准目标 $B1$、$B2$ 时，两个基准目标点的连线与第一基准 A 的轴线垂直，且关于尺寸 d 对称。第二基准是由包含第一基准轴线的两个基准目标的对称中心面建立的，见图 b

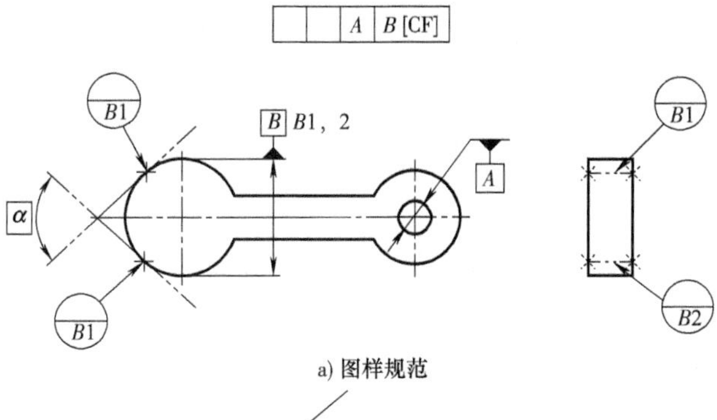

a) 图样规范

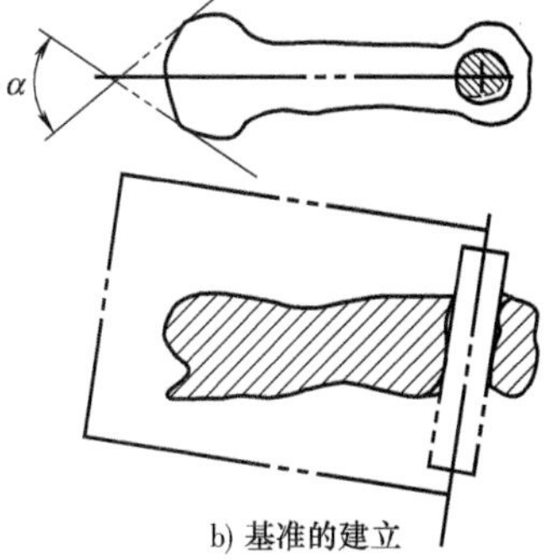

b) 基准的建立

基准体系的建立方式如下：

首先建立第一基准：对第一基准要素 A 的实际组成要素或其提取组成要素采用最大内切圆柱面进行拟合，以拟合圆柱面的轴线作为第一基准

然后建立第二基准：第二基准由对工件实际表面进行拟合的接触要素建立。接触要素是一个带有固定夹角 α 的楔块，该楔块与基准要素 B 在两个基准目标 $B1$、$B2$ 处接触，两个接触点之间距离是可变的。楔块两个面的交线平行于第一基准。第二基准由包含第一基准轴线的楔块的平分面建立，见图 b

3.3　几何公差与尺寸公差的关系

根据零件功能的要求，几何公差与尺寸公差的关系可以是相对独立无关的，也可以是互相影响、单向补偿或互相补偿的，即几何公差与尺寸公差相关。为了保证设计要求，正确判断不同要求时零件的合格性，必须明确几何公差与尺寸公差的内在联系。公差原则即是规范和确定几何公差与尺寸（线性尺寸和角度尺寸）公差之间相互关系的原则和要求。图 3-18 示出了独立原则、相关要求及其图样符号和涉及的标准。

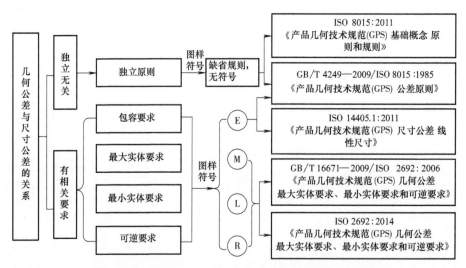

图 3-18　独立原则、相关要求及其图样符号和涉及的标准

3.3.1　术语定义

公差原则相关的术语定义见表 3-51。

表 3-51　术语定义

序号	术　语	定　义
1	尺寸要素 feature of size 线性尺寸要素 feature of linear size 角度尺寸要素 feature of angular size	由一定大小的线性尺寸或角度尺寸确定的几何形状（见 GB/T 18780.1—2002）。即尺寸要素是拥有一个或多个本质特征的几何要素，其中只有一个可作为变量参数，其余的则是"单一参数族"的一部分，且服从此参数的单一约束属性（见 ISO 17450.1:2011） 　　例如：一个圆柱孔或轴是一个线性尺寸要素，其线性尺寸为它的直径。两个相对平行的表面是一个线性尺寸要素。其线性尺寸为这两个平行平面间的距离。一个圆锥面是一个角度尺寸要素
2	导出要素 derived feature	由一个或几个组成要素得到的中心点、中心线或中心面（见 GB/T 18780.1—2002） 　　例如：球心是由球面得到的导出要素，该球面为组成要素。圆柱的中心线是由圆柱面得到的导出要素，该圆柱面为组成要素

（续）

序号	术　语	定　义
3	组成要素 integral feature	工件实际表面上或表面模型上的几何要素（ISO 17450.1：2011 的 3.3.5）
4	最大实体状态（MMC） maximum material condition	当尺寸要素的提取组成要素的局部尺寸处处位于极限尺寸且使其具有材料量为最多时的状态（见 ISO 2692：2014 和 GB/T 16671—2009）
5	最大实体尺寸（MMS） maximum material size	确定要素最大实体状态的尺寸。即外尺寸要素的上极限尺寸,内尺寸要素的下极限尺寸（见 ISO 2692：2014 和 GB/T 16671—2009）
6	最小实体状态（LMC） least material condition	当尺寸要素的提取组成要素的局部尺寸处处位于极限尺寸且使其具有材料量为最少时的状态（见 ISO 2692：2014 和 GB/T 16671—2009）
7	最小实体尺寸（LMS） least material size	确定要素最小实体状态的尺寸。即外尺寸要素的下极限尺寸,内尺寸要素的上极限尺寸（见 ISO 2692：2014 和 GB/T 16671—2009）
8	最大实体实效尺寸（MMVS） maximum material virtual size	尺寸要素的最大实体尺寸与其导出要素的几何公差（形状、方向或位置）共同作用产生的尺寸。对于外尺寸要素,MMVS＝MMS＋几何公差；对于内尺寸要素,MMVS＝MMS－几何公差（见 ISO 2692：2014 和 GB/T 16671—2009）
9	最大实体实效状态（MMVC） maximum material virtual condition	拟合要素的尺寸为其最大实体实效尺寸（MMVS）时的状态（见 GB/T 16671—2009）
10	最小实体实效尺寸（LMVS） least material virtual size	尺寸要素的最小实体尺寸与其导出要素的几何公差（形状、方向或位置）共同作用产生的尺寸。对于外尺寸要素,LMVS＝LMS－几何公差；对于内尺寸要素,LMVS＝LMS＋几何公差（见 ISO 2692：2014 和 GB/T 16671—2009）
11	最小实体实效状态（LMVC） least material virtual condition	拟合要素的尺寸为其最小实体实效尺寸（LMVS）时的状态（见 ISO 2692：2014 和 GB/T 16671—2009）
12	最大实体边界（MMB） maximum material boundary	最大实体状态的理想形状的极限包容面（见 GB/T 4249—2009）
13	最小实体边界（LMB） least material boundary	最小实体状态的理想形状的极限包容面（见 GB/T 4249—2009）
14	最大实体实效边界（MMVB） maximum material virtual boundary	最大实体实效状态的理想形状的极限包容面（见 GB/T 16671—2009）
15	最小实体实效边界（LMVB） least material virtual boundary	最小实体实效状态的理想形状的极限包容面（见 GB/T 16671—2009）
16	包容要求 envelope requirement	尺寸要素的非理想要素不得违反其最大实体边界（MMB）的一种尺寸要素要求（见 GB/T 4249—2009）
17	最大实体要求（MMR） maximum　material requirement	尺寸要素的非理想要素不得违反其最大实体实效状态（MMVC）的一种尺寸要素要求,也即尺寸要素的非理想要素不得超越其最大实体实效边界（MMVB）的一种尺寸要素要求（见 ISO 2692：2014 和 GB/T 16671—2009）

（续）

序号	术　语	定　义
18	最小实体要求（LMR） least material requirement	尺寸要素的非理想要素不得违反其最小实体实效状态（LMVC）的一种尺寸要素要求,也即尺寸要素的非理想要素不得超越其最小实体实效边界（LMVB）的一种尺寸要素要求（见 ISO 2692:2014 和 GB/T 16671—2009）
19	可逆要求（RPR） reciprocity requirement	最大实体要求（MMR）或最小实体要求（LMR）的附加要求,表示尺寸公差可以在实际几何误差小于几何公差的差值范围内增大（见 ISO 2692:2014 和 GB/T 16671—2009）

3.3.2　独立原则（IP）

缺省情况下，图样上给定的，对于一个要素或要素间关系的每一个 GPS 规范（尺寸和几何公差要求等）均是独立的，应分别满足，除非有特定要求或标注中使用特殊符号（如Ⓜ、Ⓛ、Ⓔ等修饰符）作为实际规范的一部分，均在图样上明确规定。

独立原则是几何公差和尺寸公差相互关系遵循的基本原则，其主要应用范围：

1）对于几何公差与尺寸公差需分别满足要求，两者不发生联系的要素，不论两者公差等级要求的高低，均采用独立原则。如用于保证配合功能要求、运动精度、磨损寿命、旋转平衡等部位。

2）对于退刀槽、倒角、没有配合要求的结构尺寸等，采用独立原则。

3）对于未注尺寸公差的要素，几何公差与尺寸公差遵守独立原则。

独立原则应用示例见表 3-52。

表 3-52　独立原则应用示例

示　例	说　明
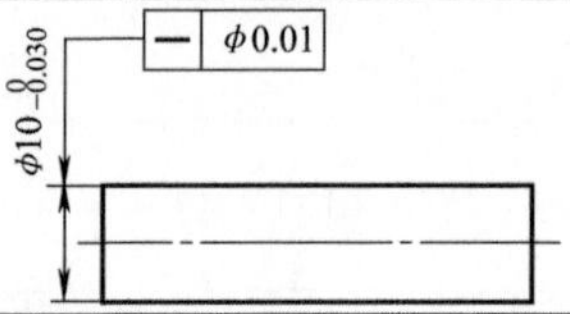	形状公差与尺寸公差相互无关 轴径的局部实际尺寸应在最大极限尺寸 $\phi10$mm 与最小极限尺寸 $\phi9.97$mm 之间。任何位置的局部实际尺寸的轴线直线度误差均不允许超过 0.01mm
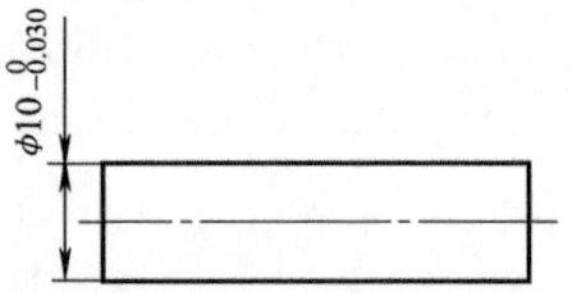	几何公差与尺寸公差相互无关 轴径的局部实际尺寸应在最大极限尺寸 $\phi10$mm 和最小极限尺寸 $\phi9.97$mm 之间。采用了未注几何公差

3.3.3　包容要求（ER）

包容要求适用于单一要素，如圆柱表面或两平行表面。

包容要求表示实际要素应遵守其最大实体边界，其局部实际尺寸不得超出最小实体尺寸。

采用包容要求的单一要素应在其尺寸极限偏差或公差带代号之后加注符号Ⓔ。包容要求应用示例见表 3-53。

包容要求通常用于有配合性质要求的场合，若配合的轴、孔采用包容要求，则不会因为轴、孔的形状误差影响配合性质。

表 3-53　包容要求应用示例

示　　例	说　　明
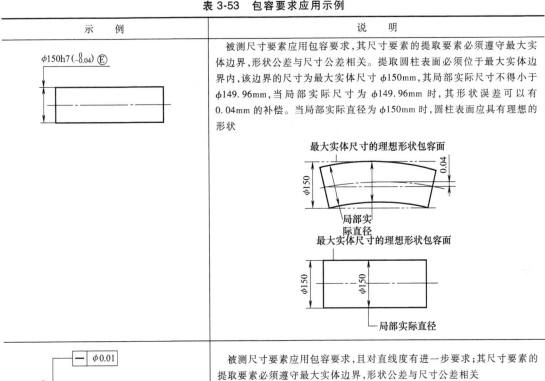	被测尺寸要素应用包容要求,其尺寸要素的提取要素必须遵守最大实体边界,形状公差与尺寸公差相关。提取圆柱表面必须位于最大实体边界内,该边界的尺寸为最大实体尺寸 $\phi150\text{mm}$,其局部实际尺寸不得小于 $\phi149.96\text{mm}$,当局部实际尺寸为 $\phi149.96\text{mm}$ 时,其形状误差可以有 0.04mm 的补偿。当局部实际直径为 $\phi150\text{mm}$ 时,圆柱表面应具有理想的形状
	被测尺寸要素应用包容要求,且对直线度有进一步要求;其尺寸要素的提取要素必须遵守最大实体边界,形状公差与尺寸公差相关 圆柱表面必须在最大实体边界内,该边界的尺寸为最大实体尺寸 $\phi10\text{mm}$,其局部实际尺寸不得小于 $\phi9.97\text{mm}$。轴线直线度误差最大不允许超过 $\phi0.01\text{mm}$

3.3.4　最大实体要求（MMR）

最大实体要求是控制被测尺寸要素的实际轮廓处于其最大实体实效状态（MMVC）或最大实体实效边界（MWVB）内的一种公差要求。其最大实体实效状态（MMVC）（或最大实体实效边界（MMVB））是与被测尺寸要素具有相同恒定类和理想形状的几何要素的极限状态,该极限状态的尺寸为 MMVS。当其实际尺寸偏离最大实体尺寸时,允许其几何误差值超出其给出的公差值。此时应在图样标注符号"Ⓜ"。

最大实体要求适用于导出要素,可用于被测要素或基准要素,主要用于保证零件的装配互换性。其应用规则见表 3-54,应用示例见表 3-55。

3.3.5　最小实体要求（LMR）

最小实体要求是控制尺寸要素的非理想要素处于其最小实体实效状态（LMVC）或最小实体实效边界（LMVB）内的一种公差要求。其最小实体实效状态（LMVC）（或最小实体实效边界（LMVB））是与被测尺寸要素具有相同恒定类和理想形状的几何要素的极限状态,该极限状态的尺寸为 LMVS。

当尺寸要素的尺寸偏离最小实体尺寸时,允许其形位误差值超出其给出的公差值。此时应在图样上标注符号"Ⓛ"。

表 3-54　最大实体要求的应用规则

应用场合	图样标注规范	应 用 规 则
最大实体要求用于被测要素	当最大实体要求(MMR)用于被测要素时,应在图样上的几何公差框格里,使用符号Ⓜ标注在尺寸要素(被测要素)的导出要素的几何公差值之后	规则 A,被测要素的提取局部尺寸应: 1)对于外尺寸要素,等于或小于最大实体尺寸(MMS) 2)对于内尺寸要素,等于或大于最大实体尺寸(MMS) 注 1:当标有可逆要求(RPR),即在符号Ⓜ之后加注符号Ⓡ时,此规则可以改变 规则 B,被测要素的提取局部尺寸应: 1)对于外尺寸要素,等于或大于最小实体尺寸(LMS) 2)对于内尺寸要素,等于或小于最小实体尺寸(LMS) 规则 C,被测要素的提取(组成)要素不得违反其最大实体实效状态(MMVC),即遵守最大实体边界(MMVB) 注 2:使用包容要求Ⓔ(泰勒原则)通常会导致对要素功能(装配性)的过多约束。使用这种约束和尺寸定义会降低最大实体要求(MMR)在技术经济性方面的优越性 注 3:当几何公差为形状公差时,标注 0Ⓜ与Ⓔ意义相同 规则 D,当几何规范是相对于(第一)基准或基准体系的方向或位置要求时,被测要素的最大实体实效状态(MMVC)应相对于基准或基准体系处于理论正确方向或位置。当几个被测要素由同一个公差标注控制时,除了相对于基准的约束以外,相互之间的最大实体实效状态(MMVC)应处于理论正确方向与位置 注 4:当几个被测要素由同一个公差标注控制时,除了Ⓜ以外不带有其他任何修饰符的最大实体要求(MMR)与同时带有Ⓜ和 CZ 修饰符的要求意义相同。如果各要素是单独的要求,应在Ⓜ修饰符后面标注 SZ 修饰符
最大实体要求用于基准要素	当最大实体要求(MMR)用于基准要素时,应在图样上的几何公差框格里,使用符号Ⓜ标注在基准字母之后	规则 E,(用以导出基准的)基准要素的提取(组成)要素不得违反其基准要素的最大实体实效状态(MMVC) 规则 F,当基准要素没有标注几何规范,或者标有几何规范,但几何公差值后面没有符号Ⓜ,或者没有标注符合规则 G 的几何规范时,基准要素的最大实体实效状态(MMVC)的尺寸应等于最大实体尺寸(MMS)。即:MMVS=MMS。示例见表 3-55 的序号 9、10 规则 G,当基准要素由具有下列情况的几何规范所控制时,基准要素的最大实体实效状态(MMVC)的尺寸应等于最大实体尺寸(MMS)加上(对于外尺寸要素)或减去(对于内尺寸要素)几何公差值。即:MMVS=MMS±几何公差值 1)基准要素本身有形状规范,且在形状公差值后面标有符号Ⓜ,同时该基准要素是另一被测要素几何公差框格中的第一基准,且在基准字母后面标有符号Ⓜ。示例见表 3-55 的序号 11、12 2)基准要素本身有方向/位置规范,且在几何公差值后面标有符号Ⓜ,其基准或基准体系所包含的基准及其顺序与被测要素几何公差框格中的基准完全一致,且在被测要素的相应基准字母后面标有符号Ⓜ。示例见表 3-55 的序号13、15 注 5:只有当基准为尺寸要素时,才可在基准字母之后使用Ⓜ 注 6:当最大实体要求应用于公共基准的所有要素时,表示公共基准的字母应写在括号中,并在括号后面标注符号Ⓜ,示例见表 3-55 的序号 15。当最大实体要求应用于公共基准的某一个要素时,此时表示公共基准的字母不写在括号中,只将符号Ⓜ放在所应用的那个基准要素字母后面

表 3-55 最大实体要求的应用示例

序号	示 例	图样标注及解释	含 义
1	MMR 应用于被测要素,被测要素为有形状公差要求的外尺寸要素	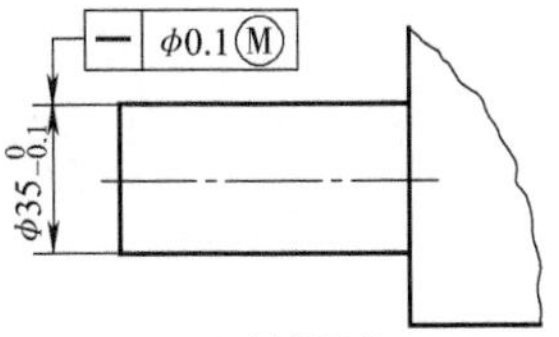 a) 图样标注 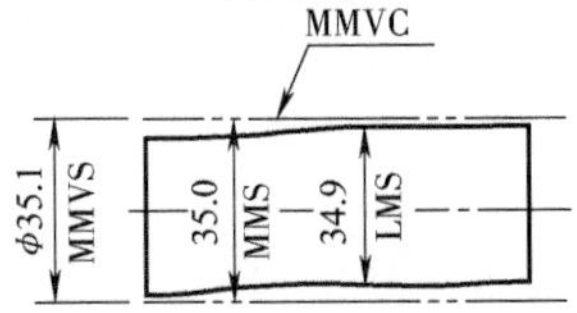 b) 解释	轴线的直线度公差(ϕ0.1mm)是该轴为其最大实体状态(MMC)时给定的 1)轴的提取要素不得违反其最大实体实效状态(MMVC),其直径为 MMVS = MMS + 0.1 = 35.1mm 2)轴的提取要素各处的局部直径应处于 LMS = 34.9mm 和 MMS = 35.0mm 之间 3)MMVC 的方向和位置无约束 4)若轴的实际尺寸为 MMS = 35mm 时,其轴线直线度误差的最大允许值为图中给定的轴线直线度公差值(ϕ0.1mm) 5)若轴的实际尺寸为 LMS = 34.9mm 时,其轴线直线度误差的最大允许值为图中给定的轴线直线度公差值(ϕ0.1mm)与该轴的尺寸公差值(0.1mm)之和(= ϕ0.2mm); 6)若轴的实际尺寸处于 MMS 和 LMS 之间,其轴线的直线度公差值在 ϕ0.1 ~ 0.2mm 之间变化
2	MMR 应用于被测要素,被测要素为有形状公差要求的内尺寸要素	 a) 图样标注 b) 解释	孔中心线的直线度公差值(ϕ0.1mm)是该孔为其最大实体状态(MMC)时给定的 1)孔的提取要素不得违反其最大实体实效状态(MMVC),其直径为 MMVS = MMS - 0.1 = 35.1mm 2)孔的提取要素各处的局部直径应处于 LMS = 35.3mm 和 MMS = 35.2mm 之间 3)MMVC 的方向和位置无约束 4)若孔的实际尺寸为 MMS = 35.2mm 时,其中心线直线度误差的最大允许值为图中给定的直线度公差值(ϕ0.1mm) 5)若孔的实际尺寸为 LMS = 35.3mm 时,其轴线直线度误差的最大允许值为图中给定的直线度公差值(ϕ0.1mm)与该孔的尺寸公差(0.1mm)之和(= ϕ0.2mm) 6)若孔的实际尺寸处于 MMS 和 LMS 之间,其中心线的直线度公差值在 ϕ0.1 ~ 0.2mm 之间变化

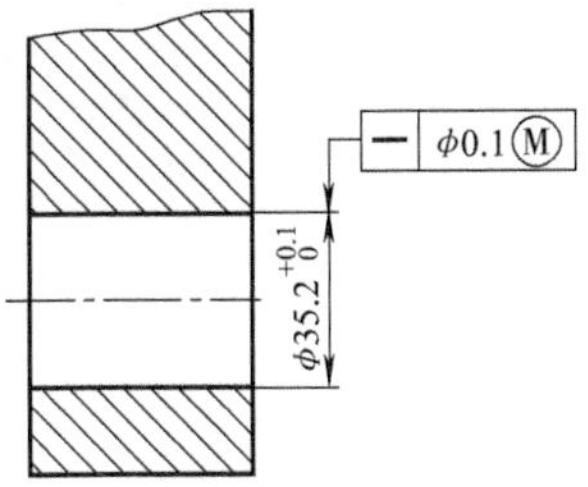

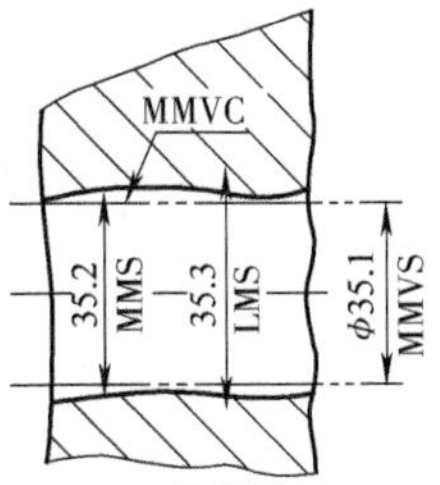

（续）

序号	示　例	图样标注及解释	含　义
3	MMR 的零几何公差应用于被测要素,被测要素为有形状公差要求的外尺寸要素	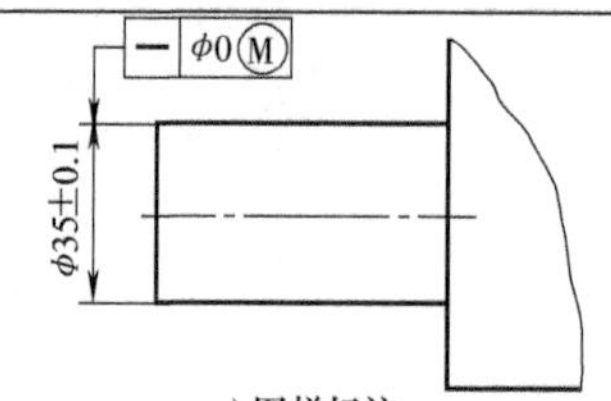 a) 图样标注 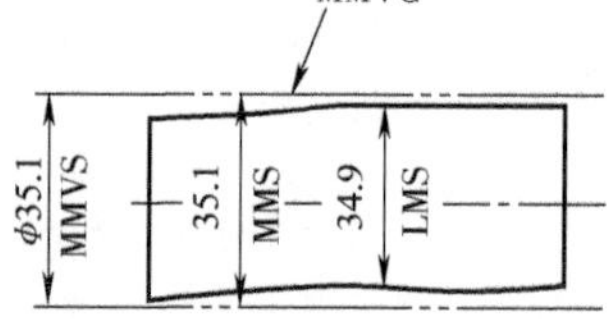 b) 解释	轴线的直线度公差值(ϕ0mm)是该轴为其最大实体状态(MMC)时给定的 　1)轴的提取要素不得违反其最大实体实效状态(MMVC),其直径为 MMVS = MMS + 0 = 35.1mm 　2)轴的提取要素各处的局部直径应处于 LMS = 34.9mm 和 MMS = 35.1mm 之间 　3)MMVC 的方向和位置无约束 　4)若轴的实际尺寸为 MMS = 35.1mm 时,其轴线直线度误差的允许值为 0 　5)若轴的实际尺寸为其 LMS = 34.9mm 时,其轴线直线度误差的最大允许值为该轴的尺寸公差值(0.2mm) 　6)若轴的实际尺寸处于 MMS 和 LMS 之间,其轴线的直线度公差值在 0 ~ ϕ0.2mm 之间变化
4	MMR 的零几何公差应用于被测要素,被测要素为有形状公差要求的内尺寸要素	a) 图样标注 b) 解释	孔中心线的直线度公差值(ϕ0mm)是该孔的其最大实体状态(MMC)时给定的 　1)孔的提取要素不得违反其最大实体实效状态(MMVC),其直径为 MMVS = MMS + 0 = 35.1mm 　2)孔的提取要素各处的局部直径应处于 LMS = 35.3mm 和 MMS = 35.1mm 之间 　3)MMVC 的方向和位置无约束 　4)若孔的实际尺寸为 MMS = 35.1mm 时,其轴线直线度误差的允许值为 0 　5)若孔的实际尺寸为 LMS = 35.3mm 时,其轴线直线度误差的最大允许值为该孔的尺寸公差 0.2mm 　6)若孔的实际尺寸处于 MMS 和 LMS 之间,其轴线的直线度公差值在 ϕ0.1 ~ 0.2mm 之间变化
5	MMR 应用于被测要素,被测要素为有方向公差要求的外尺寸要求	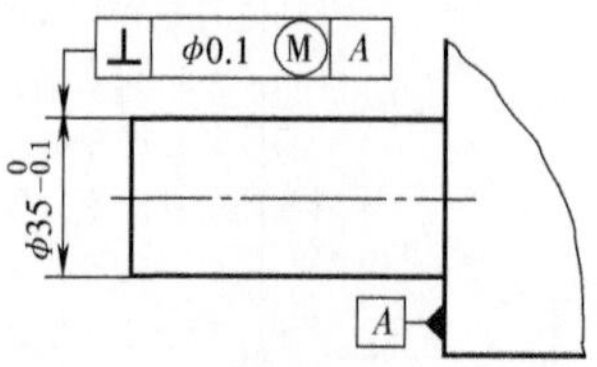 a) 图样标注 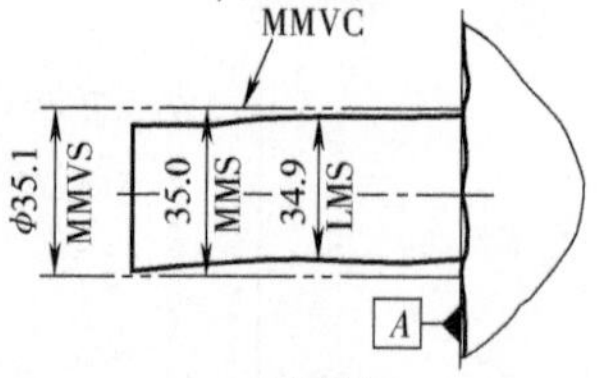 b) 解释	轴线对基准 A 具有垂直度要求的轴 $\phi35^{\ 0}_{-0.1}$ 采用了最大实体要求。轴线的垂直度公差值(ϕ0.1mm)是该轴为其最大实体状态(MMC)时给定的 　1)轴的提取要素不得违反其最大实体实效状态(MMVC),其直径为 MMVS = MMS + 0.1 = 35.1mm 　2)轴的提取要素各处的局部直径应处于 LMS = 34.9mm 和 MMS = 35.0mm 之间 　3)轴线 MMVC 的方向与基准垂直,但其位置无约束 　4)若轴的实际尺寸为其 MMS = 35mm 时,其轴线垂直度误差的最大允许值为图中给定的垂直度公差值(ϕ0.1mm) 　5)若轴的实际尺寸为 LMS = 34.9mm 时,其轴线垂直度误差的最大允许值为图中给定的垂直度公差值(ϕ0.1mm)与该轴的尺寸公差(0.1mm)之和(= ϕ0.2mm) 　6)若轴的实际尺寸处于 MMS 和 LMS 之间,其轴线的垂直度公差值在 ϕ0.1 ~ 0.2mm 之间变化

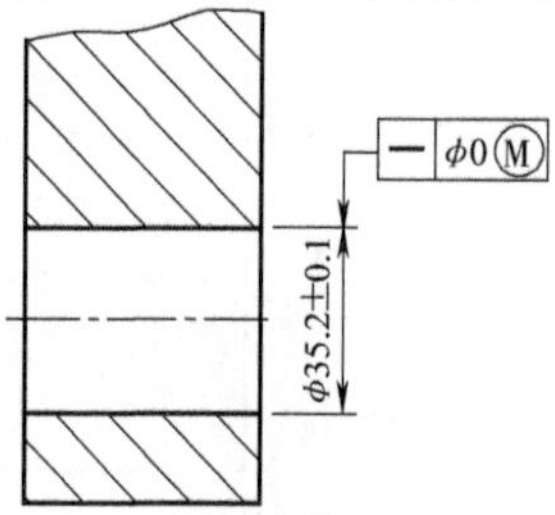

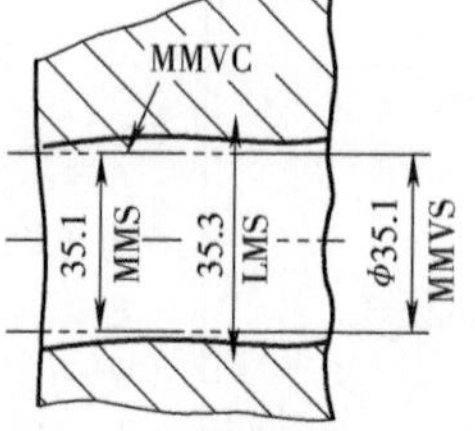

（续）

序号	示 例	图样标注及解释	含 义
6	MMR 应用于被测要素,被测要素为有方向公差要求的内尺寸要素	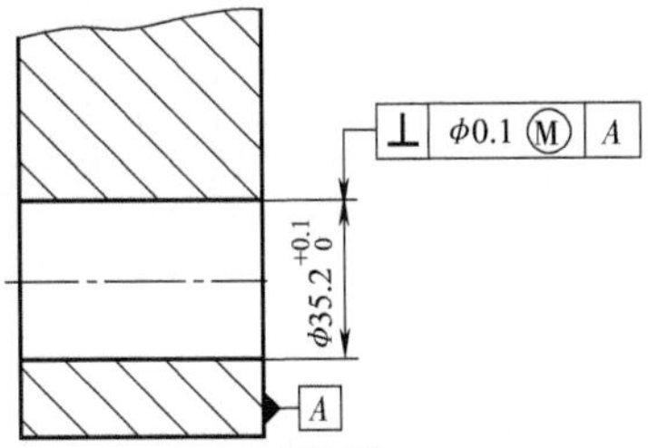 a) 图样标注 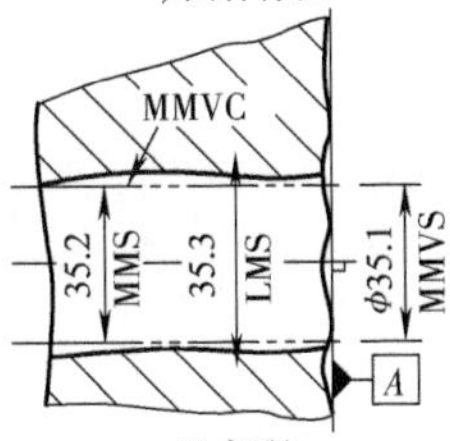 b) 解释	中心线对基准 A 具有垂直度要求的孔 $\phi 35.2^{+0.1}_{0}$ 采用了最大实体要求。中心线的垂直度公差值($\phi 0.1$mm)是该孔为其最大实体状态(MMC)时给定的 1)孔的提取要素不得违反其最大实体实效状态(MMVC),其直径为 MMVS = MMS - 0.1 = 35.1mm 2)孔的提取要素各处的局部直径应处于 LMS = 35.3mm 和 MMS = 35.2mm 之间 3)MMVC 的方向与基准相垂直,但其位置无约束 4)若孔的实际尺寸为其 MMS = 35.2mm 时,其中心线垂直度误差的最大允许值为图中给定的垂直度公差值($\phi 0.1$mm) 5)若孔的实际尺寸为 LMS = 35.3mm 时,其中心线垂直度误差的最大允许值为图中给定的垂直度公差值($\phi 0.1$mm)与该轴的尺寸公差(0.1mm)之和(= $\phi 0.2$mm) 6)若孔的实际尺寸处于 MMS 和 LMS 之间,其中心线的垂直度公差值在 $\phi 0.1 \sim 0.2$mm 之间变化
7	MMR 应用于被测要素,被测要素为有位置公差要求的外尺寸要素	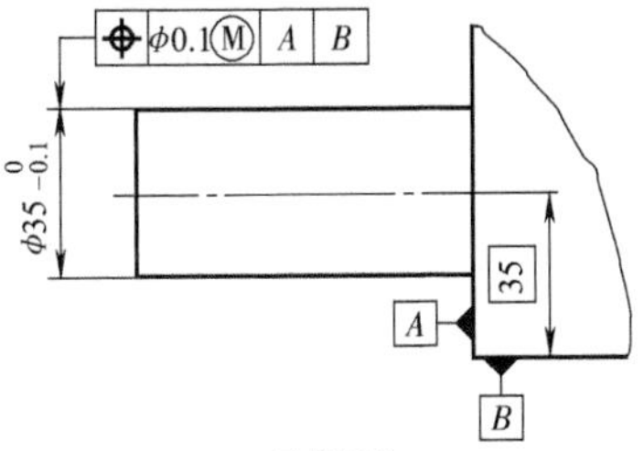 a) 图样标注 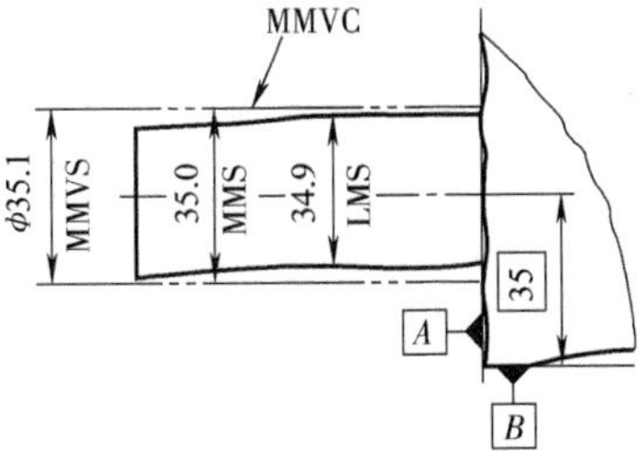 b) 解释	轴线对基准体系 A 和 B 具有位置度要求的轴 $\phi 35^{0}_{-0.1}$ 用了最大实体要求。被测轴线的位置度公差值($\phi 0.1$mm)是该轴为其最大实体状态(MMC)时给定的 1)轴的提取要素不得违反其最大实体实效状态(MMVC),其直径为 MMVS = MMS + 0.1 = 35.1mm 2)轴的提取要素各处的局部直径应处于 LMS = 34.9mm 和 MMS = 35.0mm 之间 3)MMVC 的方向与基准 A 相垂直,其位置在与基准 B 相距 35mm 的理论正确位置上 4)若轴的实际尺寸为 MMS = 35mm 时,其轴线位置度误差的最大允许值为图中给定的位置度公差值($\phi 0.1$mm) 5)若轴的实际尺寸为 LMS = 34.9mm 时,其轴线位置度误差的最大允许值为图中给定的位置度公差值($\phi 0.1$mm)与该轴的尺寸公差(0.1mm)之和(= $\phi 0.2$mm) 6)若轴的实际尺寸处于 MMS 和 LMS 之间,其轴线的位置度公差值在 $\phi 0.1 \sim 0.2$mm 之间变化

（续）

序号	示 例	图样标注及解释	含 义
8	MMR 应用于被测要素，被测要素为有位置公差要求的内尺寸要素	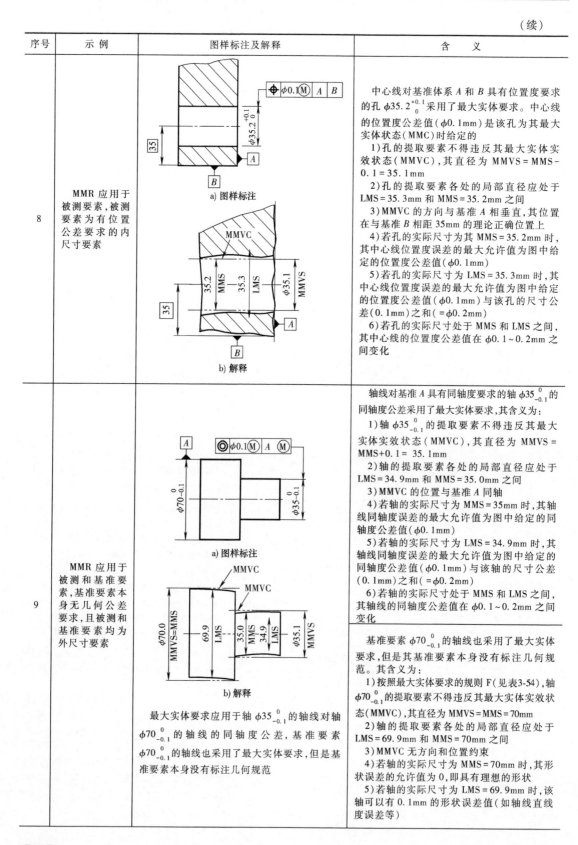	中心线对基准体系 A 和 B 具有位置度要求的孔 $\phi35.2^{+0.1}_{0}$ 采用了最大实体要求。中心线的位置度公差值（$\phi0.1$mm）是该孔为其最大实体状态（MMC）时给定的 1）孔的提取要素不得违反其最大实体实效状态（MMVC），其直径为 MMVS = MMS - 0.1 = 35.1mm 2）孔的提取要素各处的局部直径应处于 LMS = 35.3mm 和 MMS = 35.2mm 之间 3）MMVC 的方向与基准 A 相垂直，其位置在与基准 B 相距 35mm 的理论正确位置上 4）若孔的实际尺寸为其 MMS = 35.2mm 时，其中心线位置度误差的最大允许值为图中给定的位置度公差值（$\phi0.1$mm） 5）若孔的实际尺寸为 LMS = 35.3mm 时，其中心线位置度误差的最大允许值为图中给定的位置度公差值（$\phi0.1$mm）与该孔的尺寸公差（0.1mm）之和（= $\phi0.2$mm） 6）若孔的实际尺寸处于 MMS 和 LMS 之间，其中心线的位置度公差值在 $\phi0.1\sim0.2$mm 之间变化
9	MMR 应用于被测和基准要素，基准要素本身无几何公差要求，且被测和基准要素均为外尺寸要素		轴线对基准 A 具有同轴度要求的轴 $\phi35^{0}_{-0.1}$ 的同轴度公差采用了最大实体要求，其含义为： 1）轴 $\phi35^{0}_{-0.1}$ 的提取要素不得违反其最大实体实效状态（MMVC），其直径为 MMVS = MMS+0.1 = 35.1mm 2）轴的提取要素各处的局部直径应处于 LMS = 34.9mm 和 MMS = 35.0mm 之间 3）MMVC 的位置与基准 A 同轴 4）若轴的实际尺寸为 MMS = 35mm 时，其轴线同轴度误差的最大允许值为图中给定的同轴度公差值（$\phi0.1$mm） 5）若轴的实际尺寸为 LMS = 34.9mm 时，其轴线同轴度误差的最大允许值为图中给定的同轴度公差值（$\phi0.1$mm）与该轴的尺寸公差（0.1mm）之和（= $\phi0.2$mm） 6）若轴的实际尺寸处于 MMS 和 LMS 之间，其轴线的同轴度公差值在 $\phi0.1\sim0.2$mm 之间变化 基准要素 $\phi70^{0}_{-0.1}$ 的轴线也采用了最大实体要求，但是其基准要素本身没有标注几何规范。其含义为： 1）按照最大实体要求的规则 F（见表3-54），轴 $\phi70^{0}_{-0.1}$ 的提取要素不得违反其最大实体实效状态（MMVC），其直径为 MMVS = MMS = 70mm 2）轴的提取要素各处的局部直径应处于 LMS = 69.9mm 和 MMS = 70mm 之间 3）MMVC 无方向和位置约束 4）若轴的实际尺寸为 MMS = 70mm 时，其形状误差的允许值为 0，即具有理想的形状 5）若轴的实际尺寸为 LMS = 69.9mm 时，该轴可以有 0.1mm 的形状误差值（如轴线直线度误差等）

图中最大实体要求应用于轴 $\phi35^{0}_{-0.1}$ 的轴线对轴 $\phi70^{0}_{-0.1}$ 的轴线的同轴度公差，基准要素 $\phi70^{0}_{-0.1}$ 的轴线也采用了最大实体要求，但是基准要素本身没有标注几何规范

序号	示 例	图样标注及解释	含 义
10	MMR 应用于被测和基准要素，基准要素本身无几何公差要求，且被测和基准要素均为内尺寸要素	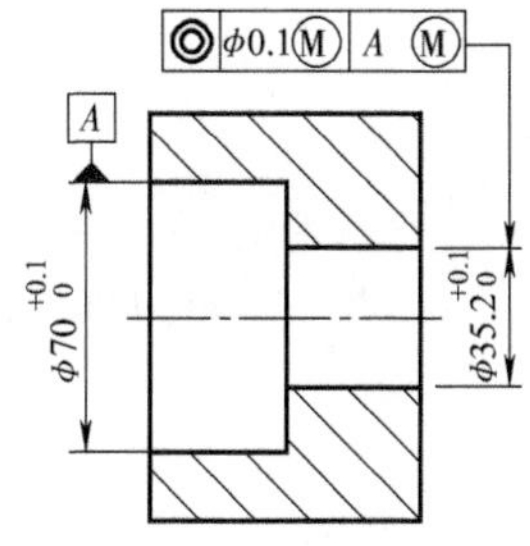 　a) 图样标注 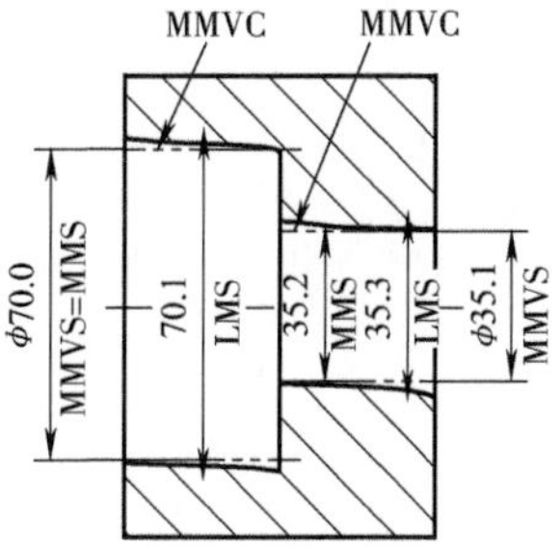 　b) 解释 最大实体要求应用于孔 $\phi35.2^{+0.1}_{0}$ 的轴线对孔 $\phi70^{+0.1}_{0}$ 的轴线的同轴度公差，基准要素 $\phi70^{+0.1}_{0}$ 的轴线也采用了最大实体要求，但是基准要素本身没有标注几何规范	中心线对基准 A 具有同轴度要求的孔 $\phi35.2^{+0.1}_{0}$ 采用了最大实体要求，其含义为： 　1）孔 $\phi35.2^{+0.1}_{0}$ 的提取要素不得违反其最大实体实效状态（MMVC），其直径为 MMVS = MMS - 0.1 = 35.1mm 　2）孔的提取要素各处的局部直径应处于 LMS = 35.3mm 和 MMS = 35.2mm 之间 　3）MMVC 的位置与基准 A 同轴 　4）若孔的实际尺寸为 MMS = 35.2mm 时，其中心线同轴度误差的最大允许值为图中给定的同轴度公差值（ϕ0.1mm） 　5）若孔的实际尺寸为 LMS = 35.3mm 时，其轴线同轴度误差的最大允许值为图中给定的同轴度公差（ϕ0.1mm）与该孔的尺寸公差（0.1mm）之和（= ϕ0.2mm） 　6）若孔的实际尺寸处于 MMS 和 LMS 之间，其中心线的同轴度公差值在 ϕ0.1～0.2mm 之间变化 基准要素 $\phi70^{+0.1}_{0}$ 的也采用了最大实体要求，但是基准要素本身没有标注几何规范。其含义为： 　1）按照最大实体要求的规则 F（见表3-54），孔 $\phi70^{+0.1}_{0}$ 的提取要素不得违反其最大实体实效状态（MMVC），其直径为 MMVS = MMS = 70mm 　2）轴的提取要素各处的局部直径应处于 LMS = 70.1mm 和 MMS = 70mm 之间 　3）MMVC 无方向和位置约束 　4）若孔的实际尺寸为 MMS = 70mm 时，孔的形状误差允许值为 0，即孔应具有理想的形状 　5）若孔的实际尺寸为 LMS = 70.1mm 时，该孔可以有 0.1mm 的形状误差值（如中心线直线度误差等）

（续）

序号	示 例	图样标注及解释	含 义
11	MMR 应用于被测和基准要素，且基准要素本身有形状公差要求和最大实体要求（MMR），被测和基准要素均为外尺寸要素	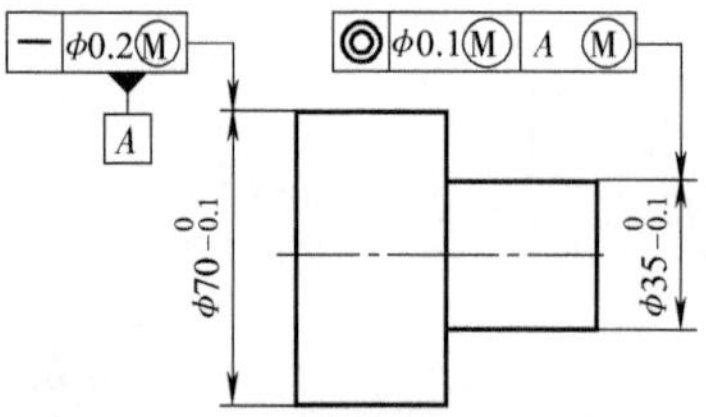 a) 图样标注 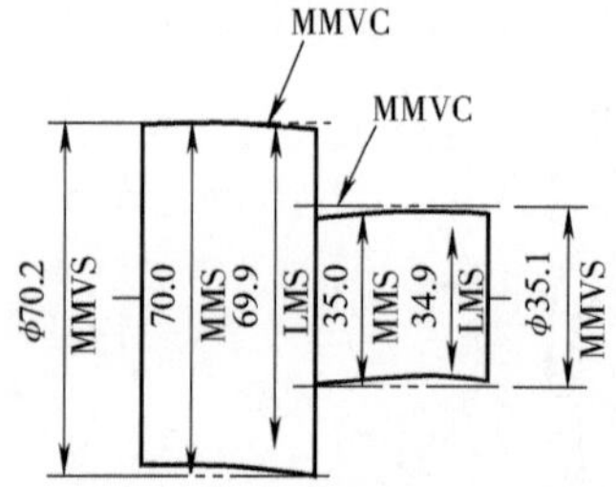 b) 解释 最大实体要求应用于轴 $\phi35_{-0.1}^{0}$ 的轴线对轴 $\phi70_{-0.1}^{0}$ 的轴线的同轴度公差，基准要素 $\phi70_{-0.1}^{0}$ 的轴线也采用了最大实体要求，同时基准要素本身有形状规范且采用了最大实体要求	轴线对基准 A 具有同轴度要求的轴 $\phi35_{-0.1}^{0}$ 的同轴度公差采用了最大实体要求，其含义为： 1）轴 $\phi35_{-0.1}^{0}$ 的提取要素不得违反其最大实体实效状态（MMVC），其直径为 MMVS = MMS+0.1= 35.1mm 2）轴的提取要素各处的局部直径应处于 LMS = 34.9mm 和 MMS = 35.0mm 之间 3）MMVC 的位置与基准 A 同轴 4）若轴的实际尺寸为 MMS = 35mm 时，其轴线同轴度误差的最大允许值为图中给定的同轴度公差值（$\phi0.1$mm） 5）若轴的实际尺寸为 LMS = 34.9mm 时，其轴线同轴度误差的最大允许值为图中给定的同轴度公差值（$\phi0.1$mm）与该轴的尺寸公差（0.1mm）之和（=$\phi0.2$mm） 6）若轴的实际尺寸处于 MMS 和 LMS 之间，其轴线的同轴度公差值在 $\phi0.1\sim0.2$mm 之间变化 基准要素 $\phi70_{-0.1}^{0}$ 也采用了最大实体要求，同时基准要素本身有形状规范且采用了最大实体要求。其含义为： 1）按照最大实体要求的规则 G（见表 3-54），轴 $\phi70_{-0.1}^{0}$ 的提取要素不得违反其最大实体实效状态（MMVC），其直径为 MMVS = MMS+0.2= 70.2mm 2）轴的提取要素各处的局部直径应处于 LMS = 69.9mm 和 MMS = 70mm 之间 3）MMVC 无方向和位置约束 4）若轴的实际尺寸为 MMS = 70mm 时，其轴线直线度误差的最大允许值为图中给定的直线度公差值（$\phi0.2$mm） 5）若轴的实际尺寸为 LMS = 69.9mm 时，其轴线直线度误差的最大允许值为图中给定的直线度公差值（$\phi0.2$mm）与该轴的尺寸公差（0.1mm）之和（=$\phi0.3$mm） 6）若轴的实际尺寸处于 MMS 和 LMS 之间，其轴线的直线度公差值在 $\phi0.2\sim0.3$mm 之间变化

（续）

序号	示 例	图样标注及解释	含 义
12	MMR 应用于被测和基准要素，且基准要素本身有形状公差和最大实体要求（MMR），被测和基准要素均为内尺寸要素	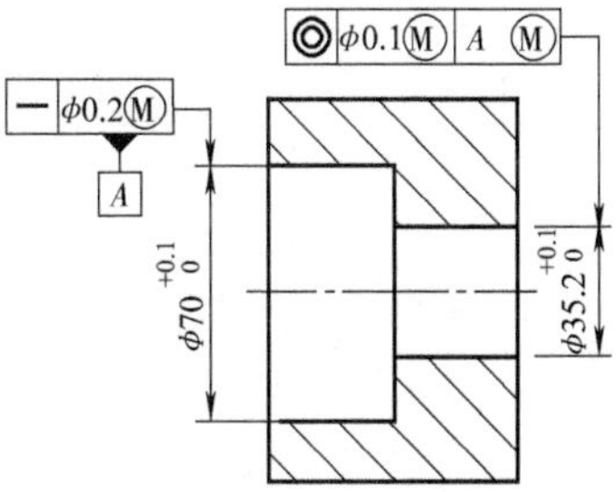 a) 图样标注 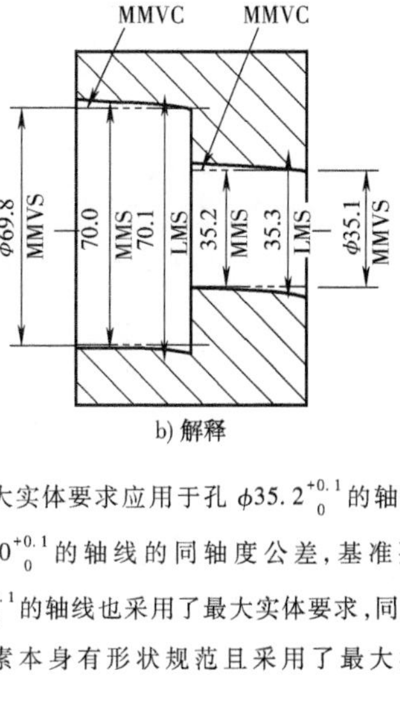 b) 解释 最大实体要求应用于孔 $\phi35.2^{+0.1}_{0}$ 的轴线对孔 $\phi70^{+0.1}_{0}$ 的轴线的同轴度公差，基准要素 $\phi70^{+0.1}_{0}$ 的轴线也采用了最大实体要求，同时基准要素本身有形状规范且采用了最大实体要求	中心线对基准 A 具有同轴度要求的孔 $\phi35.2^{+0.1}_{0}$ 采用了最大实体要求，其含义为： 1）孔 $\phi35.2^{+0.1}_{0}$ 的提取要素不得违反其最大实体实效状态（MMVC），其直径为 MMVS = MMS-0.1 = 35.1mm 2）孔的提取要素各处的局部直径应处于 LMS = 35.3mm 和 MMS = 35.2mm 之间 3）MMVC 的位置与基准 A 同轴 4）若孔的实际尺寸为 MMS = 35.2mm 时，其轴线同轴度误差的最大允许值为图中给定的同轴度公差值（$\phi0.1$mm） 5）若孔的实际尺寸为 LMS = 35.3mm 时，其轴线同轴度误差的最大允许值为图中给定的同轴度公差值（$\phi0.1$mm）与该孔的尺寸公差（0.1mm）之和（$\phi0.2$mm） 6）若孔的实际尺寸处于 MMS 和 LMS 之间，其轴线的同轴度公差值在 $\phi0.1 \sim 0.2$mm 之间变化 基准要素 $\phi70^{+0.1}_{0}$ 也采用了最大实体要求，同时基准要素本身标有形状规范且采用了最大实体要求。其含义为： 1）按照最大实体要求的规则 G（见表 3-54），孔 $\phi70^{+0.1}_{0}$ 的提取要素不得违反其最大实体实效状态（MMVC），其直径为 MMVS = MMS-0.2 = 69.8mm 2）孔的提取要素各处的局部直径应处于 LMS = 70.1mm 和 MMS = 70mm 之间 3）MMVC 无方向和位置约束 4）若孔的实际尺寸为 MMS = 70mm 时，其轴线直线度误差的最大允许值为图中给定值的直线度公差值（$\phi0.2$mm） 5）若孔的实际尺寸为 LMS = 70.1mm 时，其轴线直线度误差的最大允许值为图中给定的直线度公差值（$\phi0.2$mm）与该孔的尺寸公差（0.1mm）之和（$\phi0.3$mm） 6）若孔的实际尺寸处于 MMS 和 LMS 之间，其轴线的直线度公差值在 $\phi0.2 \sim 0.3$mm 之间变化

（续）

序号	示 例	图样标注及解释	含 义
13	MMR 应用于被测和基准要素，且基准要素本身有方向公差要求和最大实体要求（MMR）	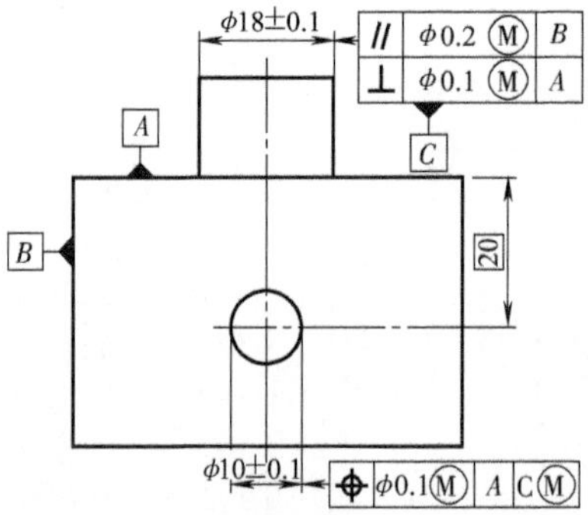 a) 图样标注 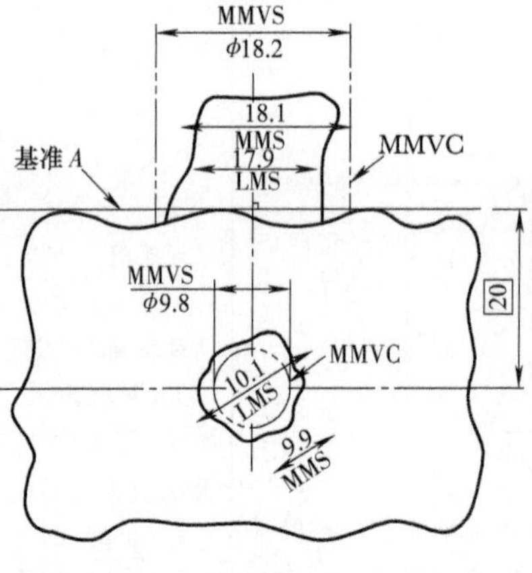 b) 解释 最大实体要求应用于孔 $\phi10\pm0.1$ 的轴线对平面 A 和轴 $\phi18\pm0.1$ 的轴线的位置公差；基准要素 $\phi18\pm0.1$ 的轴线对基准 A 的垂直度也采用了最大实体要求，同时其基准或基准体系所包含的基准与被测要素 $\phi10\pm0.1$ 几何公差框格中的基准 A 一致	中心线对基准体系 A 和 C 具有位置度要求的孔 $\phi10\pm0.1$ 采用了最大实体要求，其含义为： 1）孔 $\phi10\pm0.1$ 的提取要素不得违反其最大实体实效状态（MMVC），其直径为 MMVS = MMS−0.1 = 9.8mm 2）孔的提取要素各处的局部直径应处于 LMS＝10.1mm 和 MMS＝9.9mm 之间 3）MMVC 的位置与基准 A 平行且相距理论正确尺寸 20mm，同时与基准 C 相距 0mm 4）若孔的实际尺寸为 MMS＝9.9mm 时，其轴线位置度误差的最大允许值为图中给定的位置度公差值（$\phi0.1$mm） 5）若孔的实际尺寸为 LMS＝10.1mm 时，其轴线位置度误差的最大允许值为图中给定的位置度公差值（$\phi0.1$mm）与该孔的尺寸公差（0.2mm）之和（＝$\phi0.3$mm） 6）若孔的实际尺寸处于 MMS 和 LMS 之间，其轴线的同轴度公差值在 $\phi0.1\sim0.3$mm 之间变化
			对基准 A 有垂直度要求的基准要素 $\phi18\pm0.1$ 采用了最大实体要求，同时其基准与被测要素 $\phi10\pm0.1$ 几何公差框格中的基准 A 一致。其含义为： 1）按照最大实体要求的规则 G（见表3-54），轴 $\phi18\pm0.1$ 的提取要素不得违反其最大实体实效状态（MMVC），其直径为 MMVS＝MMS+0.1 = 18.2mm 2）轴 $\phi18\pm0.1$ 的提取要素各处的局部直径应处于 LMS＝17.9mm 和 MMS＝18.1mm 之间 3）MMVC 在方向上与基准 A 垂直，无位置约束 4）若轴的实际尺寸为 MMS＝18.1mm 时，其轴线垂直度误差的最大允许值为图中给定的垂直度公差值（$\phi0.1$mm） 5）若轴的实际尺寸为 LMS＝17.9mm 时，其轴线的垂直度误差的最大允许值为图中给定的垂直度公差值（$\phi0.1$mm）与该轴的尺寸公差（0.2mm）之和（＝$\phi0.3$mm） 6）若轴的实际尺寸处于 MMS 和 LMS 之间，其轴线的垂直度公差值在 $\phi0.2\sim0.3$mm 之间变化
			对基准 B 有平行度要求的基准要素 $\phi18\pm0.1$ 也采用了最大实体要求，但是其基准与被测要素 $\phi10\pm0.1$ 几何公差框格中的基准不一致。其含义为： 1）按照最大实体要求的规则 E（见表3-54），轴 $\phi18\pm0.1$ 的提取要素不得违反其最大实体实效状态（MMVC），其直径为 MMVS＝MMS＝18.1mm 2）轴 $\phi18\pm0.1$ 的提取要素各处的局部直径应处于 LMS＝17.9mm 和 MMS＝18.1mm 之间 3）MMVC 在方向上与基准 B 平行，无位置约束 4）若轴的实际尺寸为 MMS＝18.1mm 时，其轴线相对于基准 B 的平行度误差允许值为 0mm 5）若轴的实际尺寸为 LMS＝17.9mm 时，其轴线相对于基准 B 的平行度误差的最大允许值为 0.2mm

（续）

序号	示 例	图样标注及解释	含 义
14	MMR 应用于成组要素	\n\na) 图样标注\n\n\n\nb) 解释	两个销柱和两个孔彼此之间的位置由理论正确尺寸和位置度公差确定，没有应用基准的 MMR 示例 1）两销柱 $\phi11.4_{-0.5}^{0}$ 的提取要素不得违反其最大实体实效状态（MMVC），其直径为 MMVS=MMS+0.3=11.7mm 2）两销柱 $\phi11.4_{-0.5}^{0}$ 的提取要素各处的局部直径均应处于 LMS=10.9mm 和 MMS=11.4mm 之间 3）MMVC 的位置处于彼此相距理论正确尺寸为 30mm×50mm 的位置，且彼此理论正确相互平行 4）若销柱的实际尺寸为 MMS=11.4mm 时，其轴线位置度误差的最大允许值为图中给定的位置度公差值（$\phi0.3$mm） 5）若销柱的实际尺寸为 LMS=10.9mm 时，其轴线位置度误差的最大允许值为图中给定的位置度公差值（$\phi0.3$mm）与该两销柱的尺寸公差（0.5mm）之和（=$\phi0.8$mm） 1）两孔 $\phi12_{0}^{+0.5}$ 的提取要素不得违反其最大实体实效状态（MMVC），其直径为 MMVS=MMS-0.3=11.7mm 2）两孔 $\phi12_{0}^{+0.5}$ 的提取要素各处的局部直径均应小于 LMS=12.5mm 且均应大于 MMS=12.0mm 3）MMVC 的位置处于彼此相距理论正确尺寸为 30mm×50mm 的位置，且彼此理论正确相互平行 4）若孔 $\phi12_{0}^{+0.5}$ 的实际尺寸为 MMS=12mm 时，其轴线位置度误差的最大允许值为图中给定的位置度公差值（$\phi0.3$mm） 5）若孔 $\phi12_{0}^{+0.5}$ 的实际尺寸为 LMS=12.5mm 时，其轴线位置度误差的最大允许值为图中给定的位置度公差值（$\phi0.3$mm）与该两销柱的尺寸公差（0.5mm）之和（=$\phi0.8$mm）

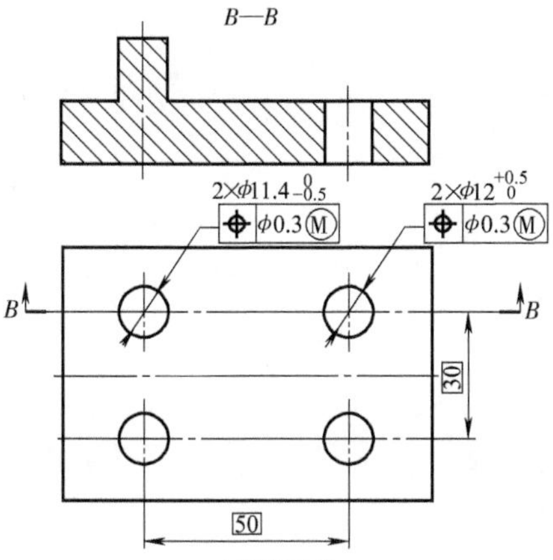

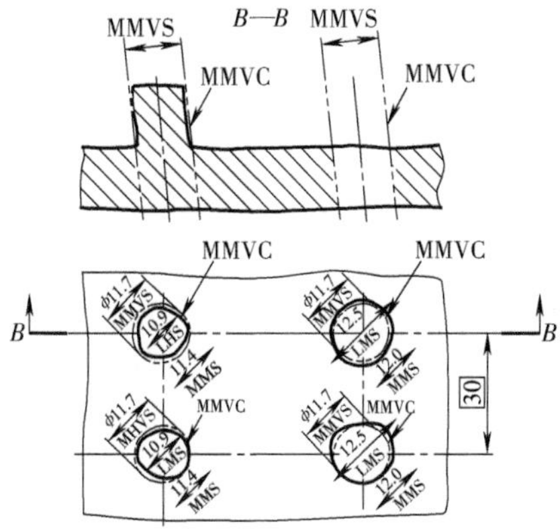

113

（续）

序号	示 例	图样标注及解释	含 义
15	MMR 应用于公共基准要素	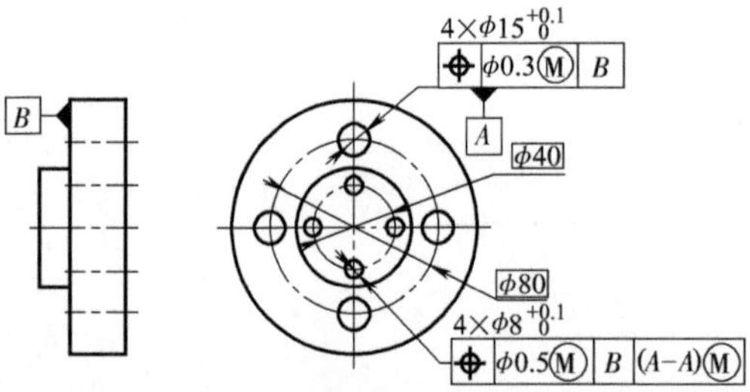 a) 图样标注 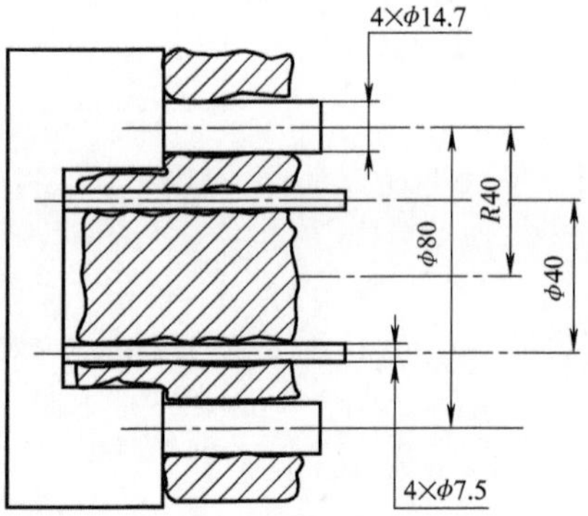 b) 解释	具有位置度要求的孔组 $4 \times \phi8^{+0.1}_{0}$ 采用了最大实体要求,其含义为: 1)$4 \times \phi8^{+0.1}_{0}$ 孔各自的提取要素均不得违反其最大实体实效状态(MMVC),其直径为 MMVS = MMS-0.5 = 7.5mm 2)$4 \times \phi8^{+0.1}_{0}$ 孔各自提取要素各处的局部直径均应处于 LMS = 8.1mm 和 MMS = 8.0mm 之间 3)$4 \times \phi8^{+0.1}_{0}$ 孔各自的最大实体实效状态(MMVC)均应与基准 B 的理论正确方向和基准 A 的理论正确位置相一致 对基准 B 具有位置度要求的基准要素 $4 \times \phi15^{+0.1}_{0}$ 也采用了最大实体要求,同时其基准与被测要素$4 \times \phi^{+0.1}_{0}$几何公差框格中的基准 B 一致。其含义为: 1)按照最大实体要求的规则 G(见表 3-54),$4 \times \phi15^{+0.1}_{0}$ 孔组要素(基准要素)各孔的提取要素均不得违反其最大实体实效状态(MMVC),其直径为 MMVS = MMS-0.3 = 14.7mm 2)$4 \times \phi15^{+0.1}_{0}$ 孔组要素(基准要素)各孔提取要素各处的局部直径均应处于 LMS = 15.1mm 和 MMS = 15.0mm 之间 3)$4 \times \phi15^{+0.1}_{0}$ 各自的最大实体实效状态(MMVC)均应与基准 B 的理论正确方向和基准 A 的理论正确位置相一致

　　最小实体要求适用于导出要素,可用于被测要素与基准要素,主要用于保证零件的强度和壁厚。其应用规则见表 3-56,应用示例见表 3-57。

表 3-56　最小实体要求的应用规则

应用场合	图样标注规范	应 用 规 则
最小实体要求用于被测要素	当最小实体要求(LMR)用于被测要素时,应在图样上的几何公差框格里,使用符号Ⓛ标注在尺寸要素(被测要素)的导出要素的几何公差之后	规则 H,被测要素的提取局部尺寸应: 1)对于外要素,等于或大于最小实体尺寸(LMS) 2)对于内要素,等于或小于最小实体尺寸(LMS) 注 1:当标有可逆要求(RPR),即在符号Ⓛ之后加注符号Ⓡ时,此规则可以改变 规则 I,被测要素的提取局部尺寸应: 1)对于外尺寸要素,等于或小于最大实体尺寸(MMS) 2)对于内尺寸要素,等于或大于最小实体尺寸(MMS) 规则 J,被测要素的提取(组成)要素不得违反其最小实体实效状态(LMVC),即遵守最小实体边界(LMVB) 注 2:使用包容要求Ⓔ(泰勒原则)通常会导致对要素功能(最小壁厚)的过多约束。使用这种约束和尺寸定义会降低最小实体要求(LMR)在技术经济性方面的优越性 规则 K,当几何规范是相对于(第一)基准或基准体系的方向或位置要求时,被测要素的最小实体实效状态(LMVC)应相对于基准或基准体系处于理论正确方向或位置 另外,当几个被测要素由同一个公差标注控制时,除了相对于基准的约束以外,相互之间的最小实体实效状态(LMVC)应处于理论正确方向与位置 注 3:当几个被测要素由同一个公差标注控制时,除了Ⓛ以外不带有其他任何修饰符的最小实体要求(LMR)与同时带有Ⓛ和 CZ 修饰符的要求意义相同。如果各要素是单独的要求,应在Ⓛ修饰符后面标注 SZ 修饰符
最小实体要求用于基准要素	当最小实体要求(LMR)用于基准要素时,应在图样上的几何公差框格里,使用符号Ⓛ标注在基准字母之后	规则 L(用以导出基准的)基准要素的提取(组成)要素不得违反其基准要素的最小实体实效状态(LMVC) 规则 M,当基准要素没有标注几何规范,或者标有几何规范,但几何公差值后面没有符号Ⓛ,或者没有标注符合规则 N 的几何规范时,基准要素的最小实体实效状态(LMVC)的尺寸应等于最小实体尺寸(LMS)。即:LMVS＝LMS 规则 N,当基准要素由具有下列情况的几何规范所控制时,基准要素的最小实体实效状态(LMVC)的尺寸应等于最小实体尺寸(LMS)减去(对于外尺寸要素)或加上(对于内尺寸要素)几何公差值: 1)基准要素本身有形状规范,且在形状公差值后面标有符号Ⓛ,同时该基准要素是被测要素几何公差框格中的第一基准,且在基准字母后面标有符号Ⓛ 2)基准要素本身有方向/位置规范,且在几何公差值后面标有符号Ⓛ,其基准或基准体系所包含的基准及其顺序与被测要素几何公差框格中的基准完全一致,且在被测要素的相应基准字母后面标有符号Ⓛ。示例见表 3-57 的序号 13、15 注 4:只有当基准为尺寸要素时,才可在基准字母之后使用Ⓛ 注 5:当最小实体要求应用于公共基准的所有要素时,表示公共基准的字母应写在括号中,并在括号后面标注符号Ⓛ,示例见表 3-57 的序号 15。当最小实体要求应用于公共基准的某一个要素时,此时表示公共基准的字母不写在括号中,只将符号Ⓛ放在所应用的那个基准要素字母后面

表 3-57 最小实体要求的应用示例

序号	示例	图样标注及解释	含　义
1	LMR 应用于被测要素，被测要素为有位置公差要求的外尺寸要素	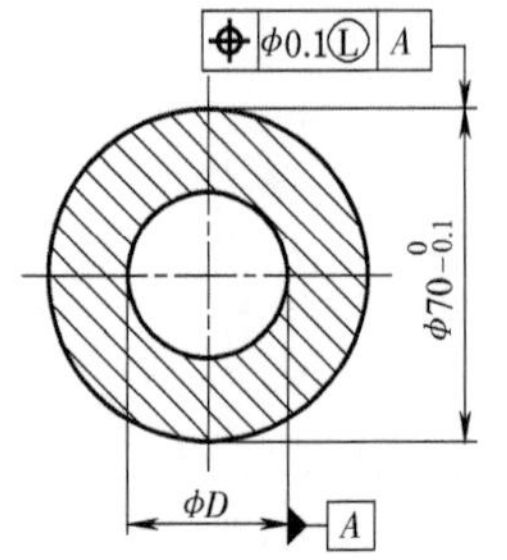 a) 图样标注 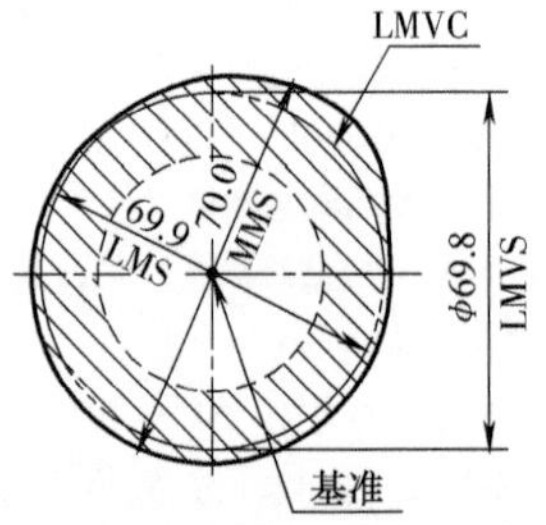 b) 解释	轴 $\phi70^{\ 0}_{-0.1}$ 轴线的位置度公差值（$\phi0.1$mm）是该轴为其最小实体状态（LMC）时给定的 　1）轴的提取要素不得违反其最小实体实效状态（LMVC），其直径为 LMVS=LMS−0.1=69.8mm 　2）轴的提取要素各处的局部直径应处于 LMS=69.9mm 和 MMS=70mm 之间 　3）LMVC 受基准 A 的位置约束 　4）若轴的实际尺寸为 LMS=69.9mm 时，其轴线位置度误差的最大允许值为图中给定的轴线位置度公差值（$\phi0.1$mm） 　5）若轴的实际尺寸为 MMS=70mm 时，其轴线位置度误差的最大允许值为图中给定的轴线位置度公差值（$\phi0.1$mm）与该轴的尺寸公差值（0.1mm）之和（$=\phi0.2$mm） 　6）若轴的实际尺寸处于 MMS 和 LMS 之间，其轴线的位置度公差值在 $\phi0.1\sim0.2$mm 之间变化
2	LMR 应用于被测要素，被测要素为有位置公差要求的内尺寸要素	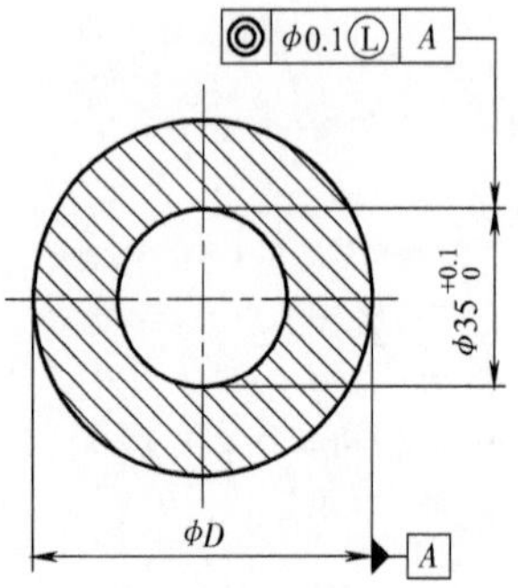 a) 图样标注 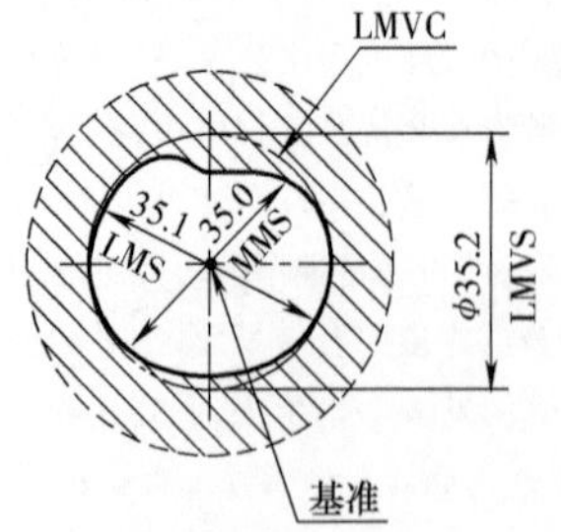 b) 解释	孔 $\phi35^{+0.1}_{\ 0}$ 轴线的位置度公差值（$\phi0.1$mm）是该孔为其最小实体状态（LMC）时给定的 　1）孔的提取要素不得违反其最小实体实效状态（LMVC），其直径为 LMVS=LMS+0.1=35.2mm 　2）孔的提取要素各处的局部直径应处于 LMS=35.1mm 和 MMS=35mm 之间 　3）LMVC 受基准 A 的位置约束 　4）若孔的实际尺寸为 LMS=35.1mm 时，其轴线位置度误差的最大允许值为图中给定的轴线位置度公差值（$\phi0.1$mm） 　5）若孔的实际尺寸为 MMS=35mm 时，其轴线位置度误差的最大允许值为图中给定的轴线位置度公差值（$\phi0.1$mm）与该轴的尺寸公差值（0.1mm）之和（$=\phi0.2$mm） 　6）若孔的实际尺寸处于 MMS 和 LMS 之间，其轴线的位置度公差值在 $\phi0.1\sim0.2$mm 之间变化

（续）

序号	示例	图样标注及解释	含　义
3	LMR 的零几何公差应用于被测要素，被测要素为外尺寸要素	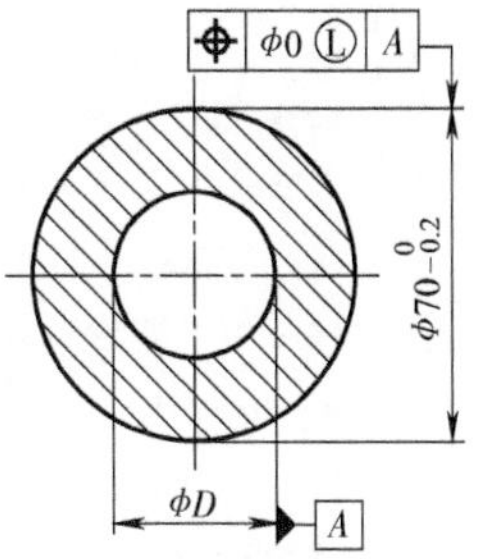 a) 图样标注 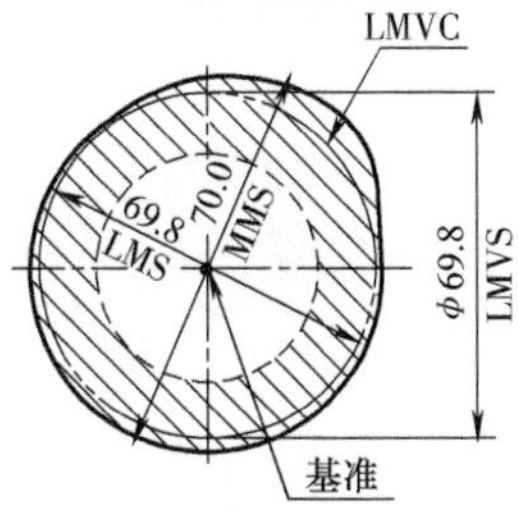 b) 解释	对基准 A 具有位置要求（位置公差为 0）的轴 $\phi 70_{-0.1}^{\ 0}$mm 采用了最小实体要求 1）轴的提取要素不得违反其最小实体实效状态（LMVC），其直径为 LMVS＝LMS＝69.8mm 2）轴的提取要素各处的局部直径应处于 LMS＝69.8mm 和 MMS＝70mm 之间 3）LMVC 受基准 A 的位置约束 4）若轴的实际尺寸为 LMS＝69.8mm 时，其轴线位置度误差的允许值为 0mm 5）若轴的实际尺寸为其 MMS＝70mm 时，其轴线位置度误差的最大允许值为该轴的尺寸公差值 0.2mm
4	LMR 的零几何公差应用于被测要素，被测要素为内尺寸要素	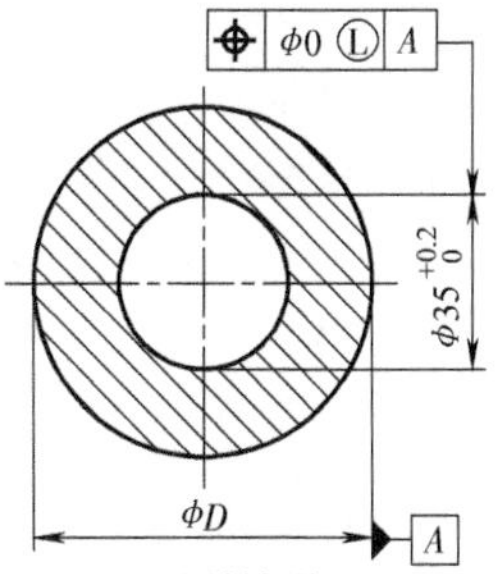 a) 图样标注 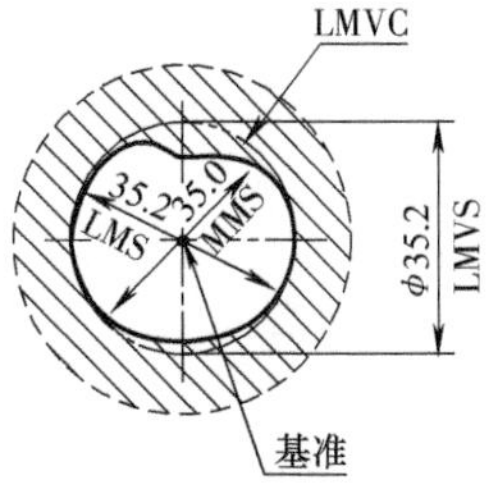 b) 解释	对基准 A 具有位置要求（位置公差值为 0）的孔 $\phi 35_{0}^{+0.2}$ 采用了最小实体要求 1）孔的提取要素不得违反其最小实体实效状态（LMVC），其直径为 LMVS＝LMS＝35.2mm 2）孔的提取要素各处的局部直径应处于 LMS＝35.2mm 和 MMS＝35mm 之间 3）LMVC 受基准 A 的位置约束 4）若孔的实际尺寸为 LMS＝35.2mm 时，其轴线位置度误差的允许值为 0 5）若孔的实际尺寸为 MMS＝35mm 时，其轴线位置度误差的最大允许值为该孔的尺寸公差值 0.2mm

（续）

序号	示例	图样标注及解释	含　义
5	LMR 应用于被测和基准要素，基准要素本身无几何公差要求且被测要素为外尺寸要素、基准要素为内尺寸要素	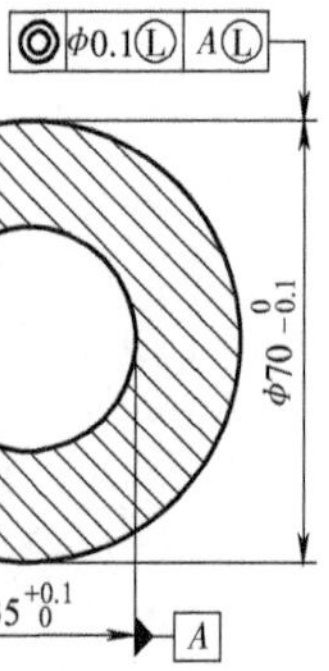 a）图样标注 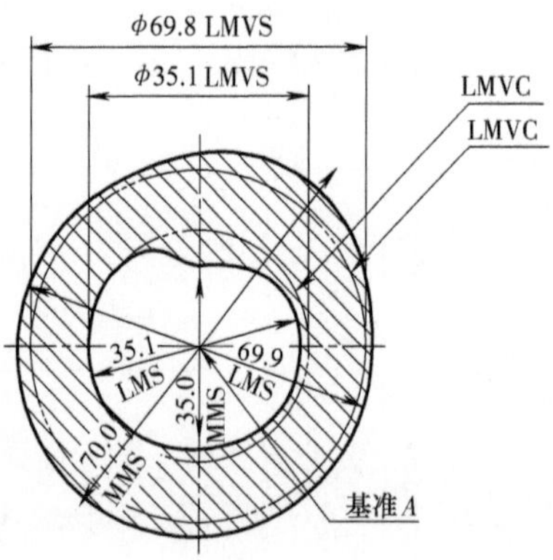 b）解释 最小实体要求应用于轴 $\phi70_{-0.1}^{0}$ 的轴线对孔 $\phi35_{0}^{+0.1}$ 的轴线的同轴度公差，基准要素 $\phi35_{0}^{+0.1}$ 的轴线也采用了最大实体要求，但是基准要素本身没有标注几何规范	对基准 A 具有同轴度要求的轴 $\phi70_{-0.1}^{0}$ 采用了最小实体要求，其含义为： 1）轴的提取要素不得违反其最小实体实效状态（LMVC），其直径为 LMVS＝LMS－0.1＝69.8mm 2）轴的提取要素各处的局部直径应处于 LMS＝69.9mm 和 MMS＝70mm 之间 3）LMVC 受基准 A 的位置约束 4）若轴的实际尺寸为 LMS＝69.9mm 时，其轴线同轴度误差的最大允许值为图中给定的同轴度公差值（$\phi0.1$mm） 5）若轴的实际尺寸为 MMS＝70mm 时，其轴线同轴度误差的最大允许值为图中给定的同轴度公差值（$\phi0.1$mm）与该轴的尺寸公差值（0.1mm）之和（＝$\phi0.2$mm） 6）若轴的实际尺寸处于 MMS 和 LMS 之间，其轴线的同轴度公差值在 $\phi0.1\sim0.2$mm 之间变化 基准要素 $\phi35_{0}^{+0.1}$ 也采用了最大实体要求，但是基准要素本身没有标注几何规范。其含义为： 1）按照最小实体要求的规则 Ⓜ（见表 3-56），轴 $\phi35_{0}^{+0.1}$ 的提取要素不得违反其最小实体实效状态（LMVC），其直径为 LMVS＝LMS＝35.2mm 2）孔的提取要素各处的局部直径应处于 LMS＝35.1mm 和 MMS＝35mm 之间 3）LMVC 无方向和位置约束 4）若孔的实际尺寸为 LMS＝35.1mm 时，其形状误差的允许值为 0，即具有理想的形状 5）若孔的实际尺寸为 MMS＝35mm 时，该孔可以有 0.1mm 的形状误差值（如轴线直线度误差等）

3.3.6　可逆要求（RPR）

可逆要求（RPR）是最大实体要求（MMR）或最小实体要求（LMR）的附加要求，在图样上用符号Ⓡ标注在Ⓜ或Ⓛ之后。可逆要求仅用于被测要素。在最大实体要求（MMR）或最小实体要求（LMR）附加可逆要求（RPR）后，可以改变尺寸要素的尺寸公差。用可逆要求（RPR）可以充分利用最大实体实效状态（MMVC）和最小实体实效状态（LMVC）的尺寸，在制造可能性的基础上，可逆要求（RPR）允许尺寸和几何公差值之间相互补偿。

可逆要求的应用示例见表 3-58。

表 3-58 可逆要求的应用示例

序号	示例	图样标注及解释	含 义
1	RPR 应用于 MMR，被测要素为外尺寸要素	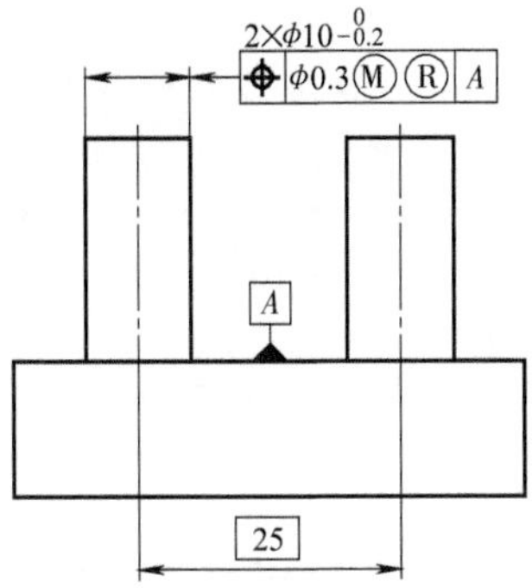 a) 图样标注 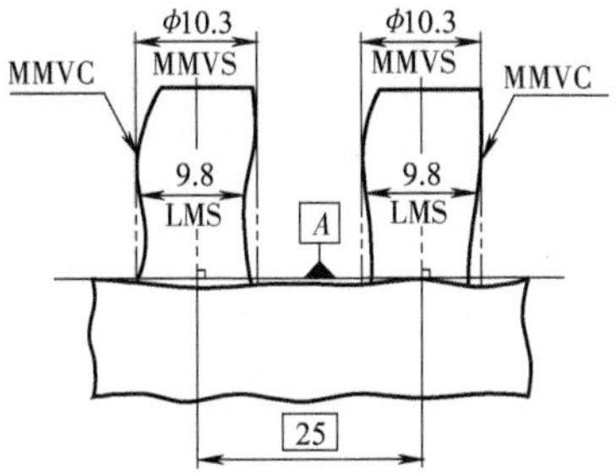 b) 解释	对基准 A 具有位置度要求的 $2 \times \phi 10_{-0.2}^{0}$ 两销柱采用了最大实体要求（MMR）和可逆要求（RPR） 1）$2 \times \phi 10_{-0.2}^{0}$ 的轴线位置度公差（$\phi 0.3$mm）是该轴为其最大实体状态（MMC）时给定的，即两销柱的提取要素不得违反其最大实体实效状态（MMVC），其直径为 MMVS = MMS + 0.3 = 10.3mm 2）轴的提取要素各处的局部直径应大于等于 LMS = 9.8mm，可逆要求允许局部直径超越 MMS = 10mm 3）MMVC 的位置由基准 A 约束 4）若轴的实际尺寸为 MMS = 10mm 时，其轴线位置度误差的最大允许值为图中给定的位置度公差值（$\phi 0.3$mm） 5）若轴的实际尺寸为 LMS = 9.8mm 时，其轴线位置度误差的最大允许值为图中给定的位置度公差值（$\phi 0.3$mm）与该轴的尺寸公差值（0.2mm）之和（= $\phi 0.5$mm） 6）若轴的位置度误差小于图中给定的位置度公差值 0.3mm 时，可逆要求允许轴的局部实际尺寸得到补偿；当轴的位置度误差为 0 时，轴的局部实际尺寸得到最大的补偿值 0.3mm，此时轴的局部实际尺寸等于 MMS + 0.3（补偿值）= MMVS = 10.3mm
2	RPR 应用于 LMR，被测要素为外尺寸要素	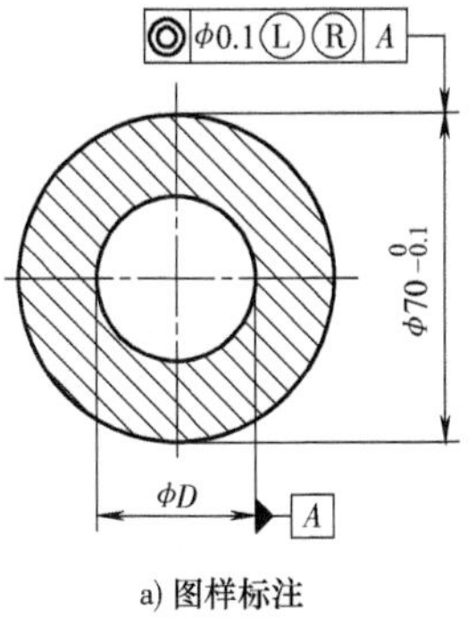 a) 图样标注 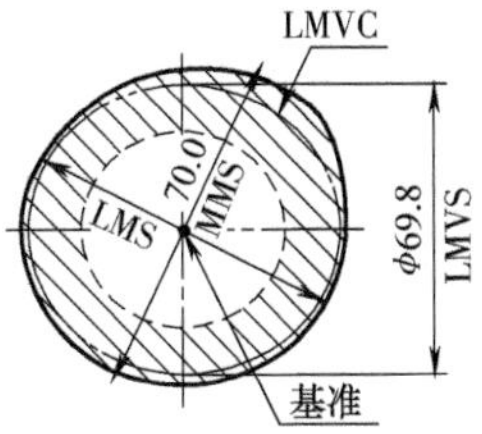 b) 解释	对基准 A 具有位置度要求的轴 $\phi 70_{-0.1}^{0}$ 采用了最小实体要求（LMR）和可逆要求（RPR） 1）轴 $\phi 70_{-0.1}^{0}$ 轴线的位置度公差（$\phi 0.1$mm）是该轴为其最小实体状态（LMC）时给定的。轴的提取要素不得违反其最小实体实效状态（LMVC），其直径为 LMVS = LMS - 0.1 = 69.8mm 2）轴的提取要素各处的局部直径应小于等于 MMS = 70mm，可逆要求允许局部直径超越 LMS = 69.9mm 3）LMVC 受基准 A 的位置约束 4）若轴的实际尺寸为 LMS = 69.9mm 时，其轴线位置度误差的最大允许值为图中给定的轴线位置度公差值（$\phi 0.1$mm） 5）若轴的实际尺寸为 MMS = 70mm 时，其轴线位置度误差的最大允许值为图中给定的轴线位置度公差值（$\phi 0.1$mm）与该轴的尺寸公差值（0.1mm）之和（= $\phi 0.2$mm） 6）若轴的位置度误差小于图中给定的位置度公差值 0.1mm 时，可逆要求允许轴的局部实际尺寸得到补偿；当轴的位置度误差为 0 时，轴的局部实际尺寸得到最大的补偿值 0.1mm，此时轴的局部实际尺寸为 LMS - 0.1（补偿值）= LMVS = 69.8mm

(续)

序号	示例	图样标注及解释	含　义
3	RPR 应用于 LMR，被测要素为内尺寸要素	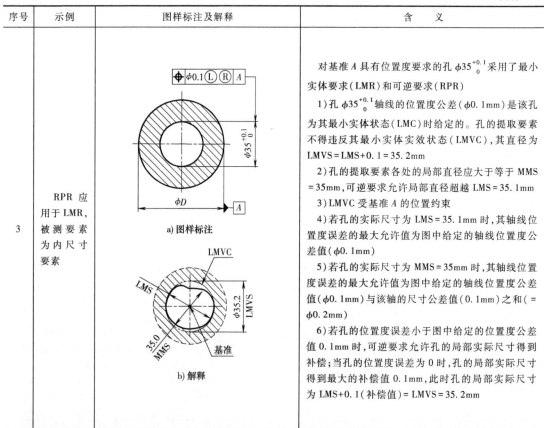 a) 图样标注 b) 解释	对基准 A 具有位置度要求的孔 $\phi35^{+0.1}_{0}$ 采用了最小实体要求（LMR）和可逆要求（RPR） 1）孔 $\phi35^{+0.1}_{0}$ 轴线的位置度公差（$\phi0.1$mm）是该孔为其最小实体状态（LMC）时给定的。孔的提取要素不得违反其最小实体实效状态（LMVC），其直径为 LMVS＝LMS＋0.1＝35.2mm 2）孔的提取要素各处的局部直径应大于等于 MMS＝35mm，可逆要求允许局部直径超越 LMS＝35.1mm 3）LMVC 受基准 A 的位置约束 4）若孔的实际尺寸为 LMS＝35.1mm 时，其轴线位置度误差的最大允许值为图中给定的轴线位置度公差值（$\phi0.1$mm） 5）若孔的实际尺寸为 MMS＝35mm 时，其轴线位置度误差的最大允许值为图中给定的轴线位置度公差值（$\phi0.1$mm）与该轴的尺寸公差值（0.1mm）之和（＝$\phi0.2$mm） 6）若孔的位置度误差小于图中给定的位置度公差值 0.1mm 时，可逆要求允许孔的局部实际尺寸得到补偿；当孔的位置度误差为 0 时，孔的局部实际尺寸得到最大的补偿值 0.1mm，此时孔的局部实际尺寸为 LMS＋0.1（补偿值）＝LMVS＝35.2mm

3.4　几何公差值

　　图样上对几何公差值的表示方法有两种：一种是在框格内注出几何公差的公差值，另一种是不用框格的形式单独注出几何公差的公差值（即未注几何公差）。注出的公差值固然是设计要求，不单独注出几何公差的公差值，同样也有设计要求。GB/T 1184—1996《形状和位置公差　未注公差值》等效采用 ISO 2768.2：1989《一般公差　第 2 部分　未注几何公差》，无论对注出的公差值或未注的公差值，都做了明确的规定。本节将分别介绍注出和未注几何公差值的规定。

3.4.1　几何公差的注出公差值

　　GB/T 1184—1996 的附录 B 规定了几何公差各项目注出公差的公差等级及公差值。本标准给出的公差值是以零件和量具在标准温度（20℃）下测量为准。

3.4.1.1　直线度和平面度

　　直线度和平面度公差值见表 3-59。

　　常用加工方法可达到的直线度和平面度公差等级见表 3-60。

　　直线度和平面度公差等级应用示例见表 3-61。

表 3-59　直线度和平面度公差值

主参数 L/mm	公差等级											
	1	2	3	4	5	6	7	8	9	10	11	12
	公差值/μm											
>63~100	0.6	1.2	2.5	4	6	10	15	25	40	60	100	200
>100~160	0.8	1.5	3	5	8	12	20	30	50	80	120	250
>160~250	1	2	4	6	10	15	25	40	60	100	150	300
>250~400	1.2	2.5	5	8	12	20	30	50	80	120	200	400
>400~630	1.5	3	6	10	15	25	40	60	100	150	250	500
>630~1000	2	4	8	12	20	30	50	80	120	200	300	600
主参数 L 图例												

表 3-60　常用加工方法可达到的直线度和平面度公差等级

加工方法		直线度、平面度公差等级											
		1	2	3	4	5	6	7	8	9	10	11	12
车	粗											●	●
	细									●	●		
	精					●	●	●	●				
铣	粗											●	●
	细									●	●		
	精						●	●	●	●			
刨	粗											●	●
	细									●	●		
	精							●	●	●			
磨	粗									●	●	●	
	细							●	●	●			
	精		●	●	●	●							
研磨	粗				●	●							
	细			●									
	精	●	●										
刮磨	粗						●	●					
	细				●	●							
	精	●	●	●									

表 3-61　直线度和平面度公差等级应用示例

公差等级	应 用 示 例(参考)
1,2	用于精密量具、测量仪器以及精度要求较高的精密机械零件。如零级样板,平尺,零级宽平尺,工具显微镜等精密测量仪器的导轨面,喷油嘴针阀体的面平面度,油泵柱塞套端面的平面度等
3	用于零级及 1 级宽平尺工作面,1 级样板平尺工作面,测量仪器圆弧导轨,测量仪器的测杆直线度等
4	用于量具,测量仪器和机床的导轨。如 1 级宽平尺,零级平板,测量仪器的 V 形导轨,高精度平面磨床的V 形导轨和滚动导轨,轴承磨床及平面磨床床身直线度等

（续）

公差等级	应 用 示 例（参考）
5	用于1级平板,2级宽平尺,平面磨床纵导轨,垂直导轨,立柱导轨和平面磨床的工作台,液压龙门刨床导轨面,六角车床床身导轨面,柴油机进排气门导杆等
6	用于1级平板,普通车床床身导轨面,龙门刨床导轨面,滚齿机立柱导轨,床身导轨及工作台,自动车床床身导轨,平面磨床垂直导轨,卧式镗床、铣床工作台以及机床主轴箱导轨,柴油机进排气门导杆直线度,柴油机机体上部结合面等
7	用于2级平板,0.02游标卡尺尺身的直线度,机床床头箱体,滚齿机床身导轨的直线度,镗床工作台,摇臂钻底座工作台,柴油机气门导杆,液压泵盖的平面度,压力机导轨及滑块
8	用于2级平板,车床溜板箱体,机床主轴箱体,机床传动箱体,自动车床底座的直线度,汽缸盖结合面、汽缸座、内燃机连杆分离面的平面度,减速机壳体的结合面
9	用于3级平板,机床溜板箱,立钻工作台,螺纹磨床的挂轮架,金相显微镜的载物台,柴油机汽缸体连杆的分离面,缸盖的结合面,阀片的平面度,空气压缩机汽缸体,柴油机汽缸孔环面的平面度以及辅助机构及手动机构的支承面
10	用于3级平板,自动车床床身底面的平面度,车床挂轮架的平面度,柴油机汽缸体、摩托车的曲轴箱体、汽车变速箱的壳体与汽车发动机缸盖结合面,阀片的平面度,以及液压管件和法兰的连接面等
11	用于易变形的薄片零件,如离合器的摩擦片,汽车发动机缸盖的结合面等

3.4.1.2 圆度和圆柱度

圆度和圆柱度公差值见表3-62。

常用加工方法可达到的圆度和圆柱度公差等级见表3-63。

圆度和圆柱度公差等级应用示例见表3-64。

表 3-62 圆度和圆柱度公差值

主参数 d(D)/mm	公 差 等 级												
	0	1	2	3	4	5	6	7	8	9	10	11	12
	公 差 值/μm												
>18~30	0.2	0.3	0.6	1	1.5	2.5	4	6	9	13	21	33	52
>30~50	0.25	0.4	0.6	1	1.5	2.5	4	7	11	16	25	39	62
>50~80	0.3	0.5	0.8	1.2	2	3	5	8	13	19	30	46	74
>80~120	0.4	0.6	1	1.5	2.5	4	6	10	15	22	35	54	87
>120~180	0.6	1	1.2	2	3.5	5	8	12	18	25	40	63	100

主参数 d(D) 图例	

表 3-63 常用加工方法可达到的圆度和圆柱度公差等级

表面	加工 方法		圆度、圆柱度公差等级											
			1	2	3	4	5	6	7	8	9	10	11	12
轴	精密车削				●	●	●							
	普通车削						●	●	●	●	●	●		
	普通 立车	粗					●	●	●	●				
		细						●	●	●	●	●		
	自动、半 自动车	粗								●	●			
		细								●				
		精					●	●						

（续）

表面	加工方法		圆度、圆柱度公差等级											
			1	2	3	4	5	6	7	8	9	10	11	12
轴	外圆磨	粗					●	●	●					
		细			●	●	●							
		精	●	●	●									
	无心磨	粗						●	●					
		细				●	●							
	研磨			●	●	●								
	精磨													
	钻									●	●	●	●	●
孔	镗	普通镗 粗							●	●				
		普通镗 细					●	●						
		普通镗 精				●								
		金刚石镗 细			●	●								
		石镗 精	●	●	●									
	铰孔						●	●						
	扩孔						●	●	●					
	内圆磨	细				●	●							
		精			●									
	研磨	细				●	●							
		精	●	●	●									
	珩磨						●	●	●					

表 3-64　圆度和圆柱度公差等级应用示例

公差等级	应用示例（参考）
1	高精度量仪主轴,高精度机床主轴,滚动轴承滚球和滚柱等
2	精密量仪主轴、外套、阀套,高压油泵柱塞及套,纺锭轴承,高速柴油机进、排气门,精密机床主轴轴颈,针阀圆柱表面,喷油泵柱塞及柱塞套
3	工具显微镜套管外圆,高精度外圆磨床轴承,磨床砂轮主轴套筒,喷油嘴针、阀体,高精度微型轴承内外圆
4	较精密机床主轴,精密机床主轴箱孔,高压阀门活塞、活塞销,阀体孔,工具显微镜顶针,高压油泵柱塞,较高精度滚动轴承配合轴,铣削动力头箱体孔等
5	一般量仪主轴,测杆外圆,陀螺仪轴颈,一般机床主轴,较精密机床主轴及主轴箱孔,柴油机、汽油机活塞及活塞销孔,铣削动力头轴承座孔,高压空气压缩机十字头销、活塞,较低精度滚动轴承配合轴等
6	仪表端盖外圆,一般机床主轴及箱体孔,中等压力下液压装置工作面(包括泵、压缩机的活塞和汽缸),汽车发动机凸轮轴,纺机锭子,通用减速器轴颈,高速船用发动机曲轴,拖拉机曲轴主轴颈
7	大功率低速柴油机曲轴、活塞、活塞销、连杆、汽缸,高速柴油机箱体孔,千斤顶或压力油缸活塞,液压传动系统的分配机构,机车传动轴,水泵及一般减速器轴颈
8	低速发动机、减速器、大功率曲轴轴颈,压气机连杆盖、体,拖拉机汽缸体、活塞,炼胶机冷铸轴辊,印刷机传墨辊,内燃机曲轴,柴油机机体孔、凸轮轴,拖拉机、小型船用柴油机汽缸套
9	空气压缩机缸体,滚压传动筒,通用机械杠杆与拉杆用套筒销子、拖拉机活塞环、套筒孔
10	印染机导布辊,绞车,吊车,起重机滑动轴承轴颈等

3.4.1.3　平行度、垂直度和倾斜度

平行度、垂直度和倾斜度公差值见表3-65。

常用加工方法可达到的平行度、垂直度和倾斜度公差等级见表3-66。

平行度和垂直度公差等级应用示例见表3-67。

表 3-65 平行度、垂直度和倾斜度公差值

主参数 L,d(D)/mm	公差等级											
	1	2	3	4	5	6	7	8	9	10	11	12
	公差值/μm											
>63~100	1.2	2.5	5	10	15	25	40	60	100	150	250	400
>100~160	1.5	3	6	12	20	30	50	80	120	200	300	500
>160~250	2	4	8	15	25	40	60	100	150	250	400	600
>250~400	2.5	5	10	20	30	50	80	120	200	300	500	800
>400~630	3	6	12	25	40	60	100	150	250	400	600	1000
>630~1000	4	8	15	30	50	80	120	200	300	500	800	1200

主参数 L,d(D) 图例	

表 3-66 常用加工方法可达到的平行度、垂直度和倾斜度公差等级

加工方法		平行度、垂直度精度等级											
		1	2	3	4	5	6	7	8	9	10	11	12
面 对 面													
研磨		●	●	●									
刮		●	●	●	●	●	●						
磨	粗					●	●	●	●				
	细				●	●	●						
	精		●	●	●								
铣							●	●	●	●		●	
刨								●	●	●	●	●	
拉								●	●	●			
插								●	●				
轴线对轴线(或平面)													
磨	粗							●	●				
	细					●	●	●					
镗	粗								●	●	●		
	细						●	●					
	精							●					
金刚石镗						●	●						
车	粗										●	●	
	细							●	●	●	●		
铣						●	●	●					
钻										●	●	●	●

表 3-67 平行度和垂直度公差等级应用示例

公差等级	应用示例(参考)	
	平行度	垂直度
1	高精度机床,测量仪器以及量具等主要基准面和工作面	
2,3	精密机床、测量仪器、量具及模具的基准面和工作面,精密机床上重要箱体主轴孔对基准面的要求,尾架孔对基准面的要求	精密机床导轨,普通机床主要导轨,机床主轴轴向定位面,精密机床主轴轴肩端面,滚动轴承座圈端面,齿轮测量仪的心轴,光学分度头心轴,涡轮轴端面,精密刀具,量具的工作面和基准面

（续）

公差等级	应用示例（参考）	
	平行度	垂直度
4,5	普通机床、测量仪器、量具及模具的基准面和工作面,高精度轴承座圈、端盖、挡圈的端面,机床主轴孔对基准面要求,重要轴承孔对基准面要求,床头箱体重要孔间要求,一般减速器壳体孔,齿轮泵的轴孔端面等	普通机床导轨,精密机床重要零件,机床重要支承面,普通机床主轴偏摆,发动机轴和离合器的凸缘,汽缸的支承端面,装 4、2 级轴承的箱体的凸肩
6,7,8	一般机床零件的工作面或基准,压力机和锻锤的工作面,中等精度钻模的工作面,一般刀、量、模具机床一般轴承孔对基准面的要求,床头箱一般孔间要求,油缸轴线,变速器箱体孔,主轴花键对定心直径,重型机械轴承盖的端面,卷扬机,手动传动装置中的传动轴	低精度机床主要基准面和工作面,回转工作台端面,一般导轨,主轴箱体孔,刀架、砂轮架及工作台回转中心,机床轴肩、汽缸配合面对其轴线,活塞销孔对活塞中心线以及装 6、0 级轴承壳孔的轴线等
9,10	低精度零件,重型机械滚动轴承端盖,柴油机和煤气发动机的曲轴孔、轴颈等	花键轴轴肩端面,皮带运输机法兰盘等端面对轴心线,手动卷扬机及传动装置中轴承端面,减速器壳体平面等
11,12	零件的非工作面,卷扬机、运输机上用的减速器壳体平面	农业机械齿轮端面等

3.4.1.4 同轴度、对称度、圆跳动和全跳动

同轴度、对称度、圆跳动和全跳动公差值见表 3-68。

常用加工方法可达到的同轴度、对称度、圆跳动和全跳动公差等级见表 3-69。

同轴度、对称度、圆跳动和全跳动公差等级应用示例见表 3-70。

表 3-68 同轴度、对称度、圆跳动和全跳动公差值

主参数 d(D),B,L /mm	公 差 等 级											
	1	2	3	4	5	6	7	8	9	10	11	12
	公 差 值/μm											
>10~18	0.8	1.2	2	3	5	8	12	20	40	80	120	250
>18~30	1	1.5	2.5	4	6	10	15	25	50	100	150	300
>30~50	1.2	2	3	5	8	12	20	30	60	120	200	400
>50~120	1.5	2.5	4	6	10	15	25	40	80	150	250	500
>120~260	2	3	5	8	12	20	30	50	100	200	300	600
>260~500	2.5	4	6	10	15	25	40	60	120	250	400	800

表 3-69 常用加工方法可达到的同轴度、对称度、圆跳动和全跳动公差等级

加工方法		同轴度、圆跳动公差等级										
		1	2	3	4	5	6	7	8	9	10	11
车、镗	（加工孔）				●	●	●	●	●	●		
	（加工轴）			●	●	●	●	●	●			
铰						●	●	●	●			
磨	孔			●	●	●	●	●	●			
	轴	●	●	●	●	●	●					
珩磨			●	●	●							
研磨		●	●	●								

表 3-70　同轴度、对称度、圆跳动和全跳动公差等级应用示例

公差等级	应用示例(参考)
1,2 3,4	用于同轴度或旋转精度要求很高的零件,一般需要按公差等级 6 级或高于 6 级制造的零件。如 1、2 级用于精密测量仪器的主轴和顶尖,柴油机喷油嘴针阀等;3、4 级用于机床主轴轴颈,砂轮轴轴颈,汽轮机主轴,测量仪器的小齿轮轴,高精度滚动轴承内、外圈等
5,6,7	应用范围较广的公差等级,用于精度要求比较高,一般按公差等级 6 级或 3 级制造的零件。如 5 级常用在机床轴颈,测量仪器的测量杆,汽轮机主轴,柱塞油泵转子,高精度滚动轴承外圈,一般精度轴承内圈;6、7 级用在内燃机曲轴、凸轮轴轴颈,水泵轴、齿轮轴,汽车后桥输出轴,电动机转子,0 级精度滚动轴承内圈,印刷机传墨辊等

3.4.1.5　位置度

1. 位置度系数

由于标注位置度公差的被测要素类型繁多,因此标准只给出了推荐的数值系列,见表 3-71。

表 3-71　位置度系数　　　　　　(单位:μm)

1	1.2	1.5	2	2.5	3	4	5	6	8
1×10^n	1.2×10^n	1.5×10^n	2×10^n	2.5×10^n	3×10^n	4×10^n	5×10^n	6×10^n	8×10^n

2. 位置度公差的确定方法（GB/T 13319—2003）

GB/T 13319—2003 的附录中给出了位置度公差的确定方法,见表 3-72,由该计算方法确定的位置度公差值适用于呈任何分布形式的内、外相配要素,并保证装配互换。

表 3-72　位置度公差的确定方法

类型	示　例	说　明
螺栓连接的计算方式	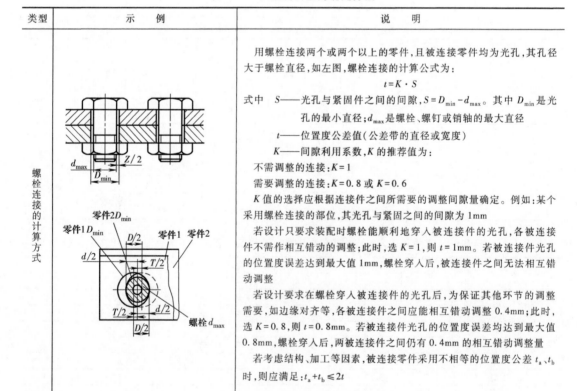	用螺栓连接两个或两个以上的零件,且被连接零件均为光孔,其孔径大于螺栓直径,如左图,螺栓连接的计算公式为: $$t = K \cdot S$$ 式中　S——光孔与紧固件之间的间隙,$S = D_{min} - d_{max}$。其中 D_{min} 是光孔的最小直径;d_{max} 是螺栓、螺钉或销轴的最大直径 　　　t——位置度公差值(公差带的直径或宽度) 　　　K——间隙利用系数,K 的推荐值为: 不需调整的连接:$K = 1$ 需要调整的连接:$K = 0.8$ 或 $K = 0.6$ K 值的选择应根据连接件之间所需要的调整间隙量确定。例如:某个采用螺栓连接的部位,其光孔与紧固之间的间隙为 1mm。 若设计只要求装配时螺栓能顺利地穿入被连接件的光孔,各被连接件不需作相互错动的调整;此时,选 $K = 1$,则 $t = 1$mm。当各被连接件光孔的位置度误差达到最大值 1mm,螺栓穿入后,被连接件之间无法相互错动调整 若设计要求在螺栓穿入被连接件的光孔后,为保证其他环节的调整需要,如边缘对齐等,各被连接件之间应能相互错动调整 0.4mm;此时,选 $K = 0.8$,则 $t = 0.8$mm。若被连接件光孔的位置度误差均达到最大值 0.8mm,螺栓穿入后,两被连接件之间仍有 0.4mm 的相互错动调整量 若考虑结构、加工等因素,被连接零件采用不相等的位置度公差 t_a、t_b 时,则应满足:$t_a + t_b \le 2t$

（续）

类型	示　例	说　明
螺钉或螺柱连接的计算公式	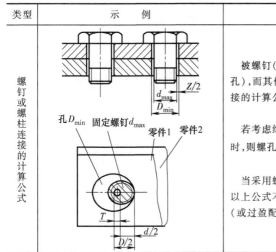	被螺钉（或螺柱）连接的零件中，有一个零件的孔是螺孔（或过盈配合孔），而其他零件的孔均为光孔，且孔径大于螺钉直径，如左图，螺钉连接的计算公式： $$t = 0.5K \cdot S$$ 若考虑结构、加工等因素，被连接零件采用不相等的位置度公差 t_a、t_b 时，则螺孔（或过盈配合孔）与任一零件的位置度公差组合必须满足： $$t_a + t_b \leqslant 2t$$ 当采用螺钉连接时，则螺孔（或过盈配合孔）的垂直度误差较大时，则以上公式不能保证自由装配。此时，为了保证自由装配的要求，螺孔（或过盈配合孔）的位置度公差可采用"延伸公差带"

3.4.2　几何公差的未注公差值

　　几何公差的未注公差值符合工厂的常用精度等级，即用一般机加工和常用工艺方法可以保证的精度范围，不必在图样上采用框格形式单独注出。GB/T 1184—1996 明确给出了几何公差未注公差的规定，几何公差未注公差等级分为三级，分别用 H、K、L 表示，其中 H 较高，L 较低，各项目未注公差的规定及公差值见表 3-73～表 3-76。

3.4.2.1　直线度和平面度

　　直线度和平面度的未注公差值规定见表 3-73。在表 3-73 中选择公差值时，对于直线度应按其相应线的长度选择；对于平面度应按其表面的较长一侧或圆表面的直径选择。

表 3-73　直线度和平面度的未注公差值　　　　（单位：mm）

公差等级	基本长度范围					
	≤10	>10～30	>30～100	>100～300	>300～1000	>1000～3000
H	0.02	0.05	0.1	0.2	0.3	0.4
K	0.05	0.1	0.2	0.4	0.6	0.8
L	0.1	0.2	0.4	0.8	1.2	1.6

3.4.2.2　圆度和圆柱度

　　圆度的未注公差值等于标准的直径公差值，但不能大于表 3-76 中的径向圆跳动值。

　　圆柱度的未注公差值不作规定。因为圆柱度误差由三个部分组成：圆度、直线度和相对素线的平行度误差，而其中每一项误差均由它们的注出公差或未注公差控制。如因功能要求，圆柱度应小于圆度、直线度和平行度未注公差的综合结果，被测要素上应按 GB/T 1182—2008 的规定注出圆柱度公差值。

　　圆柱度可采用包容要求来控制。

3.4.2.3　平行度和垂直度

　　平行度的未注公差值等于给出的尺寸公差值。如果要素均为最大实体尺寸时，平行度的未注公差值等于直线度和平面度未注公差值中最大的公差值。

　　应取两要素中的较长者作为基准，若两要素的长度相等则可选任一要素为基准。

垂直度的未注公差值见表3-74。取形成直角的两边中较长的一边作为基准，较短的一边作为被测要素；若两边的长度相等则可取其中的任意一边作为基准。

表 3-74　垂直度的未注公差值　　　　　　　　　（单位：mm）

公差等级	基本长度范围			
	≤100	>100~300	>300~1000	>1000~3000
H	0.2	0.3	0.4	0.5
K	0.4	0.6	0.8	1
L	0.6	1	1.5	2

3.4.2.4　对称度和同轴度

对称度的未注公差值见表3-75。应取两要素中较长者作为基准，较短者作为被测要素；若两要素长度相等则可选任一要素为基准。对称度未注公差的应用示例如图3-19所示。

对称度的未注公差值用于至少两个要素中的一个是中心平面，或两个要素的轴线相互垂直。

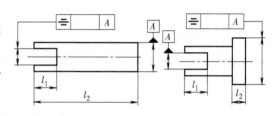

图 3-19　对称度未注公差的应用示例

表 3-75　对称度的未注公差值　　　　　　　　　（单位：mm）

公差等级	基本长度范围			
	≤100	>100~300	>300~1000	>1000~3000
H	0.5			
K	0.6		0.8	1
L	0.6	1	1.5	2

同轴度的未注公差值未作规定。在极限状况下，同轴度的未注公差值可以和表3-76中规定的径向圆跳动的未注公差值相等。应选两要素中的较长者为基准，若两要素长度相等则可选任一要素为基准。

3.4.2.5　圆跳动

圆跳动的未注公差值见表3-76。对于圆跳动的未注公差值，应以设计或工艺给出的支承面作为基准，否则应取两要素中较长的一个作为基准；若两要素的长度相等则可选任一要素为基准。

表 3-76　圆跳动的未注公差值

公差等级	H	K	L
圆跳动的公差值	0.1	0.2	0.5

3.4.2.6　轮廓度、倾斜度、位置度和全跳动

GB/T 1184—1996未对线、面轮廓度、倾斜度、位置度和全跳动的未注几何公差进行规定，它们应由各要素的注出或未注几何公差、线性尺寸公差或角度公差控制。

3.4.2.7　未注几何公差的图样表示法

若采用GB/T 1184—1996规定的未注公差值（见表3-73~表3-76），应在标题栏附近或在技术要求、技术文件（如企业标准）中注出标准号及公差等级代号。示例：GB/T 1184-H。几何公差的未注公差值适用于所有没有单独标注几何公差的零件要素。即适用于遵守独立原则的零件要素，也适用于某些遵守包容要求的零件要素。

未注几何公差值的标注示例如图3-20所示。图3-20a是图样标注，图3-20b是对图3-20a

的说明。

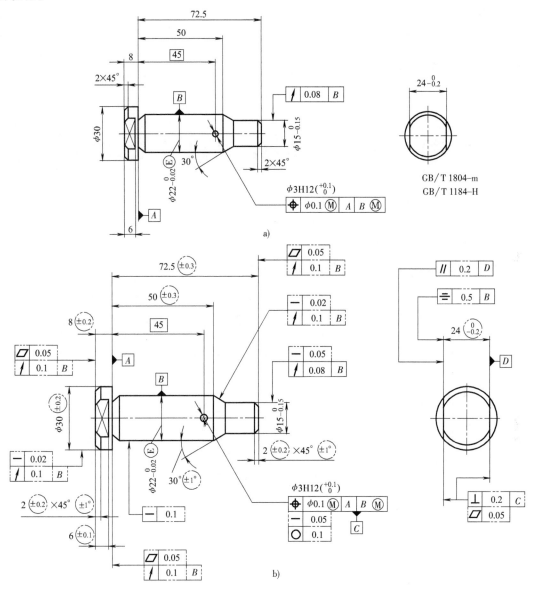

图 3-20 未注几何公差的标注示例

a) 图样标注 b) 说明

注：图中用细双点画线表示的公差值（框格或图）是未注公差值。由于工厂加工时能达到或小于 GB/T 1184—1996 所规定的未注公差值，因此，该公差值在工厂加工时能自动达到，通常不要求检查。

3.4.2.8　检测与拒收

采用未注几何公差的零件要素，通常不需要一一检测，若抽样检测或仲裁时，其公差值要求按 GB/T 1184—1996 确定。

除另有规定，当零件要素的几何误差超出未注公差值而零件的功能没有受到损害时，不应当按惯例拒收。

第**4**章

几何公差设计内容及方法图解

正确选择几何公差项目和合理确定公差数值，对于保证产品质量、满足使用要求和提高经济效益有着重要的意义。

几何公差设计的主要内容及结构如图 4-1 所示。

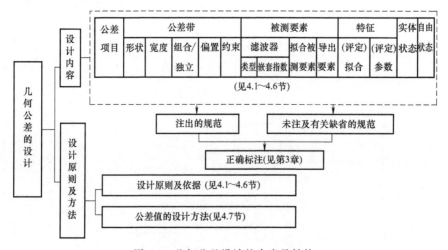

图 4-1　几何公差设计的内容及结构

4.1　几何公差项目的选用

4.1.1　几何公差项目的选用方法

几何公差项目的选用应依据零件的结构特征、功能要求、测量条件及经济性等因素，经分析后综合确定。

1) 零件本身的结构特征决定了它可能采用的几何公差项目。要素构成了零件的几何形体，根据要素的特征不同，其所可能选用的几何公差项目也不同。例如：直线度仅适用于直线要素；平面度和端面全跳动仅适用于平面要素，而端面全跳动又只对回转体上的平面要素；圆度、圆柱度、径向圆跳动、径向全跳动仅适用于回转体要素，其中圆度、径向圆跳动只对回转体上的横截面轮廓要素，圆柱度、径向全跳动只对回转体上的圆柱面要素；线

（面）轮廓度适用于曲线、曲面要素；方向公差适用于直线、平面要素；同轴度、对称度仅适用于导出要素（中心要素）；位置度对各种形状的要素具有广泛的适用性。新一代 GPS 将所有的理想要素归为七种恒定类，因此可以根据要素所属的恒定类进行几何公差项目的选用，表 4-1 给出了基于恒定类的几何公差项目选用示例。

表 4-1　基于恒定类的几何公差项目选用示例

要素所属恒定类		有无基准情况		可选用的几何公差项目
类型	示例			
平面类	平面	无基准		—、▱、⌒
		有基准	基准为平面	∥、⊥、∠、⊕、＝、⌒
			基准为直线（轴线）	∥、⊥、∠、∕、⌰、＝、⊕、⌒
			基准为平面-平面-平面	⊕、⌒
			基准为平面-轴线	⊕、∕、⌰、⌒
圆柱类	圆柱面	无基准		○、⌭、⌒、—
		有基准	基准为轴线	∕、⌰
	轴线	无基准		—
		有基准	基准为平面	∥、⊥、∠、⊕、＝
			基准为轴线	∥、⊥、∠、◎、＝
			基准为平面-轴线	∥、⊥、∠、⊕
			基准为平面-平面-平面	⊕
旋转类	圆锥面	无基准		○、—、⌒
		有基准	基准为平面	∥、⊥、∠、⊕、⌒
			基准为轴线	∥、⊥、∠、∕、⊕、⌒
球类	球面	无基准		○、⌒、⌒
		有基准	基准为平面	⌒、⊕
			基准为轴线	∕、⊕、⌒
	球心	有基准	基准为平面	⊕
			基准为轴线	⊕、◎
			基准为球心	◎、⊕
			基准为轴线-平面	⊕
			基准为平面-平面-平面	⊕
复合体类	曲面	无基准		⌒、⌒
		有基准	基准为平面	⌒、⌒、⊕
			基准为曲面	⌒、⊕
			基准为轴线	⌒、⊕、∕

2）分析功能要求对确定几何公差项目是非常重要的。例如与滚动轴承相配合的轴颈和箱体孔，应规定相应的几何公差要求，以保证主轴的旋转精度；安装齿轮轴颈的轴线应与基准轴线同轴，以保证齿轮的正常啮合；箱体上支撑各轴的各孔的轴线之间应有必要的平行度、垂直度及同轴度要求；箱体上用于连接的螺孔，应有位置公差要求，以便于装配。示例如图 4-2~图 4-4 所示。

3）根据要素的形状和功能要求，在确定其形状精度、方向精度或位置精度时，还应充分考虑测量的方便与可能性。例如，用径向圆跳动公差代替同轴度，用径向全跳动公差代替圆柱度，用端面圆跳动或全跳动公差代替端面对轴线的垂直度等。另外，考虑到加工检测的经济性，在满足功能要求的前提下，所选项目越少越好。

4）与此同时，还应详细分析所用工艺方法导致的误差状况，以确认用单一公差项目代替综合公差项目，或用综合公差项目代替单一公差项目的可能性。例如，由于圆柱度误差是素线直线度误差、圆度误差和相对素线的平行度误差的综合，所以只有当这三项误差中的某一项或两项误差较小时，才能用另两项或一项来代替圆柱度误差。又如径向圆跳动是圆度误差与同轴度的综合，所以当圆度误差较小时可以用径向圆跳动代替同轴度误差，而当同轴度误差较小时，可以用径向圆跳动代替圆度误差。再如，端面全跳动或端面对轴线的垂直度误差是端面的平面度误差与端面对轴线的角度偏差的综合，所以，当端面的平面度误差较小时，可以用由端面对轴线的角度偏差导致的端面圆跳动代替端面全跳动或端面对轴线的垂直度误差。而当角度偏差较小时，可以用端面全跳动代替端面的平面度误差。

4.1.2 几何公差项目的选用示例

如图 4-2 所示，以齿轮减速器高速轴装配图中的几类典型零件（轴类、齿轮类、箱体类）为例，简述其几何公差项目的选择与应用。

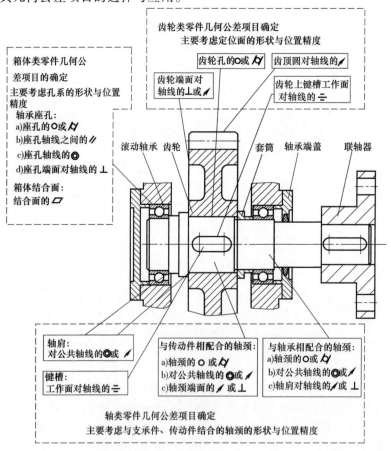

图 4-2 典型零件几何公差项目的选用

1. 轴类零件几何公差项目的确定

轴类零件的几何公差项目的确定主要应从两个方面考虑：一是与支承件相结合的部位；二是与传动件结合的部位。

（1）根据功能要求，与支承件结合的部位应考虑选择下列项目

1）与轴承相配合轴颈的圆度或圆柱度。主要影响轴承与轴配合的松紧程度及对中性。

2）与轴承相配合轴颈的对其（公共）轴线的圆跳动或同轴度。主要影响传动件及轴承的旋转精度。

3）与轴承相结合轴肩（轴承定位端面）对其轴线的端面圆跳动（或垂直度）。轴肩对轴线的位置精度将影响轴承的定位，造成轴承套圈歪斜，改变滚道的几何形状，恶化轴承的工作条件。

（2）根据功能要求，与传动件结合的部位应考虑选择下列项目

1）与传动件（如齿轮）相配合轴颈的圆度或圆柱度。主要影响传动件与轴配合的松紧程度及对中性。

2）与传动件（如齿轮）相配合表面（或轴线）对其公共支承轴线的圆跳动或同轴度。主要影响传动件的传动精度。

3）传动件（如齿轮）的定位端面（轴肩）对其轴线的垂直度或端面圆跳动。轴肩对轴线的位置误差将影响传动零件的定位及载荷分布的均匀性。

4）键槽对其轴线的对称度。主要影响键受载荷的均匀性及装拆的难易性。

图4-3所示为图4-2中轴的几何公差标注示例。

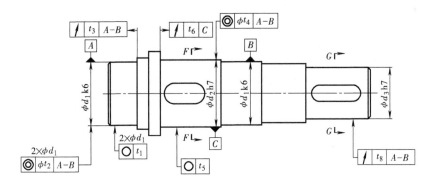

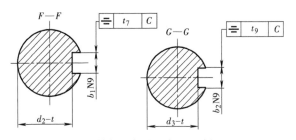

图 4-3　轴的几何公差标注示例

2. 齿轮类零件几何公差项目的确定

齿轮类零件几何公差项目的确定主要考虑的是齿坯定位面（如内孔、端面、齿顶圆等）

的形状和位置精度（见图4-2）。

1）齿轮孔（或轴）的圆度或圆柱度。主要影响配合的性质及稳定性。

2）齿轮键槽对其轴线的对称度。主要影响键受载荷的均匀性及装拆的难易性。

3）齿轮基准端面对轴线的垂直度或圆跳动。主要影响传动件的传动精度及加工质量。

4）齿顶圆对轴线的圆跳动。仅对需要检测齿厚来保证侧隙要求时选用。

图4-4所示为典型的齿轮零件的几何公差标注示例。

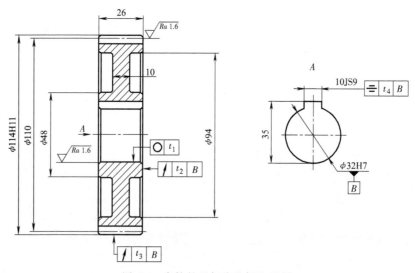

图4-4　齿轮的几何公差标注示例

3. 箱体类零件几何公差项目的确定

箱体类零件几何公差项目的确定主要考虑的是孔系（轴承座孔）的形状和位置精度，其次是箱体的结合面（分箱面）的形状精度（见图4-2）。

1）轴承座孔的圆度或圆柱度。主要影响箱体与轴承配合的性能及对中性。

2）轴承座孔轴线之间的平行度（若是圆锥齿轮减速器，要考虑轴承座孔轴线相互间的垂直度）。主要影响传动零件的接触精度及传动平稳性。

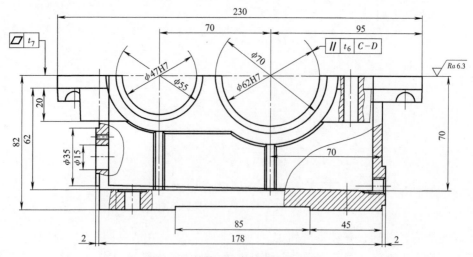

图4-5　箱体的几何公差标注示例

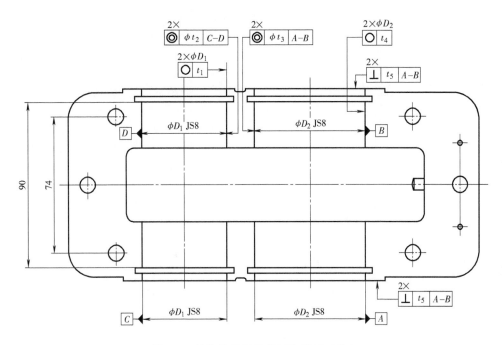

图 4-5　箱体的几何公差标注示例（续）

3）两轴承座孔轴线的同轴度。主要影响传动零件的载荷分布均匀性及传动精度。

4）轴承座孔端面对其轴线的垂直度。主要影响轴承固定及轴向受载的均匀性。

5）分箱面的平面度。主要影响箱体剖分面的密合性和防漏性能。

图 4-5 所示为典型的箱体零件的几何公差标注示例。

4.2　公差带的形状、大小、属性及偏置情况确定

4.2.1　公差带形状的确定

根据几何公差项目的类型、要素的类型、基准情况和功能要求可以确定出要素的公差带形状，见表 4-2。表中的公差带形状含义见第 3 章表 3-3。根据公差带的形状可以确定公差值前面是否加前缀 ϕ 或 $S\phi$。

4.2.2　公差带大小的确定

根据 GB/T 1184—1996 的规定，图样上对几何公差值大小的表示方法有两种：一种是在框格内注出几何公差的公差值，另一种是不用框格的形式单独注出几何公差的公差值（即未注几何公差）。

4.2.2.1　几何公差的注出公差值的设计

几何公差的注出公差值设计的基本设计原则是在满足零件功能要求的前提下，并考虑结构、刚性等因素，兼顾经济性和检测条件，尽量选用较低的公差等级。

注出几何公差的公差等级及公差值见 3.4.1 节 （GB/T 1184—1996 附录 B）。

表 4-2　典型要素对应的公差带

项目 要素	形状公差				轮廓公差		方向公差			位置公差			跳动公差	
	直线度 (—)	平面度 (▱)	圆度 (○)	圆柱度	线轮廓度 (⌒)	面轮廓度 (⌓)	倾斜度 (∠)	平行度 (∥)	垂直度 (⊥)	位置度 (⊕)	同轴度 (◎)	对称度 (≡)	圆跳动 (↗)	全跳动 (⌰)
点	NA	NA	NA	NA	NA	NA	NA	NA	NA	图示（S⊕φt）	NA	NA	NA	NA
线	图示（φt）	NA	NA	NA	NA	NA	图示	图示	图示	图示	NA	NA	图示	NA
轴线	图示（φt）	NA	NA	NA	NA	NA	图示	图示	图示	图示	图示	NA	NA	NA
棱边	NA	NA	NA	NA	图示	NA	图示	图示	图示	图示	NA	NA	NA	NA
中面	NA	NA	NA	NA	NA	NA	图示	图示	图示	图示	NA	图示	NA	NA
平面	NA	图示	NA	NA	NA	图示	图示	图示	图示	图示	NA	NA	图示	图示
圆柱面	NA	NA	NA	图示	NA	NA	NA	NA	NA	NA	图示	NA	图示	图示
圆锥面	NA	NA	NA	NA	NA	NA	NA	NA	NA	NA	NA	NA	图示	NA
圆环面	NA	NA	NA	NA	NA	NA	NA	NA	NA	NA	NA	NA	图示	NA
球面	NA	NA	图示	NA	NA	图示	NA	NA	NA	图示	NA	NA	NA	NA
曲面	NA	NA	NA	NA	NA	图示	NA	NA	NA	NA	NA	NA	NA	NA

注：符号 NA 表示该要素不能选用对应的公差项目，也无相应的公差带。

确定注出几何公差值时，应遵守下列原则：

（1）根据几何公差带的特征和几何误差值的定义，对同一被测要素规定多项几何公差时，要协调好各项目之间的关系

1）线要素的形状公差应小于面要素的形状公差。如平面度带具有综合控制被测平面的平面度误差和平面上任一直线的直线度误差的功能，在给定平面内的直线度公差值应小于其平面度公差值。圆柱度公差对圆柱面的圆柱度、圆度和素线的直线度误差具有综合控制功能，圆柱面的素线直线度公差值和圆度公差值均应小于其圆柱度公差值，如图4-6所示；任意曲面的线轮廓度公差值应小于其面轮廓度公差值。

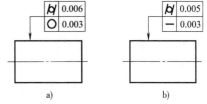

图4-6　圆柱度与圆度或直线度
同时标注示例
a）圆柱度与圆度同时标注
b）圆柱度与直线度同时标注

2）同一要素的形状公差值应小于其方向公差值。因为，根据几何公差带的概念和几何误差值的定义，任一要素对某基准的方向误差值是其方向最小包容区域的宽度或直径，它一定不小于其最小包容区域的宽度或直径——形状误差值。因此，任一要素的方向公差一定同时控制了其形状误差。在规定了某一要素对基准的方向公差值以后，只有当对其形状精度有更高的要求时，才需要给出公差值更小的形状公差。

例如，轴线的直线度公差值应小于其对基准的垂直度公差值；平面度的公差值应小于其对基准的平行度公差值；中心平面的平面度公差应小于其对基准的垂直度公差值。形状公差与方向公差同时标注示例如图4-7所示。

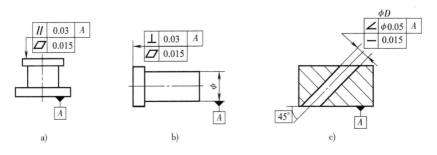

图4-7　形状公差与方向公差同时标注示例
a）示例一　b）示例二　c）示例三

3）对同基准或基准体系，同一要素的方向公差值小于其位置公差值。同样，根据几何公差带的概念和几何误差值的定义，对于同一基准（单一基准）或基准体系（多基准），任一要素的位置误差值是其位置最小包容区域的宽度或直径，它一定不小于其方向最小包容区域的宽度或直径——方向误差值。因此，任一要素对某基准或基准体系的位置公差一定同时控制了该要素对该基准或基准体系的方向误差。在规定了某一要素对某基准或基准体系的位置公差值以后，只有当其对该基准或基准体系的方向精度有更高的要求时，才需要给出更小的方向公差值。

例如，平面对基准轴线的平行度公差值应小于其对同一基准的位置度公差值；轴线对基准平面的垂直度公差值应小于其对同一基准体系的位置度公差值。

应当注意，当被测要素的方向和位置公差值分别对不同的基准和基准体系给出时，上述

要求不是必须满足的。因为不同基准或基准体系之间的方向或位置误差，会使被测要素的方向和位置误差值之间不具有确定的关系。也就是说，对于不同基准或基准体系，位置公差不能控制方向误差。

4）由以上2）和3）可以得到以下推论：同一要素的形状公差值应小于其位置公差值。

例如，轴线的直线度公差值应小于其同轴度公差值，见图4-8a；中心面的平面度公差值应小于其对称度公差值，见图4-8b。

5）跳动公差具有综合控制的性质。跳动公差能够综合控制形状、方向和位置精度，因此，回转表面及其素线的几何公差值和其轴线的同轴度公差值均应小于相应的跳动公差值。同时，同一要素的圆跳动应小于其全跳动公差值。

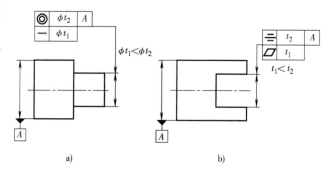

图 4-8 形状公差与位置公差同时标注
a）示例一 b）示例二

6）位置公差与尺寸公差的关系。如平行度公差值应小于相应长度的尺寸公差值。

7）形状公差与表面粗糙度允许值之间的关系。形状公差控制的是宏观几何形状误差，而表面粗糙度允许值控制的是微观几何形状误差。所以，形状公差值应大于表面粗糙度允许值。

（2）考虑配合要求

有配合要求的要素，其形状公差值大多按占尺寸公差的百分比来考虑。根据功能要求及工艺条件，一般形状公差约占尺寸公差的25%~63%。但是必须注意，形状公差占尺寸公差的百分比越小，则对工艺装备精度要求越高；而占尺寸公差的百分比大，又会给保证尺寸精度带来困难。所以，对一般零件而言，其形状公差可取尺寸公差的40%~63%。

（3）对于下列情况，考虑到加工的难易程度和除主参数外其他参数的影响，在满足零件功能的要求下，适当降低1~2级选用

1）孔相对于轴。

2）细长比较大的轴或孔。

3）距离较大的轴或孔。

4）宽度较大（一般大于1/2长度）的零件表面。

5）线对线和线对面相对于面对面的平行度。

6）线对线和线对面相对于面对面的垂直度。

（4）考虑与标准件及典型零件的精度匹配问题

例如，确定与滚动轴承相配合的孔、轴几何公差值时，应考虑到与滚动轴承的精度等级相匹配，即按轴承精度等级确定几何公差值。再如齿轮坯的几何公差值应按齿轮精度等级确定。

根据几何公差值的确定原则、方法，分析图4-3~图4-5所示的三类典型零件的功能要求、结构工艺特点及精度匹配情况等，给出其几何公差值的推荐适用等级范围如图4-9~图4-11所示。

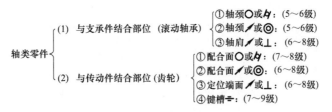

图 4-9　轴类零件的几何公差等级设计示例

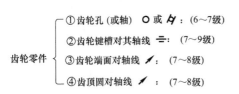

图 4-10　齿轮类零件的几何公差等级设计示例

图 4-11　箱体类零件的几何公差等级设计示例

4.2.2.2　几何公差的未注公差值的设计

1. 几何公差的未注公差值选用

GB/T 1184—1996 规定的几何公差未注公差等级分为三级，分别用 H、K、L 表示；其几何公差的未注公差值一般符合工厂的常用精度等级（见 3.4.2 节），H、K、L 可根据不同工厂常用精度等级（工厂的实际加工精度和能力）自行确定。

若某要素的功能要求允许几何公差采用标准规定的未注公差值时，这些几何公差值不必在图样上采用框格形式单独注出，而应该根据 GB/T 1184—1996 未注几何公差的有关规定进行标注（见 3.4.2.7 节）。若某要素的功能要求允许几何公差采用小于标准规定的未注公差值（公差等级高于 H 级）时，则该几何公差值应根据 GB/T 1182—2008 直接在图样上采用框格形式进行标注（见 3.1 节）。若某要素的功能要求允许几何公差采用大于标准规定的未注公差值，且这个较大的几何公差值会给工厂带来经济效益时，则该几何公差值应根据 GB/T 1182—2008 直接在图样上采用框格形式进行标注（见 3.1 节）。例如一个大而细的环的圆度公差，或细长轴的直线度公差等。

然而，一般情况下，工厂的机加工和常用的工艺方法不会加工出有较大误差值的工件，因此放大公差值通常不会给工厂的加工带来经济效益。

选用未注几何公差的零件要素，通常不需要一一检测，若抽样检测或仲裁时，其公差值要求按 GB/T 1184—1996 确定。除另有规定，当零件要素的几何误差超出未注公差值而零件的功能没有受到损害时，不应当按惯例拒收。

选用几何公差的未注公差值时，工厂必须做到的几点：①能测出工厂的常用精度；②图样上的未注公差值等于或大于工厂常用精度时接收；③抽样检查以保证工厂常用精度不被降低。

根据标准规定，若采用 GB/T 1184—1996 规定的未注公差值（见表 3-73 ~ 表 3-76），应在标题栏附近或在技术要求、技术文件（如企业标准）中注出标准号及公差等级代号，如 GB/T 1184-H。

2. 适用范围

几何公差的未注公差值适用于所有没有单独标注几何公差的零件要素。既适用于遵守独立原则的零件要素（见图 4-12），也适用于某些遵守包容要求的零件要素。例如图 4-13a 所示遵守包容要求的圆柱面采用了未注几何公差，而图 4-13b 所示的遵守包容要求的圆柱，由于其轴线的直线度有进一步要求，此时该圆柱轴线的直线度就不再属于"未注"。

图 4-12a 的图样标注，尺寸公差与几何公差相互无关，采用了独立原则；尺寸的未注公差为 m 级，查 GB/T 1804—2000 表 1 可知，尺寸 φ150mm 的极限偏差为±0.5mm；要素的几何公差未注公差值采用了 H 级，其中，圆度的未注公差值等于尺寸公差值 0.1mm，直线度的公差值为 0.2mm，解释如图 4-12b 所示。

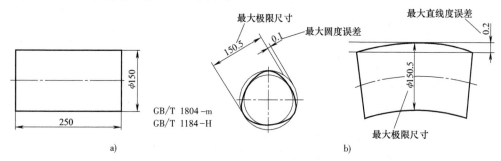

图 4-12　采用独立原则的未注几何公差示例

a）图样标注　b）解释

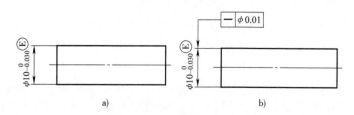

图 4-13　采用包容要求的图样示例

a）示例一　b）示例二

3. 几何公差的未注公差值示例

如图 4-14 所示的示例 1，圆要素直径的允许误差直接在图样上注出；圆度采用了未注公差，圆度未注公差值等于尺寸公差值 0.1mm。

如图 4-14 所示的示例 2，圆要素直径采用未注公差值，按 GB/T 1804-m 标注，查表得直径为 25mm 的允许误差为±0.2mm，即会引起 0.4mm 的误差值，但是 0.4mm 大于圆跳动为 K 级时所给出的 0.2mm（按 GB/T 1184-K 标注）；因此，圆度未注公差值为 0.2mm。

示例	图样标注	圆度的公差带	示例	图样标注	圆度的公差带
1	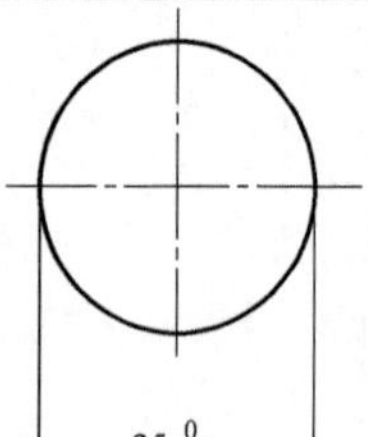 $25\,{}^{0}_{-0.1}$	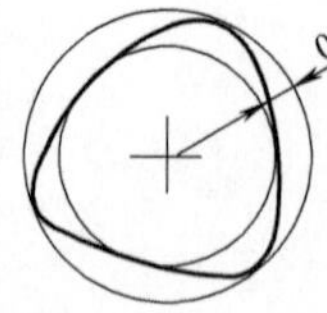 0.1	2	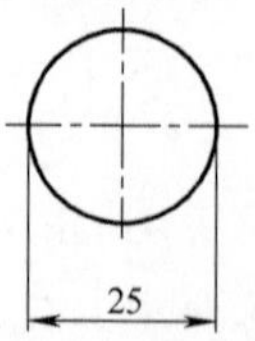 25 GB/T 1804—m GB/T 1184—K	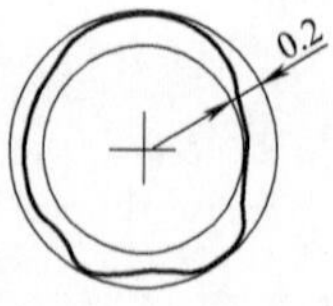 0.2

图 4-14　圆度未注公差示例

4.2.3　公差带属性的确定

默认情况下，被测要素的几何公差带属性为独立的公差带。根据功能要求，当需要同时控制多个被测要素具有组合公差带时，需要在几何公差值后面标注组合公差带符号 CZ（详见 3.1.4.2 节）。

如图 4-15 所示，要求被测成组要素（两个轴段轴线的组合）具有组合公差带。如图 4-16 所示，两个轴段的轴线分别来考虑，两个轴线具有独立的公差带。采用独立公差带形式标注时，在几何公差值后面可以不加注任何符号，如果需要强调，也可在公差值后加注独立公差带符号 SZ。

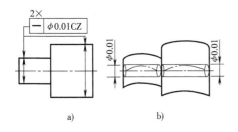

图 4-15　组合公差带的标注及解释
a）标注　b）解释（公差带必须同轴）

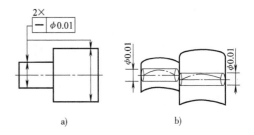

图 4-16　独立公差带的标注及解释
a）标注　b）解释（对公差带无方向位置约束）

4.2.4　公差带偏置的确定

对于公差带的位置以理论正确要素（TEF）为中心的组成要素来说，当根据功能要求，允许公差带的中心不位于 TEF 上，而是相对于 TEF 偏置，且有一个给定的偏置量时，在公差值后面加注符号 UZ，UZ 后面给出偏置的大小和方向。如果公差带中心相对于 TEF 向材料外部方向偏置，偏置量前标注"+"；如果公差带中心相对于 TEF 向材料内部方向偏置，偏置量前标注"-"。示例如图 4-17a 所示。

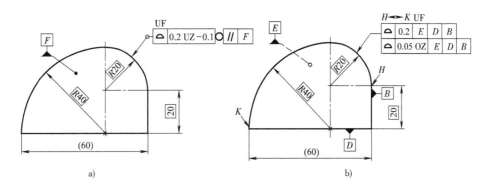

图 4-17　偏置公差带应用示例
a）标注 UZ 示例　b）标注 OZ 示例

对于公差带的位置以理论正确要素（TEF）为中心的组成要素来说，当根据功能要求，允许公差带的中心不位于 TEF 上，而是位于相距 TEF 为一个由常数定义的未给定偏置量要素上时，应标注符号 OZ。示例如图 4-17b 所示，图示要求被测要素的轮廓形状控制在偏置公差带（0.05mm）内，而偏置公差带要控制在固定公差带（0.2mm）内且可在其中浮动。

一般情况下，偏置公差带主要用于控制被测要素轮廓的形状和方位精度，如线、面轮廓度。

注意，ISO 1101 最新版本除给出了几何公差标注框格的内容及规范，同时也给出了辅助要素框格的规范，目的主要是满足功能要求对被测要素构成及方位的明确性要求，力求图样表达无歧义。辅助要素框格有相交平面框格 ⟨// B⟩、定向平面框格 ⟨// B⟩、方向要素框格 ⟵⊥ C 和组合平面框格 ⊥ A 等。如图 4-17a 中几何公差框格右面的框格 "○ // F" 为辅助要素框格的一种，即组合平面框格。关于辅助要素框格的种类、定义、标注示例及应用要点详见 3.1.5 节，可根据功能要求参考选用。

4.3 被测要素的操作规范确定

4.3.1 滤波操作的选用

在几何公差标准的目前版本中，并未对滤波规定缺省的规范，因此，应根据功能要求、工厂测量设备的性能以及被测要素的结构情况等，选择是否需要用滤波操作，如果需要选用滤波操作，那么所选择的滤波方案（包括滤波器类型和参数）应标注在图样上。如图 4-18a 所示，公差值 0.2 后面的 S0.25-表示对被测要素采用滤波操作，S 表示滤波器的类型为样条滤波器，0.25-表示截止波长为 0.25mm 的低通滤波器。如图 4-18b 所示，公差值 0.3 后面的 SW-8 表示对被测要素采用滤波操作，SW 表示滤波器的类型为样条小波滤波器，-8 表示

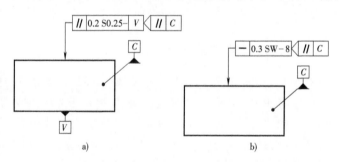

图 4-18　滤波的应用示例
a）示例一：样条低通　b）示例二：样条小波高通

截止波长为 8mm 的高通滤波器。如果不选用滤波操作，图样上不标注相关符号。

关于滤波器类型、参数、符号及示例详见 3.1.4.4 节表 3-11 和表 3-12。

4.3.2 拟合操作的选用

4.3.2.1 关联被测要素的拟合操作

根据功能要求，对于有方向和位置公差要求的被测要素（即关联被测要素），若方向和位置公差不要求控制其形状误差时，需要在几何公差值后面标注ⓒ、Ⓖ、Ⓝ、Ⓣ或Ⓧ符号，即图样上给出的方向和位置公差是对被测提取要素的拟合要素的规范要求。默认情况下，图样上给出的方向和位置公差是对被测提取要素本身的规范要求，

如图 4-19 所示，几何公差值后面使用了贴切平面符号Ⓣ，表示该公差值是对被测表面的贴切平面的要求，而不是对被测表面本身的要求。此时图中框格内标有Ⓣ，表示贴切平面

的最高点与最低点必须控制在 0.1mm 范围内，图 4-19b 所示零件是合格的。如果图中没标Ⓣ时，是对被测表面本身的要求，图 4-19b 所示零件是不合格的。

注意，拟合被测要素规范符号Ⓒ、Ⓖ、Ⓝ、Ⓣ或Ⓧ等不能与最大实体要求Ⓜ、最小实体要求Ⓛ和评估参数符号（T、P、V 等）一起使用。

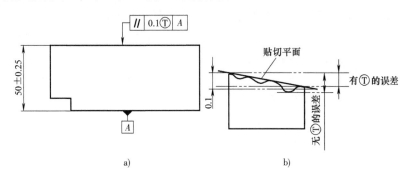

图 4-19 有方向和位置公差要求的拟合被测要素应用示例

a）图样标注 b）解释

4.3.2.2 有形状公差要求的被测要素的拟合操作

对于有形状公差要求的被测要素，为获得被测要素的理想要素的位置，即（评定）参照要素的位置，需进行拟合操作。其拟合操作方法及规范元素（符号）有：无约束的最小区域（切比雪夫）拟合（C）、有实体外约束的最小区域拟合（CE）、有实体内约束的最小区域拟合（CI）、无约束的最小二乘拟合（G）、有实体外约束的最小二乘拟合（GE）、有实体内约束的最小二乘拟合（GI）、最小外接拟合（N）和最大内切拟合（X）等。缺省的拟合操作方法为无约束的最小区域（切比雪夫）拟合 C。当采用非缺省拟合方法时，需要在几何公差值后面标注 G、N、X 等符号（详见 3.1.4.7 节）。

根据功能要求、检测条件和被测要素的结构特征等，选择合适的拟合方法。如图 4-20a 所示，几何公差值 0.01 后面没有相关的符号，表示获得被测要素理想要素位置的方法采用了缺省的最小区域拟合。图 4-20b 中几何公差值 0.01 后面的 G 表示获得被测要素理想要素位置的方法为最小二乘拟合；符号 V 则表示圆度的评估参数为谷深参数。图 4-20c 中对被测要素同时采用滤波规范元素和（评定）参照要素规范元素。注意：滤波器规范元素必须位于（评定）参照要素规范元素之前，且滤波器规范元素 G 后面必须标注嵌套指数值50-，而（评定）参照要素规范元素仅有字母 N；"G50-"表示采用截止波长为 50 UPR 的高斯低通滤波器进行滤波，符号 N 表示采用最小外接拟合法确定（评定）参照要素的位置。

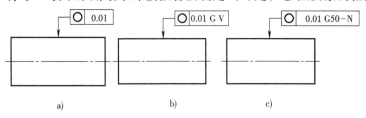

图 4-20 有形状公差要求的被测要素拟合操作应用示例

a）缺省的示例 b）非缺省示例一 c）非缺省示例二

4.3.3 形状公差值参数规范元素的确定

对于有形状公差要求的被测要素，其规范的评估参数有：峰谷参数（T）、峰高参数（P）、谷深参数（V）和均方根参数（Q），其中峰谷参数（T）为缺省参数。

根据功能要求，如果只允许被测要素表面形状向材料外凸时，可采用峰高参数 P；如果只允许被测要素表面形状向材料内凹时，可采用谷深参数 V（示例见图 4-20b）；如果被测要素表面形状为凸凹相间的材料状态时，可采用均方根参数 Q。

4.4 独立原则和相关要求的应用

应根据功能要求，考虑被测要素的结构工艺特征，充分发挥公差的职能和采取公差原则的可行性、经济性选用独立原则或相关要求。

4.4.1 独立原则的应用

由第 2 章可知，独立原则是进行几何公差设计的一种基本公差原则，应用十分广泛。独立原则的应用场合及示例见表 4-3。

表 4-3 独立原则的应用场合及应用示例

应用场合	应用示例	说　明
1) 尺寸公差与几何公差要求相差较大，需分别满足要求的要素。如印染机的滚筒，滚筒的形状精度要求较高，而其尺寸精度对其加工质量影响不大，是尺寸精度要求低的要素 2) 尺寸公差与几何公差本身无必然联系的要素。如对测量平台的平面度要求较高，而平台的尺寸与平面度之间无关联 3) 几何与尺寸均要求较低的非配合要素 4) 未注尺寸公差和/或未注几何公差的要素	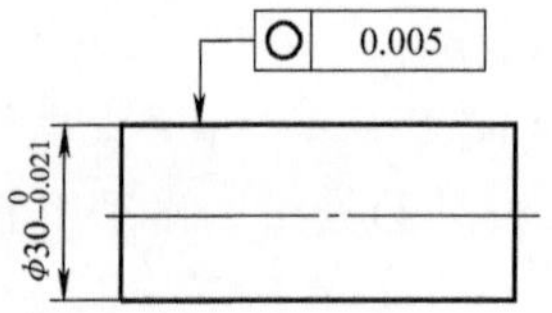	极限尺寸不控制轴线直线度误差和由棱圆形成的圆度误差。实际要素的局部实际尺寸由给定的极限尺寸控制，形状误差由圆度公差控制，两者分别满足要求
	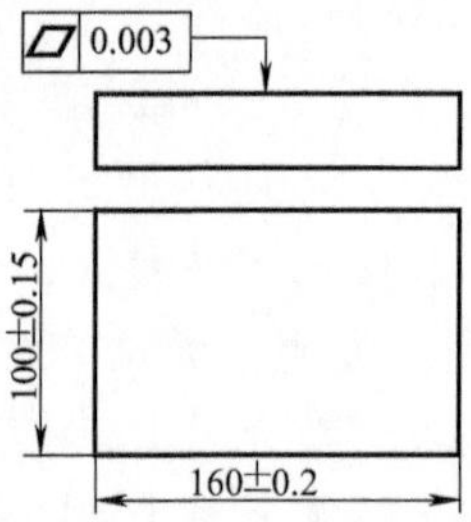	测量平台的形状误差由平面度公差控制，平台的尺寸由尺寸公差控制
	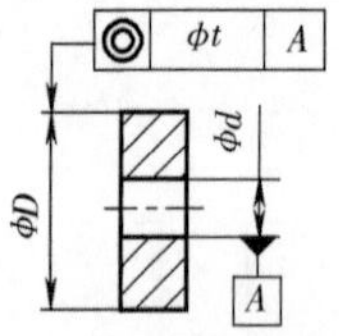	影响旋转平衡、强度、重量、外观等部位，如高速飞轮安装内孔 A 和外表面的同轴度
	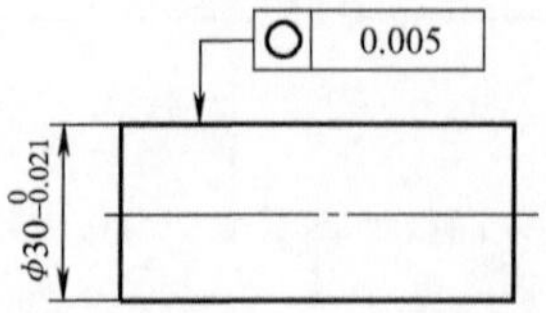	未注尺寸公差，注出形状公差

4.4.2　包容要求的应用

包容要求应用于有配合要求且必须保证配合性质的场合。图 4-21 所示的孔轴配合，为保证所需要的最小间隙大于或等于 0，孔和轴的配合尺寸采用了包容要求。

对应包容要求与最大实体要求的零形位公差的应用，其所遵守的边界（极限状态）均为最大实体边界 MMVB（或 MMVC），因此，当几何公差为形状公差时，选择标注 0Ⓜ或Ⓔ意义相同。

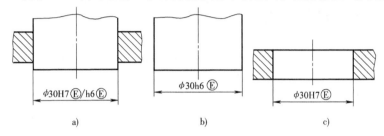

图 4-21　包容要求用于保证配合性质

a）孔轴配合图　b）轴工作图　c）孔工作图

4.4.3　最大实体要求的应用

最大实体要求只适用于尺寸要素，主要应用于满足可装配性、但无严格配合性质要求的场合。采用最大实体要求，可最大限度地提高零件制造的经济性。如内外花键的装配是以小径定心的，键宽和大径处满足可装配性即可，因此，花键小径采用包容要求，具有位置度要求的花键键宽采用最大实体要求，如图 4-22 所示。

4.4.4　最小实体要求的应用

最大实体要求只适用于尺寸要素，主要用于需要保证零件强度和最小壁厚等场合。如图 4-23a所示，为控制孔 $\phi8$ 的边界与基准 A 的距离以保证零件强度，孔的位置度采用了最小实体要求。如图 4-23b 所示，为保证零件的最小壁厚，外圆柱的位置度采用了最小实体要求。

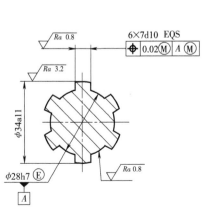

图 4-22　最大实体要求的应用示例

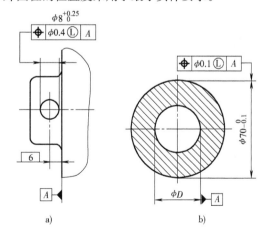

图 4-23　最小实体要求的应用示例

a）示例一　b）示例二

4.4.5 可逆要求的应用

可逆要求不能单独使用，必须与最大实体要求或最小实体要求一起使用。可逆要求用于最大（最小）实体要求时，与最大（最小）实体要求的应用场合相同。应用可逆要求能充分利用公差带，扩大了被测要素实际尺寸的范围，提高了效益，在不影响使用性能的前提下可以选用。

4.5 自由状态和延伸公差带的确定

对金属薄壁件、挠性材质的零件如橡胶件、塑料件等非刚性零件，在自由状态下相对其处于约束状态下会产生显著变形，需要描述零件在制造中造成的力释放后的变形情况，此时：

1）在几何公差值后面标注自由状态条件符号Ⓕ。

2）在图样上注出自由状态下公差要求的条件，如重力（G）方向或支撑状态等说明。当重力是非刚性零件产生变形的主要因素时，应用箭头和大写字母标明重力方向。

3）注明图样要求的约束条件。

4）在图样标题栏附近标注有 GB/T 16892—NR。

若零件某要素的几何公差值后注有符号Ⓕ，则认为它是处于自由状态下的要求，否则应认为它是处于约束状态下的要求。如图 4-24 所示，圆度公差值后面的Ⓕ表示当零件处于自由状态时左端圆柱面的圆度误差不得大于 2.5mm，当零件处于约束状态时右端圆柱面的径向圆跳动不得大于 2mm。

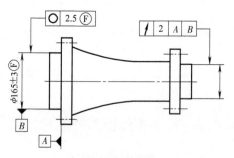

GB/T 16892—NR

图 4-24　自由状态的应用示例

约束条件：基准平面 A 是固定面（用 64 个 M6 的螺栓以 6~15N·m 的转矩固定），基准 B 由其相应的最大实体边界约束

根据零件的功能要求，如在螺栓或过盈配合的装配中，为防止干涉需要将控制被测要素的几何公差带从被测要素本体上延伸出去，以控制被测要素在其延伸形状或位置的公差带，延伸公差带的长度为其功能长度。延伸公差带不是独立的几何公差项目，必须与几何公差联合使用，主要用于位置度和对称度。延伸公差带采用Ⓟ表示，置于图样上公差框格中的几何公差值后面，同时用细双点画线在相应视图中表示延伸公差带的最小延伸长度 L，并在 L 前加注符号Ⓟ，如图 4-25a 所示，或采用图 4-25b 所示的方法标注。

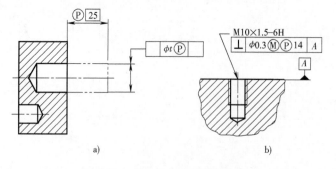

图 4-25　延伸公差带的应用示例

a）示例一　b）示例二

4.6　基准和基准体系的确定

4.6.1　基准和基准体系的确定规则

选择轮廓公差、方向公差、位置公差和跳动公差时，基准和基准体系的确定应考虑以下几个方面：

1）遵守基准统一原则，即设计基准、定位基准、检测基准和装配基准应尽量统一。这样可减少基准不重合而产生的误差，并可简化夹具、量具的设计和制造。尤其对于大型零

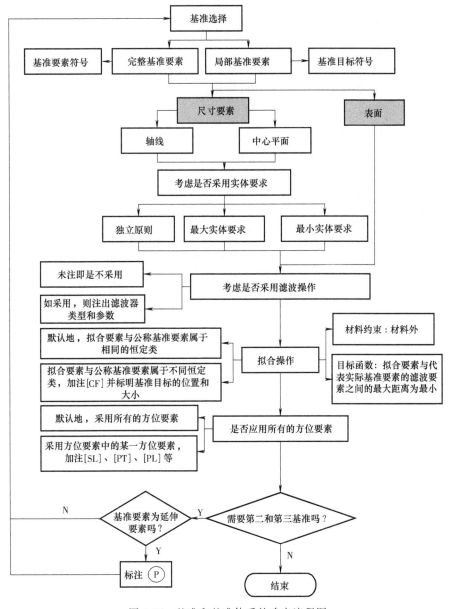

图 4-26　基准和基准体系的确定流程图

件，便于实现在机测量。如对机床主轴，应以该轴安装时与支承件（轴承）配合的轴颈的公共轴线作为基准。

2）应选择尺寸精度与形状和位置精度高、尺寸较大、刚度较大的要素作为基准。当采用基准体系时，应选择最重要的或最大的平面作为第一基准。

3）选用的基准应正确标明，注出代号。

4）对于有些零件在确定其几何公差的基准时，往往会碰到由于这些要素的面较大或存在着较大的形状误差，或是较粗糙的铸造表面，或有拔模角或锥度的形体、复杂曲面体等情况，如以这些要素直接作为基准使用，则会在加工或检测过程中带来较大的误差，或缺乏再现性。为此，可在这些要素表面上指定一些点、线或面来建立基准平面、基准轴和基准点，这些点、线、面就是基准目标。

5）对具有对称形状、装配时无法区分正反形体时，可采用任选基准。

4.6.2 基准和基准体系的设计内容

基准和基准体系的设计流程图如图4-26所示。

根据ISO 5459：2011，在基准和基准体系的建立与体现过程中一些新增概念、符号（比如：[CF]等）及应用示例详见3.2节，可根据功能要求及实际需要参考选用。

4.7 几何公差的设计方法及应用技术

综上所述，几何公差设计的主要内容及实现方法如图4-27所示。其中几何公差设计的主要内容有：几何公差项目的确定（4.1节）、几何公差值的确定（4.2节）、有关几何公差带属性/被测要素特征操作/基准建立与体现（4.2.3~4.6节）、正确的图样标注（3.1~3.4节）等，其中几何公差值的确定是几何公差设计的核心内容，其设计方法及发展趋势备受关注。

几何公差值的设计方法，即确定几何公差值的方法主要有计算法和类比（经验）法两种（见图4-27）。

一般情况下，采用类比法/经验法时，可参考第3章3.4.1节及相关参考文献[1-3]进行选用。当需要通过计算法来确定几何公差值时，可以从产品的功能要求出发，根据总装精度指标的公差值，以关键零件为中心分配各零件的几何公差。各零件上的某些几何公差往往也是尺寸链组成环的公差，而产品总装精度指标的公差值则为封闭环公差，它们之间的关系可按"完全互换法""大数互换法"等来计算。

近年来，随着计算机技术的涌现，计算机辅助公差设计技术（CAT, Computer Aided Tolerancing）也得到了快速的发展，公差信息、计算方法等转化为了计算机可识别的语言，零件公差自动分配和装配精度自动计算得以初步实现，几何公差设计方法也出现了可喜的进展[4-14]，其主要表现在以下几个方面（见图4-27）：

1）随着公差设计知识库的构建、智能优化算法的应用以及全生命周期理念的引入，几何公差设计的智能化水平得到了进一步的提升，出现了基于人工智能技术的几何公差设计专家系统（详见7.1节和7.2节）。

2）基于GPS数字化技术和目标优化技术，几何公差的数字化建模及算法在一定程度上

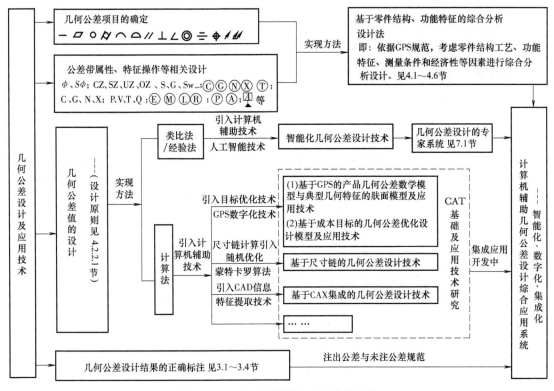

图 4-27 几何公差设计方法及应用系统

得以实现，如基于 GPS 恒定类建立了产品几何公差的数学模型，并在此基础上，进一步采用蒙特卡洛方法和曲线曲面拟合技术构建了典型几何特征的肤面模型。借助于肤面模型即可实现公差的数字化设计、公差设计优化及验证评价。

3）随着尺寸链技术的应用及随机优化计算技术的引入，极大地促进了基于尺寸链计算的几何公差设计分析技术的发展。

4）基于 CAD 零件信息特征提取技术的研究与应用，促进了几何公差设计与现代设计系统（AutoCAD、CATIA、Solidworks、Pro_ E 等）的有机结合，使零件结构与几何精度的设计实现集成与自动化成为可能。

总之，随着上述几何公差设计技术的发展和基于上述新技术的计算机辅助几何公差设计综合应用系统的开发问世，不仅会大大地提高几何公差设计的数字化和智能化水平，很大程度上减少设计工作量、提高产品设计的效率，同时产品设计的质量也将得到有效地保障。但是，目前几何公差设计的数字化、自动化和智能化水平尚不足以支撑现代机械产品设计的需求，几何公差设计仍然是 CAX 系统集成中的瓶颈环节之一，尚有诸多难题亟待解决。

第5章

几何误差的检测与验证规范及图解

本章主要阐述几何误差的检测与验证规范及其应用，包括几何公差中的形状误差、方向误差、位置误差和跳动的检测条件、评定方法、基准体现、合格评定、测量不确定度、检验操作和检验操作集（操作算子）等，提供了几何误差的检验方案及示例。

本章主要介绍 GB/T 1958—2017《产品几何技术规范（GPS）几何公差　检测与验证》。本章的内容体系及结构如图 5-1 所示。

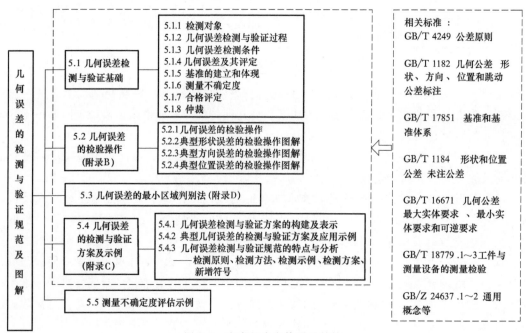

图 5-1　本章的内容体系及结构

5.1　几何误差检测与验证基础

机械零件上几何要素的形状和位置精度是一项重要的质量指标。零件在加工过程中由于受到各种因素的影响，零件的几何要素不可避免地会产生形状误差、方向误差和位置误差，它们对产品的寿命、使用性能和互换性有很大的影响。为保证零件的互换性和使用要求，需要按照操作规范正确地检验几何误差。

5.1.1 检测对象

几何公差（形状、方向、位置和跳动公差）的研究对象是构成零件几何特征的点（圆心、球心、中心点、交点）、线（素线、轴线、中心线、引线）、面（平面、中心平面、圆柱面、圆锥面、球面、曲面），这些点、线、面统称几何要素。

GB/T 1182—2008 规定了形状、方向和位置公差的特征项目符号，其中形状公差包括直线度、平面度、圆度、圆柱度、线轮廓度、面轮廓度；方向公差包括平行度、垂直度、倾斜度、线轮廓度、面轮廓度；位置公差包括同轴度、对称度、位置度、线轮廓度、面轮廓度；跳动包括圆跳动、全跳动。具体符号及标注方法详见第 3 章。

5.1.2 几何误差检测与验证过程

几何误差的检测与验证过程主要包括：确认工程图样和/或技术文件的几何公差规范、制订并实施检测与验证规范或检验操作集、评估测量不确定度和结果合格评定等步骤。检测与验证过程如图 5-2 所示。

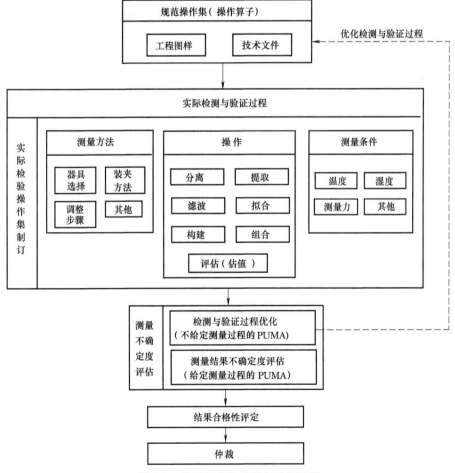

图 5-2 几何误差的检测与验证过程

工程图样规范和/或相关技术规范文件是规范操作集的结果体现，也是制订检验操作集的依据。完整的规范操作集可确保产品功能要求的实现，若工程图样或技术文件未准确规范或规范的检验操作内容不完整，检验方与送检方对工程图样和/或技术文件的解读及应对措施应达成共识。

根据规范操作集制订实际检验操作集，形成测量过程规范文件（即检验规范），主要包括测量方法、测量条件和测量程序等。

根据测量过程规范和测量不确定度管理程序，对整个测量过程的测量不确定度进行评估。

按实际检验操作集进行操作得到测量结果，测量结果应包括几何误差测得值和测量不确定度。按照测量结果与几何公差规范的一致性进行合格评定。

5.1.3 几何误差检测条件

检测条件的不同直接影响几何误差的测量结果，如测量温度会导致被测零件和测量仪器（器具）热变形，测量力会导致被测零件表面产生接触变形等。检测条件应在测量任务或检测与验证规范中予以规定。实际操作中，所有偏离规定条件并可能影响测量结果的因素均应在测量不确定度评估时予以考虑。几何误差的缺省检测条件见表5-1。几何误差检测与验证时，除非另有规定，表面粗糙度以及划痕、擦伤、塌边等外观缺陷的影响应排除在外。

表5-1 几何误差的缺省检测条件

检测条件	温 度	测量力	湿 度
缺省标准	标准参考温度为20℃	标准测量力为0N	标准参考湿度还未做专门规定
说明	环境温度会影响测量结果,应对测量结果进行必要的补偿,并在不确定度估算时予以考虑	如测量力会影响测量结果,应对测量结果进行必要的补偿,并在不确定度估算时予以考虑	如果测量环境的洁净度、湿度、被测件的重力等因素影响测量结果,应在测量不确定度评估时予以考虑

5.1.4 几何误差及其评定

5.1.4.1 形状误差及其评定

（1）形状误差

形状误差是被测要素的提取要素对其理想要素的变动量，理想要素的形状由理论正确尺寸或/和参数化方程定义。理想要素的位置由对被测要素的提取要素进行拟合得到，拟合方法（拟合准则）主要有：最小区域法（切比雪夫法）、最小二乘法、最小外接法和最大内切法，在工程图样上分别用最小二乘（G）、最小区域（C）、最小外接（N）、最大内切（X）符号确定。如果图样上无相应的符号专门规定，获得理想要素位置的拟合方法一般缺省约定为最小区域法。

最小区域法和最小二乘法根据约束条件不同分为三种情况：无约束（符号为C和G）、实体外约束（符号为CE和GE）和实体内约束（符号为CI和GI）。

当理想要素的位置由上述方法确定之后，其形状误差值评估时可用的参数有：峰谷参数（T）、峰高参数（P）、谷深参数（V）和均方根参数（Q）。如果图样未给出所采用的参数符号，则缺省为峰谷参数（T），其中T=P+V。形状误差评估参数示意图如图5-3所示。图样标注示例及解释如图 5-4（以圆度为例）所示。图 5-4a 中，获得理想要素位置的拟合方法采用了缺省的最小区域法，评估参数也采用了缺省标注，为峰谷参数 T。图 5-4b 中，符号 G 表示获得理想要素位置的拟合方法采用最小二乘法，形状误差值的评估参数采用了缺省标注，为峰谷参数 T。图 5-4c 中，符号 G 表示获得理想要素位置的拟合方法采用最小二乘法，符号 V 表示形状误差值的评估参数为谷深参数。

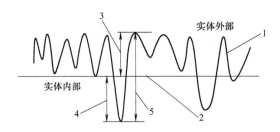

图 5-3　形状误差评估参数示意图

1—被测要素　2—理想要素位置　3—峰高参数 P　4—谷深参数 V　5—峰谷参数 T

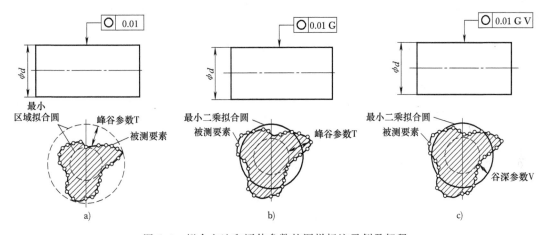

图 5-4　拟合方法和评估参数的图样标注示例及解释

a）采用缺省拟合方法和评估参数　b）采用指定拟合方法和缺省评估参数

c）采用指定拟合方法和指定评估参数

（2）形状误差评定的最小区域法

最小区域法是指采用切比雪夫法对被测要素的提取要素进行拟合得到理想要素位置的方法，即被测要素的提取要素相对于理想要素的最大距离为最小。采用该理想要素包容被测要素的提取要素时，具有最小宽度 f 或直径 d 的包容区域称为最小包容区域（简称最小区域），形状误差评定的最小区域法示例见表 5-2。

5.1.4.2　方向误差及其评定

（1）方向误差

方向误差是被测要素的提取要素对具有确定方向的理想要素的变动量，理想要素的方向由基准和理论正确尺寸确定。当方向公差值后面带有最大内切（Ⓧ）、最小外接（Ⓝ）、最小二乘（Ⓖ）、最小区域（Ⓒ）、贴切（Ⓣ）等符号时，表示的是对被测要素的拟合要素的方向公差要求，否则，是指对被测要素本身的方向公差要求。

表 5-2　形状误差评定的最小区域法示例

约束条件	图　　示	说　　明
无约束（C）	最小区域法拟合得到的理想要素　f　被测要素　最小区域	1）最小区域法根据其约束条件不同分三种情况：无约束（C）、实体外约束（CE）和实体内约束（CI）。如图所示为三种不同约束情况下的最小区域法示例 2）最小区域的宽度 f 等于被测要素上最高的峰点到理想要素的距离值（P）与被测要素上最低的谷点到理想要素的距离值（V）之和（T）；最小区域的直径 d（见本表＊图示）等于被测要素上的点到理想要素的最大距离值的 2 倍 3）各形状误差项目最小区域的形状分别与各自的公差带形状一致，但宽度（或直径）由被测提取要素本身决定
实体外约束（CE）	被测要素与理想要素的交点　最小区域法拟合得到的理想要素　f　被测要素　最小区域	
实体内约束（CI）	f　被测要素　最小区域　被测要素与理想要素的交点　最小区域法拟合得到的理想要素	
＊	拟合导出中心线　最小区域　ϕd　提取导出中心线	形状误差值为最小包容区域的直径

图 5-5 是对被测要素的贴切要素的平行度要求示例及解释。符号①表示对被测要素的拟合要素的方向公差要求，在上表面的被测长度范围内，采用贴切法对被测要素的提取要素（或滤波要素）进行拟合得到被测要素的拟合贴切要素，该贴切要素相对于基准要素 A 的平行度公差值为 0.1mm。

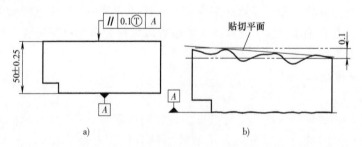

图 5-5　对被测要素的贴切要素的平行度要求示例及解释

a）图样标注　b）解释

（2）方向误差的评定

方向误差值用定向最小包容区域（简称定向最小区域）的宽度或直径表示。定向最小区域是指用由基准和理论正确尺寸确定方向的理想要素包容被测要素的提取要素时，具有最小宽度 f 或直径 d 的包容区域，如图 5-6 所示。各方向误差项目的定向最小区域形状分别与各自的公差带形状一致，但宽度（或直径）由被测提取要素本身决定。

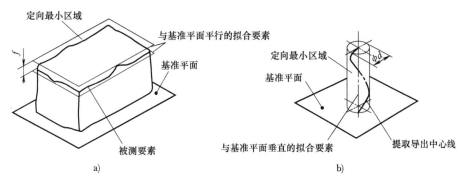

图 5-6 定向最小区域示例

a）误差值为最小区域的宽度 b）误差值为最小区域的直径

5.1.4.3 位置误差及其评定

（1）位置误差

位置误差是被测要素的提取要素对具有确定位置的理想要素的变动量，理想要素的位置由基准和理论正确尺寸确定。当位置公差值后面带有最大内切（Ⓧ）、最小外接（Ⓝ）、最小二乘（Ⓖ）、最小区域（Ⓒ）、贴切（Ⓣ）等符号时，表示对被测要素的拟合要素的位置公差要求，否则，是指对被测要素本身的位置公差要求。

（2）位置误差的评定

位置误差值用定位最小包容区域（简称定位最小区域）的宽度或直径表示。定位最小区域是指用由基准和理论正确尺寸确定位置的理想要素包容被测要素的提取要素时，具有最小宽度 f 或直径 d 的包容区域，如图 5-7 所示。

5.1.4.4 跳动

跳动是一项综合误差，该误差根据被测要素是线要素或是面要素分为圆跳动和全跳动。其中，圆跳动是任一被测要素的提取要素绕基准轴线做无轴向移动的相对回转一周时，测头在给定计值方向上测得的最大与最小示值之差。全跳动是被测要素的提取要素绕基准轴线做无轴向移动的相对回转一周，同时测头沿给定方向的理想直线连续移动过程中，由测头在给定计值方向上测得的最大与最小示值之差。

5.1.5 基准的建立和体现

在方向误差、位置误差和跳动的检验中，需要进行基准的建立和体现。其中基准的建立方法详见 3.2 节，基准的体现方法有拟合法和模拟法两种，表 5-3 给出了由基准要素建立基准时，采用拟合法和模拟法体现基准的示例。

5.1.5.1 拟合法

采用拟合法体现基准，是按一定的拟合方法对分离、提取（或滤波）得到的基准要素进行拟合及其他相关要素操作所获得的拟合组成要素或拟合导出要素来体现基准的方法。采

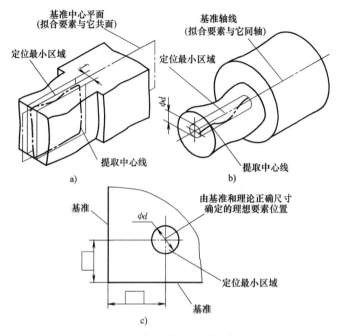

图 5-7　定位最小区域示例

a）误差值为最小区域的宽度　　b）误差值为最小区域的直径　　c）误差值为最小区域的直径

用拟合法得到的基准要素具有理想的尺寸、形状、方向和位置。

5.1.5.2　模拟法

采用模拟法体现基准，是采用具有足够精确形状的实际表面（模拟基准要素）来体现基准平面、基准轴线、基准点等。

模拟基准要素与基准要素接触时，应形成稳定接触且尽可能保持两者之间的最大距离为最小。

模拟基准要素是非理想要素，是对基准要素的近似替代，由此会产生测量不确定度，需进行测量不确定度的评估。

表 5-3　模拟法和拟合法体现基准的示例

基准示例	基准的体现（模拟法和拟合法）	
	模拟法（采用模拟基准要素：非理想要素）	拟合法（采用拟合基准要素：理想要素）
基准点	采用高精度的球分别与基准要素 A、B 接触，由球心体现基准	对基准要素的提取组成要素（圆球表面）进行分离、提取、拟合等操作，得到拟合组成要素的方位要素（拟合导出要素（球心）），并以此体现基准 A 或 B

（续）

基准示例	基准的体现（模拟法和拟合法）	
	模拟法（采用模拟基准要素：非理想要素）	拟合法（采用拟合基准要素：理想要素）

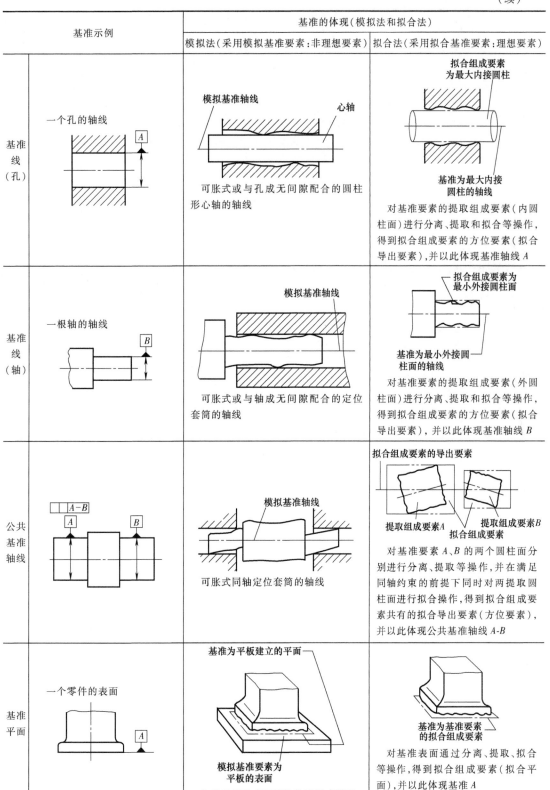

基准线（孔）	一个孔的轴线 A	模拟基准轴线　心轴 可胀式或与孔成无间隙配合的圆柱形心轴的轴线	拟合组成要素为最大内接圆柱 基准为最大内接圆柱的轴线 对基准要素的提取组成要素（内圆柱面）进行分离、提取和拟合等操作，得到拟合组成要素的方位要素（拟合导出要素），并以此体现基准轴线 A
基准线（轴）	一根轴的轴线 B	模拟基准轴线 可胀式或与轴成无间隙配合的定位套筒的轴线	拟合组成要素为最小外接圆柱面 基准为最小外接圆柱面的轴线 对基准要素的提取组成要素（外圆柱面）进行分离、提取和拟合等操作，得到拟合组成要素的方位要素（拟合导出要素），并以此体现基准轴线 B
公共基准轴线	A—B A　B	模拟基准轴线 可胀式同轴定位套筒的轴线	拟合组成要素的导出要素 提取组成要素 A　　提取组成要素 B 拟合组成要素 对基准要素 A、B 的两个圆柱面分别进行分离、提取等操作，并在满足同轴约束的前提下同时对两提取圆柱面进行拟合操作，得到拟合组成要素共有的拟合导出要素（方位要素），并以此体现公共基准轴线 A-B
基准平面	一个零件的表面 A	基准为平板建立的平面 模拟基准要素为平板的表面 与基准提取表面接触的平板或平面	基准为基准要素的拟合组成要素 对基准表面通过分离、提取、拟合等操作，得到拟合组成要素（拟合平面），并以此体现基准 A

（续）

基准示例	基准的体现（模拟法和拟合法）	
	模拟法（采用模拟基准要素：非理想要素）	拟合法（采用拟合基准要素：理想要素）
基准中心平面 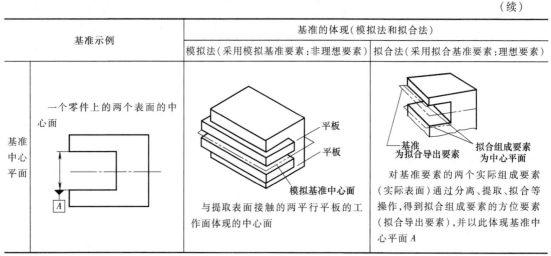一个零件上的两个表面的中心面	平板 平板 模拟基准中心面 与提取表面接触的两平行平板的工作面体现的中心面	基准为拟合导出要素 拟合组成要素为中心平面 对基准要素的两个实际组成要素（实际表面）通过分离、提取、拟合等操作，得到拟合组成要素的方位要素（拟合导出要素），并以此体现基准中心平面 A

当基准要素本身具有足够的形状精度时，可直接作为基准，如图 5-8 所示。

5.1.5.3　基准目标

由基准要素的部分要素（一个点、一条线或一个区域）建立基准时，采用基准目标（点目标、线目标或面目标）表示。在实际检测与验证过程中，基准目标的体现方法也有模拟法和拟合法两种形式。

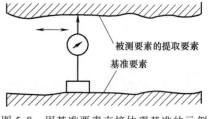
被测要素的提取要素
基准要素

图 5-8　用基准要素直接体现基准的示例

1）采用模拟法时：基准"点目标"可用球端支承体现；基准"线目标"可用刃口状支承或由圆棒素线体现；基准"面目标"按图样上规定的形状，用具有相应形状的平面支承来体现。各支承的位置，应按图样规定进行布置。示例如图 5-9 所示。

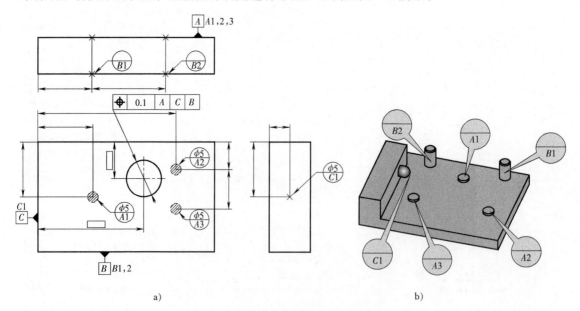

a)　　　　　　　　　　　　　　　　b)

图 5-9　基准目标建立基准的模拟法示例

a）图样标注　b）基准目标的模拟法体现

2）采用拟合法时：首先采用分离、提取等操作从基准要素的实际组成要素中获得基准目标区域，基准目标区域在基准要素中的位置和大小由理论正确尺寸确定；然后按一定的拟合方法对提取得到的基准目标区域进行拟合及其他相关要素操作，以所获得的拟合组成要素或拟合导出要素来体现基准。示例如图 5-10 所示。

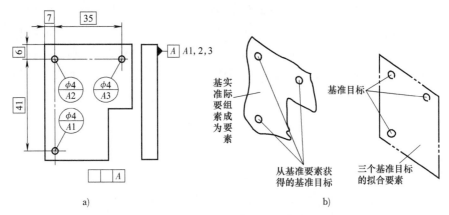

图 5-10　基准目标建立基准的拟合法示例

a）图样标注　b）基准的建立

5.1.6　测量不确定度

测量不确定度表征了测得值的分散性，完整的测量结果应包括测得值和测量不确定度表述，其评估一般在制订检验规范时完成。在考虑测量不确定度分量来源时，应至少考虑测量器具、测量对象、测量条件、测量方法这四个方面引入的不确定度分量，GB/T 18779.2—2004 列出了影响测量不确定度的各种可能因素。

为便于日常检测操作，可根据经验确定测量不确定度的最大允许值，即：目标不确定度，并进行必要的验证。根据公差等级确定目标不确定度时，推荐的参考值见表 5-4。在检测任务明确的前提下，测量不确定度评估一般采用逼近 GUM 法，按 GB/T 18779.2—2004 规定的程序（PUMA）和步骤进行。对使用坐标测量机（CMM）开展的检测任务，也可按 GB/T 24635.3—2009 的规定，用已校准工件或标准件进行测量不确定度评估。

表 5-4　各几何公差等级所允许的测量不确定度

被测要素的公差等级[1]	0	1	2	3	4	5	6	7	8	9	10	11	12
目标不确定度[2]		33		25		20		16		12.5		10	

① 公差等级见 GB/T 1184—1996 附录 B。

② 目标不确定度按其占相应规范的百分比计算。

测量过程的测量不确定度应在可接受的范围内，送检方与检验方应对测量不确定度的表述形成共识，并签订相关的协议。当检验方与送检方对测量不确定度表述有争议时，应按 GB/T 18779.3—2009 规定的程序和步骤协调，最终达成共识。送检方与检验方就测量不确定度表述所达成的共识和协议是检测结果合格判定的前提，该协议同时约束参与检测结果比对和仲裁的所有检验方。

5.1.7　合格评定

合格评定是对测量结果与几何公差规范符合性的评价过程也称为符合性比较。

合格评定时，应考虑测量不确定度的影响。测量不确定度的评估按 5.1.6 节的规定进行。测量不确定度评估值不大于图样给定公差值或最大允许偏差的 10% ~ 33% 时，一般可忽略测量不确定度对测得值的影响。合格评定规则在送检方和检验方事先未作规定的情况下，缺省执行 GB/T 18779.1—2002 的规定；双方对检测结果的合格评定规则有协议约定的，按协议约定规则执行。合格评定中涉及最大实体要求Ⓜ、最小实体要求Ⓛ和可逆要求Ⓡ等相关要求见 GB/T 16671—2009。按测量任务和规范进行合格评定得到的合格性结果，仅对该测量任务和规范有效。

5.1.8　仲裁

当送检方和检验方对检测结果发生争议时，可选择双方认可的第三方进行仲裁。仲裁的依据为检测与验证规范（实际检验操作集）、达成共识的测量不确定度表述和双方签订的协议。如在仲裁过程中仲裁方需重新制订检验操作集，则应由其评估检测过程的测量不确定度，其测量不确定度表述应取得争议各方的共识。

5.2　几何误差的检验操作

相关内容已归入 GB/T 1958—2017 附录 B。

5.2.1　几何误差的检验操作

几何误差的检验操作主要体现在被测要素的获取过程和基准要素的体现过程（针对有基准要求的方向公差或位置公差）。在被测要素和基准要素的获取过程中需要采用分离、提取、滤波、拟合、组合、构建等操作。

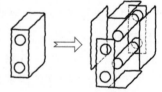

图 5-11　分离操作

5.2.1.1　分离操作

分离是用来获取有界要素的操作，其目的是从整个模型中获取需要研究的要素或从整个要素中获取需要研究的一部分（见表 2-6）。分离操作如图 5-11 所示。

除非另有规定，对被测要素和基准要素的分离操作为图样标注上所标注公差指向的整个要素。其中，另有规定是指图样标注专门规定的被测要素区域、类型等。

5.2.1.2　提取操作

提取是用特定方法，从一个要素获取有限点集的操作。在对一个非理想要素进行提取操作时，依据一定的规则，从无限点集组成的非理想要素中获取离散的有限点集，用这个点集近似表示该非理想要素，以便计算机对这些离散数据进行处理（见表 2-6）。

在对被测要素和基准要素进行提取操作时，要规定提取的点数、位置、分布方式，即确定提取操作方案，并对提取方案可能产生的不确定度予以考虑。常见的要素提取操作方案如图 5-12 所示。

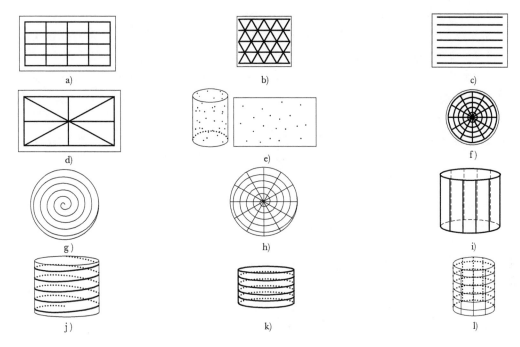

图 5-12　提取操作方案示意图

a）矩形栅格法提取方案　b）三角形栅格法提取方案　c）平行线提取方案
d）米字形栅格法提取方案　e）随机布点法提取方案　f）极坐标栅格法提取方案
g）渐开线法提取方案　h）蜘蛛网法提取方案　i）母线法提取方案
j）螺旋法提取方案　k）圆周线法提取方案　l）鸟笼法提取方案

如果图样未规定提取操作方案，则由检验方根据被测工件的功能要求、结构特点和提取操作设备的情况等合理选择。

圆柱面、圆锥面的中心线，两平行平面的中心面的提取导出规范见 GB/T 18780.2—2003。圆球面的提取导出球心，是对提取圆球面进行拟合得到的圆球面球心；除非有其他特殊的规定，一般拟合圆球面是最小二乘圆球面。当被测要素是平面（或曲面）上的线，或圆柱面和圆锥面上的素线时，通过提取截面的构建及其（使用相交平面）与被测要素的组成要素的相交来得到。

5.2.1.3　滤波操作

滤波是按特定规则、通过降低非理想要素特定频段信息水平而获取所需非理想要素的操作。其目的是用于区别表面粗糙度、波纹度、表面结构和形状等特征要素的操作（见表 2-6）。

滤波操作不是一个必选的要素操作，目前 ISO 相关标准尚未规定缺省的滤波器及其参数，因此，如果图样或其他技术文件中没有明确给出滤波器及其参数，那么就是未要求滤波操作；如果图样上或其他技术文件中给出了滤波器规范（见 3.1.4.4 节），那么就要按照规范规定的滤波器类型和滤波器嵌套指数进行滤波操作。

5.2.1.4　拟合操作

拟合是依据特定准则使理想要素逼近非理想要素的操作。其目的是通过目标约束优化，实现非理想要素的理想替代，进而实现对非理想要素特征的描述和表达（见表 2-6）。

在几何误差检测和验证过程中，拟合操作可用于：关联被测要素的体现、形状误差值评定、基准要素的体现及获得被测要素的过程操作等场合。其中关联被测要素的拟合操作详见3.1.4.5节。形状误差评定时的拟合操作详见3.1.4.7节。基准要素体现的拟合操作详见3.2.4节。对获得被测要素的过程操作，如图样上无相应的符号专门规定，拟合方法一般缺省为最小二乘法。

5.2.1.5　组合操作

组合是将多个要素结合在一起以实现某一特定功能的操作。在组合操作中，仅仅是把多个要素视为一个要素来考虑，并不一定要把它们连接起来（见表2-6）。

5.2.1.6　构建操作

构建是根据约束条件从理想要素中建立新理想要素的操作。构建操作的实质是建立与原理想要素有一定关系、满足一定约束条件的新理想要素（见表2-6）。

5.2.1.7　评估操作

评估是用以确定公称值、特征值或特征规范值的操作（见表2-6）。

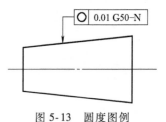

图 5-13　圆度图例

5.2.2　典型形状误差的检验操作图解

如图5-13所示圆锥体的正截面具有圆度要求，对按此要求加工的零件进行检验时，圆截面轮廓体现和获取过程见表5-5。

表 5-5　圆度的检验操作示例

检测与验证过程		说　　明
检验操作	图　　示	
分离操作		确定被测要素及其测量界限。被测要素由所构建的提取截面（被测圆柱的横向截面）与被测圆柱面的交线确定
检验操作集　提取操作		采用周向等间距提取方案沿被测件横截面圆周进行测量，依据奈奎斯特采样定理确定封闭轮廓的提取点数，得到提取截面圆
滤波操作		图5-13中给出了滤波操作规范。符号G表示采用高斯滤波器，数值50表示嵌套指数为50 UPR，数值后面的"-"，表示这是一个低通滤波器

（续）

检测与验证过程			说　明
检验操作		图　示	
检验操作集	拟合操作		按图 5-13 的图样规范，符号 N 表示对滤波后的提取截面圆采用最小外接法进行拟合，获得提取截面圆的拟合导出要素（圆心）
	评估操作		被测截面的圆度误差值为提取截面圆上的点与拟合导出要素（圆心）之间的最大、最小距离值之差
符合性比较			将得到的圆度误差值与图样上给出的公差值进行比较，判定圆度是否合格

5.2.3　典型方向误差的检验操作图解

如图 5-14 所示零件，被测圆柱轴线相对于基准底座平面 A 有垂直度要求，其基准要素和被测要素的体现和获取过程见表 5-6。

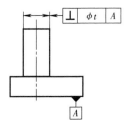

图 5-14　垂直度图例

表 5-6　垂直度的检验操作示例

检测与验证过程			说　明
检验操作		图　示	
基准平面的体现	分离操作		确定基准要素及其测量界限
	提取操作		按一定的提取方案对基准要素进行提取，得到基准要素的提取平面
	拟合操作		采用最小二乘法或最小区域法对提取平面进行拟合，得到其拟合平面，并以此平面体现基准 A 注：体现基准的拟合操作，其拟合方法缺省规定为最小外接法（对于被包容面）、最大内切法（对于包容面）或实体外约束的最小区域法（对于平面、曲面）等，详见 3.2.4 节

（续）

检测与验证过程			说　明
检验操作		图　示	
被测圆柱轴线的获取	分离操作	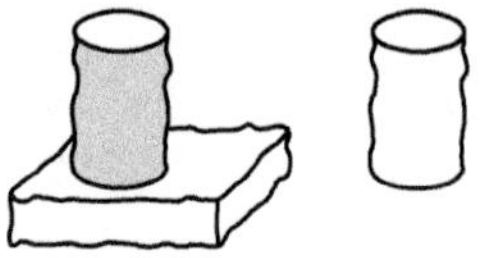	确定被测要素的组成要素（圆柱面）及其测量界限
	提取操作	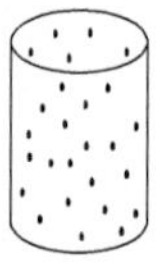	按一定的提取方案对被测圆柱面进行提取，得到提取圆柱面
	拟合操作	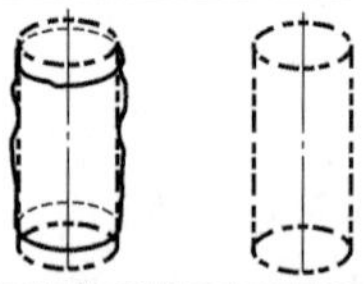	采用最小二乘法对提取圆柱面进行拟合，得到拟合圆柱面
	构建操作	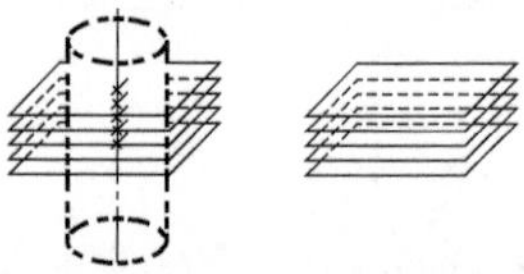	采用垂直于拟合圆柱圆轴线的平面构建出等间距的一组平面
	分离、提取操作	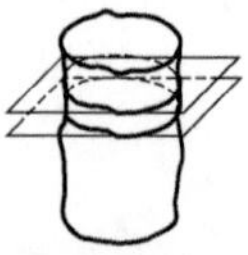	构建平面与提取圆柱面相交，将其相交线从圆柱面上分离出来，得到各提取截面圆
	拟合操作	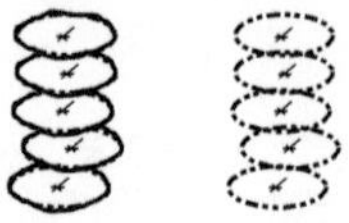	对滤波后的各提取截面圆采用最小二乘法进行拟合，得到各提取截面圆的圆心
	组合操作		将各提取截面圆的圆心进行组合，得到被测圆柱面的提取导出要素（中心线）
	拟合操作	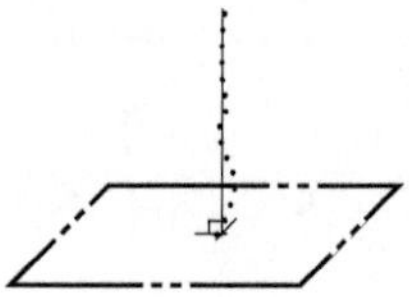	在满足与基准 A 垂直的约束下，对提取导出要素采用最小区域法进行拟合，获得具有方位特征的拟合圆柱面
	评估操作	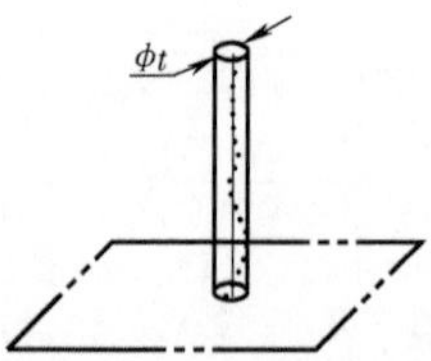	垂直度误差值为包容提取导出要素的定向拟合圆柱面的直径
符合性比较			将得到的误差值与图样上给出的公差值进行比较，判定垂直度是否合格

5.2.4　典型位置误差的检验操作图解

如图 5-15 所示零件，被测孔中心线相对于基准平面 C、基准平面 A、基准平面 B 有位置度要求，其基准要素和被测要素的体现和获取过程见表 5-7。

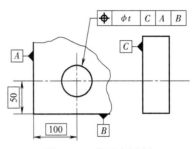

图 5-15　位置度图例

表 5-7　位置度的检验操作示例

	检测与验证过程		说　明
检验操作		图　示	
基准平面的体现	分离操作		确定基准要素 C 及其测量界限
	提取操作		按一定的提取方案对基准要素 C 进行提取，得到基准要素 C 的提取表面
	拟合操作		采用最小区域法在实体材料外对基准要素 C 的提取表面进行拟合，得到其拟合平面，并以此拟合平面体现基准 C
	分离操作		确定基准要素 A 及其测量界限
	提取操作		按一定的提取方案对基准要素 A 进行提取，得到基准要素 A 的提取表面
	拟合操作	1—基准A 2—基准C	在保证与基准要素 C 的拟合平面垂直的约束下，采用最小区域法在实体材料外对基准要素 A 的提取表面进行拟合，得到其拟合平面，并以此拟合平面体现基准 A
	分离操作		确定基准要素 B 及其测量界限
	提取操作		按一定的提取方案对基准要素 B 进行提取，得到基准要素 B 的提取表面

检测与验证过程			说　　明
检验操作	图　　示		
基准平面的体现	拟合操作	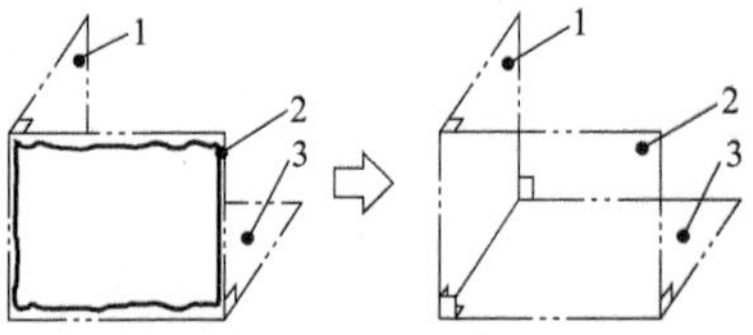 　1—基准A　2—基准B　3—基准C	在保证与基准要素 C 的拟合平面垂直，又与基准要素 A 的拟合平面垂直的约束下，采用最小区域法在实体外对基准要素 B 的提取表面进行拟合，得到其拟合平面，并以此拟合平面体现基准 B
被测孔中心线的获取	分离操作	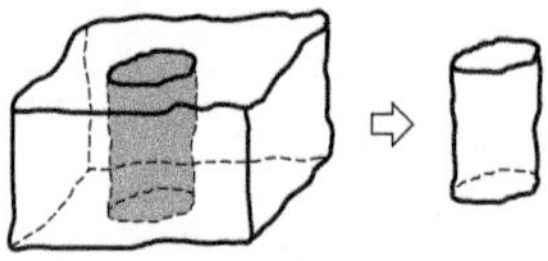	确定被测要素的组成要素（圆柱面）及其测量界限
	提取操作	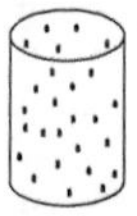	按一定的提取方案对被测圆柱面进行提取，得到提取圆柱面
	拟合操作	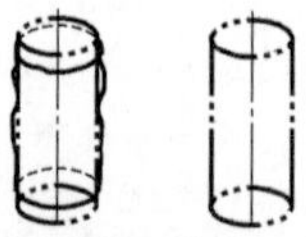	采用最小二乘法对提取圆柱面进行拟合，得到拟合圆柱面
	构建操作	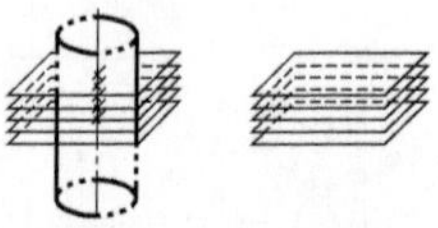	采用垂直于拟合圆柱面轴线的平面构建出等间距的一组平面
	分离、提取操作	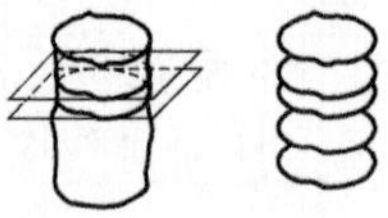	构建平面与提取圆柱面相交，将其相交线从圆柱上分离出来，得到系列提取截面圆
	拟合操作	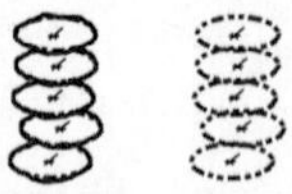	对各提取截面圆采用最小二乘法进行拟合，获得各提取截面圆的圆心
	组合操作		将各提取截面圆的圆心进行组合，得到被测圆柱面的提取导出要素（中心线）

（续）

检测与验证过程			说　明
检验操作	图　示		
被测孔中心线的获取	拟合操作	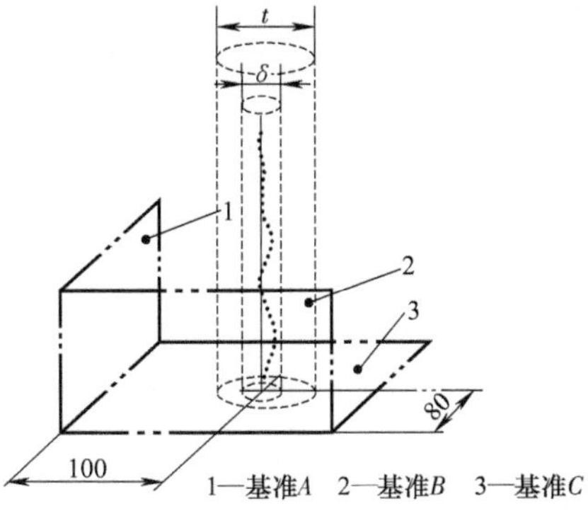 1—基准A　2—基准B　3—基准C	在保证与基准要素 C、A、B 满足方位约束的前提下,采用最小区域法对提取导出要素(中心线)进行拟合,获得具有方位特征的拟合圆柱面(即定位最小区域)
	评估操作		误差值为该定位拟合圆柱面的直径
符合性比较			将得到的误差值与图样上给出的公差值进行比较,判定位置度是否合格

5.3　几何误差的最小区域判别法

几何误差的评定原则包括形状误差的最小区域法、方向误差的定向最小区域法和位置误差的定位最小区域法。本节内容已归入 GB/T 1958—2017 附录 D。

5.3.1　形状误差的最小区域判别法

5.3.1.1　直线度误差的最小区域判别法

凡符合表 5-8 中条件之一者,表示被测要素的提取要素已为最小区域所包容。

表 5-8　直线度误差的最小区域判别法

条件	最小区域判别示意图	说　明
给定平面内	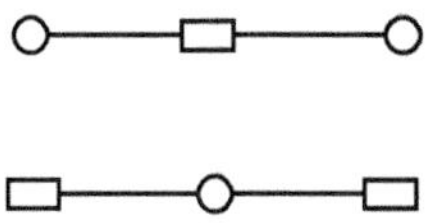 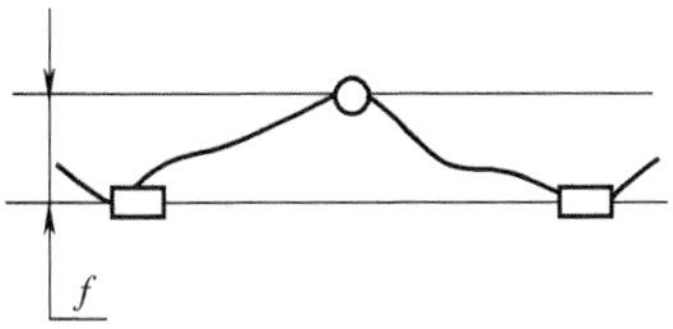	在给定平面内,由两平行直线包容提取要素时,成高低相间三点接触,具有两种形式。〇表示最高点,▢表示最低点
给定方向上	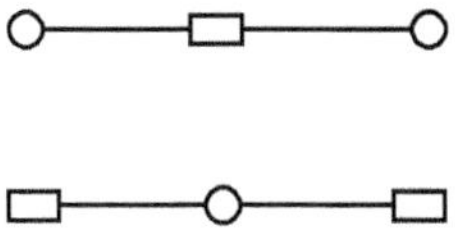 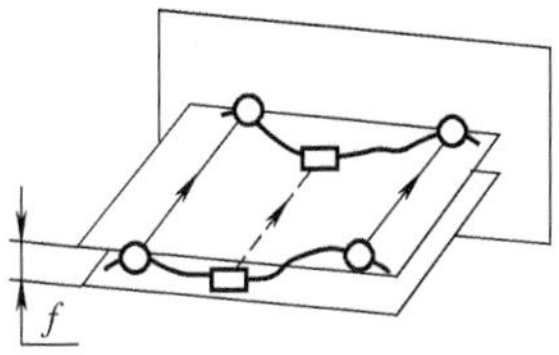	在给定方向上,由两平行平面包容提取线时,沿主方向(长度方向)上成高、低相间三点接触,具有两种形式,可按投影进行判别

（续）

条件	最小区域判别示意图	说　明
任意方向	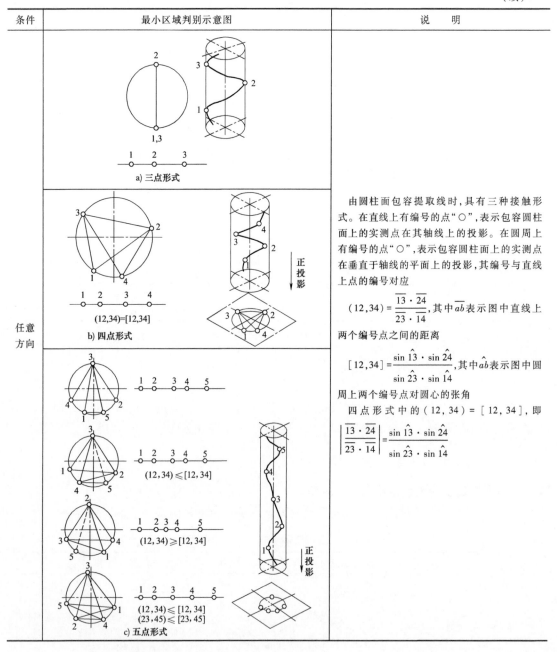 a) 三点形式 b) 四点形式 (12,34)=[12,34] c) 五点形式 (12,34)≤[12,34] (12,34)≥[12,34] (12,34)≤[12,34] (23,45)≤[23,45]	由圆柱面包容提取线时,具有三种接触形式。在直线上有编号的点"○",表示包容圆柱面上的实测点在其轴线上的投影。在圆周上有编号的点"○",表示包容圆柱面上的实测点在垂直于轴线的平面上的投影,其编号与直线上点的编号对应 $(12,34)=\dfrac{\overline{13}\cdot\overline{24}}{\overline{23}\cdot\overline{14}}$,其中$\overline{ab}$表示图中直线上两个编号点之间的距离 $[12,34]=\dfrac{\sin\hat{13}\cdot\sin\hat{24}}{\sin\hat{23}\cdot\sin\hat{14}}$,其中$\hat{ab}$表示图中圆周上两个编号点对圆心的张角 四点形式中的$(12,34)=[12,34]$,即 $\left|\dfrac{\overline{13}\cdot\overline{24}}{\overline{23}\cdot\overline{14}}\right|=\dfrac{\sin\hat{13}\cdot\sin\hat{24}}{\sin\hat{23}\cdot\sin\hat{14}}$

5.3.1.2　平面度误差的最小区域判别法

由两平行平面包容提取表面时,至少有三点或四点与之接触,见表5-9。

表5-9　平面度误差的最小区域判别法

准　则	最小区域判别示意图	说　明
三角形准则		三个高点与一个低点(或相反)

（续）

准　则	最小区域判别示意图	说　明
交叉准则		两个高点与两个低点
直线形准则		两个高点与一个低点（或相反）

5.3.1.3　圆度误差的最小区域判别法

由两同心圆包容被测提取轮廓时，至少有四个实测点内外相间地在两个圆周上，如图 5-16 所示。

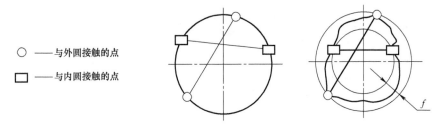

○ —— 与外圆接触的点

□ —— 与内圆接触的点

交叉准则

图 5-16　圆度误差的最小区域判别示意图

5.3.2　方向误差的最小区域判别法

5.3.2.1　平行度误差的最小区域判别法

凡符合表 5-10 所列条件之一者，表示被测要素的提取要素已为定向最小区域所包容。

表 5-10　平行度误差的最小区域判别法

条　件	最小区域判别示意图	说　明
平面或直线对基准平面	高低准则	由定向两平行平面包容被测要素的提取要素时，至少有两个实测点与之接触，一个为最高点，一个为最低点
平面对基准直线		由定向两平行平面包容被测提取表面时，至少有两点或三点与之接触，对于垂直基准直线的平面上的投影具有如左图所示的形式

（续）

条　件	最小区域判别示意图	说　明
直线对基准直线（任意方向）		由定向圆柱面包容提取线时，至少有两点或三点与之接触，对于垂直基准直线的平面上的投影具有如左图所示的形式

5.3.2.2　垂直度误差的定向最小区域判别法

凡符合表 5-11 所列条件之一者，表示被测要素的提取要素已为定向最小区域所包容。

表 5-11　垂直度误差的最小区域判别法

条　件	最小区域判别示意图	说　明
平面对基准平面		由定向两平行平面包容被测提取表面时，至少有两点或三点与之接触，在基准平面上的投影具有如左图所示的形式
直线对基准平面（任意方向）		由定向圆柱面包容被测提取线时，至少有两点或三点与之接触，在基准平面上的投影具有如左图所示的形式
平面（或直线）对基准直线		由定向两平行平面包容被测要素的提取要素时，至少有两点与之接触，具有如左图所示的形式

5.3.3　位置误差的最小区域判别法

用以基准轴线为轴线的圆柱面包容提取中心线，提取中心线与该圆柱面至少有一点接触（见图 5-17），则该圆柱面内的区域即为同轴度误差的最小包容区域。

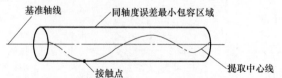

图 5-17　同轴度误差的最小区域判别示意图

在数字化检测和验证中，对于几何误差的最小区域判别法的体现，可根据上述不同项目的最小区域判别法建立相应的约束方程来体现。

5.4 几何误差的检测与验证方案及示例

5.4.1 几何误差的检测与验证方案构建及表示

检测与验证方案是根据工程图样规范的要求，包括所涉及的公差类型及其公差带的特点，为实现检测与验证目的而拟订的测量过程和构建的测量体系。检测与验证方案图例以几何公差带的定义为基础，每一个图例可能存在多种合理的检测与验证方案，本节提供的仅是其中的一部分。检测与验证方案中的检验操作集是指应用有关测量设备在一定条件下的检验操作的有序集合。所给出的检验操作集可能不是规范操作集的理想模拟，由此会产生测量不确定度，测量不确定度的评估可按照本章5.1.6节及相关标准进行。几何误差检验方案中常用的符号及说明见表5-12。

表5-12　常用的符号及说明

序号	符号	说明	序号	符号	说明	序号	符号	说明
1	 7777	平板、平台（或测量平面）	5	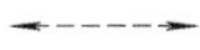 ◄ - - - ►	间断直线移动	9	↻	旋转
2	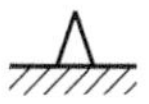 △	固定支承	6	✕	沿几个方向直线移动	10	 🕑	指示计
3	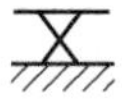 ✕	可调支承	7	 ⌒	连续转动（不超过一周）	11	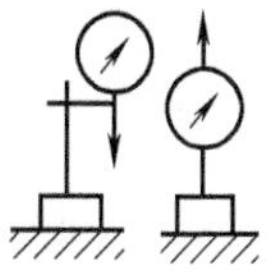	带有测量表具的测量架（测量架的符号）
4	 ◄――►	连续直线移动	8	 ⌒	间断转动（不超过一周）			

在检测与验证前应对有关几何要素进行"调直""调平""调同轴"等操作，例如，对直线的调直是指调整被测要素使其最远两点读数相等，对平面的最远三点调平是指调整平面把最远三点的读数调为等值。这些操作的目的是为了使测量结果能接近评定条件或者便于简化数据处理。

5.4.2 典型几何误差的检测与验证方案及应用示例

表5-13～表5-26分别给出了直线度等十四项几何误差的检测与验证方案及典型应用示例。针对某一几何特征的典型应用示例，明确特定的图例（工程图样规范）要求，并对应给出了所选的测量装置、检测与验证方案及必要的图示、检验操作集的构成和必要的应用说明（备注），旨在为如何根据图样规范要求设计检测与验证方案、构建检验操作集提供规范性指导帮助。本节内容已归入 GB/T 1958—2017 附录 C。

表5-13～表5-26所涉及的典型几何误差的检测与验证方案及示例，是以 GB/T 1958—2004 附录 A 中的图例为基础，经必要的筛选、更新、补充、调整形成的。表中序号带 ＊ 和 ＊＊ 的是相对于 GB/T 1958—2004 附录 A 新增的示例（注：其中带有 ＊ 的示例是采用了 GB/T 1958—2004 中原有的测量装置，但更新了图例标注及说明；带有 ＊＊ 的示例是新增的检验方案，采用了新的测量装置和检测与验证方案）。

5.4.2.1 直线度误差的检测与验证方案应用示例

表 5-13 直线度误差的检测与验证方案应用示例

序号	图 例	测量装置	检测与验证方案（图示）	检验操作集	备 注
1	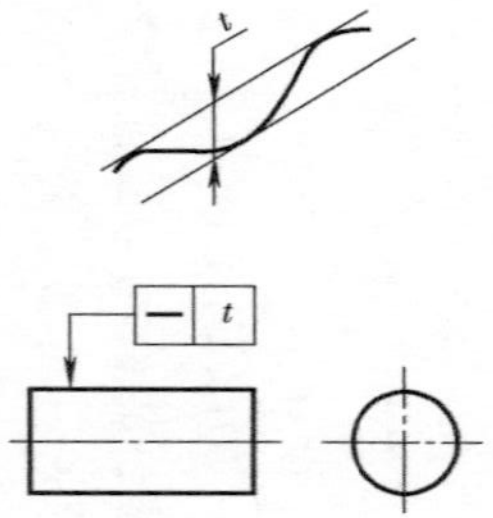	1. 样板直尺（或平尺） 2. 光源 3. 厚薄规 4. 量块 5. 平晶	 样板直尺 被测件 a) 测量方案 样板直尺 量块 平晶 b) 标准光隙	1. 预备工作 样板直尺（或平尺）与被测素线直接接触，并置于光源和眼睛之间的适当位置，调整样板直尺，使最大光隙尽可能地最小 2. 被测要素的测量与评估 1) 拟合：样板直尺（或平尺）与被测素线直接接触，并置于光源和眼睛之间的适当位置，调整样板直尺，使最大光隙尽可能地最小 2) 评估：样板直尺（或平尺）与被测素线之间的最大间隙值即为被测件的直线度误差 按上述方法测量若干条素线，取其中的最大值作为被测件的直线度误差 3) 误差值的测量：当光隙较大时，用厚薄规测量；当光隙较小时，用样板直尺（或平尺）与量块组成的标准光隙相比较，估读出所求直线度误差值 3. 符合性比较 将得到的误差值与图样上给出的公差值进行比较，判定被测要素的直线度是否合格	1. 该方案中，样板直尺（或平尺）用于模拟理想直线，将被测素线与想象直线或实物拟合进行比较操作，采用的是实物拟合，样板直尺（或平尺）是理想要素的实物模拟物 2. 该方案适用于中凸或中凹形状较小平面及或圆柱（锥）面等的直线度误差测量
2*	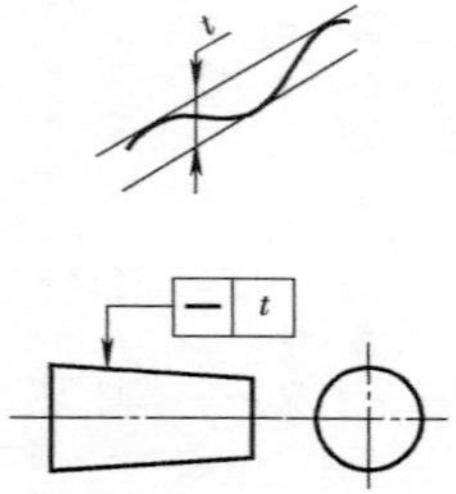	1. 平板 2. 正弦规 3. 量块组 4. 带指示计的测量架	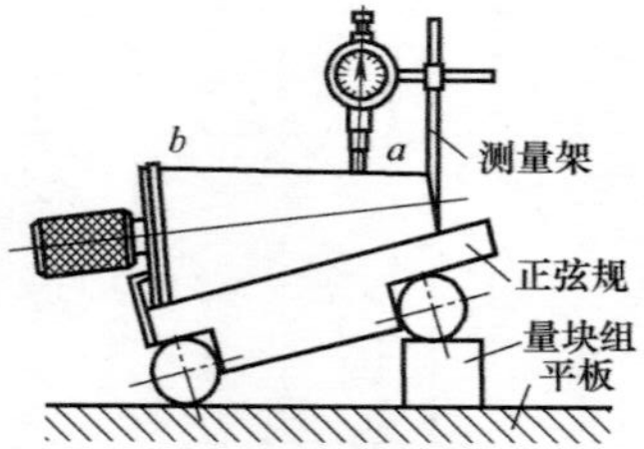 测量架 正弦规 量块组 平板 a) 测量方案	1. 预备工作 采用正弦规和量块将被测直线的两端点调整为相对于平板等高 2. 被测要素的测量及评估 1) 分离：确定被测要素及其测量界限 2) 提取：沿被测提取要素线进行测量，同时用记录器记录各被测测量点示值 3) 拟合：按图样标准省规范，对提取线应采用	1. 提取操作：根据被测测量工作的功能要求，结合被测提取要素的结构情况和提取设备的情况等，参考图 5-12 选择合理的提取方案 2. 对为获得的拟合操作，对应方案进行最小区域法、最小二乘法两种。

（续）

序号	图例	测量装置	检测与验证方案（图示）	检验操作集	备注
2*	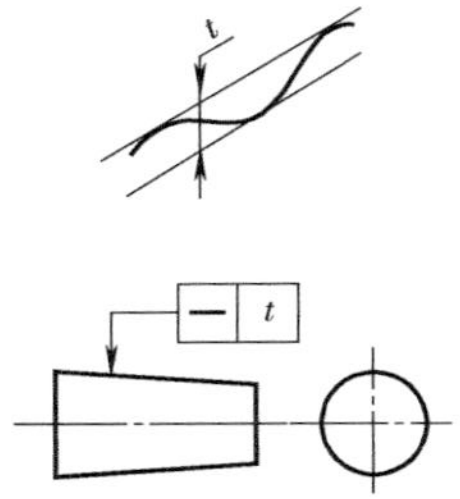	1. 平板 2. 正弦规 3. 量块组 4. 带指示计的测量架	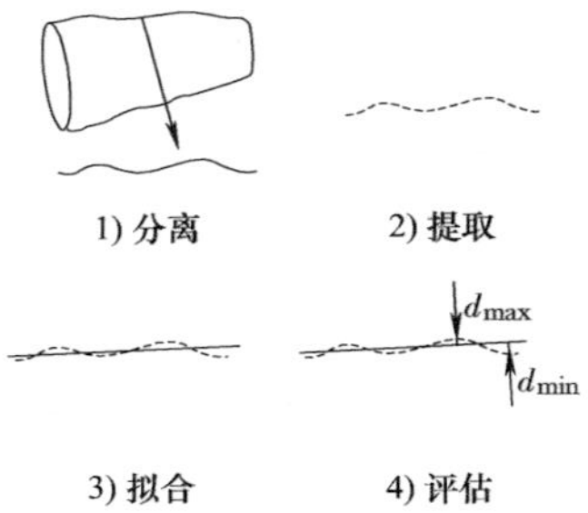 1)分离　2)提取（d_{max}、d_{min}） 3)拟合　4)评估过程 b)被测要素测量与评估过程	最小区域法与不同拟合方法之间的内在关系及操作的便利性和经济性，但在考虑操作的便利性和经济性，根据实际情况拟合操作也可以考虑采用偏离规范线进行拟合，即先采用最小二乘法对提取线进行拟合得直线。由此得到的评估结果若小于等于T规范值，可以判为合格；若评估结果大于T规范值则必须采用（缺省的）最小区域法进行拟合获得拟合直线 4)评估：误差值为提取线上的最高峰点，最低谷点到拟合直线之间的距离最大的误差值，取其中最大的误差值 按上面"3)拟合"的有关说明得到的直线作为该被测件的直线度误差值 3. 符合性比较 参考上面"3)拟合"的有关说明的误差值与图样上给出的公差值进行比较，判定被测件的直线度是否合格	若在图样上未明确示出或缺省，则最小区域法用缺省定采用最小二乘对提取进行拟合得直线（详见左列"3)拟合"的有关说明） 3. 误差值的评估参数有T、P、V、Q，缺省为T（本例） 4. 测量不确定度评估依据5.1.7节进行合格评定 根据5.1.6节进行评估，并
3	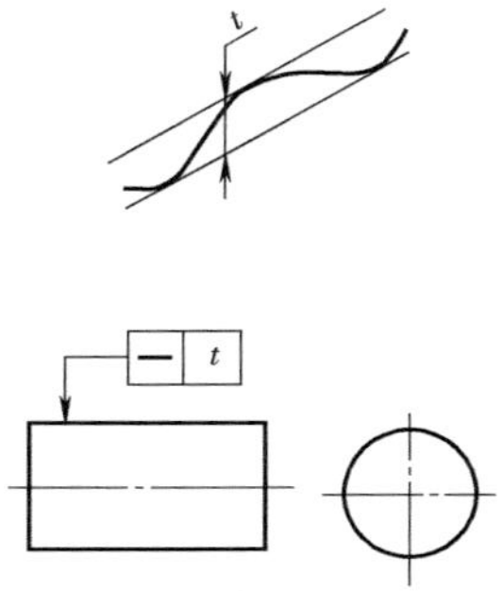	1. 平板 2. 直角座 3. 带指示计的测量架	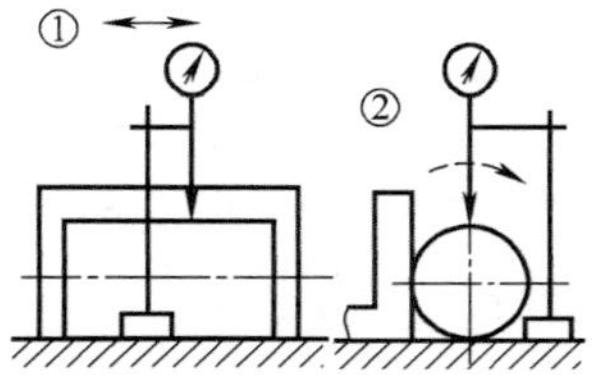 a)测量方案 b)被测要素测量与评估过程 （参见本表序号2）	1. 预备工作 将被测零件放置在平板上，并使其紧靠直角座 2. 被测要素的测量与评估 1)分离：确定被测要素及其测量界限 2)提取：沿被测提取线方向移动指示器，采用一定的提取方案进行测量，同时记录各被测点示值，获得提取线 3)拟合：拟合为提取线上提取到的最高峰点，最低谷点到拟合直线之间的距离最大的误差值，取其中最大的误差值 按上述得到的公差值图样上给出的公差值是否合格 3. 符合性比较 将得到的误差值与图样上给出的公差值进行比较，判定被测件测得的直线度是否合格	备注说明同本序号2的备注

（续）

序号	图 例	测量装置	检测与验证方案（图示）	检验操作集	备 注
4*	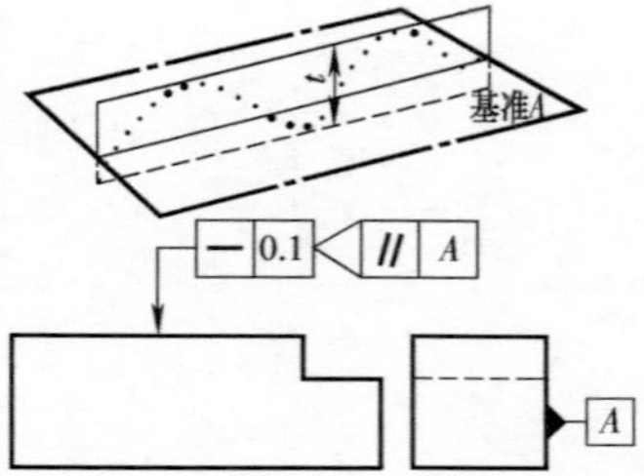	1. 水平仪 2. 桥板	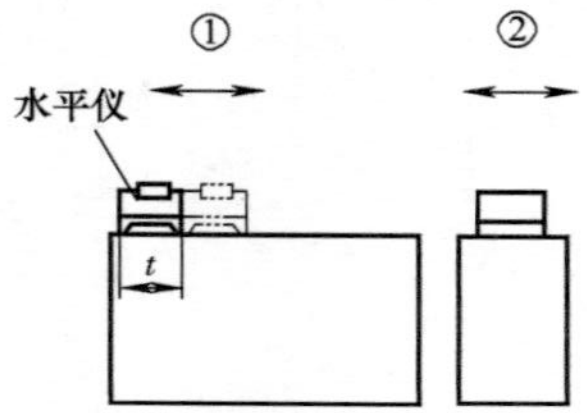 水平仪 ① ② a) 测量方案 b) 被测要素测量与评估过程 （参见本表序号2）	1. 预备工作 将固定有水平仪的桥板放置在被测零件上，调整至水平位置 2. 被测要素的测量方向及其评估 1) 分离：确定被测要素的测量方向界限 2) 提取：水平仪按节距 l 沿与基准 A 平行的被测直线方向移动，同时记录水平仪的读数，获得提取直线 3) 拟合：采用最小区域法对提取直线进行拟合，得到拟合直线 4) 评估：误差值为提取线上的最高峰点、最低谷点到拟合包容直线之间的距离值之和 按上述拟合包容的多条直线，取其中最大的误差值作为该被测直线的直线度误差值 3. 符合性比较 将得到的误差值与图样上给出的公差值进行比较，判定被测要素的直线度是否合格	1. 图例中的相交平面框格 <// A 表示被测要素是提取表面上与基准 A 平行的测量平面，其测量方向 A 平行于基准平面 A 平行 2. 其余备注同本表序号2的备注
5*	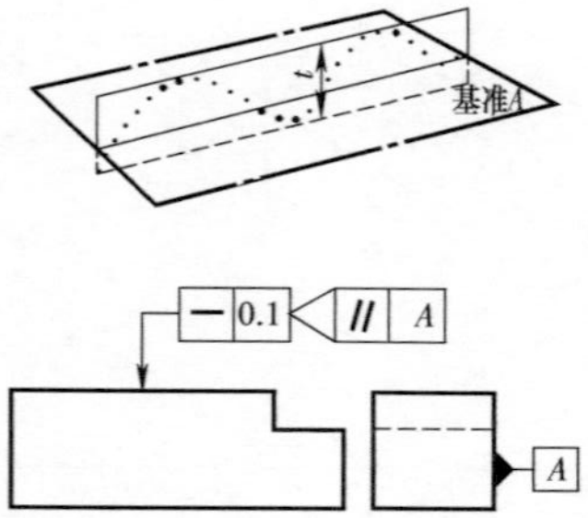	1. 自准直仪 2. 反射镜 3. 桥板	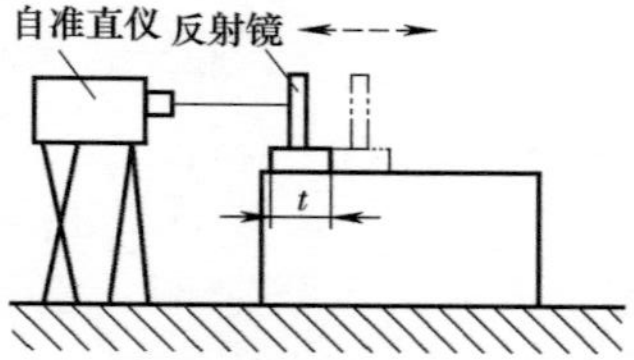 自准直仪 反射镜 a) 测量方案 b) 被测要素测量与评估过程 （参见本表序号2）	1. 预备工作 将反射镜放在被测表面上直线的两端，调整自准直仪使光轴与两端点连线平行 2. 被测要素的测量方向及其评估 参考本表序号4 3. 符合性比较 参考本表序号4	1. 图例中的相交平面框格 <// A 表示被测要素是提取表面上与基准 A 平行的测量平面，其测量方向 A 平行于基准平面 A 平行 2. 其余备注同本表序号2的备注

（续）

序号	图　　例	测量装置	检测与验证方案（图示）	检测操作集	备　注
6*	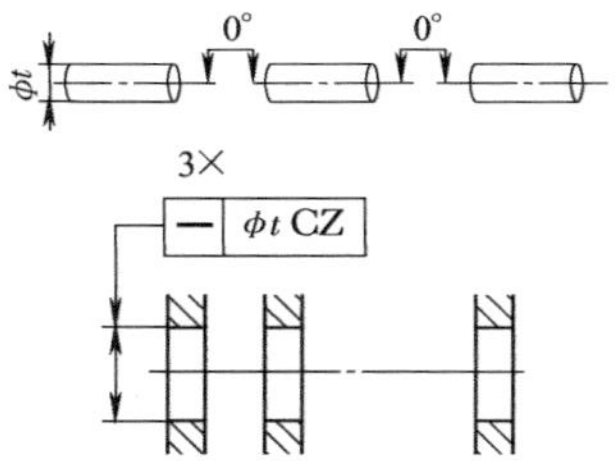	1. 准直望远镜 2. 瞄准靶	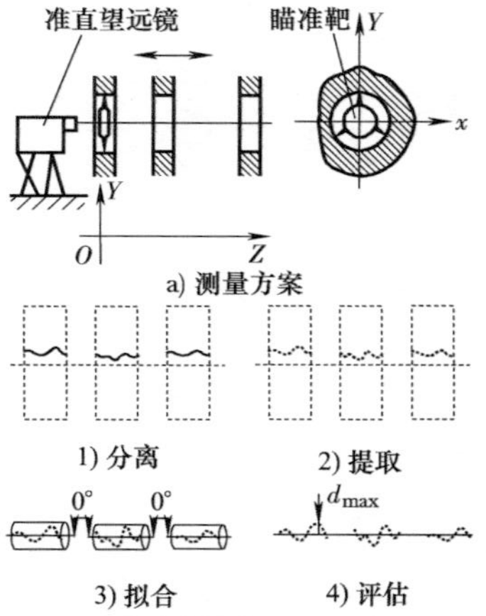 准直望远镜　瞄准靶 a）测量方案 1）分离　2）提取　d_{max}　3）拟合　4）评估 b）被测要素测量与评估过程	1. 预备工作 将瞄准靶远镜放在前后端两孔中，调整准直望远镜使其光轴与两端孔的中心连线同轴，以几何光轴作为测量基线，测出被测轴线的偏离量 2. 被测要素的测量界限及其测量评估 1）分离：确定三个孔（轴线） 2）提取：将瞄准靶分别放在被测件的各孔中，同时记录各孔轴线的提取点 3）拟合：采用最小区域法为提取到的三个同轴要素同时进行拟合（轴线）的组合 4）评估：误差值为提取要素上的最大距离值（轴线）的最大距离值的2倍 将得到的误差值与图样值上给出的公差值进行比较，判定直线度是否合格	1. 本图例中，CZ符号具有表示三个孔中心公差线组合公差带 2. 此方法适用于测量大型的孔类零件 3. 其余备注说明同本表序号2的备注
7	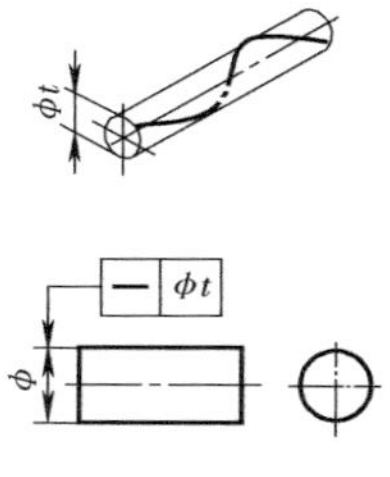	1. 精密分度装置 2. 带指示计的测量架	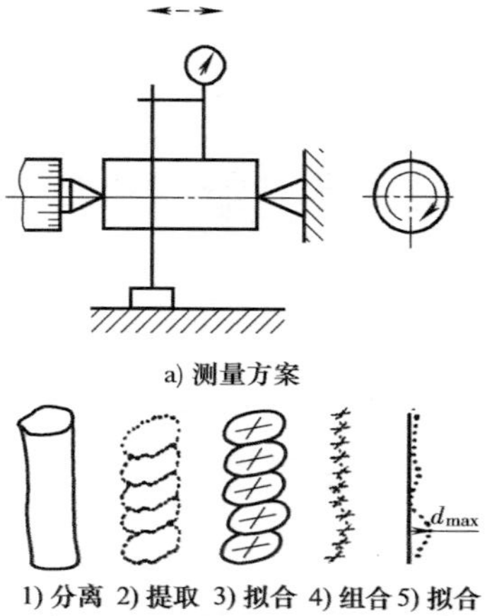 d_{max} a）测量方案 1）分离　2）提取　3）拟合　4）组合　5）拟合 b）被测要素测量与评估过程	1. 预备工作 将被测件安装在精密分度装置的顶尖上 2. 被测要素的组成要素及其测量界限 1）分离 2）提取：采用等间距布点策略沿被测圆柱横截面圆周等间距测量，在轴线方向等间距测量多个横截面，得到多个提取圆周面圆 3）拟合：采用最小二乘法分别对每个提取圆心截面圆周测量分别得到各截面圆心 4）组合：将各提取圆心进行组合，得到被测要素的组成要素（中心线） 5）拟合：采用最小区域法对提取导出要素（轴线）拟合，得到拟合导出要素上的点到拟合导出要素上的最大距离值的2倍 6）拟合导出要素为提取要素（轴线）拟合导出要素上的最大距离值的2倍 3. 符合性比较 将得到的误差值与图样值上给出的公差值进行比较，判定直线度是否合格	1. 对为获得被测要素操作，拟合方法进行的拟合有最小二乘法和最小区域法两种。若在图样上未明确示出或说明，则缺省约定采用最小区域法（详见本表序号2备注的1，3，4及有关说明） 2. 其余备注说明同本表序号2备注的1，3，4

（续）

序号	图例	测量装置	检测与验证方案（图示）	检验操作集	备注
8	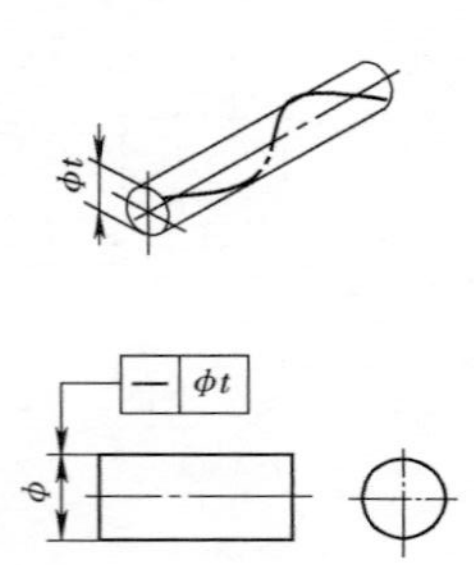 □ ϕt ，1ϕ，ϕ	圆柱度仪	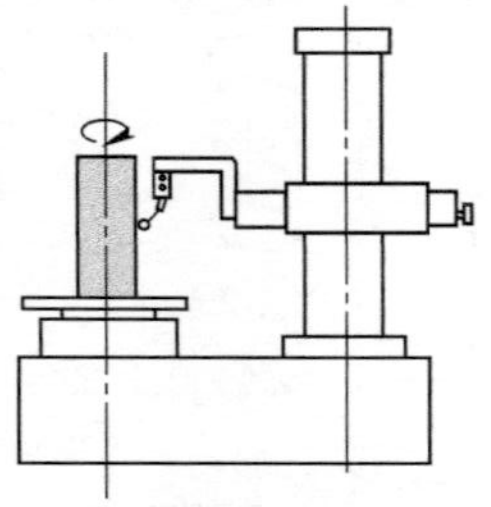 a) 测量方案 b) 被测要素测量与评估过程（参见本表序号7）	1. 预备工作 将被测件放置在圆柱度仪的工作台上，并进行调心和调平 2. 被测要素测量与评估 步骤参见本表序号7 3. 符合性比较 将得到的误差值与图样上给出的公差值进行比较，判定直线度是否合格	备注说明同本表序号7的备注
9**	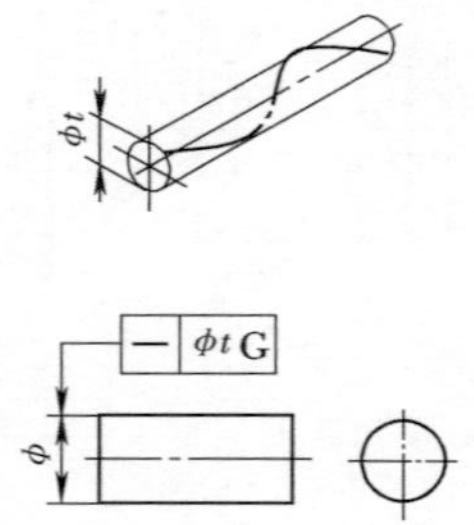 □ ϕt G，1ϕ，ϕ	坐标测量机	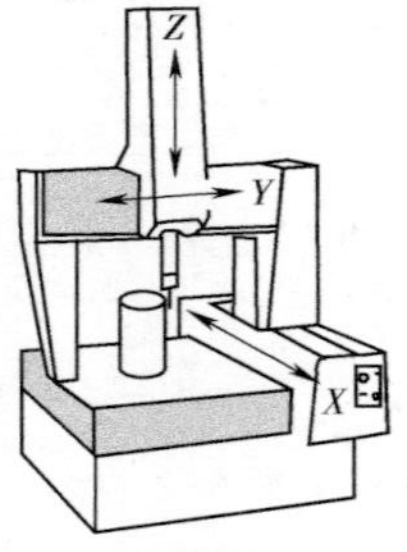 a) 测量方案 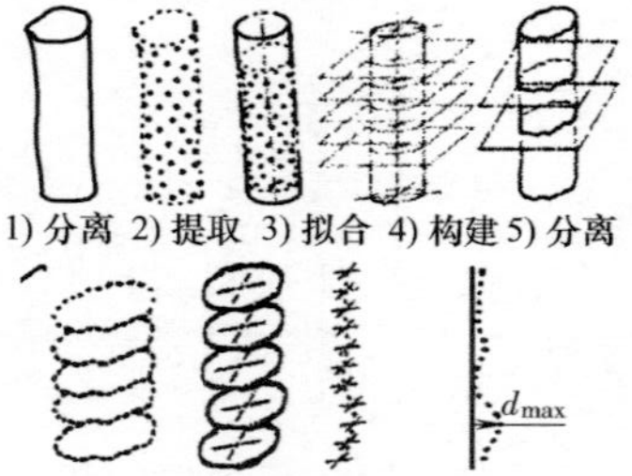 b) 被测要素测量与评估过程 1) 分离 2) 提取 3) 拟合 4) 构建 5) 分离 5) 提取 6) 拟合 7) 组合 8) 拟合	1. 预备工作 将被测件稳定地放置在坐标测量机的工作台上 2. 被测要素测量与评估 1) 分离：确定被测要素的组成要素及其测量界限 2) 提取：采用一定的布点策略对被测圆柱面进行测量，得到提取圆柱面 3) 拟合：采用最小二乘法对提取圆柱面进行拟合，得到拟合圆柱面 4) 构建：构建垂直于拟合圆柱面轴线的平面 5) 分离：提取构建平面与拟合圆柱面相交得到的圆周线系列并提取截面圆 6) 拟合：采用最小二乘法，得到各截面圆的拟合圆心 7) 组合：将各提取圆的圆心（中心线）组合成要素（轴线） 8) 拟合：根据图样规范，符合G要求采用最小二乘法对提取导出要素进行拟合，得到拟合导出要素（轴线） 9) 评估：误差值为提取导出要素上的点到拟合导出要素（轴线）的最大距离值的2倍 3. 符合性比较 将得到的误差值与图样上给出的公差值进行比较，判定直线度是否合格	1. 对为体现被测要素而进行的拟合操作，拟合方法有最大内切法、最小外接法、最小二乘法和最小区域法四种。在本例中，图样中用符号G明确给出了最小二乘法，若在图样上未明确给出或说明，则缺省约定采用最小二乘法 2. 对为获得拟合导出要素而进行的拟合操作有最小二乘法两种误差值的拟合操作（详见本表序号2备注的2及本表序号3的说明） 3. 其余备注说明同本表序号1,3,4

（续）

序号	图例	测量装置	检测与验证方案(图示)	检验操作集	备注
10**	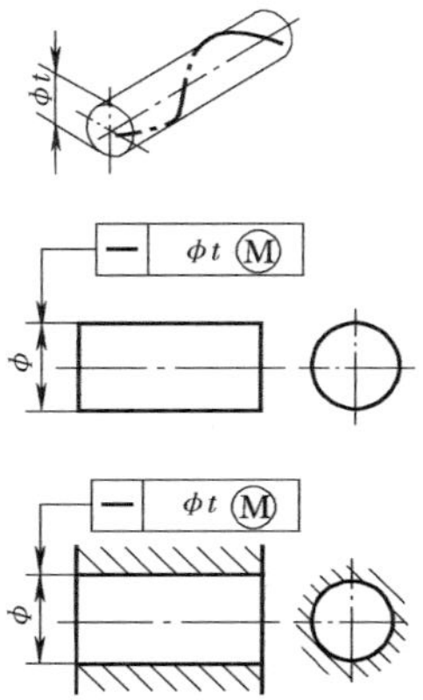	1. 功能量规 2. 千分尺	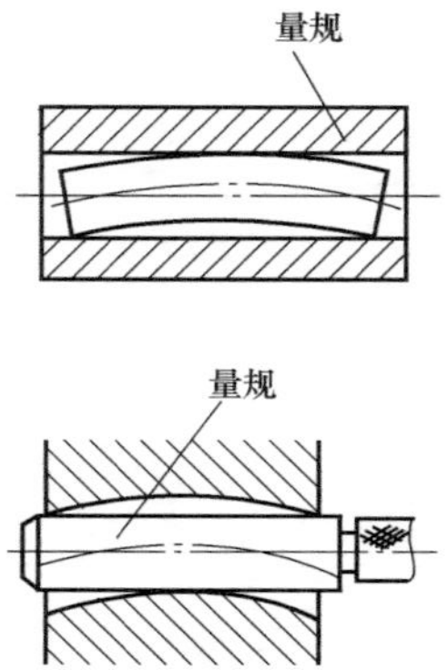	1. 预备工作 采用整体型功能量规 2. 被测要素测量与评估 1)局部实际尺寸的检验： 采用普通计量器具(如千分尺等)测量被测要素实际轮廓的局部实际尺寸，其任一局部实际尺寸均不得超越其最大实体尺寸和最小实体尺寸 2)体外作用尺寸的检验： 功能量规的检验部位与被测要素的实际轮廓相结合，如果被测件能通过功能量规，说明被测要素实际轮廓的体外作用尺寸合格 3. 符合性比较 局部实际尺寸和体外作用尺寸全部合格时，才可判定被测要素合格	1. 最大实体要求应用于被测要素时的检验，需要同时控制被测要素的局部实际尺寸和体外作用尺寸；直线度合格的条件为：任一局部实际尺寸均不得超越最大实体尺寸和最小实体尺寸，体外作用尺寸不得超越最大实体实效尺寸 2. 功能量规是用来确定被测要素实际轮廓是否超出最大实体实效边界的全形通规。功能量规检验部位的公称尺寸为被测要素的最大实体实效尺寸 3. 最大实体实效尺寸等于最大实体尺寸加上(对被包容面)或减去(对包容面)所规范的几何公差值，见 GB/T 16671—2009
11*	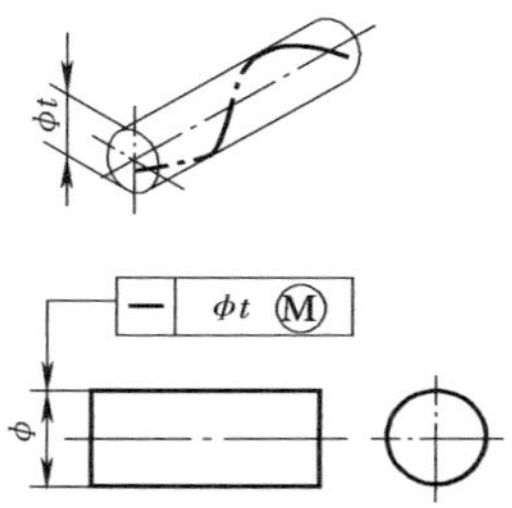	坐标测量机	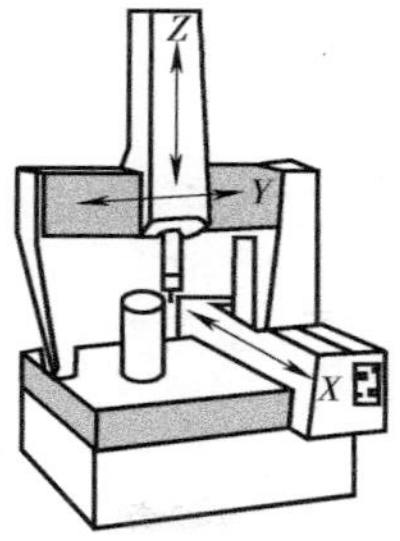 a) 测量方案	1. 预备工作 将被测件安装在坐标测量机的工作台上 2. 被测要素测量与评估 1)提取：采用一定的提取方案对被测圆柱面进行提取，获得提取圆柱面 2)拟合：对提取圆柱面在实体外约束下采用最小外接圆柱法进行拟合，得到被测圆柱面的拟合圆柱和拟合圆柱的轴线 3)评估：拟合圆柱的直径即为被测轴的体外作用尺寸。同时，由提取圆柱面上的点到拟合圆柱轴线的距离可计算求得局部实际直径	1. 本示例是采用数字化计量方式。用最小实体尺寸和最大实体尺寸控制局部实际尺寸，用最大实体实效尺寸控制体外作用尺寸 2. 其余备注说明同本表序号 10 的备注

（续）

序号	图　例	测量装置	检测与验证方案（图示）	检验操作集	备　注
11*	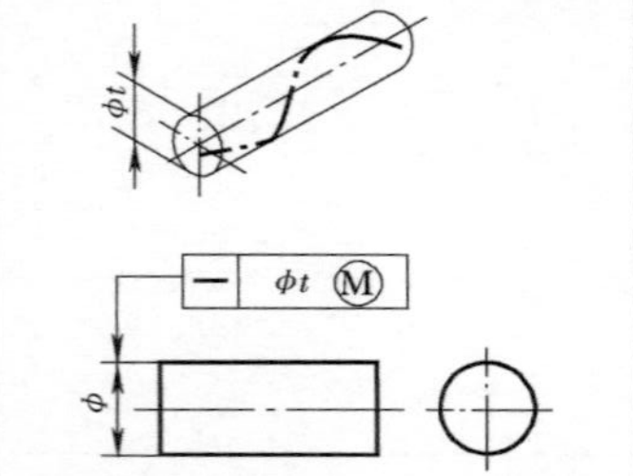	坐标测量机	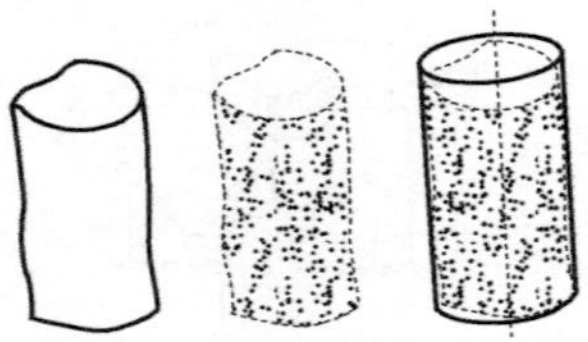 1)分离 2)提取 3)拟合 b) 被测要素测量与评估过程	3. 符合性比较 将体外作用直径与最大实体实效尺寸进行比较，任一局部实际直径与最大实体实效直径和最小实体作用直径进行比较，判定被测直径是否合格 被测作合格的条件为：体外作用直径不得大于最大实体实效尺寸，任一局部实际直径不得超越其最大实体实效尺寸和最小实体尺寸	1. 本示例是采用数字化计量方式。用最小实体尺寸和最大实体实效尺寸控制局部实际尺寸，用最大实体实效尺寸控制体外作用尺寸 2. 其余备注说明同本表序号10*的备注

5.4.2.2　平面度误差的检测与验证方案应用示例

表5-14　平面度误差的检测与验证方案应用示例

序号	图　例	测量装置	检测与验证方案（图示）	检验操作集	备　注
1	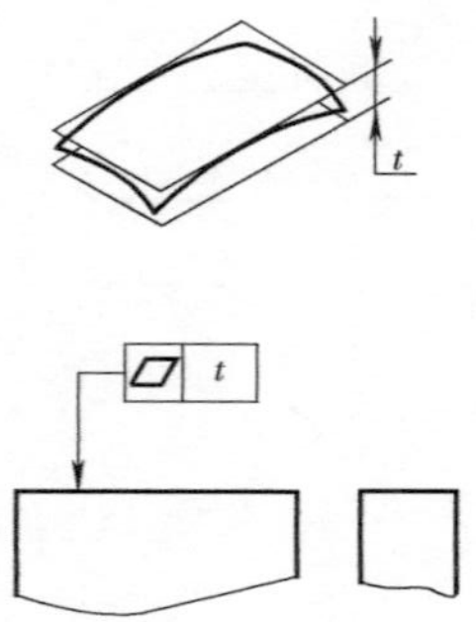	平晶	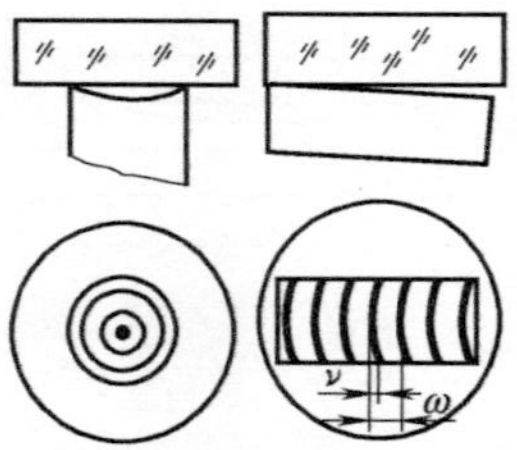 a) 封闭条纹 b) 不封闭条纹	1. 预备工作 将平晶以微小角度逐渐与被测面相贴合，观察干涉条纹 2. 被测要素测量与评估 1) 拟合：将平晶与被测面按最小区域法直接接触，即保持两者之间接触面的最大距离为最小 2) 评估：当出现环形条纹时，应调整平晶的位置，使之封闭。当出现不封闭条纹数为最少以光波波长之半为封闭时的弯曲条纹，平面度误差值以光波波长之半再乘以条纹的弯曲度同相邻两条条纹之比 当之出现不封闭条纹时，平面度误差值以光波波长之半再乘以相邻两条条纹与相邻两条条纹之比 3. 符合性比较 将得到的误差值与图样上给出的公差值进行比较，判定平面度是否合格	1. 该方案中，平晶用于模拟理想平面，将被测平面与平晶直接接触进行比较测量，平晶是实物拟合要素，平晶是理想要素的实际拟合模拟 2. 该方案适用于测量高精度的（平晶能全部覆盖的）小平面

（续）

序号	图　例	测量装置	检测与验证方案（图示）	检验操作集	备　注
2	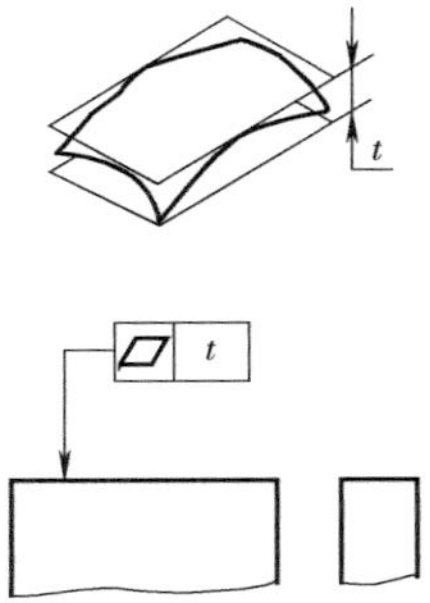	1. 平板 2. 带指示计的测量架 3. 固定和可调支承	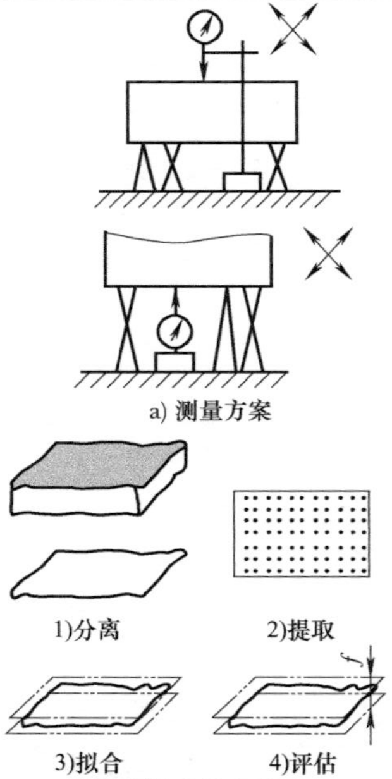 a) 测量方案 1) 分离 2) 提取 3) 拟合 4) 评估 b) 被测要素测量与评估过程	1. 预备工作 将被测件支承在平板上，将任意远点调成等高或大致等高两对角线的角 2. 被测要素测量与评估 1) 分离：确定被测表面界限及测量界限 2) 提取：按一定的测量布点方式逐点移动测量装置，同时记录各测量点对于平板测量基面（用平板体现）的坐标值，得到提取表面 3) 拟合：按图样拟合的被测表面应采用最小区域拟合，但考虑不利的便利和经济性，拟合操作的内在关系及操作规范离离规范离规范方法，即先采用最小二乘法对提取操作表面进行拟合，获得拟合首线，若其大于规范值，可以判为合格；若差值采用（缺省的）最小区域法进行评估，得到拟合平面 4) 评估：误差值为提取拟合平面上的最高峰点、最低谷点到拟合平面的距离之和 参考上面"3) 拟合"的有关说明，将得到的误差值与图样上给出的公差值进行比较，判定被测提取被测表面的平面度是否合格	1. 提取操作：根据被测工作的功能要求，结构特点和提取操作设备的情况等，参考图 5-12 选择合理的提取与评估方案。比如，对被测要素进行提取操作时，一般用等高数据处理，为便于等点数采用不同距离提取等同采用不同距离提取等同方案。 2. 对为获得被测的拟合进行的操作，拟合方案有最小二乘法和最小区域两种；若出图示说明，若任图示说明或说明，若缺省则缺省"3) 拟合"的有关例） 3. 误差值评估参见 5.1.6 节进行评估，缺省为 T（本例） 4. 根据 5.1.6 节参数有 T、P、V、Q，缺省为 T（本例） 测量不确定度评估依据 5.1.7 节进行评定
3	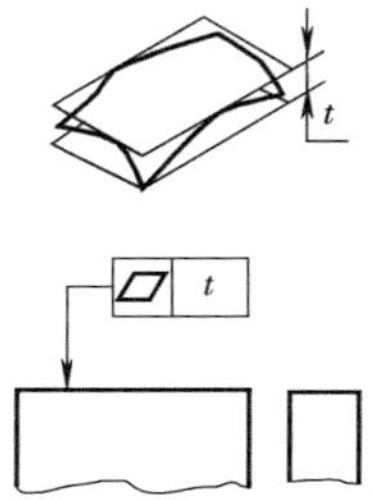	1. 平板 2. 水平仪 3. 固定和可调支承	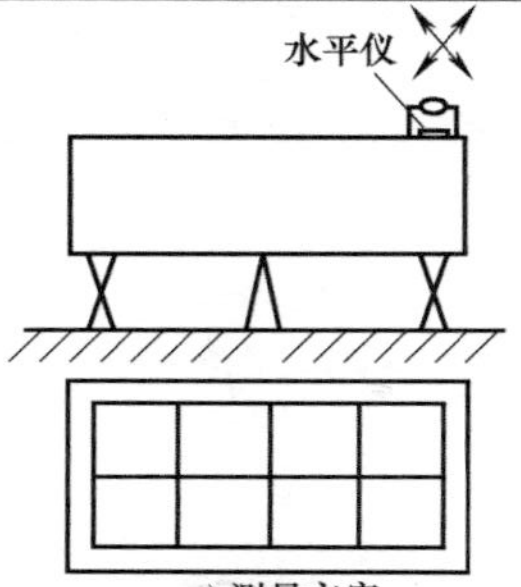 a) 测量方案 水平仪 b) 被测要素测量过程（参见本表序号2）	1. 预备工作 将被测件支承在平板上，将两对角线大致等高或大致调整任意两远点 2. 被测要素测量与评估 参考本表序号 2 3. 符合性比较 参考本表序号 2	备注说明同本表序号 2 的备注 2

（续）

序号	图例	测量装置	检测与验证方案（图示）	检验操作集	备注
4**	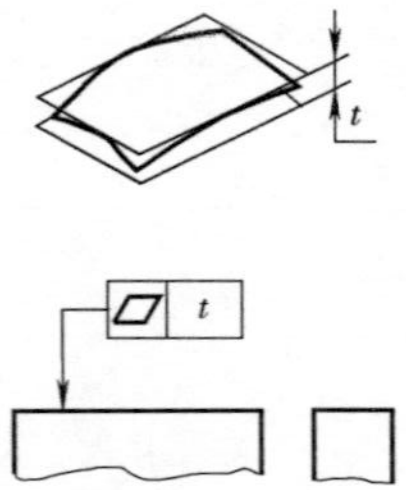	坐标测量机	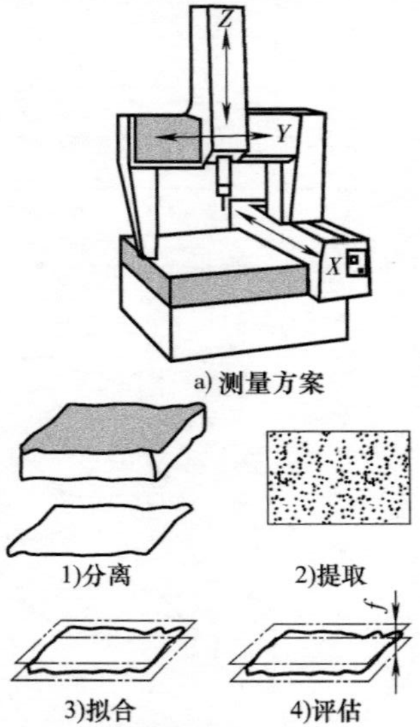 a) 测量方案 1) 分离 2) 提取 3) 拟合 4) 评估 b) 被测要素测量与评估过程	1. 预备工作 将被测件稳定放置在坐标测量机的工作台上 2. 被测要素测量与评估 1) 分离：确定被测表面及测量界限 2) 提取：采用布点方式对被测表面进行提取，记录各点测量数据值，得到提取点 3) 拟合：采用最小区域法对提取表面进行拟合，得到拟合平面 4) 评估：误差值为提取平面上的最高峰点、最低谷点到拟合平面的距离值之和 3. 符合性比较 将得到的误差值与图样上给出的公差值进行比较，判定被测表面的平面度是否合格	备注说明同本表序号2的备注

5.4.2.3 圆度误差的检测与验证方案应用示例

表 5-15 圆度误差的检测与验证方案应用示例

序号	图例	测量装置	检测与验证方案（图示）	检验操作集	备注
1	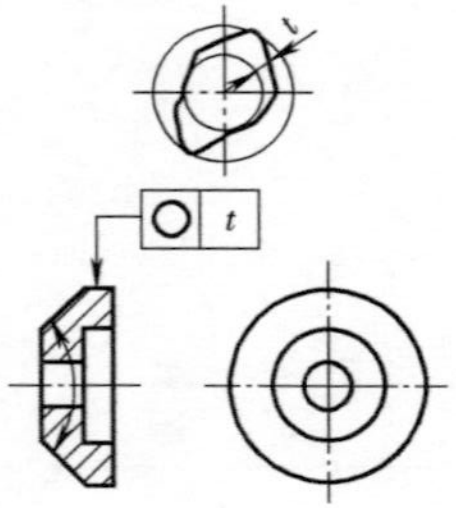	投影仪（或其他类似量仪）	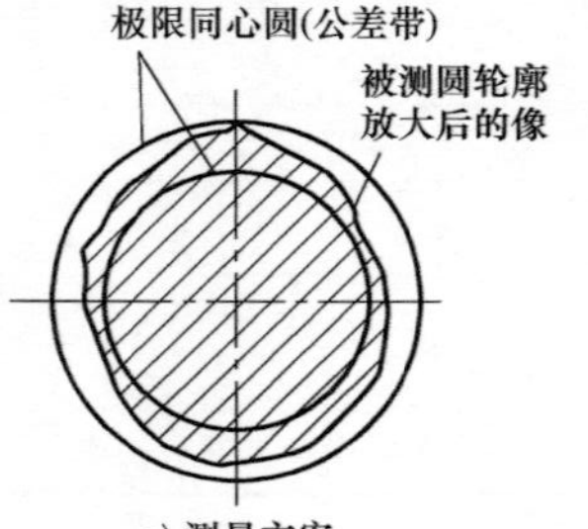 极限同心圆（公差带） 被测圆心圆轮廓放大后的像 a) 测量方案	1. 预备工作 将被测件放置在玻璃工作台上，由灯泡发出的照明光经平行透镜直射到工作上，工件的截面圆轮廓经投影物镜成像在投影屏上 2. 被测要素的测量与评估 1) 拟合：将被测圆心圆相比较（同心放大K倍）先绘制好的两极限圆公差带选取，并放大K倍 2) 评估：误差为两极限圆与被测圆轮廓之间的距离值 3. 符合性比较 将得到的误差值与图样上给出的公差值进行比较，判定被测件的圆度是否合格	1. 该方案是将被测圆轮廓的投影与理论正确的圆心圆直接进行比较同心圆的投影测量 2. 该方案适用于测量具有刃口形边缘的小型零件

（续）

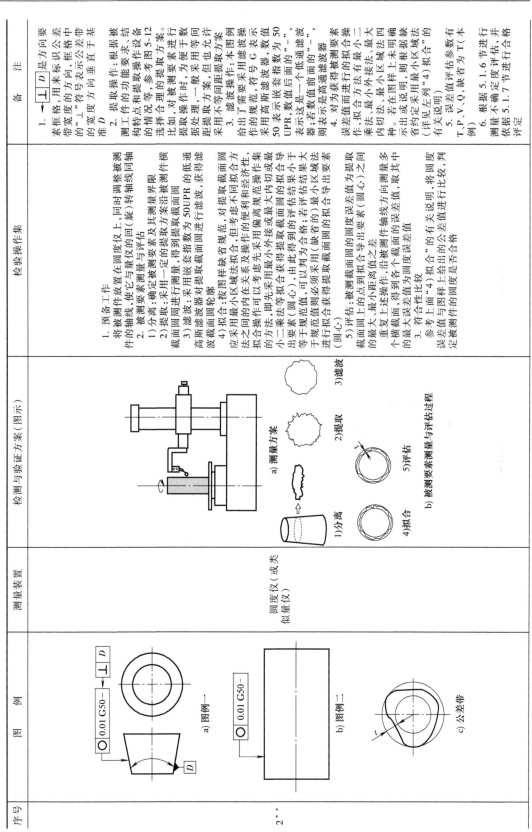

序号	图 例	测量装置	检测与验证方案（图示）	检验操作集	备 注
2**	a)图例一 ⊙ 0.01 G50— ⊥ D ⊙ 0.01 G50— b)图例二 c)公差带	圆度仪（或类似量仪）	a)测量方案 1)分离 2)提取 3)滤波 4)拟合 5)评估 b)被测要素测量与评估过程	1.预备工作： 将被测件放置在圆度仪上，同时调整被测件的轴线，使它与量仪的回（旋）转轴线同轴 2.被测要素测量 1)分离：确定被测要素及其测量界限 2)提取：采用一定的提取方案沿被测件横截面圆周进行测量，得到提取横截面圆 3)滤波：采用嵌套指数为50UPR的低通高斯滤波器对提取横截面圆进行滤波，获得滤波横截面圆轮廓 4)拟合：按图样缺省规范，对提取滤波横截面圆的内在关系及操作的便利和经济性，应采用最小区域法拟合（也考虑采用便利的最大内切法或最小外接法或最小二乘法进行拟合），即采用最小区域法得到拟合的圆度评估值（详见本图样中缺省采用"4)拟合"的圆心） 5)评估：被测横截面圆的圆度误差值为提取出要素（圆）与拟合要素（圆心）之间的最大距离。重复上述操作，沿被测件轴线方向测量多个横截面，得到各个截面的圆度误差值 3.符合性比较 参考上面"4)拟合"的有关说明，将圆度误差值与图样上给出的公差值进行比较，判定被测横截面的圆度是否合格	1.⊥ D是方向要素框格，用来标识方向公差带中的方向，符号"⊥"表示公差带中的宽度方向垂直于基准 D 2.提取操作：根据被测工件的功能要求，结构特点和提取操作设备的精度等，参考图5-12选择合理的提取方案。比如，对被测要素进行提取操作时，为便于数据处理，一般采用等间距提取方案，但也允许采用不等间距提取方案 3.滤波操作：本图例给出了所需要采用的滤波操作的规范，符号G表示采用高斯滤波器，数值50表示嵌套指数为50UPR，若本图前面的数值表示这是一个低通滤波器，后面的数值是高通滤波器 4.对给出的被测要素采用最小二乘法，最大内切法，最小外接法，最小区域法四种：若采用图样上未规定缺省或约定采用"4)拟合"的圆心 5.误差值评估参数有T,P,V,Q，缺省为T（本例） 6.测量不确定度评估，并依据5.1.7节进行评定

（续）

序号	图例	测量装置	检测与验证方案（图示）	检验操作集	备注
3**	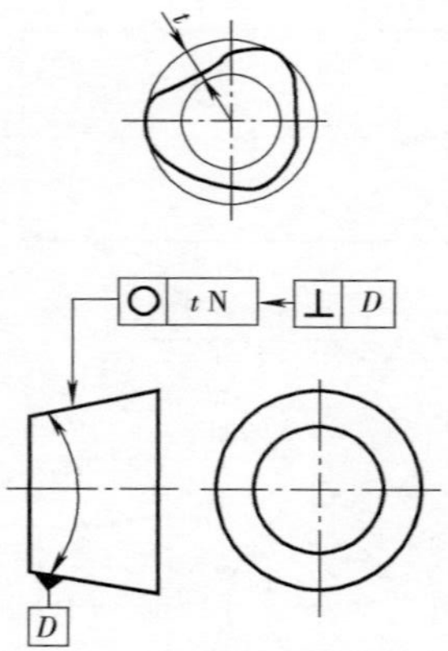	坐标测量机	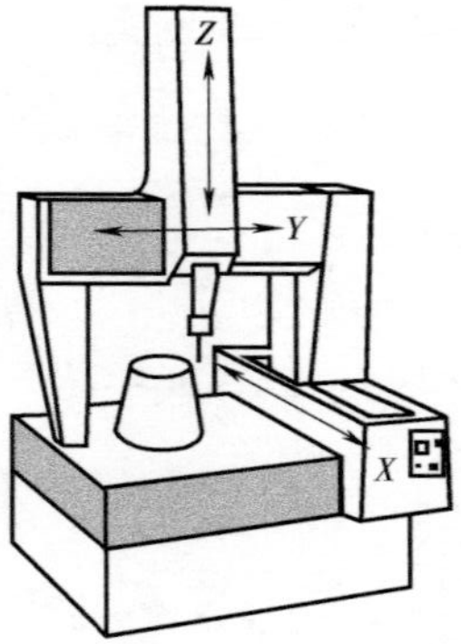 　a) 测量方案 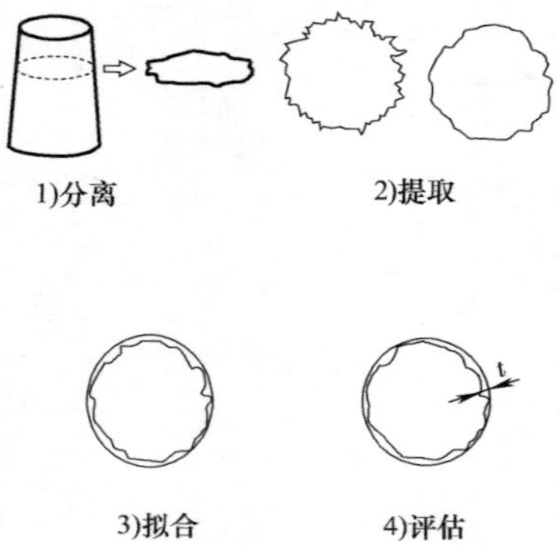 1) 分离　2) 提取 3) 拟合　4) 评估 b) 被测要素测量与评估过程	1. 预备工作 将被测件放置在坐标测量机工作台上 确定被测要素测量界限 被测要素测量与评估 2. 被测要素测量与评估 1) 分离：在被测横截面上采用一定的提取方案进行测量，得到提取横截面圆 2) 提取：进行测量，得到提取横截面圆 3) 拟合：根据图样规范要求，采用最小外接法对提取横截面圆进行拟合，获得提取横截面圆的拟合导出要素（圆心） 4) 评估：被测横截面的圆度误差值为提取横截面圆上的点到拟合导出要素（圆心）之间的最大、最小距离差值 重复上述操作，沿轴线方向测量多个横截面，得到各个截面的误差值，取其中的最大值为圆度误差值 3. 符合性比较 将得到的圆度误差值与图样上给出的公差值进行比较，判定被测件的圆度是否合格	1. 在本图例中，图样上的符号 N 表示评估时采用理想要素的最小外接法获得理想要素的位置 2. 滤波操作：本图例未规定滤波操作规范，因此不进行滤波操作 3. 其余备注说明同本表备注 1、2、4、5、6

（续）

序号	图　　例	测量装置	检测与验证方案(图示)	检验操作集	备　　注
4*	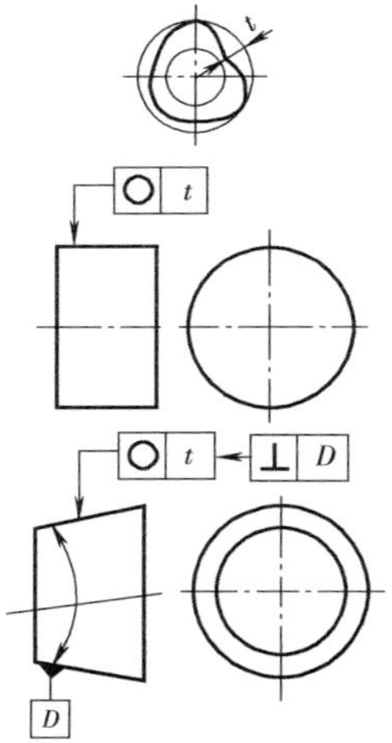	1. 平板 2. 带指示计的测量架 3. V 形块 4. 固定和可调支承	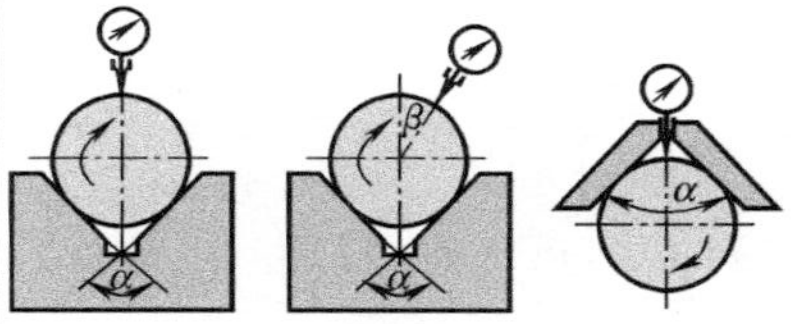 a) 测量方案	1. 预备工作 将被测件放在 V 形块上，使其轴线垂直于测量截面，同时固定轴向位置 2. 被测要素测量与评估 1) 分离：确定被测要素及其测量界限 2) 提取：在被测件横截面上采用一定的提取方案进行测量，记录被测件回转一周过程中指示计的最大、最小读数值 3) 评估：被测截面的圆度误差值为指示计的最大、最小读数差值与反映系数 F 之比 重复上述操作，沿轴线方向测量多个横截面，得到各个截面的误差值，取其中的最大误差值为圆度误差值 3. 符合性比较 将得到的圆度误差值与图样上给出的公差值进行比较，判定被测件的圆度是否合格	1. 该方案属于圆度误差的近似测量法（三点法），测量结果的可靠性取决于截面形状误差和 V 形块夹角的综合效果，适用于具有奇数棱的圆截面 2. 测量方法与被测件的棱数是否已知直接有关。如果棱数已知，直接按 GB/T 4380—2004 选用反映系数 F 较大的测量装置；如果棱数未知，一次测量不能正确得出零件的圆度误差，应采用两点法和三点法进行组合，组合方案见 GB/T 4380—2004 3. 其余备注说明同本表序号 2 备注的 1、2、4、5、6
5*	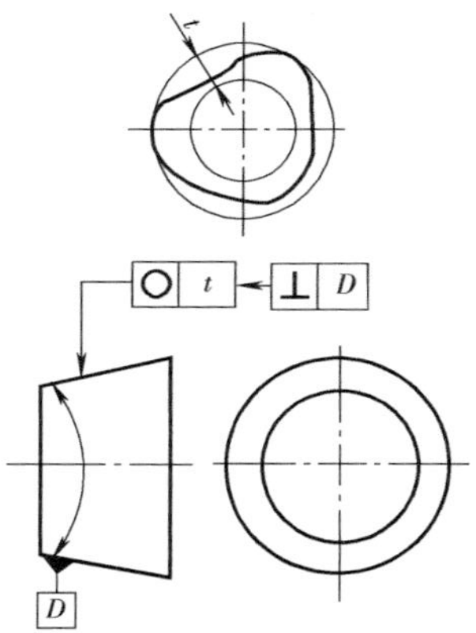	1. 平板 2. 支承 3. 带指示计的测量架 4. 千分尺	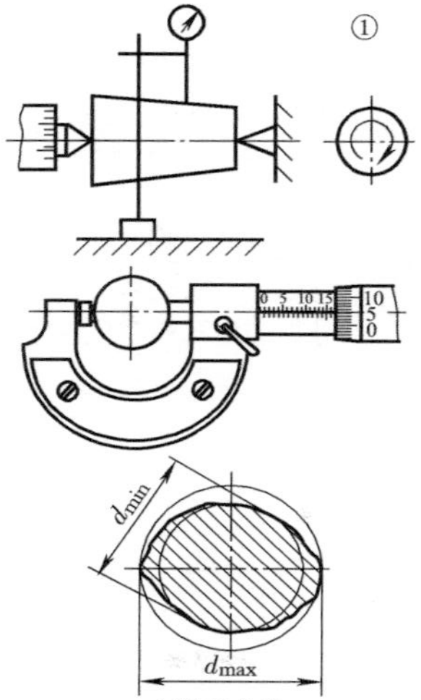 a) 测量方案	1. 预备工作 将被测件放在支承上，同时固定轴向位置 2. 被测要素测量与评估 1) 分离：确定被测要素及其测量界限 2) 提取：采用指示计测量时，调整指示计使被测轴线垂直于测量截面，在被测件旋转一周过程中，记录指示计的最大、最小示值 采用千分尺测量时，在被测件横截面上多处测量其直径值 3) 评估：被测截面圆的圆度误差值为指示计的最大、最小示值差值的一半或最大、最小直径值之差的一半 重复上述操作，沿轴线方向测量多个横截面，得到各个截面的误差值，取最大值为圆度误差值 3. 符合性比较 将得到的圆度误差值与图样上给出的公差值进行比较，判定被测件的圆度是否合格	1. 该方案属于圆度误差的近似测量法（两点法），适用于具有偶数棱的圆截面 2. 其余备注说明同本表序号 2 备注的 1、2、4、5、6

5.4.2.4 圆柱度误差的检测与验证方案应用示例

表5-16 圆柱度误差的检测与验证方案应用示例

序号	图例	测量装置	检测与验证方案（图示）	检验操作集	备注
1*	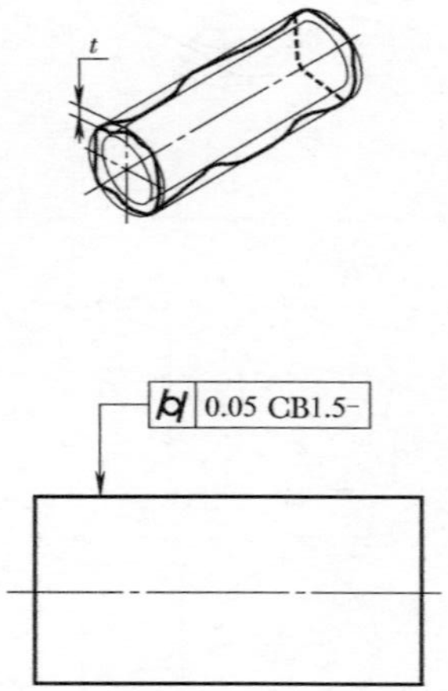 圆 0.05 CB1.5-	圆柱度仪（或其他类似仪器）	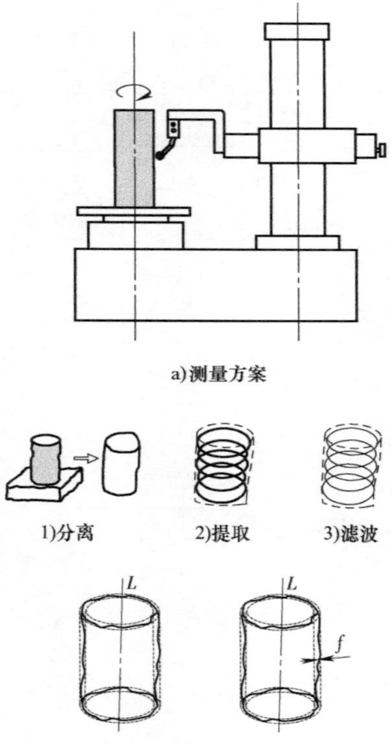 a)测量方案 1)分离 2)提取 3)滤波 b)被测要素测量与评估过程 4)拟合 5)评估	1. 预备工作 将被测件安装在圆柱度仪工作台上，并进行调心和调平 2. 被测要素测量与评估 1)分离：确定被测圆柱面及其测量界限 2)提取：在被测圆柱面上采用一定的提取方案进行测量，得到提取要素 3)滤波：采用封闭球形态学元素为半径1.5mm的封闭球形态学低通滤波器对提取圆柱面进行滤波，获得滤波后的提取圆柱面 4)拟合：采用最小区域法，得到滤波后的提取圆柱面的拟合导出要素（轴线） 5)评估：圆柱度误差值为导出拟合要素（轴线）的最大、最小距离（轴线）的最大、最小距离值之差 3. 符合性比较 将得到的圆柱度误差值与图样上给出的公差值进行比较，判定被测圆柱度是否合格	1. 提取操作：根据被测工件的功能要求，结构特点和提取操作设备的情况等，参考图5-12选择合理的提取方案。比如，对被测要素进行提取操作时，一般采用等间距提取，但也允许采用不等间距提取方案 2. 滤波操作：本图例给出了需要采用滤波操作的规范，符号CB表示采用封闭球形态学滤波器，数值1.5表示球半径为1.5mm，数值1.5后面的"-"表示这是一个低通滤波器 3. 对为获得被测要素的拟合操作，拟合方法有最小二乘法、最小外接法、最大内切法、最小区域法四种。若在图样上未明确给出采用最小区域法的拟合，则缺省采用约定采用最小区域所依据的拟合操作种类（合操作参数有关，详见表5-15序号2的有关说明） 4. 误差值评估所依据的拟合参数有T、P、V、Q，缺省为T（本例） 5. 根据5.1.6节进行测量不确定度评估，并依据5.1.7节进行合格评定

（续）

序号	图　例	测量装置	检测与验证方案（图示）	检验操作集	备　注
2	t 〇|t|	坐标测量机	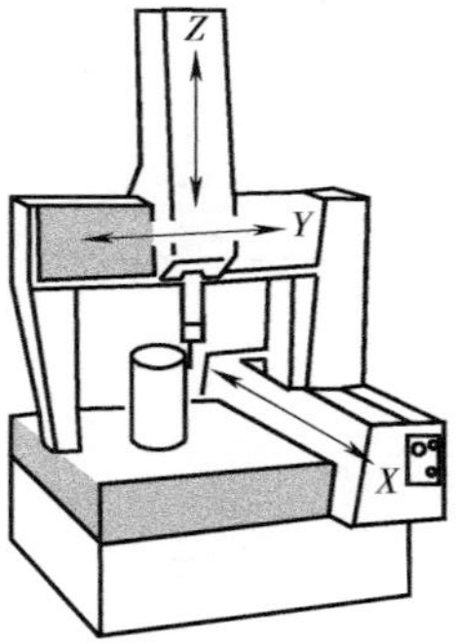 a)测量方案 b)被测要素测量与评估过程（参见本表序号1）	1. 预备工作 将被测件稳定地放置在坐标测量机工作台上 2. 被测要素测量与评估 1)分离:确定被测圆柱面及其测量界限 2)提取:在被测圆柱面上采用一定的提取方案进行测量,得到提取圆柱面 3)拟合:采用最小区域法对提取圆柱面进行拟合,得到拟合导出要素(轴线) 4)评估:圆柱度误差值为提取圆柱面上各点到拟合导出要素(轴线)的最大、最小距离值之差 3. 符合性比较 将得到的圆柱度误差值与图样上给出的公差值进行比较,判定被测的圆柱度是否合格	1. 滤波操作:本图例未规定滤波操作,因此不进行滤波操作 2. 其余备注说明同本表序号1的备注1、3、4、5
3	t 〇|t|	1. 平板 2. V形块 3. 带指示计的测量架	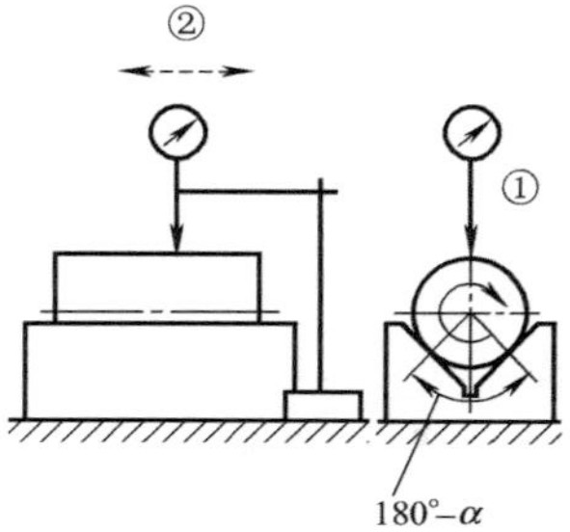 180°-α a)测量方案	1. 预备工作 将被测件放在平板上的V形块内(V形块的长度要大于被测件的长度) 2. 被测要素测量与评估 1)分离:确定被测圆柱面及其测量界限 2)提取:在被测圆柱面上采用一定的提取方案进行测量,得到该测量截面上采用的最大、最小读数数值 3)评估:连续测量若干个横截面,然后取各截面内测量所得的所有读数中的最大与最小读数之差与反映系数F之比为圆柱度误差值 3. 符合性比较 将得到的圆柱度误差值与图样上给出的公差值进行比较,判定被测圆柱度是否合格	1. 该方案属于近似测量圆柱度误差法(三点法),适用于测量具有奇数棱边的圆柱面 2. 为测量准确,通常使用夹角α=90°和α=120°的两个V形块分别测量 3. 滤波操作:本图例未规定滤波操作,因此不进行滤波操作 4. 其余备注说明同本表序号1、3、4、5

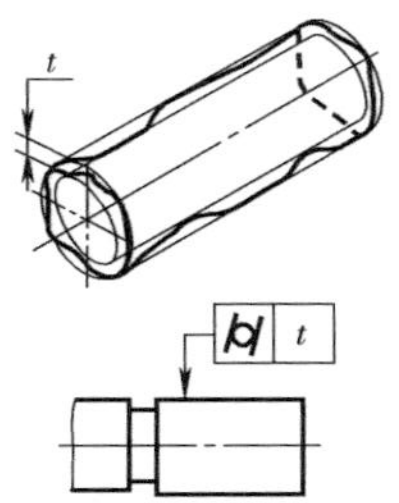

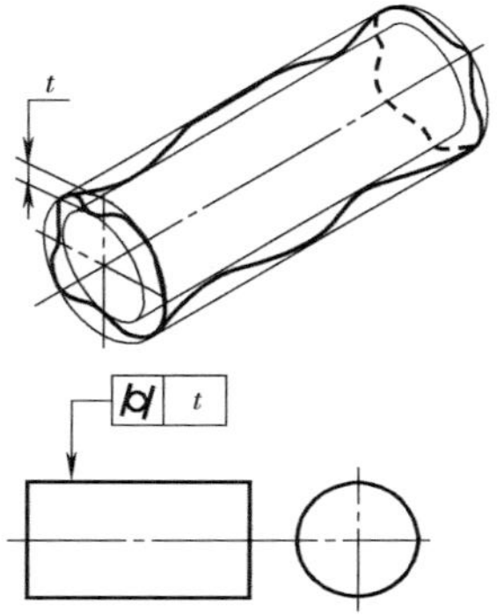

5.4.2.5 线轮廓度误差的检测与验证方案应用示例

表5-17 线轮廓度误差的检测与验证方案应用示例

序号	图例	测量装置	检测与验证方案（图示）	检验操作集	备注
1*	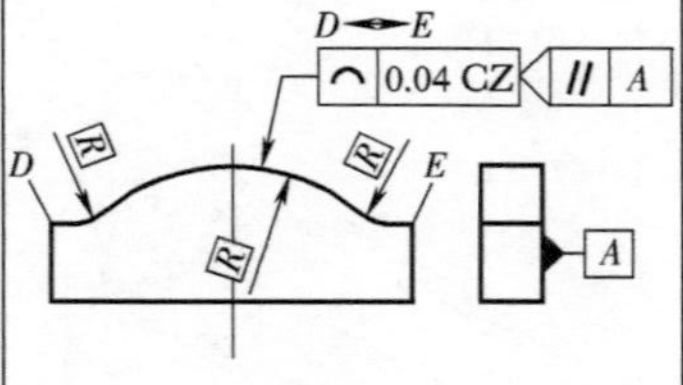 a）图例 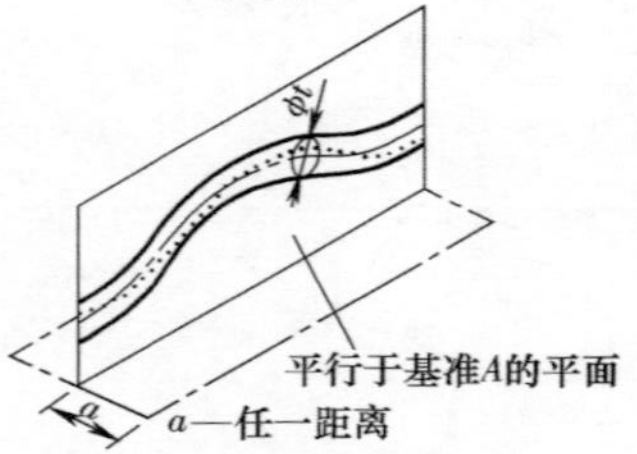 b）公差带（a—任一距离，平行于基准的平面）（0.04 CZ ∥ A）	1. 仿形测量装置 2. 指示计 3. 固定支承和可调支承 4. 轮廓样板	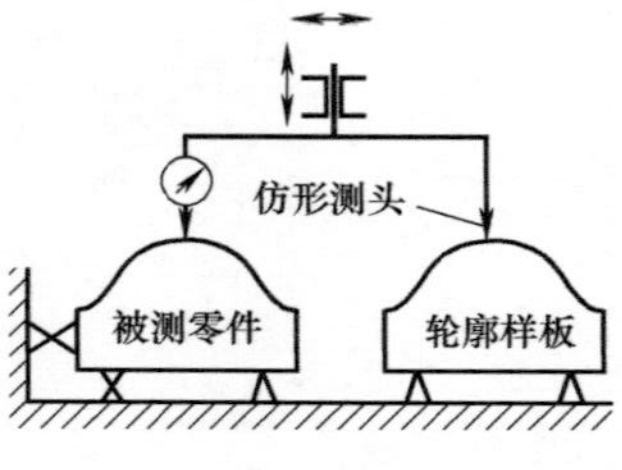 a）测量方案（仿形测头、被测零件、轮廓样板）	1. 预备工作：调整被测件相对于仿形测量装置和轮廓样板的位置，再将指示计调零 2. 拟合评估：将被测要素与仿形测头上各测点状态进行比较 1）评估：误差最大示值为测点的指示值，重复测量多次，取其最大值的2倍为误差值 3. 符合性比较：将值与图例上给出的公差值进行比较，判定被测的线轮廓度误差是否合格	1. 该方案中，将测状形状与被测轮廓的形状进行比较来获取轮廓形状误差为理想要素的实际模拟物。指示计的测头应与仿形测头形状相同 2. 图例中的∥A表面表示被测要素与基准平面A平行，其测量方向与轮廓线上与基准平面A平行的方向。D、E表示被测要素的界限范围，图例中的测量要素的终止点。D、E分别表示被测要素的起始点和终止点，从D到E的被测要素CZ表示其有组合公差带 3. 该方案属于测量要素一般的方法，近似，实用测量评估方法之一，测量精度较低 4. 根据5.1.6节进行评估，根据5.1.7节进行符合性评定
2*	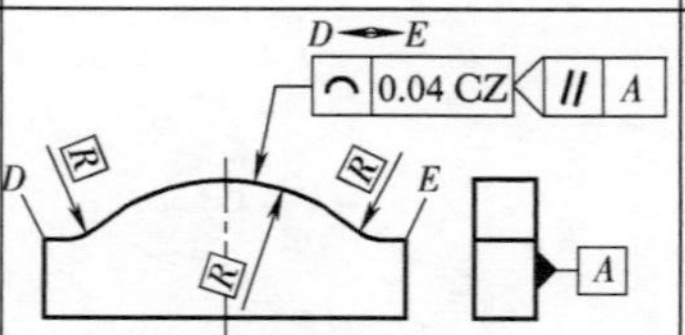 a）图例 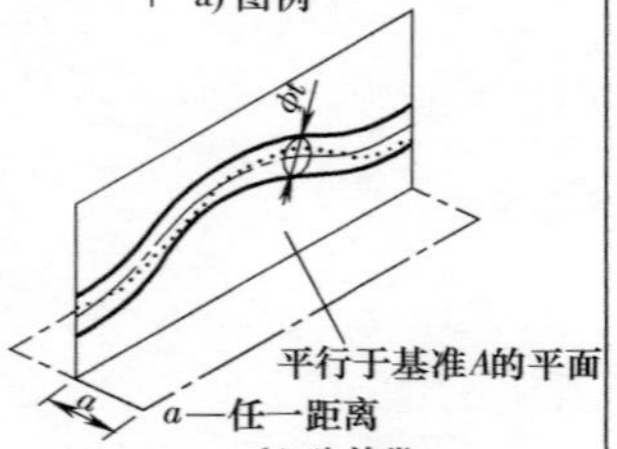 b）公差带（a—任一距离，平行于基准的平面）（0.04 CZ ∥ A）	轮廓样板	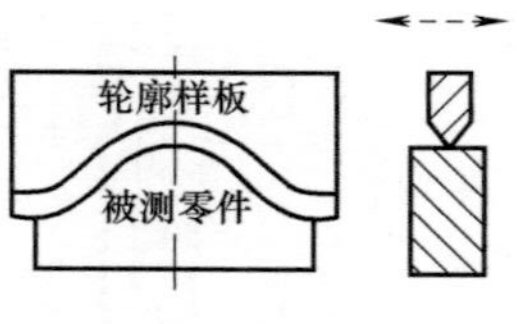 a）测量方案	1. 预备工作：选择测量位置，使两者测量位置接触 2. 被测要素测量：将正被测件之间的轮廓样板与被测件之间的最大缝隙为最小 3. 评估：并使两者误差之间的最大缝隙值 4. 将得到的误差与图例上给出的公差进行比较，判定被测线轮廓度是否合格	1. 该方案中，将被测轮廓与轮廓样板直接接触，采用轮廓样板的实际模拟物 2. 图例中的∥A说明参见本表序号1的备注2 3. 该方案属于近似，实用测量尺寸较小和薄的零件 4. 根据测量不确定度评估，并依据进行评定

（续）

序号	图例	测量装置	检测与验证方案（图示）	检验操作集	备注
3**	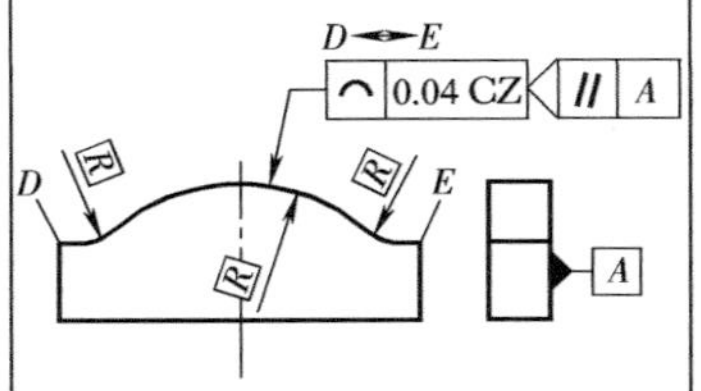 a) 图例 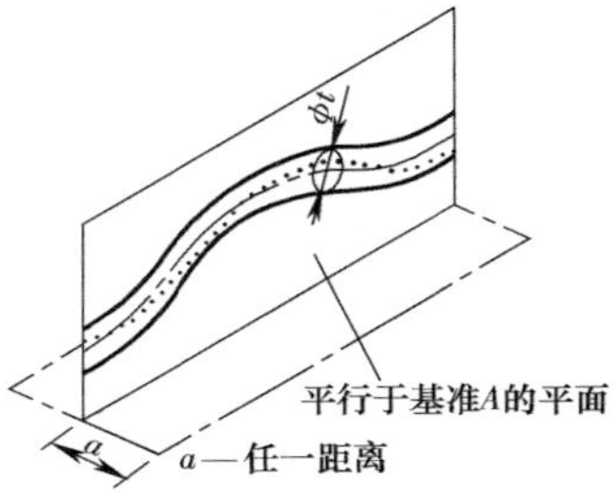 $\cap$ 0.04 CZ｜$D \rightarrow E$ ｜｜ A b) 公差带 a—任一距离 平行于基准A的平面	直线式轮廓仪	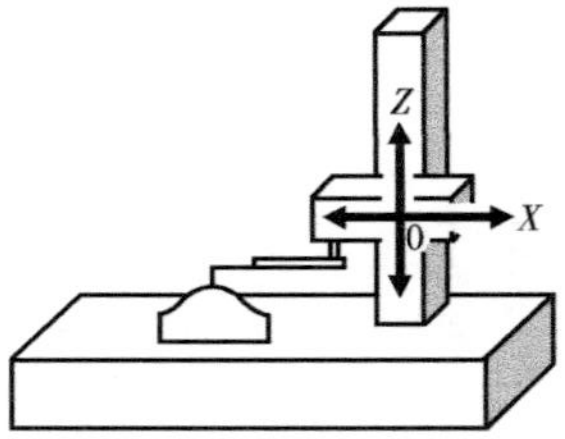 a) 测量方案 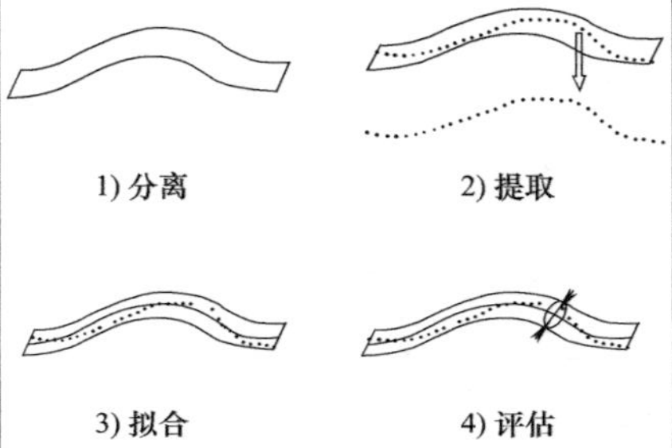 1) 分离 2) 提取 3) 拟合 4) 评估 b) 被测要素测量与评估过程	1. 预备工作 找正被测件并确认被测轮廓在直线式轮廓仪测量范围内 2. 被测要素测量与评估 1) 提取：直线式轮廓仪测头在被测轮廓上横向移动，同时记录下各测点的X坐标值和Z坐标值，获得提取线轮廓 2) 拟合：采用最小区域法对提取线轮廓进行拟合，得到拟合线轮廓的位置。其中，拟合线轮廓的形状由理论正确尺寸R确定（即由理论曲线方程确定） 3) 评估：线轮廓度误差为提取线轮廓上的点到拟合线轮廓的最大距离的2倍 对任意截面上的被测要素重复上述操作，取其最大的值作为线轮廓度误差值 3. 符合性比较 将得到的线轮廓度误差值与图样上给出的公差值进行比较，判定线轮廓度是否合格	1. 提取操作：根据被测工件的功能要求、结构特点和提取操作设备的情况等，参考图5-12选择合理的提取方案。比如，对被测要素进行等间距提取时，一般采用等间距提取处理，为便于数据处理，也允许采用不等间距提取方案 2. 对为求得被测要素误差值而进行的拟合操作，拟合方法有最小二乘法和最小区域法两种。若在图样上未明确给出说明，则根据表5-13序号2的有关说明；若在图样上明确给出说明，则采用图样所采用的拟合操作（合格种裁所依据的拟合操作，详见表5-13序号2的有关说明） 3. 图例中 $D \rightarrow E$ 和 ｜｜ A 说明参见本表序号1的备注2 4. 根据5.1.6节进行本表序号1的备注1，并依据5.1.7节进行合格评估测量不确定度评定

（续）

序号	图例	测量装置	检测与验证方案（图示）	检验操作集	备注
4	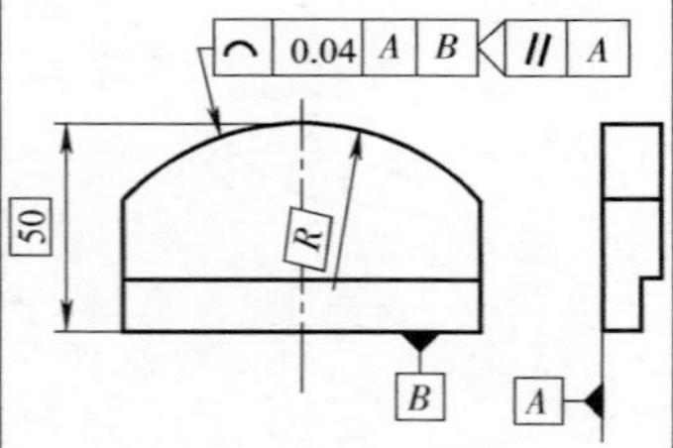 a) 图例 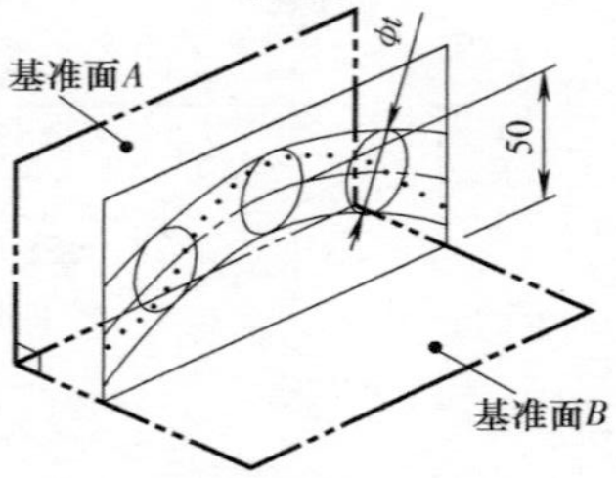 b) 公差带 （基准面A、基准面B、R、50、50）	坐标测量机	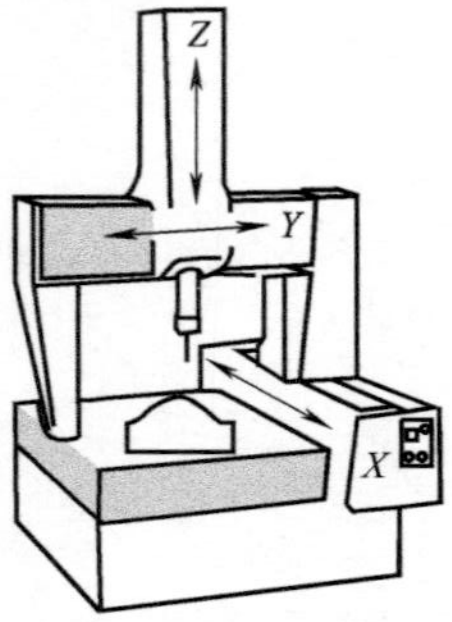 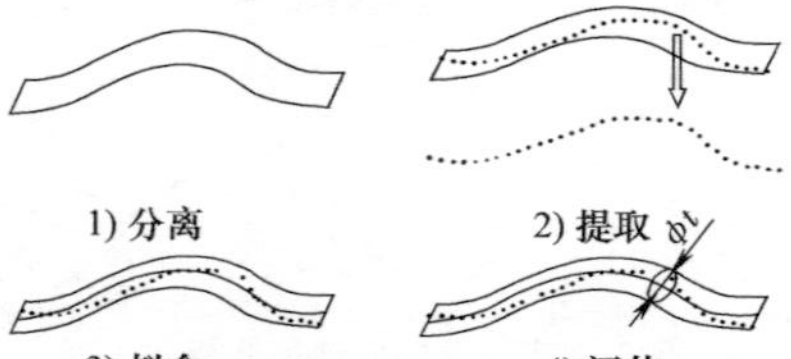 a) 测量方案 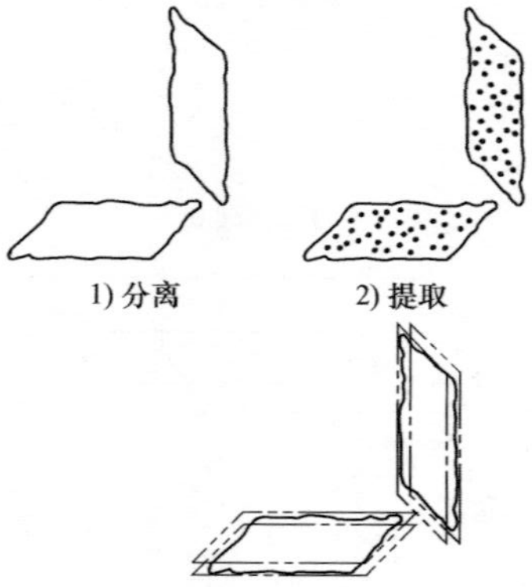 1) 分离　2) 提取　3) 拟合过程 b) 基准体现及其测量 1) 分离　2) 提取 3) 拟合　4) 评估 c) 被测要素测量与评估过程	1. 预备工作 将被测件稳定地放置在坐标测量机工作台上。 2. 基准体现 1) 分离：按一定的提取方案对基准要素A进行提取，得到基准要素A的提取表面 2) 提取：按一定的提取方案对基准要素A及其测量 3) 拟合：采用最小区域法拟合，得到该拟合平面，并以该拟合平面体现基准A 在实体外进行拟合， 4) 分离：确定基准要素B及其测量 5) 提取：按一定的提取方案对基准要素B的提取 界限 素面表 6) 在保证与基准要素A的拟合平面垂直的约束下，采用最小区域法在实体外对基准要素B的提取要素进行拟合，得到其拟合平面，并以该拟合平面体现基准B 3. 被测要素测量及其测量 1) 分离：确定被测线轮廓及其测量 2) 提取：在已建立好的基准体系下，沿基准A平行方向上，采用一定的提取方案对被测线轮廓进行测量，测得实际提取线轮廓的坐标值，表得提取线轮廓 3) 拟合：采用最小区域法对提取线轮廓进行拟合，得到拟合线轮廓的形状和位置轮廓，由理论正确尺寸（R、50）和基准A、B确定 4) 评估：线轮廓误差值为提取线轮廓上的点到拟合线轮廓的最大距离的2倍 按上述方法测量多条线轮廓，取其中最大的误差值作为该被测线轮廓的误差值 4. 符合性比较 将得到的线轮廓度误差值与图样上给出的公差值进行比较，判定线轮廓度是否合格	备注说明同本表序号3的备注

5.4.2.6 面轮廓度误差的检测与验证方案应用示例

表5-18 面轮廓度误差的检测与验证方案应用示例

序号	图 例	测量装置	检测与验证方案(图示)	检验操作集	备 注
1	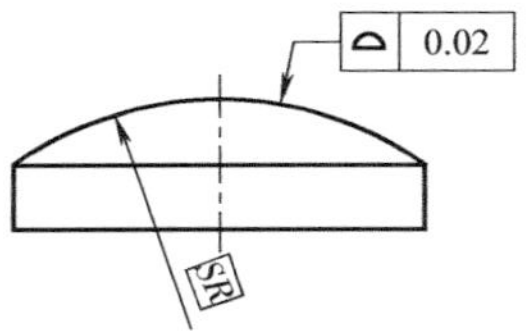 a) 图例 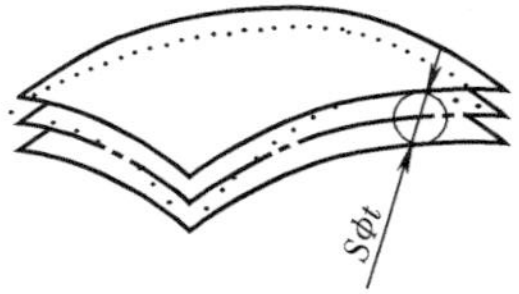 ⌒ 0.02 圆 b) 公差带 $S\phi t$	1. 仿形测量装置 2. 固定和可调支承 3. 轮廓样板 4. 指示计	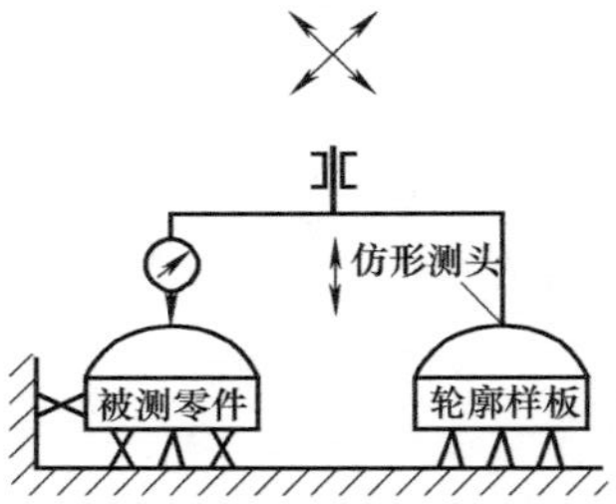 a) 测量与验证方案 北 被测零件 仿形测头 轮廓样板	1. 预备工作 调整被测装置相对于仿形系统测量的位置,再将指示计调零 2. 被测要素测量与评估 1) 拟合形状和轮廓样板的形状进行比较 2) 评估:将测值为仿形测头上给各测点的指示计最大示值进行评估 2倍重复进行多次测量,取最大误差值进行评估 3. 符合性比较 将得到的误差值与图样上给出的公差值进行比较,判定被测面轮廓度是否合格	1. 该方案中,将被测面轮廓与轮廓样板进行比较测量,轮廓样板为理想要素的实际模拟物。指示计的形状误差应与仿形测头形状相同 2. 该方案属于与轮廓类似,实用的测量方法之一,可测量一般的中、低精度的零件 3. 根据5.1.6节进行评估,并依据5.1.7节进行合格评定
2**	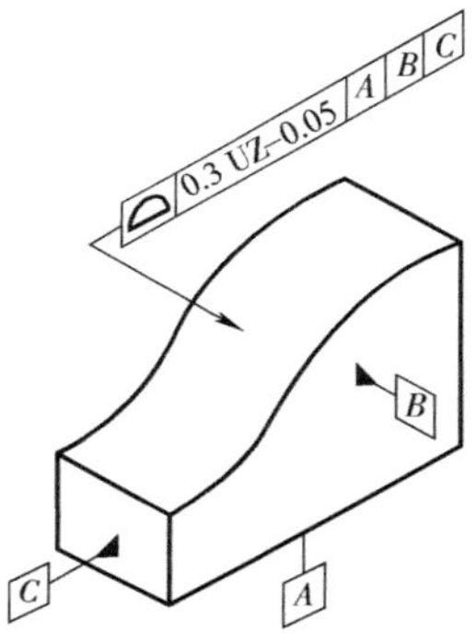 a) 图例 0.3 UZ-0.05 A B C A B C	坐标测量机	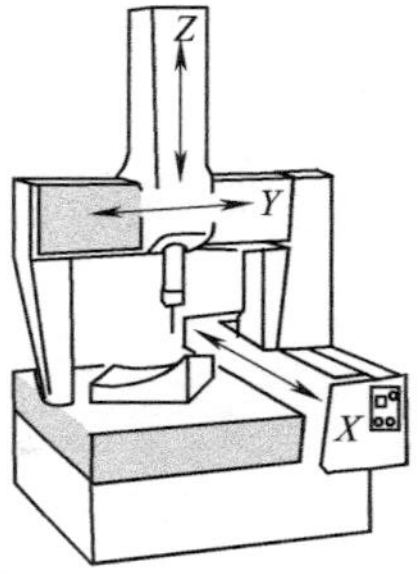 a) 测量方案 Z Y X	1. 预备工作 将被测工件稳定地放置在坐标测量机工作台上 2. 基准体现 1) 确定基准要素及其测量界限 2) 提取:按一定的提取方案分别对基准要素 $A、B、C$ 进行提取,得到基准要素 $A、B、C$ 的提取 3) 拟合:采用最小区域法对提取表面 A 在实体外进行拟合,得到拟合平面并以此拟合平面体现基准 A	1. 提取操作:根据被测工件的功能要求、结构特点和提取操作等设备的情况等,参考图5-12选择合理的提取方案。比如,对被测要素进行提取操作时,为便于数据处理,一般采用等同距提取方案,但也允许采用不等同距提取方案

序号	图 例	测量装置	检测与验证方案（图示）	检验操作集	备 注（续）
2**	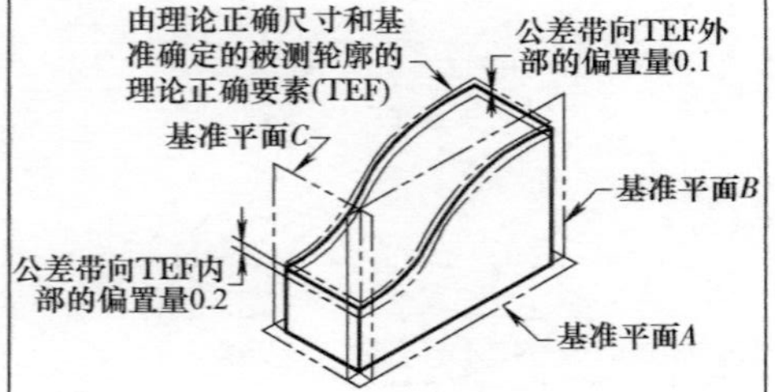 由理论正确尺寸和基准确定的被测轮廓要素的理论正确轮廓 公差带向TEF内部的偏置量0.2 基准平面C 公差带向TEF外部的偏置量0.1 基准平面A 基准平面B 公差带 b) 图例	坐标测量机	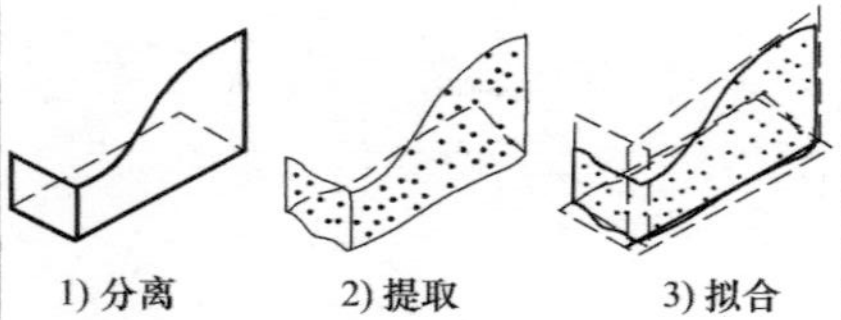 1) 分离　2) 提取　3) 拟合 b) 基准体现过程 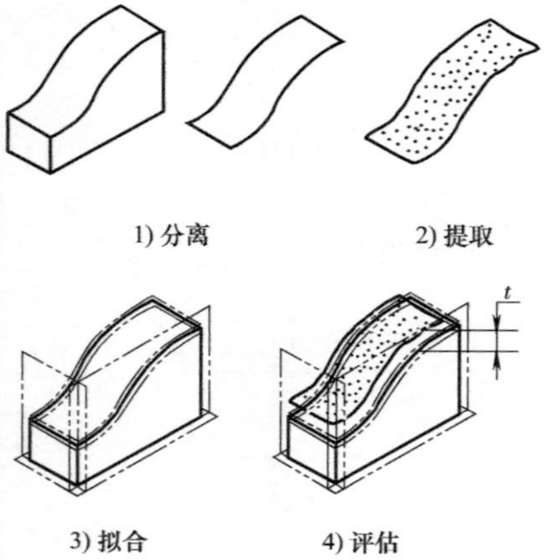 1) 分离　3) 拟合 c) 被测要素测量与评估过程 2) 提取　4) 评估	在保证与基准要素A的拟合平面垂直的约束下，采用最小区域法在实体表面提取拟合，并以此拟合平面得到基准B 在保证与基准要素A的拟合平面垂直，然后又垂直于实体约束的约束外对基准B，采用最小区域法表面进行拟合，得到基准要素C的提取表面，并以此拟合平面得到基准C，将其拟合平面，并以此拟合平面得到基准C，实现基准C 3. 被测要素测量与评估 1) 分离：确定被测面轮廓及其测量界限 2) 提取：在已建立好的基准体系下，采用一定测量方案对被测对面轮廓表面进行测量，获得实际面轮廓的坐标值 3) 拟合：采用最小区域法提取被测面轮廓，获得拟合面轮廓。其中，拟合面轮廓的拟合形状由理论面轮廓确定，拟合面轮廓的位置由基准和由UZ所确定的理论正确位置即理论正确轮廓度公差带中心确定。拟合公差带确定的位置是面轮廓从基准中，拟合面轮廓的实际位置处于理论正确材料内向再向材料外的偏置-0.05mm 4) 评估：面轮廓误差值为拟合面轮廓面上确定的实际点到拟合面轮廓的距离值 4. 符合性比较 将得到的面轮廓进行比较，判定面轮廓度是否合格。即面轮廓度取值向面轮廓外的偏移量不得大于0.1mm（即0.3/2-0.05），向轮廓内的偏移量不得大于0.2mm（即0.3/2+0.05）	2. 对为获得被测要素误差值进行操作有两种，拟合的拟合小区域面面作，根据操作方法和最小二乘法所依序号。若在图样上未说明，则根据缺省约定采用最小区域法，评见表5-13序号（合格的拟合依据的有关说明） 2]图例说明 3. 图示例中的UZ表示公差位置的中心理论正确尺寸由所确定的理论位置的数值的偏置跟前面，如为正跟为负。偏置量表示公差位置符号，后面偏置量表示中心理论确定正确材料内向的偏置，如为正材料向外的偏置为负为正表示公差带的中心位置确定正确轮廓外材料向的偏置 4. 根据5.1.6节进行测量不确定度评估，并依据5.1.7节进行合格评定

（续）

序号	图　　例	测量装置	检测与验证方案（图示）	检验操作集	备　注
3**	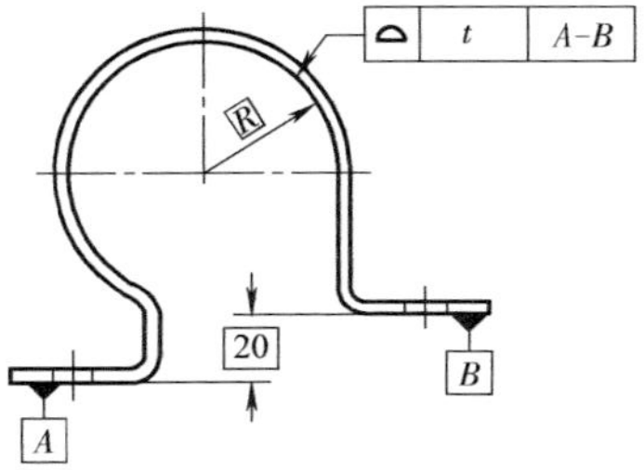 a) 图例 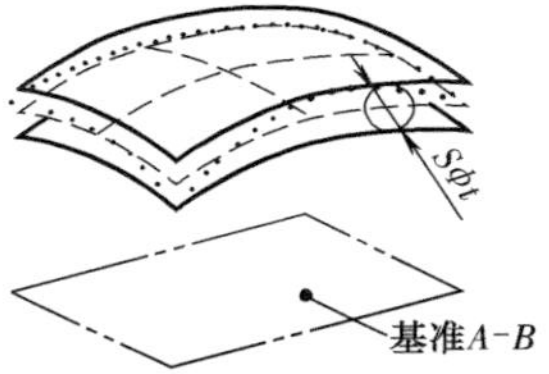 b) 公差带 基准A-B 公差带 t A-B 20 Sφt	坐标测量机	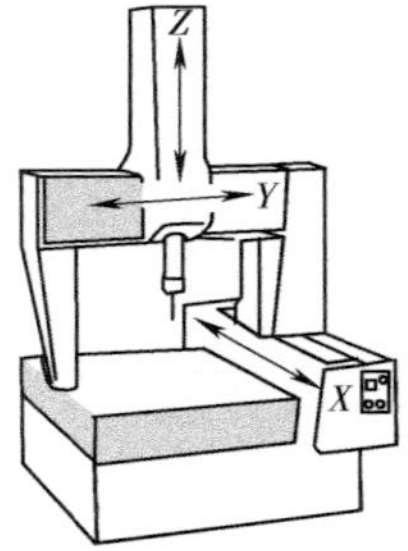 a) 测量方案 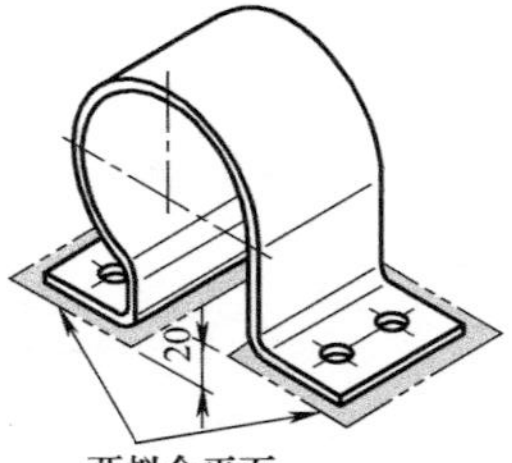 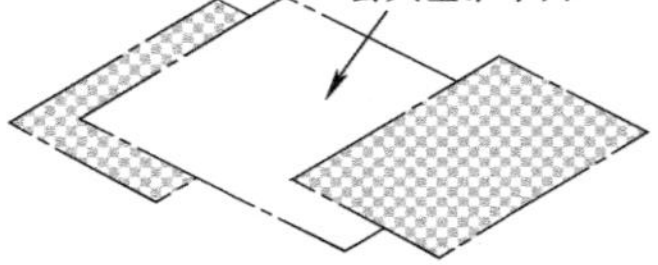 b) 基准体现过程（参见本表序号2,拟合操作如上图所示） c) 被测要素测量与评估过程（参见本表序号2） 两拟合平面 公共基准平面	1. 预备工作 将被测件稳定地放置在坐标测量机工作台上 2. 基准体现 1) 分离：确定基准要素A, B及其测量界限 2) 提取：按一定的提取方案分别对基准要素A, B进行提取, 得到对基准要素A, B的提取表面 3) 拟合：在实体外约束下, 采用最小区域法对A, B两实际组成要素在相互平行的方向约束下和距离约束尺寸20定义的位置约束下同时进行拟合, 得到两个拟合平面, 其方位要素为两拟合平面的中心 基准由组合要素的两拟合平面之间的方位平面建立。组合定类为平面类, 其拟合平面由理论正确为两拟合平面的中心平面 3. 被测要素测量与评估 1) 分离：确定被测轮廓及其测量界限 2) 提取：采用一定的提取方案, 获得实际轮廓的坐标值 3) 拟合：采用最小区域法进行拟合, 获得提取轮廓的拟合轮廓。其中, 拟合面轮廓的形状由理论正确轮廓确定, 拟合面轮廓的位置由基准确定 4) 评估：面轮廓误差值为提取轮廓上的点到拟合轮廓面最大距离值的2倍 4. 将得到的面轮廓度误差值与公差值进行比较, 判定被测面轮廓的面轮廓度是否合格	1. 关于提取操作同本表序号2的备注1 2. 对为获得误差值的拟合进行操作, 拟合方法可省略采用最小二乘法或最小区域法 3. 根据测量不确定度评估, 并依据5.1.7节进行合格评定 若在图样上未明确指出或根据缺省约定采用最小区域法, 则依据5.1.6节进行评定

5.4.2.7 平行度误差的检测与验证方案应用示例

表5-19 平行度误差的检测与验证方案应用示例

序号	图例	测量装置	检测与验证方案(图示)	检验操作集	备注
1	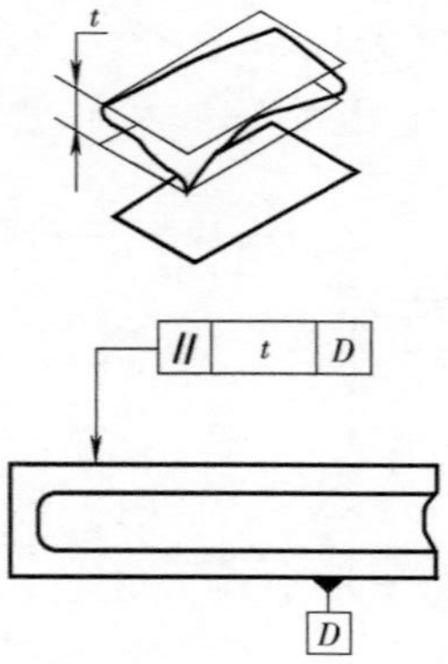 // t D ▷ D	1. 平板 2. 带指示计的测量架	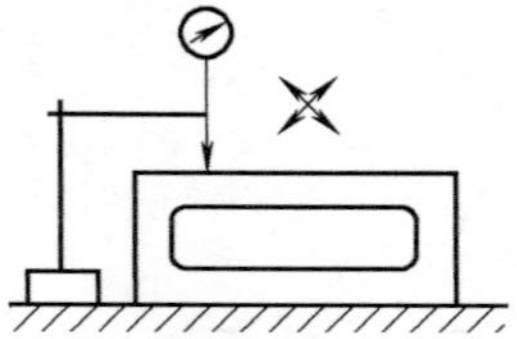 a) 测量方案 b) 基准体现过程(采用平板体现基准) 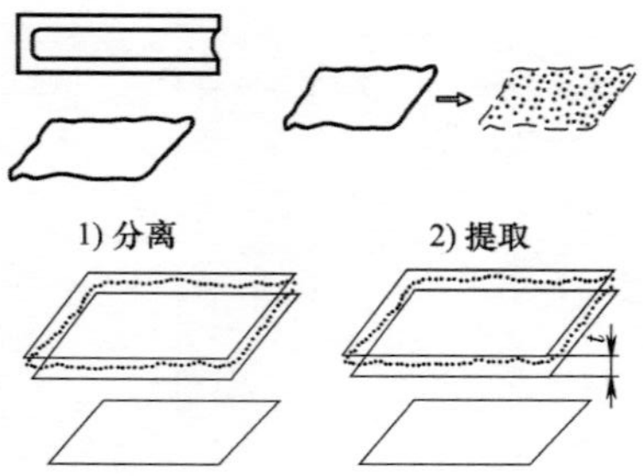 1) 分离 2) 提取 3) 拟合 c) 被测要素测量与评估过程 4) 评估	1. 预备工作 将被测件稳定地放置在平板上,且尽可能使基准表面 D 与平板表面之间的最大距离为最小。 2. 基准体现 采用平板(模拟基准要素)体现基准 D。 3. 被测要素测量与评估 1) 分离:确定被测表面及其测量界限 2) 提取:按一定的提取方案(如随机布点方案)对提取表面进行测量,获得提取表面 3) 拟合:在与基准 D 平行的约束下,采用最小区域法对提取表面进行拟合,获得具有方位特征的拟合平行平面(即定向最小区域) 4) 评估:包容提取表面的两定向平行平面之间的距离,即平行度误差值 4. 符合性比较 将得到的误差值与图样上给出的公差值进行比较,判定被测要素对基准的平行度是否合格	1. 提取操作:根据被测测工作的功能要求,结构特点和提取操作设备的情况等,参考图5-12选择合理的提取方案。比如,对被测要素进行数据提取时,为便于数据处理,一般采用等间距提取方案,但也允许采用不等间距提取方案 2. 若在图样后面带有最大内切(Ⓧ)、最小二乘(Ⓒ)、最小区域(Ⓝ)、贴切(Ⓣ)等符号时,则表示该方向公差是对被测要素本身的公差要求(如本图例) 3. 若方向公差值后面无相应的符号,则表示的是对为获得被测要素拟合要素的拟合操作,拟合方法进行约定,方向采用最小区域法 4. 该基准体现方法采用模拟基准,简便实用,但会产生约定的测量不确定度 5. 根据5.1.6节进行测量不确定度评估,并依据5.1.7节进行合格评定

（续）

序号	图　　例	测量装置	检测与验证方案（图示）	检验操作集	备　注
2	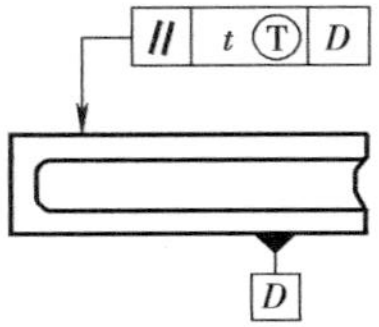 a)图例 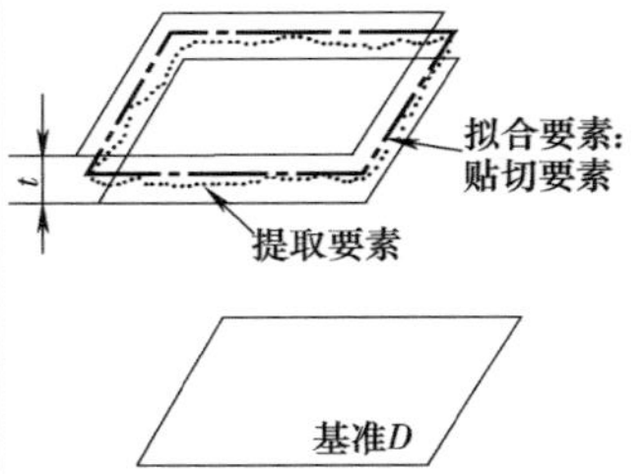 ∥ t Ⓣ D 提取要素 拟合要素：贴切要素 基准D b)公差带	1. 平板 2. 带指示计的测量架	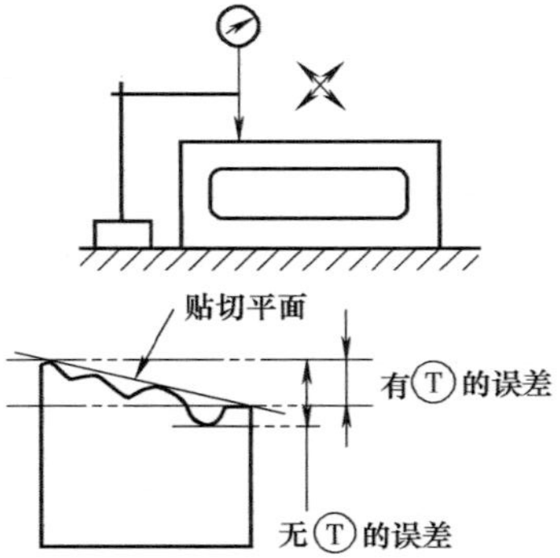 a)测量方案 b)基准平板体现过程 c)被测要素测量与评估过程（采用体现基准）（参见本表序号1）	1. 预备工作 将被测件稳定地放置在平板上，且尽可能使被测要素的方向对基准D与平板之间的距离为最小 2. 基准体现 采用平板（模拟基准要素）体现基准D 3. 被测要素测量与评估 1)分离：确定被测表面及其测量界限 2)提取：按一定的提取方案对被测表面进行测量，获得提取表面 3)拟合：在（外）贴切提取拟合法提取的约束下，获得具有方位特征的拟合（贴切）平面 4)拟合平面（即提取拟合特征的约束提取拟合特征（即提取拟合区域）与被测表面之间的距离，即为定向最小区域） 5)评估：包容提取（贴切）拟合平面的两平行平面之间的距离，即合平面的两平行平面之间的误差值 4. 符合性比较 将得到的误差值与图样上给出的公差值进行比较，判定被测要素平行度是否合格	1. 本图例中，符号Ⓣ表示是对被测要素的方向的贴切要求同本。其余各注序号1备注的1、3、4、5
3	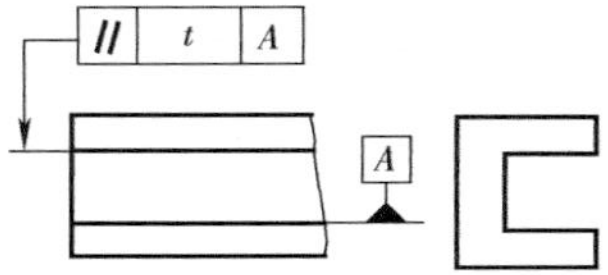 a)图例 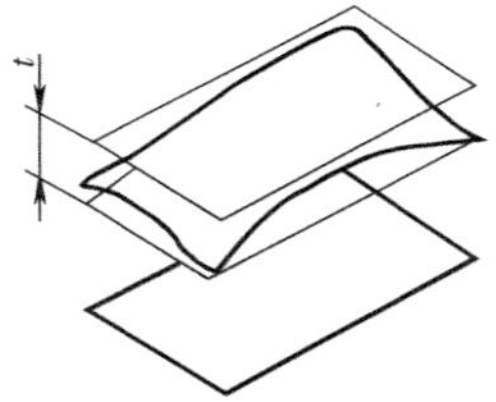 ∥ t A A b)公差带	带指示计的测量架	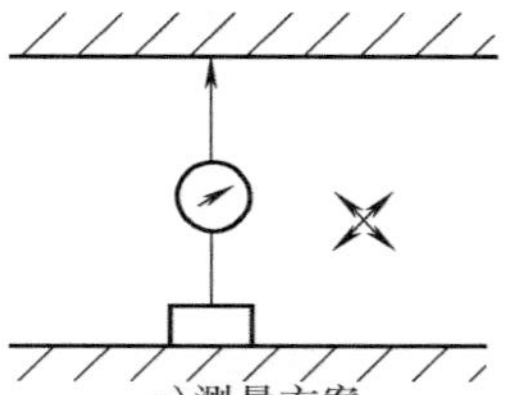 a)测量方案 b)基准要素本身体现过程 c)被测要素测量与评估过程（采用基准要素本身作基准）（参见本表序号1）	1. 预备工作 带指示计的测量架直接放基准A上 2. 基准体现 采用直接法（基准要素本身）体现基准 3. 被测要素测量与评估 1)分离：确定被测表面及其测量界限 2)提取：按一定的提取方案对被测表面进行测量，获得提取表面 3)拟合：在（与基准A平行的约束下，采用最小区域法提取拟合特征（即拟合区域） 4)评估：包容提取拟合平面，即定向最小区域）的平行平面的两平行表面之间的误差值 4. 符合性比较 将得到的误差值与图样上给出的公差值进行比较，判定被测要素对基准的平行度是否合格	1. 本图例中，采用直接法（基准要素本身）作基准，会产生定向误差，测量基准不确定度。2. 其余各注说明同本表序号的1、2、3,5

（续）

序号	图 例	测量装置	检测与验证方案（图示）	检测操作集	备 注
4**	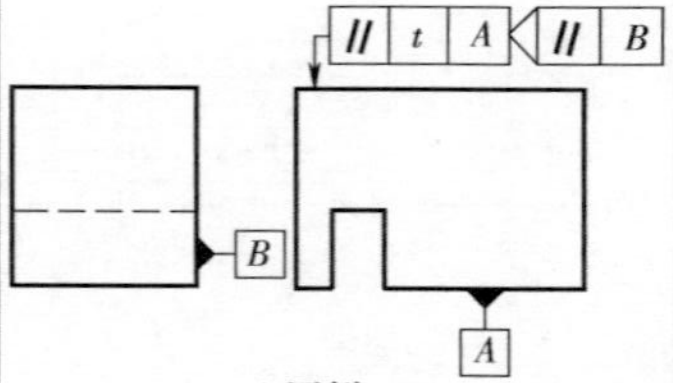 a) 图例 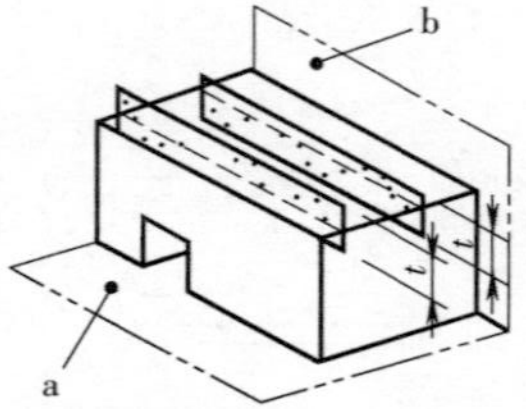 a—基准平面A b—基准平面B b) 公差带	坐标测量机	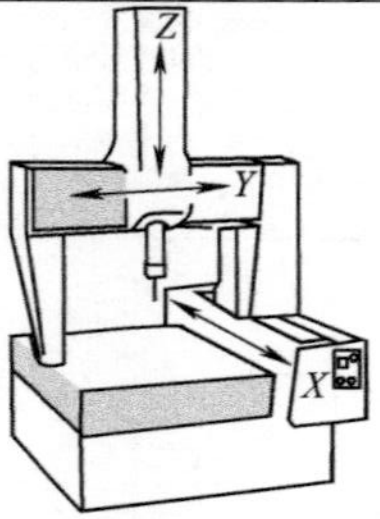 a) 测量方案 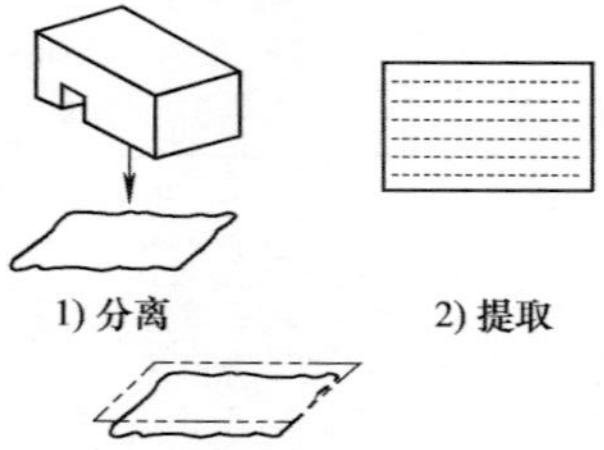 1) 分离 2) 提取 3) 拟合 b) 基准体现过程 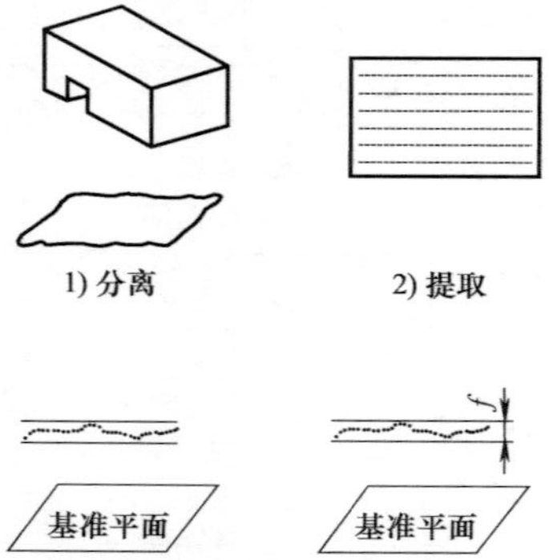 1) 分离 2) 提取 3) 拟合 4) 评估 c) 被测要素测量与评估过程	1. 预备工作 将被测件稳定地放置在坐标测量机工作台上。 2. 基准体现 1) 分离：确定基准要素A的提取界限 2) 提取：按一定的提取方案（如平行线方案）对基准要素A进行提取，得到基准要素A的提取表面 3) 拟合：采用最小区域法对提取表面在实体外进行拟合，得到其拟合平面，并以此平面体现基准A 3. 被测要素测量及评估 1) 分离：确定被测表面及其测量界限 2) 提取：沿与平面A和平面B平行的方向，采用布点方案对被测表面进行测量，获得提取线 3) 拟合：在与基准A平行的约束下，采用最小区域法对提取线进行拟合，获得被测特征的拟合平行线（即定向最小区域） 4) 评估：包容提取线的两定向平行线之间的距离，即平行度误差值 将得到的误差值与图样上给出的公差值进行比较，判定被测要素对基准的平行度是否合格	1. 在体现基准的拟合操作中，缺省的拟合方法有最小外接法（对于被包容面）、最大内切法（对于包容面）或实体外约束的最小区域法（对于平面、曲面）等，详见3.2.4节 2. 图例中的 表示被测要素B提取表面上与基准B平行与测量表面的直线，其测量方向为基准B平行 3. 其余备注说明同本表序号的1、备注1、2、3，5

（续）

序号	图　例	测量装置	检测与验证方案（图示）	检验操作集	备　注
5*	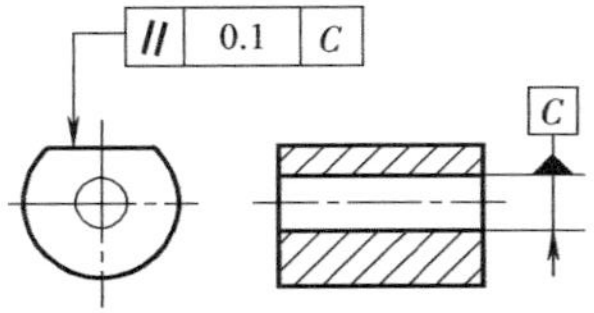 　a) 图例 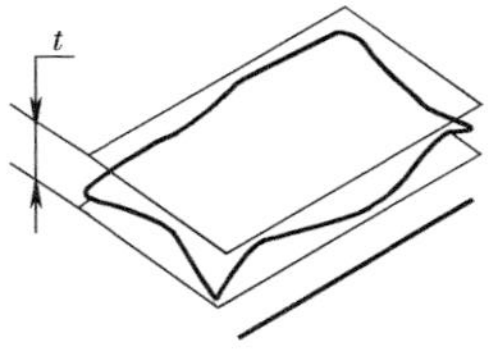　　b) 公差带	坐标测量机	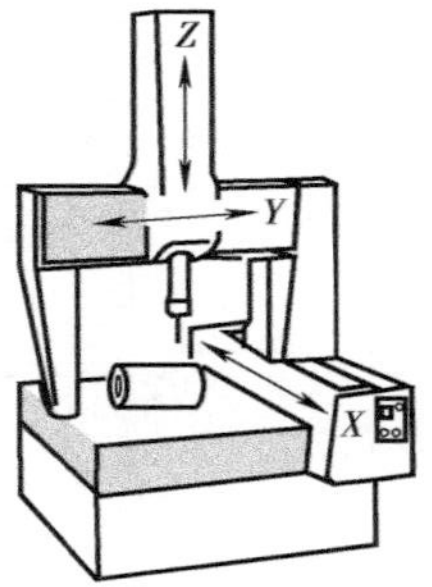 　a) 测量方案 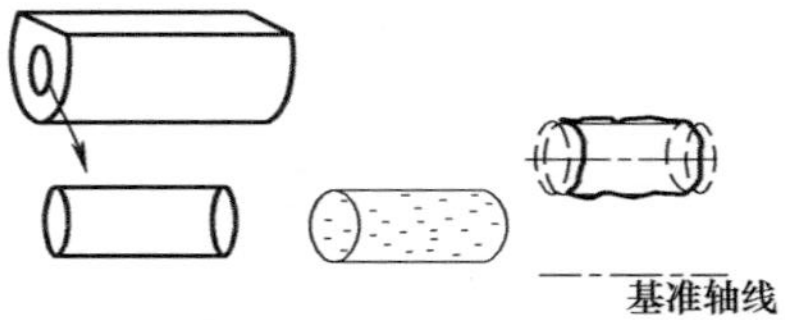　b) 基准体现过程 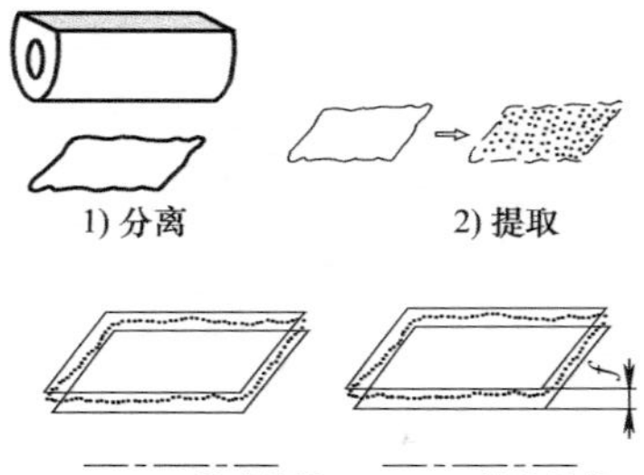　c) 被测要素测量与评估过程	1. 预备工作 将被测工件稳定地放置在坐标测量机工作台上 2. 基准体现 1) 分离：确定基准要素 C 及其测量界限 2) 提取：按一定的提取方案对提取圆柱面进行提取，得到提取圆柱面 3) 拟合：采用最大内切法对提取的内圆柱面在实体外进行拟合，得到其导出轴线以此拟合轴线为拟合体现基准 C 3. 被测要素测量与评估 1) 分离：确定被测表面及其测量界限 2) 提取：沿与基准轴线 C 平行的方向，采用布点方案对提取被测表面进行测量，获得提取被测表面 3) 拟合：在与基准 C 平行的约束下，采用最小区域法对提取特征的方位拟合平面（即获得具有方位特征的拟合平面，即平行平面） 4) 评估：包容提取表面的两定向平行平面之间的距离，即平行度误差值 4. 符合性比较 将得到的误差值与图样上给出的公差值进行比较，判定被测要素对基准平行度是否合格	1. 在体现基准的操作中，缺省的基准的拟合方法有最小外接法（对于包容被测实体外面），或最大内切法（对于内表面），最小区域法（对于约束的最小区域面于平面、曲面）等，详见3.2.4节 2. 备注说明同本表序号1备注的1、2、3、5

（续）

序号	图　　例	测量装置	检测与验证方案（图示）	检验操作集	备　　注
6	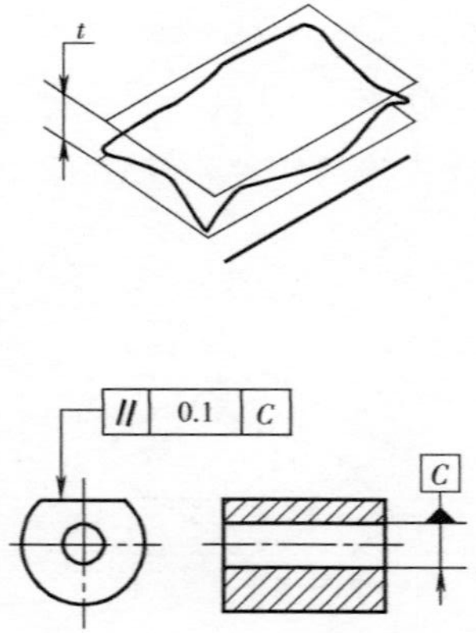	1. 平板 2. 等高支承 3. 心轴 4. 带指示计的测量架	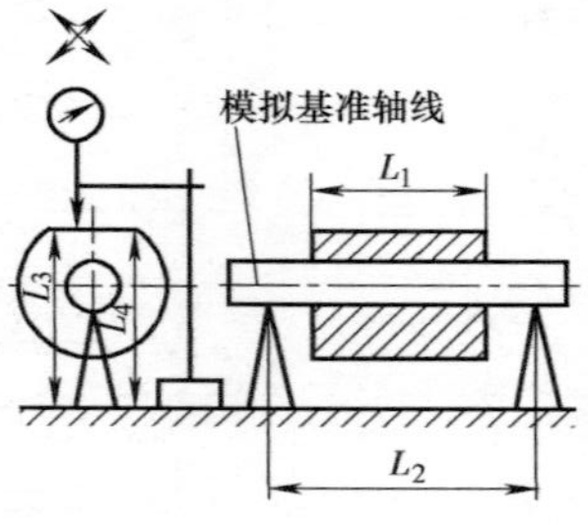 a）测量方案 b）基准体现过程 （采用心轴体现基准） c）被测要素测量与评估过程 （参见本表序号 5）	1. 预备工作 基准要素由心轴模拟体现。安装心轴，且尽可能使心轴与基准孔之间的最大间隙为最小；将等高支承支承在心轴上，调整（转动）被测件使 $L_3=L_4$ 2. 基准体现 采用心轴（模拟基准要素）体现基准 C 3. 被测要素测量与评估 1）分离：确定被测表面及其测量界限 2）提取：选择一定的提取方案对被测表面进行测量，获得提取表面 3）拟合：在给定方向上保持与基准 C 平行的约束下，采用最小区域法对提取表面进行拟合，获得具有方位特征的拟合平行平面（即定向最小区域） 4）评估：包容提取表面的两定向平行平面之间的距离，即平行度误差值 4. 符合性比较 将得到的误差值与图样上给出的公差值进行比较，判定被测轴线对基准的平行度是否合格	备注说明同本表序号1的备注
7	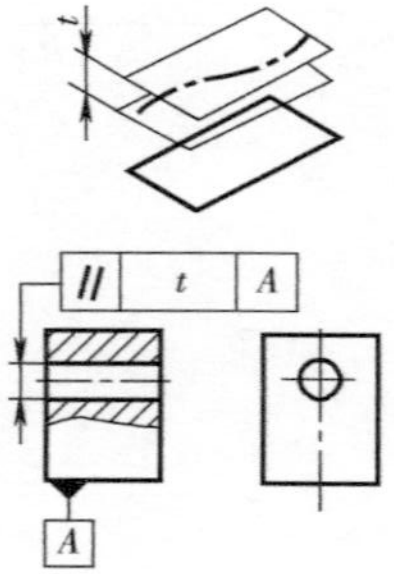	1. 平板 2. 带指示计的测量架 3. 心轴	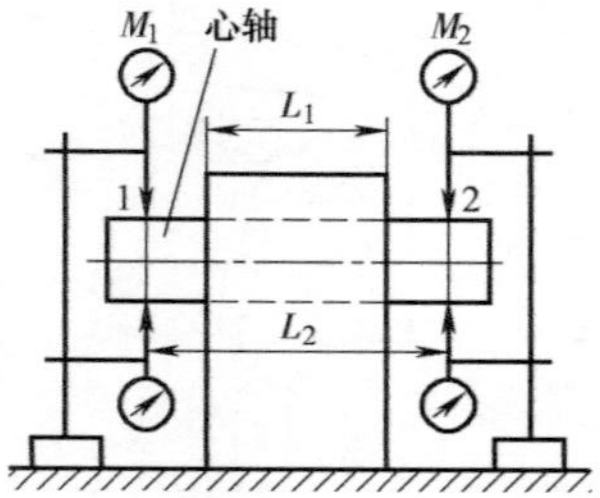	1. 预备工作 将被测件稳定地放置在平板上，且尽可能保持基准表面与平板表面之间的最大距离为最小。安装心轴，且尽可能使心轴与被测孔之间的最大间隙为最小，被测孔的轴线由心轴模拟 2. 基准体现 采用平板（模拟基准要素）体现基准 A 3. 被测要素测量与评估 1）分离：确定被测要素的模拟被测要素（心轴）及其测量界限 2）提取：在轴向相距为 L_2 的两个垂直于基准平面 A 的正截面上测量，分别记录测位 1 和测位 2 上的指示计示值差 M_1 和 M_2 3）评估：平行度误差值按下式进行计算得到： $$f=\frac{L_1}{2L_2}\lvert M_1-M_2\rvert$$ 4. 符合性比较 将得到的给定方向的平行度误差值与图样上给出的公差值进行比较，判定被测要素对基准的给定方向的平行度是否合格	该方案中： 1. 被测要素由心轴模拟体现。通过对模拟被测要素（心轴）的提取、拟合及组合等操作，获得被测要素的提取导出要素（中心线） 2. 该方法是一种简便实用的检测方法，但由于该方法不是直接对被测要素的组成要素进行提取，且提取部位与被测要素不完全重合，由此会产生相应的测量不确定度 3. 在模拟被测要素（心轴）上，提取截面之间的距离与被测要素的长度不等时，其平行度误差值的评估需按比例折算 4. 其余备注说明同本表序号 1 备注的 1、2、3、5

（续）

序号	图　例	测量装置	检测与验证方案（图示）	检验操作集	备　注
8	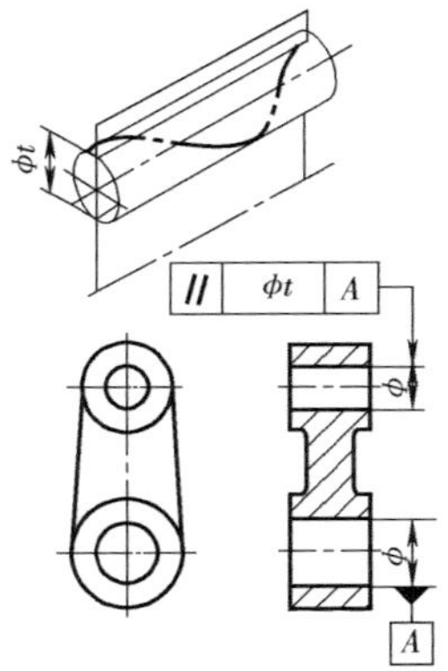	1. 平板 2. 心轴 3. 等高支承 4. 带指示计的测量架	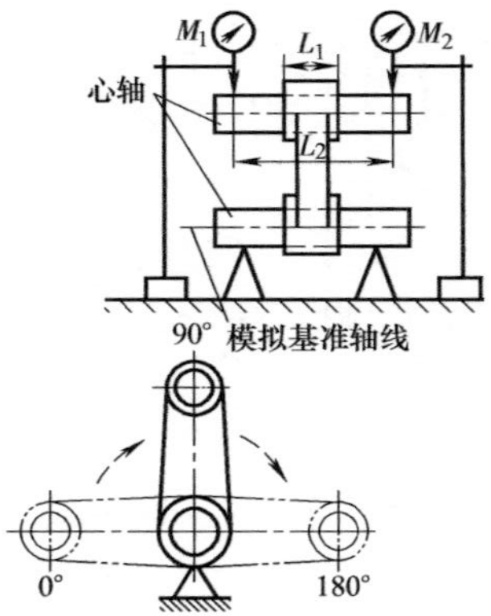	1. 预备工作 被测要素和基准要素均由心轴模拟体现。安装心轴，且尽可能使心轴与基准孔、心轴与被测孔之间的最大间隙为最小；采用等高支承将模拟基准要素的心轴调整至与平板平面平行的方向上 2. 基准体现 采用心轴（模拟基准要素）体现基准 *A* 3. 被测要素测量与评估 1）分离：确定被测要素的模拟被测要素（心轴）及其测量界限 2）提取：在靠近被测件两端面的两个截面（距离为 L_2）或多个截面上，按截面圆周法提取方案对模拟被测要素（心轴）进行提取操作，得到被测要素的各提取截面圆 3）拟合：采用最小二乘法对被测要素的各提取截面圆分别进行拟合，得到各提取截面圆的圆心 4）组合：将各提取截面圆的圆心进行组合，得到被测要素的提取导出要素（中心线） 5）拟合：在与基准 *A* 平行的约束下，采用最小区域法对提取导出要素（中心线）进行拟合，获得具有方位特征的拟合圆柱面（即定向最小区域） 6）评估：包容提取导出要素（中心线）的定向拟合圆柱面的直径即为平行度误差值 4. 符合性比较 将得到的误差值与图样上给出的公差值进行比较，判定被测要素对基准的平行度是否合格	该方案中被测要素和基准要素均由心轴模拟体现 其余备注说明同本表序号 6 的备注

（续）

序号	图　　例	测量装置	检测与验证方案（图示）	检验操作集	备　注
9*	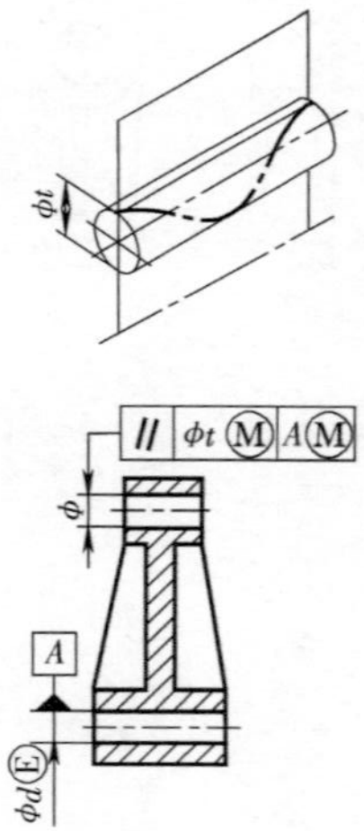	1. 功能量规 2. 千分尺	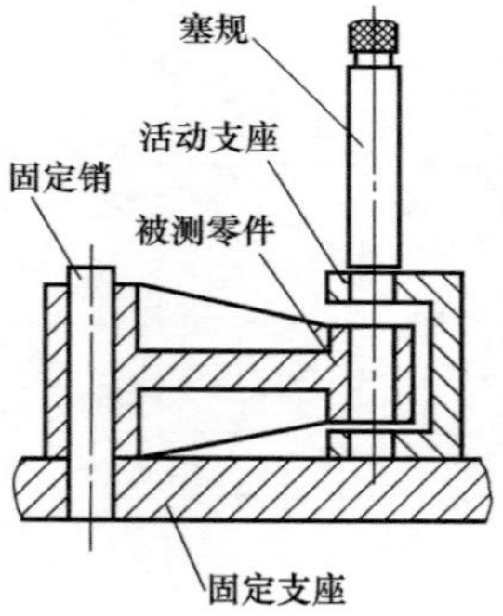	1. 预备工作 采用插入型功能量规。将被测件放置在固定支座上，固定功能销为功能量规的定位部位，活动支座为功能量规的导向部位 2. 基准的体现 用功能量规的定位部位体现基准 3. 基准要素和被测要素的测量与评估 1）采用依次检验方式 固定量规是用来检验基准A的光滑极限量规，其公称尺寸为基准A的最大实体尺寸，将被测件的基准孔套在规的固定定位销上，基准要素A用固定销检验合格后，然后在基准的定向约束下用塞规检验能自由通过被测孔，说明被测要素的平行度误差合格，实际轮廓的平行度误差超差，其体外作用尺寸也合格 2）采用普通计量器具（如千分尺等） 测量被测孔的局部实际尺寸，其任一局部实际尺寸均不得超越其最大实体尺寸和最小实体尺寸 4. 符合性比较 实际尺寸和体外作用尺寸全部合格时，可判定和被测要素合格	1. 该方案是最大实体要求同时应用于被测要素和基准要素的功能检验 2. 检验被测要素的功能量规，其检验部位的公称尺寸为被测要素的最大实体实效尺寸。检验时，如果被测件，说明被测要素实际轮廓的体外作用尺寸合格 3. 检验基准要素的功能量规一般是检验规的定位部位 　若基准要素为中心要素，且基本采用最大实体要求，则功能量规定位部位的尺寸由基准要素的尺寸、形状、方向和位置确定 　实体要求（即：基准本身采用包容要求（如本例）或独立原则），则功能量规定位部位的尺寸、形状、方向和位置由基准要素的最大实体效边界确定 　若基准要素为轮廓要素，则功能量规定位部位的尺寸、形状、方向和位置应与基准要素的理想要素相同（其理想要素由其提取要素的拟合要素或拟合要素体现）取基准要素的拟合要素体现）

图中标注：Ⅱ Φt M A M　Φ　A　①PΦ

5.4.2.8　垂直度误差的检测与验证方案应用示例

表5-20　垂直度误差的检测与验证方案应用示例

序号	图例	测量装置	检测与验证方案(图示)	检验操作集	备注
1	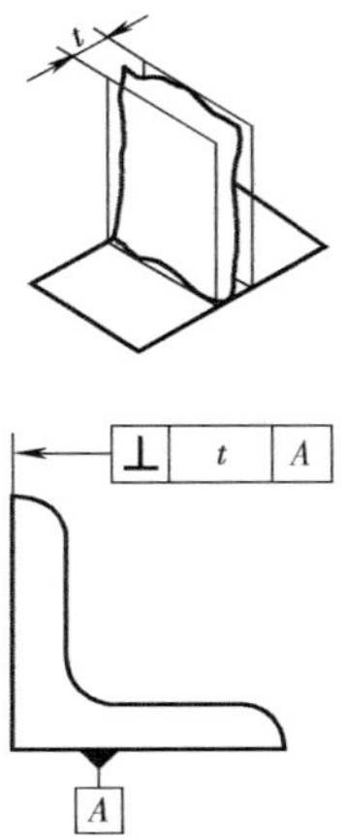	1. 平板 2. 直角座 3. 带指示计的测量架	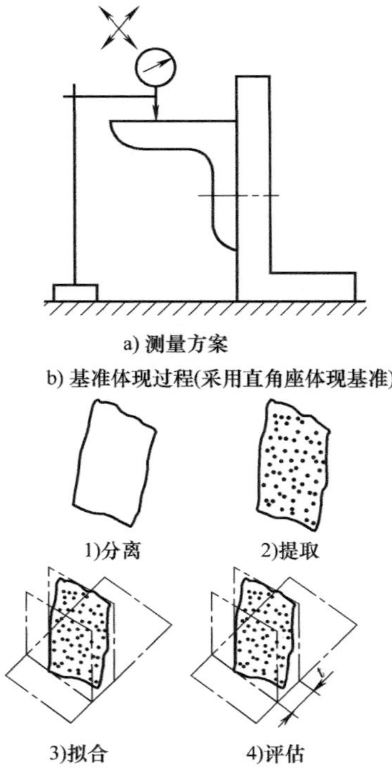 　a) 测量方案 b) 基准体现过程(采用直角座体现基准) 1) 分离　2) 提取　3) 拟合　4) 评估 c) 被测要素测量与评估过程	1. 预备工作 将被测件的基准平面固定在直角座上,同时调整靠近基准表面的指示计示值之差为最小值 2. 基准体现 采用直角座(模拟基准要素)体现基准A 3. 被测要素测量与评估 1) 分离:确定被测表面及其测量界限 2) 提取:选择一定的提取方案(如米字形提取方案),对被测表面进行测量,获得提取表面 3) 拟合:在与基准A垂直的约束下,采用最小区域法对提取特征进行拟合,获得具有方位特征的拟合平行平面(即获得最小区域) 4) 评估:包容提取表面的两平行平面之间的距离,即垂直度误差 4. 符合性比较 将得到的误差值与图样上给出的公差值进行比较,判定被测要素对基准的垂直度是否合格	1. 提取操作:根据被测件的功能工作要求、结构特点和提取操作设备的情况等,参考图5-12选择合理的提取方案进行比如,对被测要素进行数据处理,一般采用等间距提取方案,但也允许采用不等间距提取方案 2. 若在图面后带有最大内切(Ⓧ)、最小二乘(Ⓒ)、贴切(Ⓝ)、最小区域(Ⓖ)、实体外接(Ⓣ)等符号时,则表示该方向公差是对被测要素本身的要求 3. 若方向公差的符号无相应要求,则表示对该方向公差是对拟合要素的要求 4. 该方案中采用模拟基准,简便实用,但会产生基准体现的测量不确定度 5. 根据5.1.6节进行基准要素体现,并依据5.1.7节进行合格评定

（续）

序号	图例	测量装置	检测与验证方案（图示）	检验操作集	备注
2	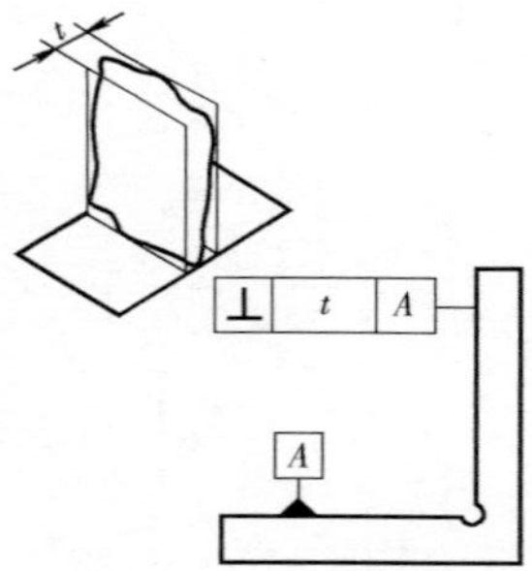	1. 准直望远镜 2. 转向棱镜 3. 瞄准靶	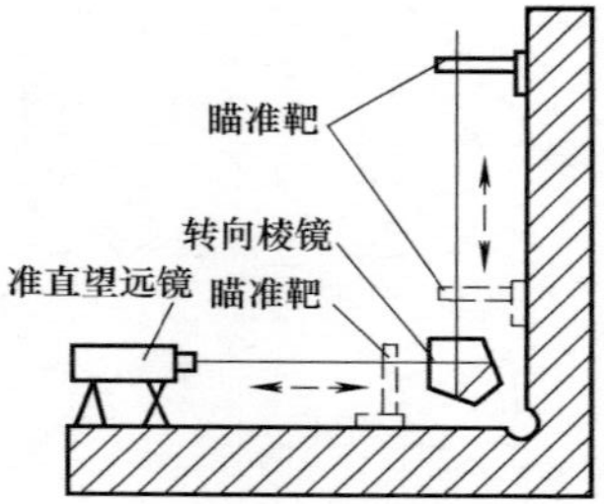	1. 预备工作 将准直望远镜远置在基准表面上，同时调整使其光轴与基准表面平行 2. 采用基准望远镜的光轴测量体现基准A 3. 被测要素提取及其测量界限 1) 分离：确定镜的光轴测量界限 2) 提取：选择一定的提取方案（如：平行线提取方案），对被测表面进行测量，获得被测提取表面 3) 拟合：在最小区域法下拟合，获得拟合平面（即平行平面的拟合特征的拟合平面（即定向最小区域） 4) 评估：包容提取表面的两点间的距离，即垂直度误差 4. 符合性比较，将得到的误差与图样上给出的公差值进行比较，判定被测要素对基准表面的垂直度是否合格	备注说明同本表序号1的备注
3	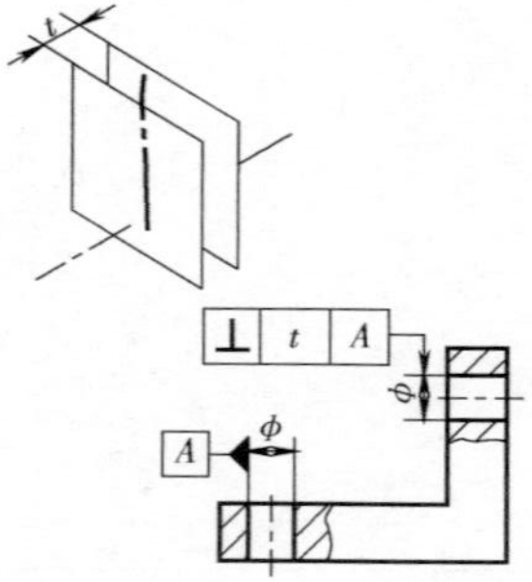	1. 平板 2. 直角尺 3. 心轴 4. 固定和可调支承 5. 带指示计的测量架	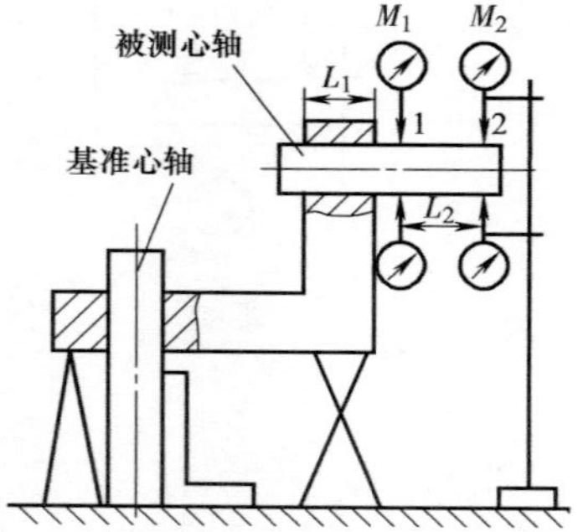	1. 预备工作 基准轴和被测轴线均由心轴模拟。安装心轴，且尽可能使心轴与被测孔、心轴与基准孔之间的间隙为最小，将被测要素放置在等高支承上，并调整使基准轴 2. 采用心轴（模拟轴）体现基准A 3. 数据采集和被测要素（心轴）及其评估 1) 分离：测量界限 2) 提取：在相距为 L_2 的两个平行于测量轴的方向上，分别测量位置 1 和测量位置 2 上的指示示值，记录 M_1 和 M_2 3) 评估：垂直度误差按下式进行计算得到： $$f = \frac{L_1}{2L_2}\lvert M_1 - M_2 \rvert$$ 4. 符合性比较，将得到的误差与图样上给出的公差值进行比较，判定被测要素对基准要素的垂直度是否合格	该方案中： 1. 被测要素（心轴）的提取，获得被测要素及组成该被测要素的提取要素（中心线）。该方法导出该要素的提取要素（中心线） 2. 通过对被测要素（心轴）的提取，获得被测要素拟组成要素，由此提取出与此组合相符的模拟要素（心轴） 3. 在模拟距离与被测要素之间的长度值的评估可按本表序号1、2同的方法进行提取要素的评估，其垂直度误差值折算 4. 其余备注说明同本表序号1、3、5

（续）

序号	图例	测量装置	检测与验证方案（图示）	检验操作集	备注
4*	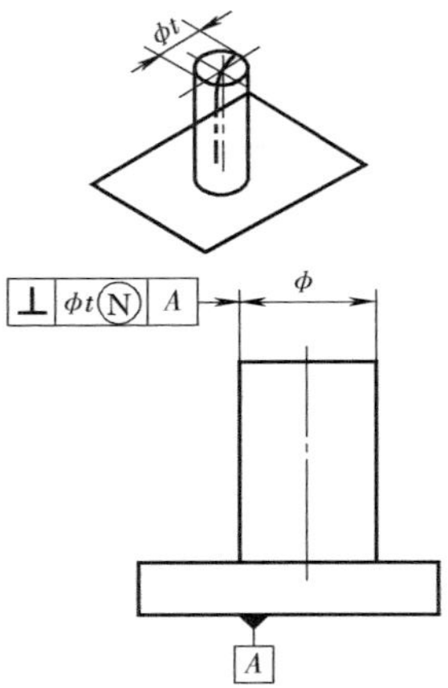	1. 转台 2. 直角座 3. 带指示计的测量架	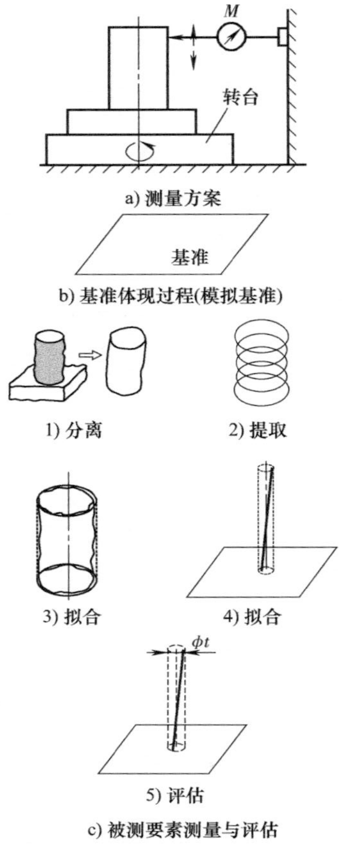 a) 测量方案 b) 基准体现过程（模拟基准） 1) 分离 2) 提取 3) 拟合 4) 拟合 5) 评估 c) 被测要素测量与评估	1. 预备工作 将被测件放置在转台上，对被测件进行调心和调平，使被测件的基准要素与转台平面之间的最大距离为最小，同时被测轴线与转台回转轴线对中 2. 基准体现 采用转台（模拟基准要素）体现基准A 3. 被测要素测量与评估 1) 分离：确定被测要素的组成要素及其测量界限 2) 提取：选择一定的提取方案进行测量，即：测量中心线若干个截面轮廓的测值，获得提取圆柱面 3) 拟合：按图样采样规范，符号Ⓝ要求对被测提取圆柱面采用最小外接法进行拟合，获得具有定位定向的拟合圆柱面（即提取圆柱面的导出要素（轴线）） 4) 拟合：在与基准A垂直的约束下，采用最小区域法用拟合导出要素（轴线）进行拟合，获得具有方位特征的定向的拟合圆柱面（即定向的拟合圆柱面） 5) 评估：包容提取出要素的定向拟合圆柱面的直径，即为被测要素（任意方向）的垂直度误差 4. 符合性比较 将得到的误差值与图样上给出的公差值进行比较，判定被测要素对基准的垂直度是否合格	1. 本图例中，符号Ⓝ表示是对被测要素的最小外接要素有方向公差的要求 2. 其余备注说明同本表序号1的备注

（续）

序号	图例	测量装置	检测与验证方案（图示）	检验操作集	备注
5**	⊥ | ϕt | A （垂直度标注，基准 A，ϕ）	坐标测量机	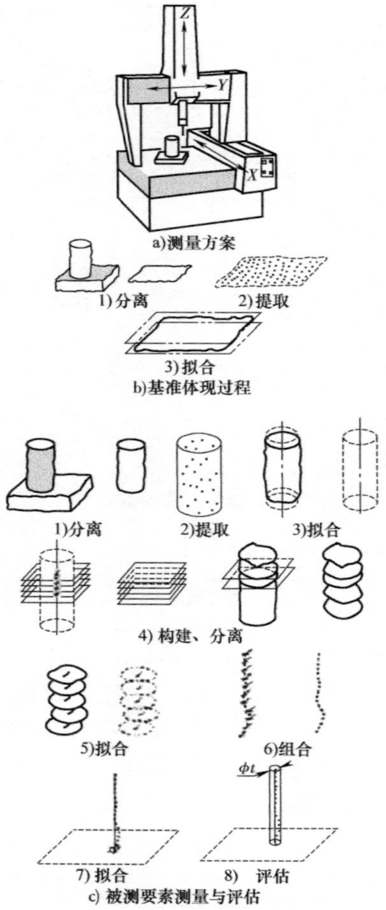 a)测量方案 1)分离 2)提取 3)拟合 b)基准体现过程（1)分离 2)提取 3)拟合 4)构建、5)拟合 6)组合 7)拟合 8)评估）c)被测要素测量与评估	1. 预备工作 将被测件稳定放置在坐标测量机的工作台上。 2. 基准体现 1) 分离：确定基准要素及其测量界限 2) 提取：按一定的提取方案对提取基准要素进行提取，得到基准要素的提取表面 3) 拟合：采用最小区域法对提取表面在实体外进行拟合，得到拟合平面，并以此平面体现基准 A 3. 被测要素测量与评估 1) 分离：确定被测要素的组成要素及其测量界限 2) 提取：选择一定的提取方案进行测量，获得提取圆柱面线的组成要素对提取圆柱面面进行测量 3) 拟合：拟合，获得拟合圆柱面面进行最小二乘法对提取圆柱面面的轴线 4) 构建：通过垂直于拟合圆柱面面的一系列提取截面圆 5) 拟合：采用最小二乘分别对一系列轴线，得到一系列提取截面圆 6) 组合：将各提取截面圆的圆心进行组合，得到直母线的约束要素（中心线） 7) 拟合：在与基准 A 垂直的约束下，采用最小区域法对提取要素进行拟合，获得具有方位特征的定向拟合圆柱面 8) 评估：包容提取导出要素的定向拟合圆柱面的直径，即定向最小区域 4. 符合性比较 将得到的误差值与图样上给出的公差值进行比较，判定被测要素对基准要素的垂直度是否合格	1. 在体现基准的操作中，缺省的拟合准则有最小外接法（对于被包容面）、最大内切法（对于最小外接面）、实体外约束的最小区域法（对于平面、曲面）等。见3.2.4节 2. 其余备注说明同本表序号 1 备注 1、2、3,5

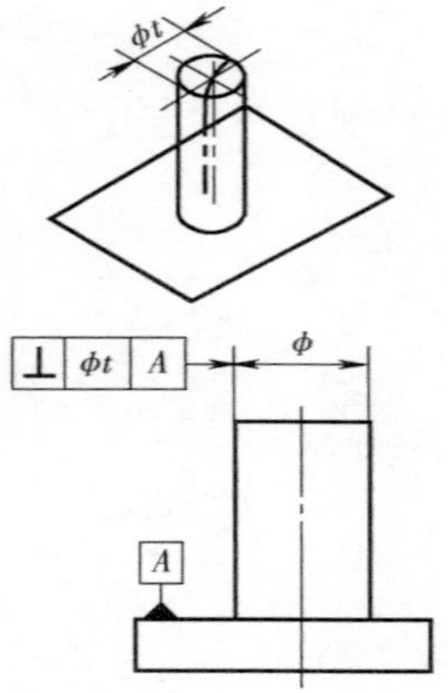

（续）

序号	图例	测量装置	检测与验证方案（图示）	检验操作集	备注
6*	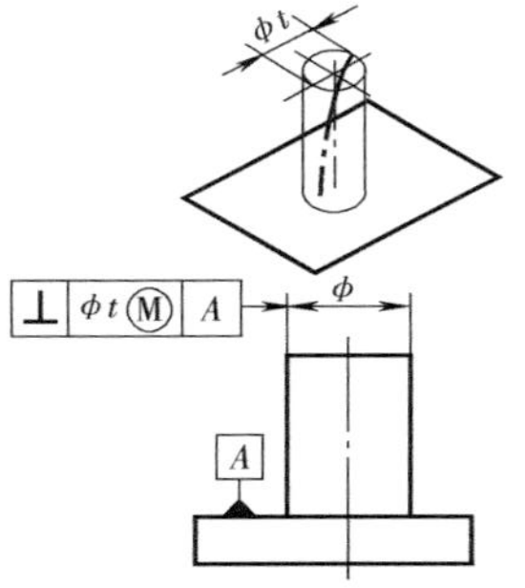 ⊥ φt Ⓜ A（基准 A）	1. 功能量规 2. 千分尺	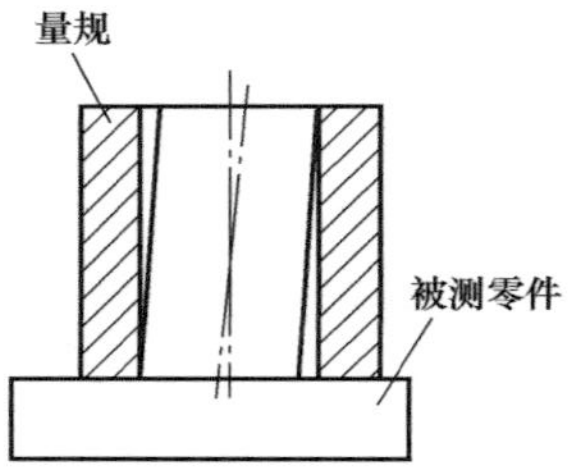 量规、被测零件	1. 预备工作 采用整体型功能量规，将量规套在被测表面上，量规整的定位部位与基准用表面接触，稳定地体现的体现 2. 基准体现 用功能量规的定位部位体现基准 3. 被测要素的检验 1）实际尺寸用普通计量器具（如千分尺等）测量被测要素实际轮廓的局部实际尺寸。其任一局部实际尺寸均不得超过其最大实体尺寸和最小实体尺寸 2）采用功能量规的检验结果，如果被测要素通过功能量规，说明被测要素实际轮廓的体外作用尺寸合格 4. 符合性比较 实际尺寸和体外作用尺寸全部合格时，才可判定被测要素合格	1. 本示例中，最大实体要求应用于被测要素，采用功能量规检验进行 2. 功能量规检验部位要素的公称尺寸为效尺寸，因此，功能量规定位部位的理想位置、形状、方向和位置与基准要素相同 3. 其余度（表5-19）序号9平行度的备注
7*	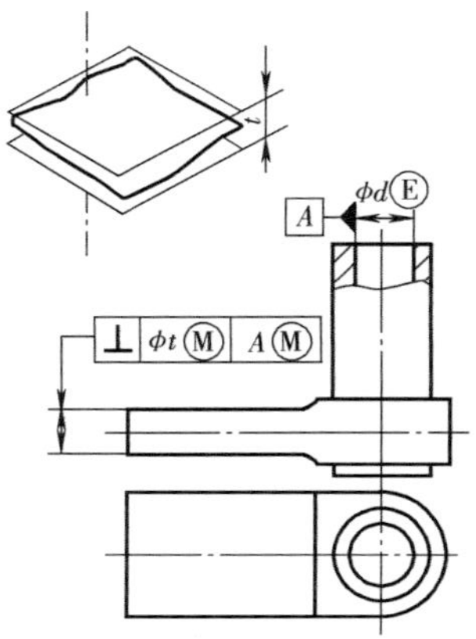 φt Ⓜ A Ⓔ（基准 A）、⊥ φt Ⓜ A Ⓜ	1. 功能量规 2. 千分尺	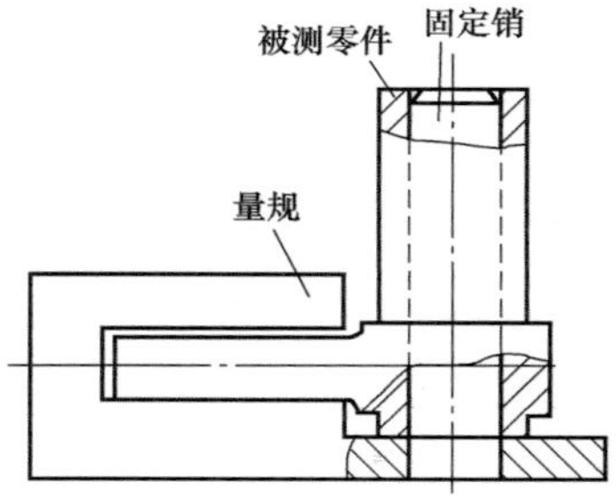 固定销、被测零件、量规	1. 预备工作 采用插入人型功能量规。将被测件放在功能量规的定位部位体现的体现 2. 基准体现 用功能量规支座，固定定销体现的基准 3. 被测要素的检验 1）固定量规用来检验其公称尺寸A的被测孔用固定销，固定销通过被测要素A用固定销检验合格后，然后回转被测要素A的垂直度误差，如果被测要素能自由转动测量被测件的垂直度误差也合格 2）采用普通表面测量A的最小实体尺寸，将被测量规表尺测被测件局部尺寸 4. 符合性比较 实际尺寸和体外作用尺寸全部合格时，可判定被测要素合格 局部实际尺寸不均超过其最大实体尺寸和最小实体尺寸	1. 本示例中最大实体要求应用于基准要素，且要素本身采用了插入检验要素和被测要素的公差，采用依功能量规检验方式分别验证基准要素和被测要素是否合格 2. 功能量规检验部位的公称尺寸为效尺寸，功能量规定位部位的最大实体尺寸 3. 其余备注说明参见（表5-19）序号9平行度的备注

5.4.2.9 倾斜度误差的检测与验证方案应用示例

表5-21 倾斜度误差的检测与验证方案应用示例

序号	图例	测量装置	检测与验证方案（图示）	检验操作集	备注
1	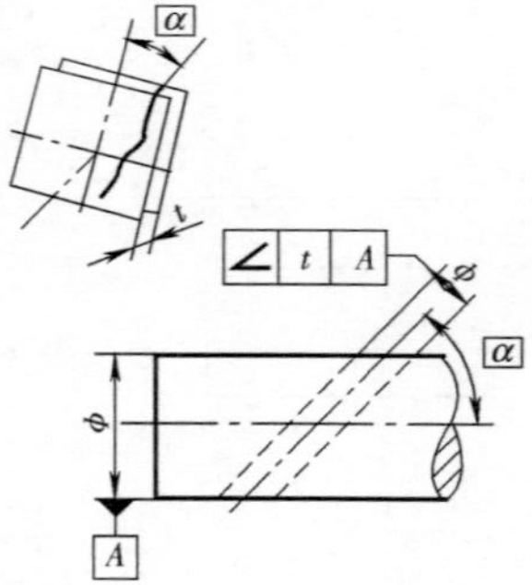	1. 定角样板 2. 心轴 3. 塞尺	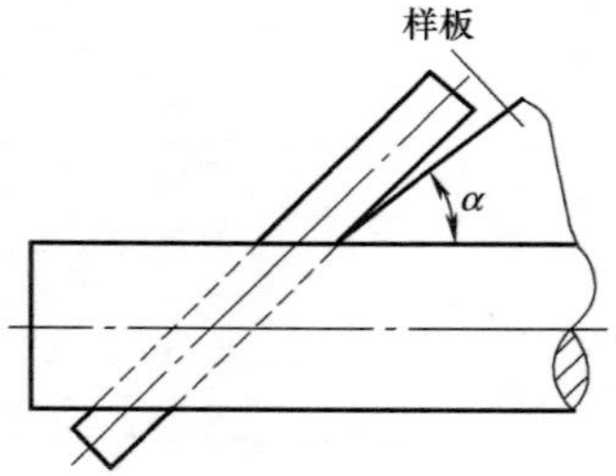	1. 预备工作 被测要素由心轴模拟体现，安装心轴，且尽可能使心轴与被测孔之间的最大间隙为最小 2. 基准的体现 基准轴线由其外圆柱面体现 3. 被测要素测量与评估 1）拟合：在被测件的轴剖面内，将定角样板的一条边（或面）与体现基准的最大圆柱面直接接触使两者之间的最大缝隙为最小 2）评估：用塞尺测量定角样板的另一条边（被测模拟要素）与心轴（或面）的最大缝隙值，该值即为倾斜度误差值 4. 符合性比较 将得到的误差与图样上给出的公差进行比较，判定被测倾斜度是否合格	1. 该方案中，被测要素由心轴模拟体现，安装心轴，采用对被测模拟要素进行提取操作，直接将模拟被测要素（心轴）与定角样板进行比较测量，操作，定角样板是理想要素的实际模拟物 2. 该方案中，也可不评估出误差值大小，直接符合性比较：用评估等于倾斜度公差值的塞尺厚度进行定角样板与被测模拟要素的塞尺测量，如果塞尺不能塞进去，说明倾斜度合格。如果塞尺能塞进去，说明倾斜度不合格 3. 该方案属于倾斜度误差近似，实用的测量方法之一，适用于低精度被测零件的倾斜度测量 4. 根据5.1.6节进行测量误差评估，并依据5.1.7节进行合格度评定

（续）

序号	图例	测量装置	检测与验证方案（图示）	检验操作集	备注
2	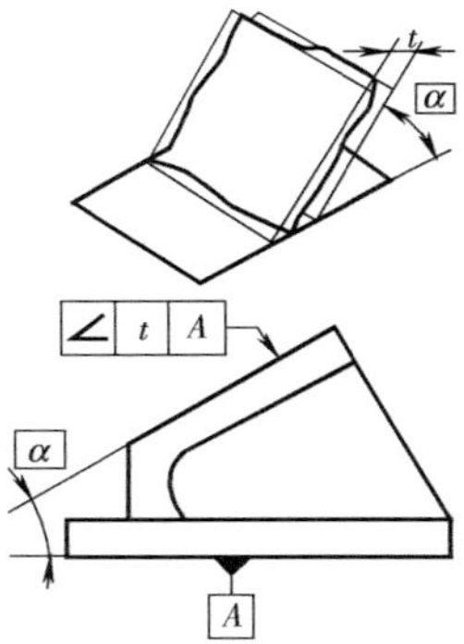 （图：α、∠ t A、A）	1. 平板 2. 定角座（定角座可用正弦尺或精密转台代替） 3. 固定支座 4. 带指示计的测量支架	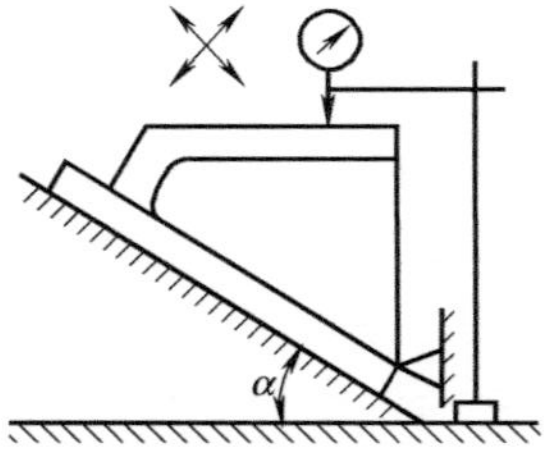 a）测量方案 b）基准体现过程（采用定角座体现基准） 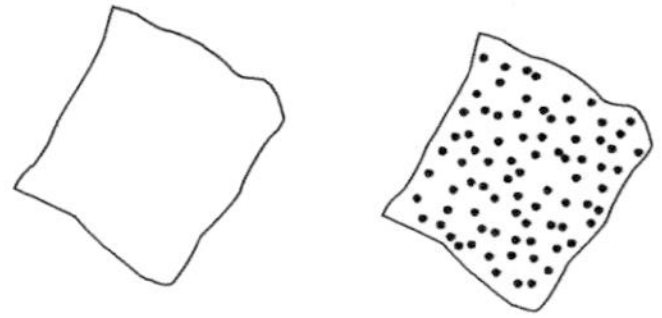 1）分离 2）提取 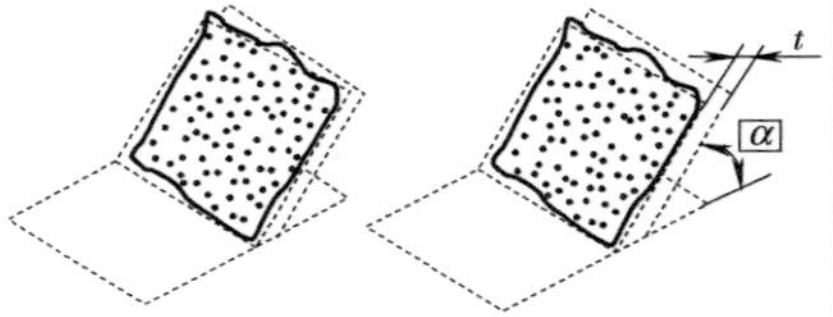 3）拟合 4）评估 c）被测要素测量与评估过程	1. 预备工作 将被测件稳定地放置在定角座上,且尽可能保持基准表面与定角座之间的最大距离为最小 2. 基准体现 采用定角座（模拟基准要素）体现基准A 3. 被测要素测量与评估 1）分离:确定被测表面及其测量界限 2）提取:选择一定的提取方案（如米字形提取方案）,对被测表面进行测量,获得被测表面 3）拟合:包容测得要素的约束下,采用最小区域法对提取被测要素进行拟合,获得具有方位特征的定向拟合平面 4）评估:在与最小区域值向平行平面之间的距离,即被测要素对基准平面的倾斜度误差值 4. 符合性比较 将得到的误差值与图样上给出的公差值进行比较,判定被测要素对基准要素的倾斜度是否合格	1. 提取操作:根据被测工作的功能要求,结合测量点数和提取设备的情况等,参考图5-12选择合理的提取方案。比如,对被测要素进行提取操作时,为便于数据处理,一般采用等距离提取方案,但也允许采用不等间距提取方案。 2. 若在图后面带有最小内切（Ⓧ）、最小外接（Ⓖ）、贴切（Ⓣ）等符号时,则表示该方向公差是对被测要素的拟合要素的。若该方向公差值后面无相应的符号,则表示该方向公差是对被测要素本身的（如本图例）。 3. 对为获得拟合要素方向进行的拟合操作,拟合方法可采用最小区域法。 4. 该方案中采用模拟基准体现基准,但会产生缺省的测量不确定度。 5. 根据5.1.6节进行基准体现评估,简便实用;依据5.1.7节进行合格评定,并对测量不确定度评估

205

（续）

序号	图 例	测量装置	检测与验证方案（图示）	检测操作集	备 注
3	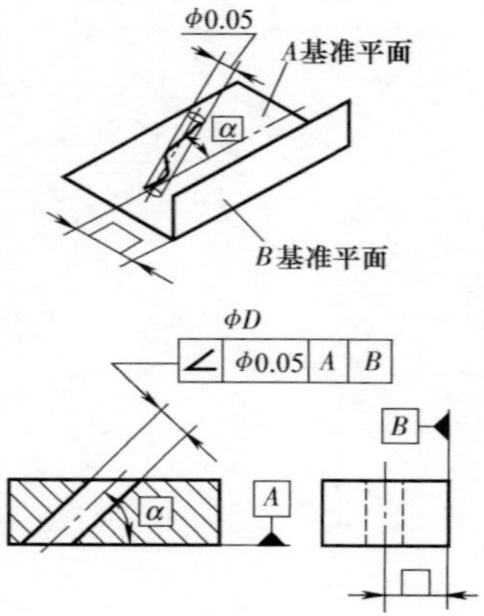	1. 平板 2. 直角座 3. 定角垫块 4. 心轴 6. 带指示示计的测量架	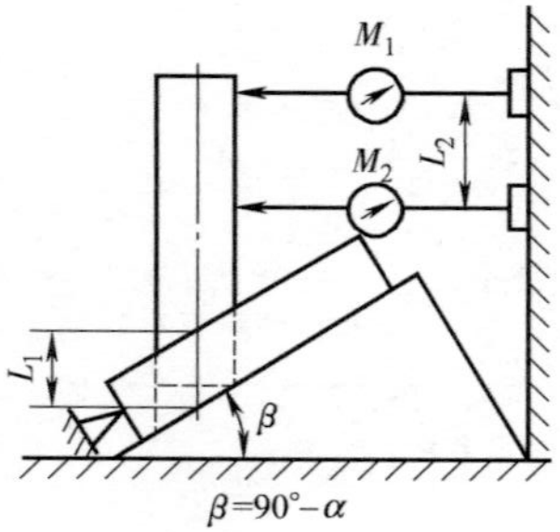	1. 预备工作 将被测件放在直角座的定角垫块表面上，且尽可能保持基准表面与定角垫块之间的最大距离为最小；安装心轴使被测孔之间的最大间隙为最小，基准B稳定接触。被测轴线由心轴模拟。安装心轴，尽可能使心轴与被测孔之间的最大间隙为最小 2. 基准体现 在采用直角座和定角垫块（模拟基准要素）体现基准A的前提下，采用固定支承体现基准B 3. 被测要素测量与评估 1）分离：确定被测要素由心轴模拟的模拟被测要素（心轴）及其测量界限 2）提取：在模拟被测要素（心轴）上，距离为 L_2 的两个截面或多个截面上，按模拟截面圆法对模拟被测要素对模拟截面进行提取操作，得到被测要素的各提取截面圆 3）拟合：采用最小二乘法对提取截面圆分别进行拟合，得到各提取截面圆的提取截面圆心 4）组合：将各提取截面圆的提取截面圆心组合，得到导出要素 5）拟合：在基准A，B和理论正确尺寸（角度）的约束下，采用最小区域法对提取导出要素（中心线）进行拟合，获得具有方位特征的定向圆柱面（即拟合导出要素） 6）评估：包容提取导出要素（中心线）的定向拟合圆柱面的直径即为被测要素的定向倾斜度误差 4. 符合性比较 将得到的误差值与图样上给出的公差值进行比较，判定被测要素对基准的倾斜度是否合格	该方案中： 1. 被测要素由心轴模拟体现通过对模拟被测要素（心轴）的提取，拟合及组合等操作，获得被测要素的提取要素的提取要素（中心线） 2. 该方案是一种简便实用的检测方法，但由于该方法不是直接对被测要素的组成要素进行提取，且提取部位与被测要素不重合，由此会产生与相应的测量不确定度 3. 在模拟被测要素（心轴）上，提取离与被测截面之间的距离与被测截面长度不等时，其倾斜度误差值的评估可按比例折算 4. 其余备注说明同本表序号2

（续）

序号	图　例	测量装置	检测与验证方案（图示）	检验操作集	备　注
4**	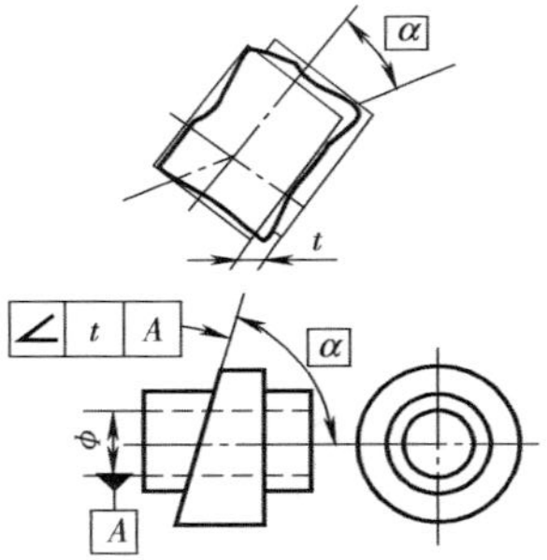	坐标测量机	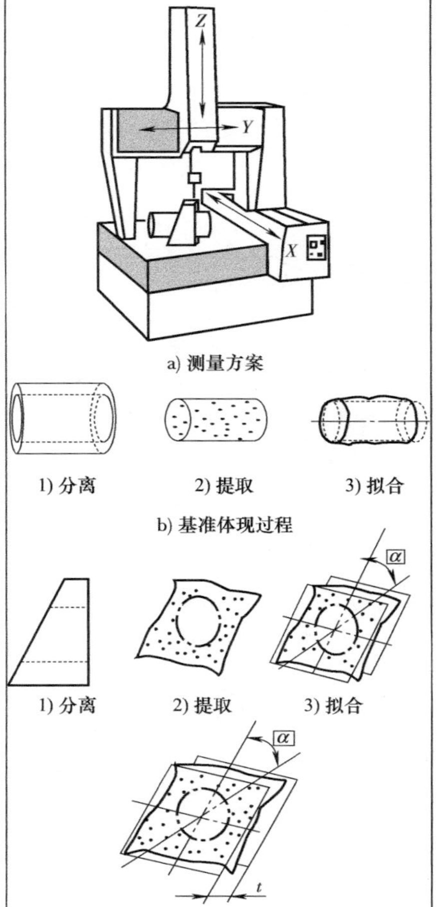 a) 测量方案 1) 分离　2) 提取　3) 拟合 b) 基准体现 1) 分离　2) 提取　3) 拟合 c) 被测要素测量与评估 1) 分离　2) 提取　3) 拟合　4) 评估	1. 预备工作 将被测件放置在坐标测量机工作台上 2. 基准体现 1) 分离：确定基准要素A及其测量界限 2) 提取：按一定的提取方案，得到提取内圆柱面进行提取，得到提取内圆柱面 3) 拟合：采用最大内切法对提取内圆柱面在实体外进行拟合，得到其导出轴线，并以此轴线导出基准A 3. 被测要素测量与评估 1) 分离：确定被测表面及其测量界限，对被测表面进行测量 2) 提取：选择一定的提取方案，获得提取表面 3) 拟合：在基准A及理论正确尺寸α的约束下，采用最小区域法对提取表面进行拟合，获得具有方位特征的定向最小区域） 4) 评估：包容提取平面的两平行平面之间的距离，即被测表面的倾斜度误差值 4. 符合性比较 将得到的误差值与图样上给出的公差值进行比较，判定被测要素对基准的倾斜度是否合格	1. 在体现基准的拟合操作中，缺省的拟合准则有最大外接法（对于被包容面）、最小区域法（对于最小外约束的最大包容面（对于平面、曲面）等。见3.2.4节 2. 其余备注说明同本表序号2备注1、2、3、5

（续）

序号	图　例	测量装置	检测与验证方案（图示）	检验操作集	备　注
5	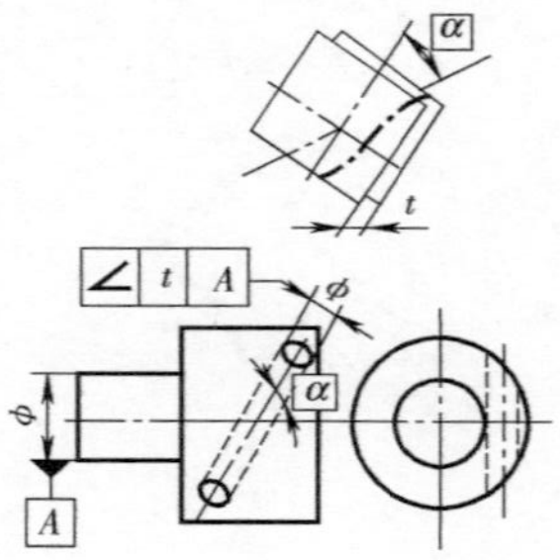	1. 平板 2. 定角导向座 3. 心轴 4. 带指示计的测量架	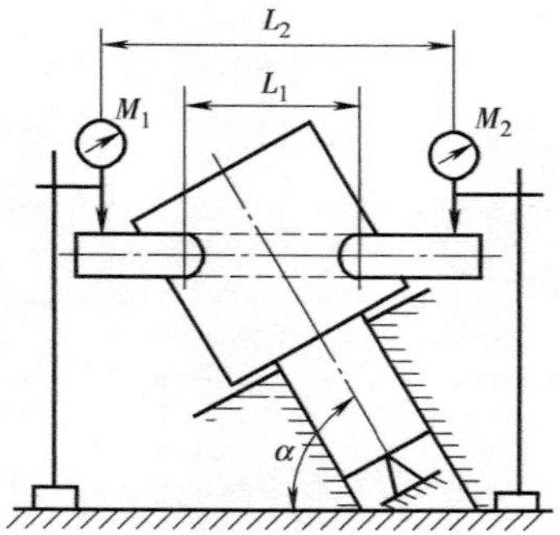	1. 预备工作 基准由定角导向座模拟体现，将被测件放在定角导向座上，调整使心轴平行于测量装置导向座定角 α 所在平面 被测要素由心轴模拟体现，安装心轴，且尽可能使心轴与被测孔之间的最大间隙为最小 2. 基准体现 采用定角导向座（模拟基准要素）体现基准 A 3. 被测要素测量与评估 1）分离：确定被测要素的模拟被测要素（心轴）及其测量界限 2）提取：在模拟被测要素（心轴）上、距离为 L_2 的两个截面或多个截面上，按截面圆周法提取方案对模拟被测要素（心轴）进行提取操作，得到被测要素的各提取截面圆 3）拟合：采用最小二乘法对被测要素的各提取截面圆分别进行拟合，得到各提取截面圆的圆心 4）组合：将各提取截面圆的圆心进行组合，得到被测要素的提取导出要素（中心线） 5）拟合：在基准 A 和理论正确尺寸（角度）的约束下，采用最小区域法对提取导出要素（中心线）在给定方向上进行拟合，获得具有方位特征的定向两拟合平行平面（即定向最小区域） 6）评估：包容提取导出要素（中心线）的定向拟合平行平面的距离，即被测要素给定方向的倾斜度误差值 4. 符合性比较 将得到的误差值与图样上给出的公差值进行比较，判定被测要素对基准的倾斜度是否合格	备注说明同本表序号3的备注

5.4.2.10 同轴度误差的检测与验证方案应用示例

表5-22 同轴度误差的检测与验证方案应用示例

序号	图例	测量装置	检测与验证方案（图示）	检验操作集	备注
1	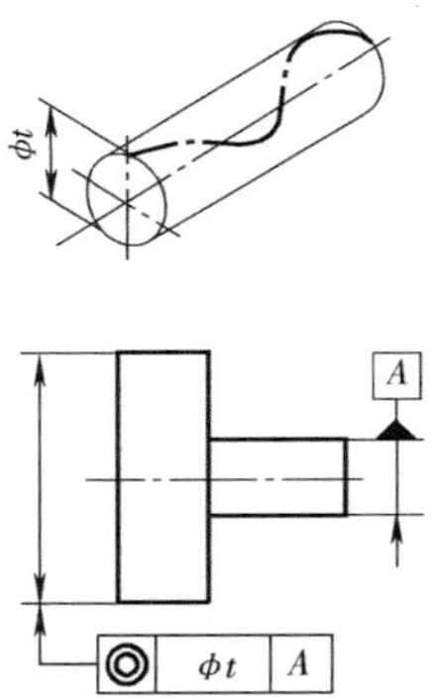	圆柱度仪	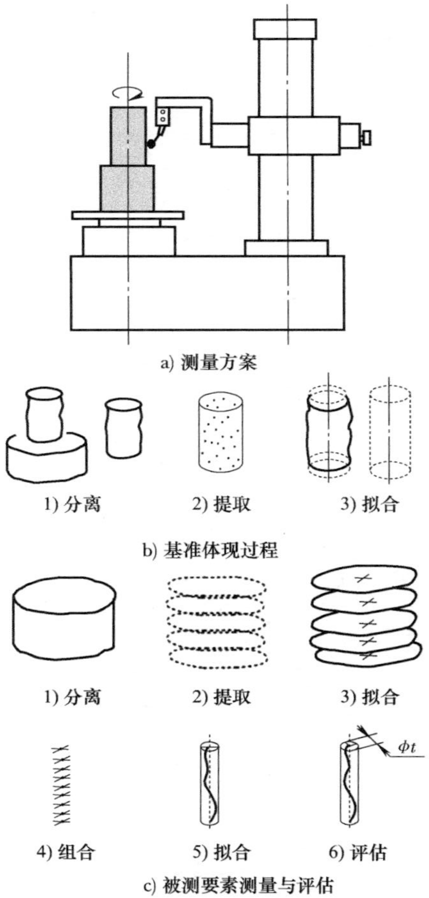 　a) 测量方案　1) 分离　2) 提取　3) 拟合　b) 基准体现过程　1) 分离　2) 提取　3) 拟合　4) 组合　5) 拟合　6) 评估　c) 被测要素测量与评估	1. 预备工作　将被测工件放置在圆柱度仪回转工作台上，并调整被测操作使其基准轴线与工作台回转中心同轴　2. 基准界限　1) 分离：确定基准要素（组成要素）及其界限　2) 提取：采用同向回转轴线，对基准截面进行测量，得到基准体现圆柱面　3) 拟合：对实体外采用最小外接圆柱对提取的组成要素（方位要素）体现基准，得到拟合圆柱面的轴线，并以此体现基准　3. 被测量　共其界限　1) 分离：确定被测要素及其界限　2) 提取：采用同向回转轴线，对被测截面进行测量，获得被测量要素的组成要素及拟合圆　3) 拟合：对各提取截面圆的圆心进行拟合，得到一系列提取截面圆圆心　4) 组合：对各提取的被测要素圆心进行组合，获得被测要素的提取导出要素　5) 拟合：在以基准为基准的约束下，采用最小区域法对提取要素特征导出被测要素的拟合圆柱面　6) 评估：包容直径，即得到被测同轴度误差值　4. 符合性比较　将得到的同轴度误差值与图样上给出的公差值进行比较，判定被测量对基准 A 的同轴度是否合格	1. 提取操作：根据被测工件的功能要求、结构特点和提取设备的情况等，参考图5-12选择合理，对被测操作进行提取方案的选择，一般采用等间距提取方案，但也允许采用不等间距提取方案　2. 拟合操作，拟合方法有最小二乘法、最小外接法，图样上未明确规定或缺省约定采用最小二乘法　3. 位置误差值的评估，拟合操作方法进行位置约定采用最小区域法　公差符号上带最大实体要求（Ⓜ）、最小实体（Ⓛ）、相切平面（Ⓣ）等符号时，则被测要素对该位置有要求（如本图例）　4. 若在图样上带最大实内接位置有要求，则表示被测要素的缺省位置约定采用最小区域法　5. 位置误差值，拟合定采用位置评定　6. 根据5.1.6节进行测量不确定度评估，并依据5.1.7节进行合格评定

（续）

序号	图例	测量装置	检测与验证方案（图示）	检验操作集	备注
2***	◎ ϕt | A-B ；ϕ；A；B	坐标测量机	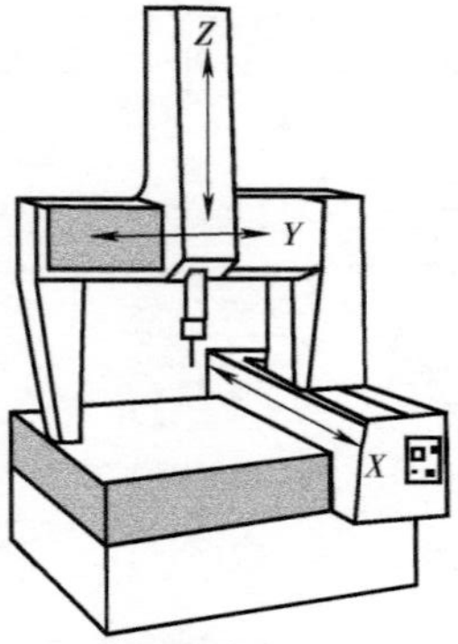 a）测量方案：1）分离 2）提取 3）拟合 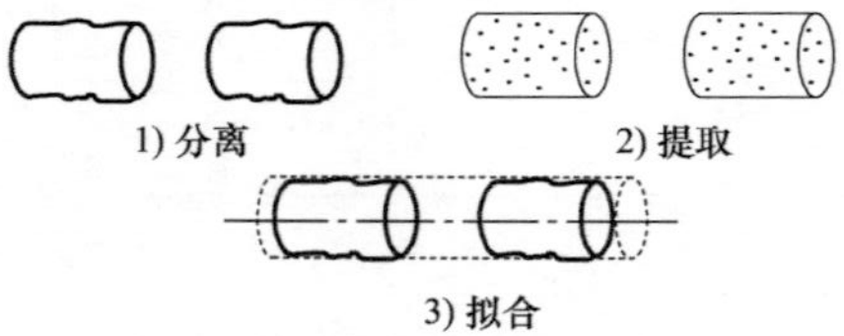 b）基准体现过程：1）分离 2）提取 3）拟合 4）构建 5）分离 6）提取 7）拟合 8）组合 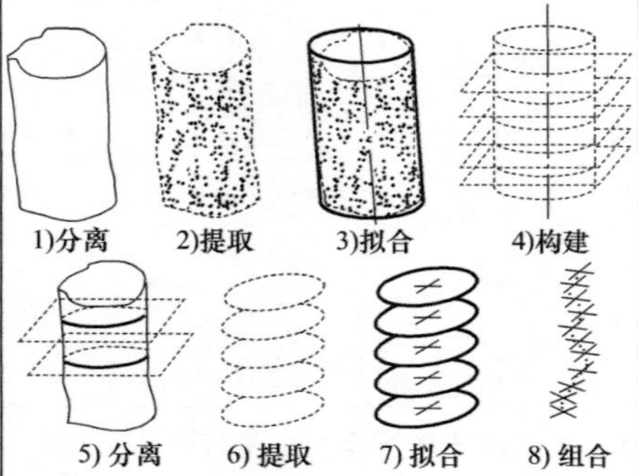	1. 预备工作 被测件放置在坐标测量机工作台上 2. 基准体现 1）分离：确定基准要素（组成要素）及其测量界限 2）提取：采用一定的提取方案，分别对基准要素 A、B 进行测量，得到基准要素 3）拟合：采用一组同轴圆柱组成要素采用最小外接法进行拟合，得到拟合要素（轴线），并以此共有的拟合的轴线体现基准 $A-B$ 3. 被测要素测量与评估 1）分离：确定被测要素的组成要素及其测量界限 2）提取：选择一定的提取方案对被测要素进行测量，获得提取中心线（轴线）的组成的圆柱圆柱面 3）拟合：采用最小二乘对提取圆柱面进行拟合，获得拟合圆柱面 4）构建：提取，通过构建和分离操作，获得一系列提取截面圆 5）拟合：采用最小二乘法分别对一系列提取截面圆进行拟合，得到一系列截面圆圆心 6）组合：将各截面圆的圆心进行组合，获得导出要素的提取导出线（轴线） 7）拟合：在与基准 $A-B$ 同轴的约束下，采用最小区域法对被测要素的提取导出要素（轴线）进行拟合，获得具有方位特征（即拟合圆柱的拟定位最小方位特征区域）	该方案中： 1. 为体现图中 $A-B$ 公共基准轴线的拟合操作，必须在保证方向和/或位置约束的前提下，同时对 A 和 B 的提取组成要素进行拟合，获得共有的拟合（共有的）方位要素组合要素体现公共基准线 $A-B$ 2. 其余备注说明同本表序号 1 的备注

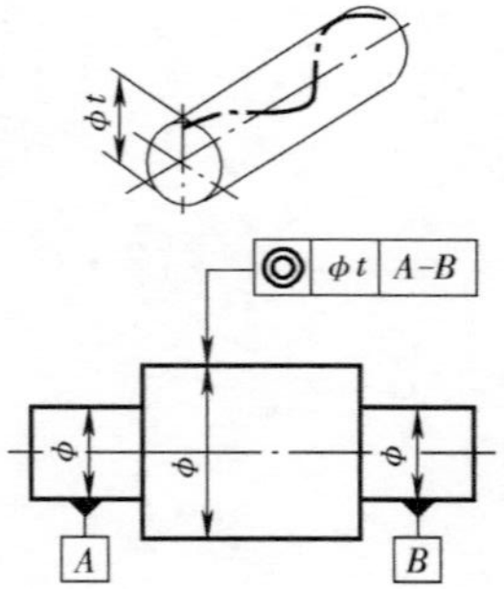

（续）

序号	图　例	测量装置	检测与验证方案（图示）	检验操作集	备　注
2**	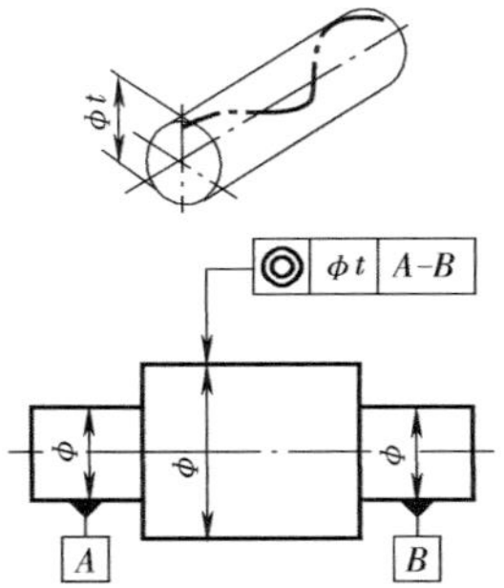 ϕt A−B ◎ 的图例	坐标测量机	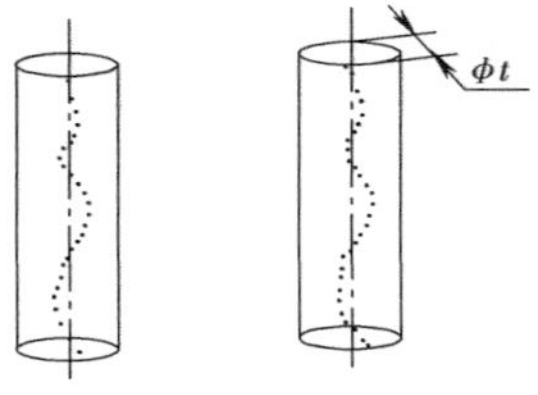 9）拟合　10）评估　c）被测要素测量与评估	8）评估：具有方位特征的拟合圆柱的公称拟合圆柱的直径，即同轴度误差值 4．符合性比较 将得到的误差值与图样上给出的公差值进行比较，判定被测要素对基准的同轴度是否合格	该方案中： 1．为体现图中 A−B 公共基准轴线的拟合，必须在保证方向和/或位置约束的前提下，同时对 A 和 B 的提取组成要素进行拟合，获得拟合要素（共有组成要素）体现公共基准轴线 A−B 2．其余备注同本表序号1的备注
3	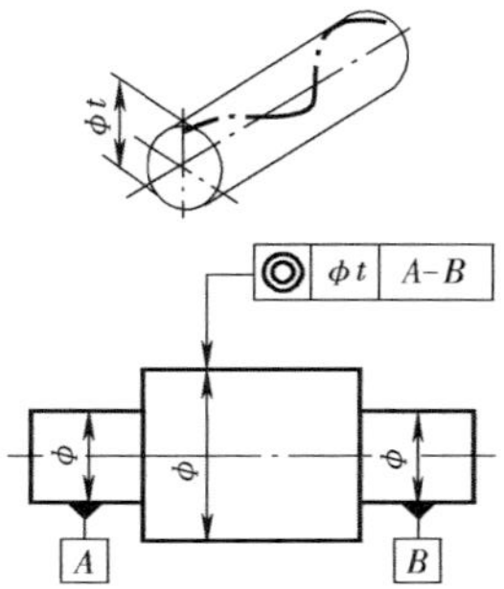 ϕt A−B ◎ 的图例	1．一对同轴导向套筒 2．平板 3．支承 4．带指示计的测量架	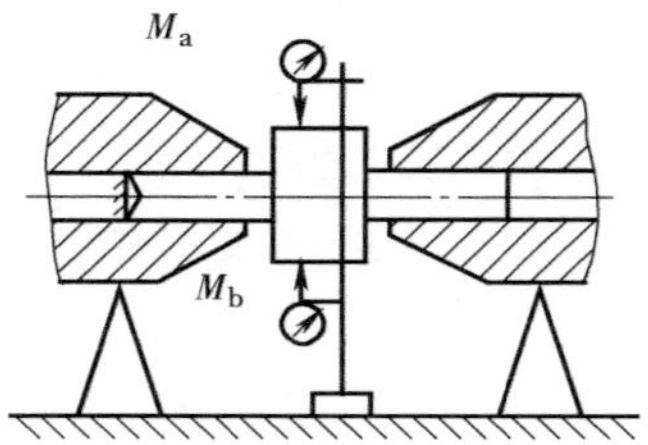 M_a　M_b	1．预备工作 采用一对同轴导向套筒模拟公共基准轴线 A−B，将两指示计分别在铅垂轴截面内相对于基准轴线对称地分别调零 2．基准体现 采用一对同轴导向套筒（模拟公共基准要素）体现公共基准轴线 A−B 3．被测要素测量与评估 1）分离：确定被测要素的组成要素及其测量界限 2）提取：测头垂直于回转轴线，采用周向等间距提取方案对被测各测量点的组成要素进行测量，记录各测量点 M_a、M_b 值 3）评估：以各圆截面上测得测量点的差值 |M_a−M_b| 的最大值作为该圆截面的同轴度误差 按各圆截面上测得的示值，取各截面测得的示值差绝对值中的最大值作为该圆截面对应的最大圆截面测得被测要素对基准的同轴度误差 4．符合性比较 将上述同轴度误差值与图样上给出的公差值进行比较，判定被测要素对基准 A−B 的同轴度是否合格	该方案中： 1．采用一对（模拟）导向套筒实现基准 A−B 时，一对基准轴导向套筒对应相配的轴线基准轴线拟合会引起相应的测量不确定度 2．其余备注同本表序号1的备注

（续）

序号	图例	测量装置	检测与验证方案（图示）	检验操作集	备 注
4*	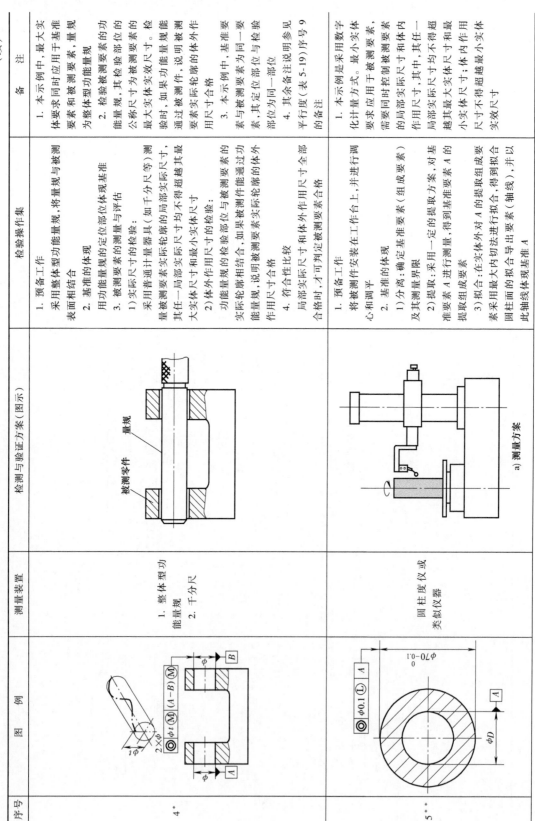	1. 整体型功能量规 2. 千分尺	量规 被测零件	1. 预备工作 采用整体型功能量规，将量规与被测表面相结合 2. 基准的体现 用功能量规的定位部体现基准 3. 被测要素的测量与评估 1) 实际尺寸的检验： 采用普通计量器具（如千分尺等）测量被测要素实际轮廓的局部实际尺寸，其任一局部实际尺寸均不得超越其最大实体尺寸和最小实体尺寸 2) 体外作用尺寸的检验： 功能量规的检验部位与被测要素的实际轮廓相结合，如果被测要素实际轮廓能通过功能量规，说明被测要素实际轮廓的体外作用尺寸合格 4. 符合性比较 局部实际尺寸和体外作用尺寸全部合格时，才可判定被测要素合格	1. 本示例中，最大实体要求同时应用于基准要素和被测要素，量规为整体型功能量规 2. 检验被测要素位置的功能量规，其检验部位为被测要素的最大实体实效尺寸。检验时，如果被测件通过量规，说明被测实际要素用尺寸合格 3. 本示例中，基准要素为被测要素，其定位部位与同一要素，其定位部位同一部位 4. 其余备注说明参见平行度（表5-19）序号9的备注
5**	φ70 0/-0.1 ⌾ φ0.1 Ⓛ A φD A	圆柱度仪或类似仪器	a) 测量方案	1. 预备工作 将被测件安装在工作台上，并进行调心和调平 2. 基准的体现 1) 分离：确定基准要素及其测量界限 2) 提取：采用一定的提取方案，得到基准要素 A 的提取组成要素 3) 拟合：采用最大内切法进行拟合，得到拟合要素。对基准要素 A 在实体外对 A 的提取组成要素采用最大内切的拟合导出要素（轴线），并以此轴线作为体现基准 A	1. 本示例是采用数字化计量方式，需要同时整体应用于被测要素，需要同时应用于被测要素的局部实际尺寸和其任一作用尺寸，其中，其任一局部实际尺寸不得超越其最大实体尺寸；体内作用尺寸不得超越最小实体实效尺寸

（续）

序号	图例	测量装置	检测与验证方案（图示）	检验操作集	备注
5**	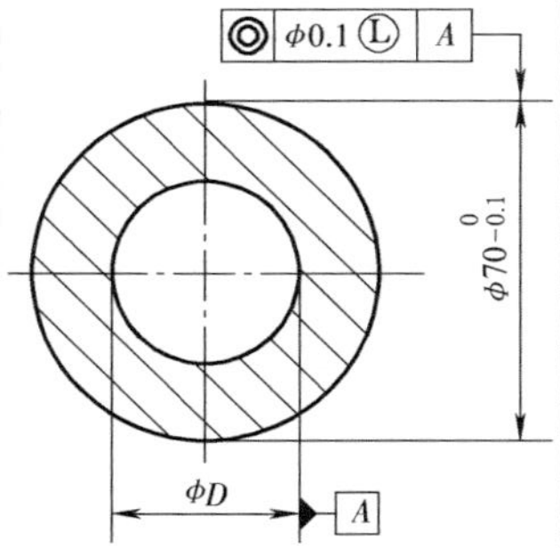 ⊙ $\phi0.1$ Ⓛ A $\phi70_{-0.1}^{\ 0}$ ϕD A	圆柱度仪或类似仪器	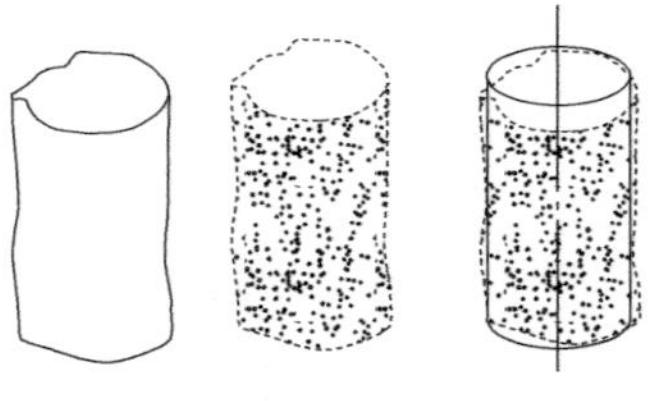 1) 分离　2) 提取　3) 拟合 b) 基准体现过程 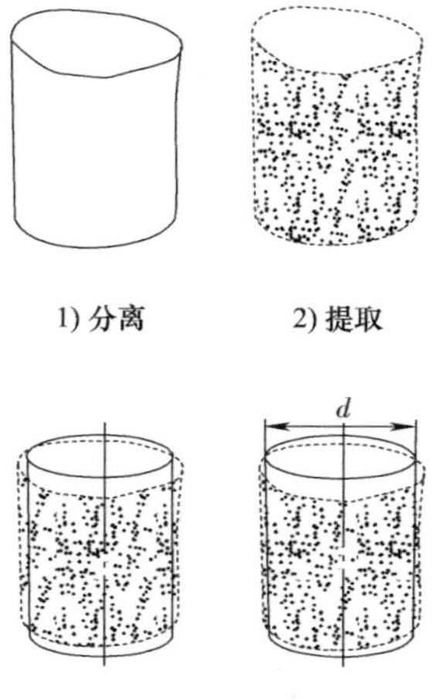 1) 分离　2) 提取　3) 拟合　4) 评估 c) 被测要素测量与评估	3. 被测要素的测量与评估 1) 分离：确定被测要素的组成要素及其测量界限 2) 提取：采用一定的提取方案，对被测要素进行提取，得到提取圆柱面 3) 拟合：在与基准 A 同轴的约束下，采用最大内切圆柱法对提取圆柱面进行拟合，得到被测圆柱面的拟合圆柱和轴线 4) 评估：拟合圆柱的直径即为被测圆柱面的体内作用直径。同时，由提取圆柱面上的点到拟合圆柱轴线的距离可计算求得局部实际直径 4. 符合性比较 将体内作用直径与最小实体实效尺寸进行比较，局部实际直径与最大实体实际作用直径不得进行比较，判定被测圆柱直径是否合格 被测要素合格的条件为：体内作用直径不得大于最小实体实效尺寸，局部实际直径不得超越其最大实体尺寸和最小实体尺寸	2. 最小实体实效尺寸等于最小实体尺寸（对被包容面）减去（对包容面）或加上几何规范所规定的几何公差差值，见 GB/T 16671—2009 3. 其余备注说明同本表序号 1 的备注

213

5.4.2.11 对称度误差的检测与验证方案应用示例

表5-23 对称度误差的检测与验证方案应用示例

序号	图例	测量装置	检测与验证方案（图示）	检验操作集	备注
1*	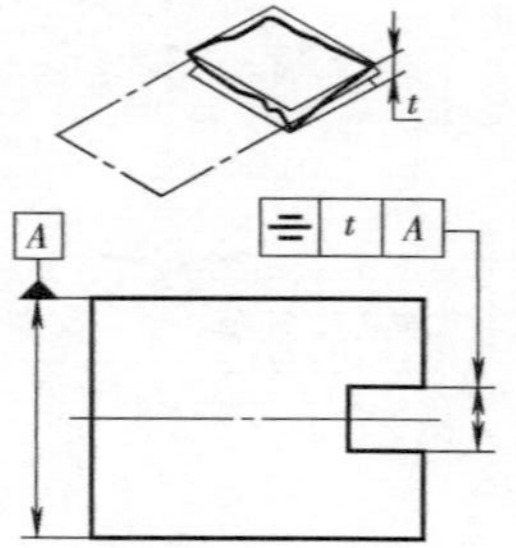	1. 平板 2. 带指示计的测量架	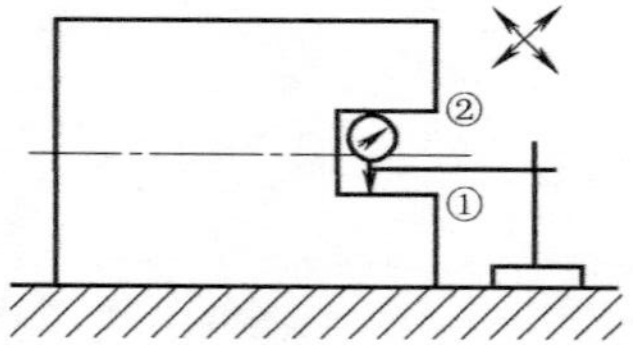	1. 预备工作 将被测件稳定地放置在平板上 2. 基准的体现 确定基准要素（组成要素） 1）分离：确定基准要素及其测量界限 2）提取：选择一定的提取方案，对基准要素（组成要素）进行测量，得到两个提取要素（提取组成要素） 3）拟合：采用最小区域法对两个提取组成要素进行同时拟合，在实体外约束最大内切法平行于两个提取组合要素的平行平面（方位要素），得到拟合组合要素（方位要素），并以此拟合组合要素的拟合中心平面体现基准 A 3. 被测要素测量与评估 1）分离：确定被测要素的组成要素及其测量界限 2）提取：选择一定的提取方案，对被测要素的组成表面（提取组成要素）两个进行测量，得到两个提取要素（提取组成要素） 3）分离，组合：将提取表面各对应点连线中点进行分离，组合操作，得到拟合导出要素（中心面） 4）拟合：在基准 A 的约束下，采用最小区域法对被测要素的提取导出要素进行拟合，得到拟合位置符合方位特征具有方位特征的拟合符合平面（即确定方位符合平面的位置）区域 5）评估：包容导出要素（中心面）的两定位符合平面之间的距离，即对称度误差值 4. 符合性比较 将得到的误差值与图样上给出的公差值进行比较，测定被测中心平面对基准的对称度是否合格	1. 提取操作：根据被测工件的功能要求、结构特征点和提取操作设备的情况等，参考图5-12选择合理的提取方案。比如，对提取要素时，为便于数据处理，一般采用等间距提取方案，但也允许采用不等间距提取方案 2. 对为获取位置误差值而进行的拟合操作，拟合方法缺省约定采用定位最小区域法 3. 若在图样后面带有位置公差值的符号⊗（最大实体要求）、Ⓜ、Ⓝ（最小二乘）、Ⓖ（相切）、Ⓒ（贴切）、Ⓘ等符号时，则表示该位置公差对被测要素的拟合采用定位要求。若位置公差值后面无相应符号，则表示该位置公差对要素本身的要求（如本图例） 4. 根据5.1.6节进行本身的要求（如本图例） 依据5.1.7节进行合格评定

（续）

序号	图　　例	测量装置	检测与验证方案(图示)	检验操作集	备　　注
2	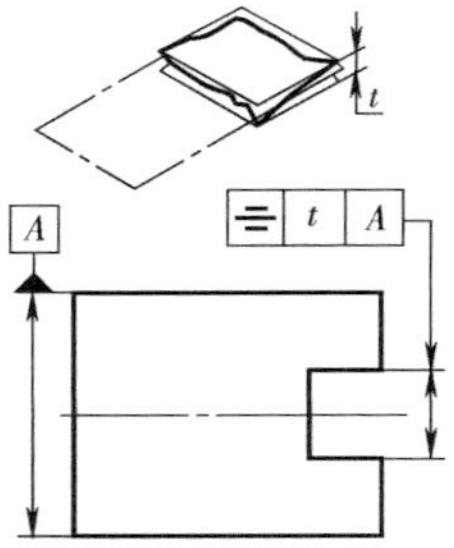	1. 平板 2. 与平板平行的定位块 3. 带指示计的测量架	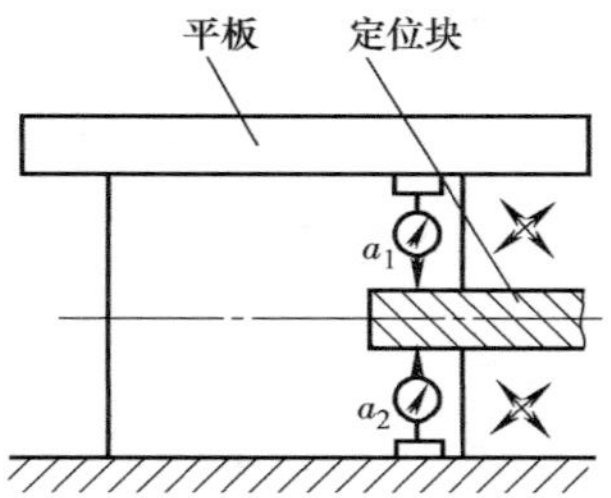	1. 预备工作 将被测件稳定地放置在两块平行的平板之间,且尽可能保持它们之间的最大距离为最小。将定位块放置于被测槽中,且尽可能保持定位块与槽的上下表面之间的最大距离为最小 2. 基准体现 采用两块平行的平板(模拟基准要素)体现基准 A 3. 被测要素测量与评估 1)分离:确定被测要素的模拟被测要素(定位块)及其测量界限 2)提取:选择平行线提取方案,在模拟被测要素(定位块)上下两测量面的对应点处进行测量,得到上下两测量面多个对应测量点值 3)评估:以上下两测量面对应测量点的差值的最大值作为被测要素的对称度误差值 4. 符合性比较 将得到的误差值与图样上给出的公差值进行比较,判定被测中心平面对基准的对称度是否合格	1. 被测要素由定位块模拟体现。通过对模拟被测要素(定位块)的提取、组合等操作,获得的被测要素的提取导出要素(中心面) 2. 该方法是一种简便实用的检测方法,但由于该方法不是直接对被测要素的组成要素进行提取,且提取部位与被测要素不完全重合,由此会产生相应的测量不确定度 3. 如果模拟被测要素(定位块)的长度大于被测要素的长度,其对称度误差值的评估可按比例折算 4. 其余备注说明同本表序号 1 的备注
3**	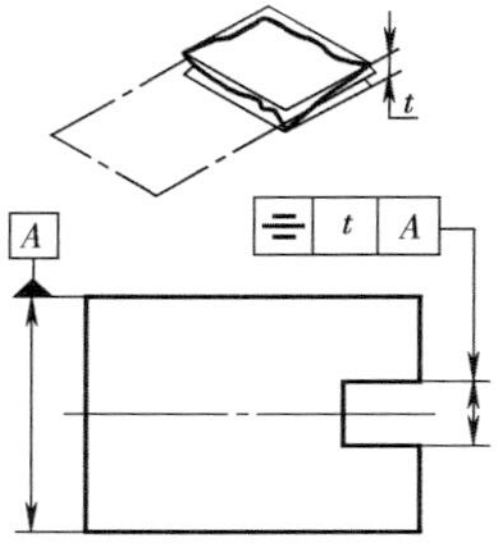	1. 千分尺 2. 平板	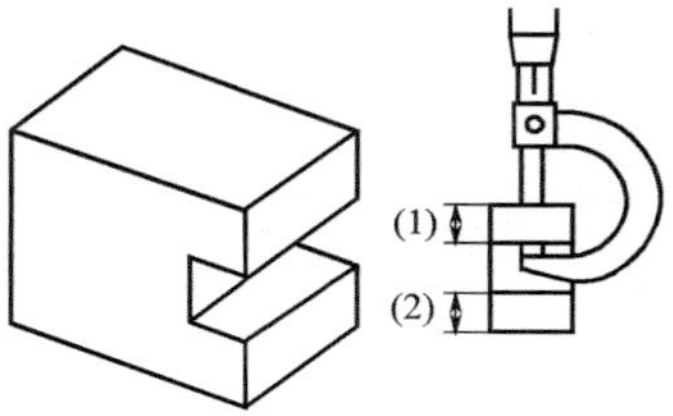	1. 预备工作 将被测件稳定地放置在平板上 2. 基准的体现 采用模拟基准要素(平板)与基准要素(组成要素)稳定接触,体现基准 A 3. 被测要素测量与评估 1)分离:确定被测要素的组成要素及其测量界限 2)提取:采用一定的提取方案,在多个测量点处用千分尺测量槽的壁厚值(1)或(2),得到上下两测量面多个对应测量点值 3)评估:上下两测量面对应测量点的壁厚差值的最大值为被测要素的对称度误差值 4. 符合性比较 将得到的误差值与图样上给出的公差值进行比较,判定被测中心平面对基准的对称度是否合格	1. 该方案是一种简便实用的检测方法,仅适用于测量形状误差较小的零件 2. 备注说明同本表序号 1 备注的 1、3、4

（续）

序号	图　例	测量装置	检测与验证方案（图示）	检验操作集	备　注
4**	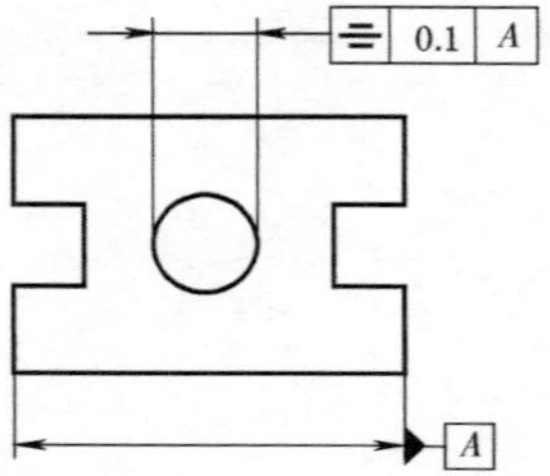 平行 0.1 A，带 A 基准符号	1. 平板 2. 带指示计的测量架	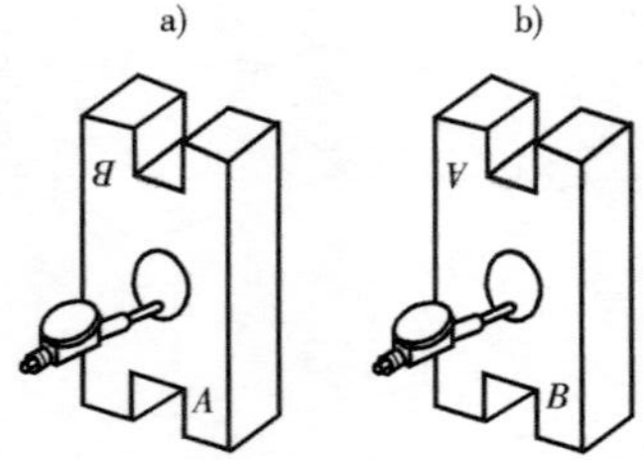 a） b）上下方向回转180°	1. 预备工作 将被测件稳定地放置在两平行的平板之间,且尽可能保持它们之间的最大距离为最小。采用两块平板测得体现基准要素（模拟基准要素A） 3. 分离:确定被测要素的组成要素及其评估 其体现: 1)体现基准要素A 2)提取:如图a所示进行测量（至少测量三点）,然后,将被测件上、下方向回转180°,如图b所示进行测量,沿孔各方向回转180°,得到两条提取线 3)评估:两条提取线各点对应点之间的差值为被测要素的对称度误差值 4. 符合性比较 将得到的误差值与图样上给出的合格值进行比较,判定被测中心平面对基准的对称度是否合格	备注说明同本表序号1备注注的1,3,4
5**	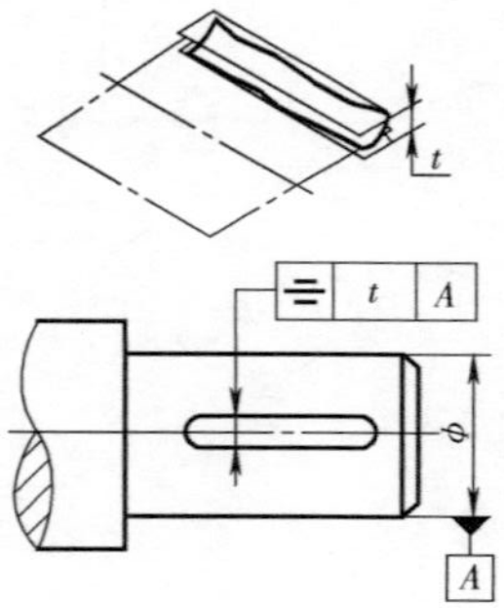 对称度 t A，圆柱带槽	坐标测量机	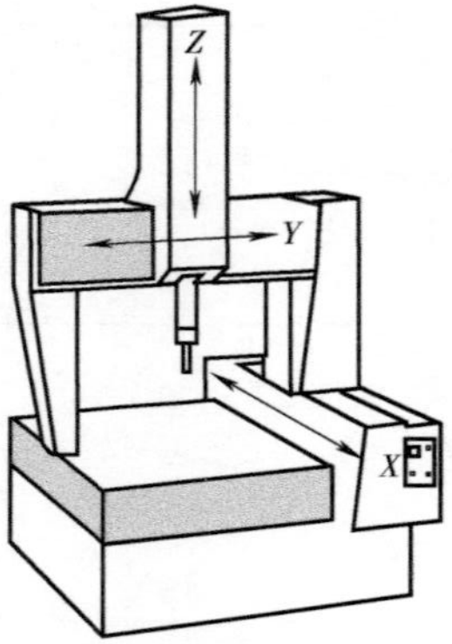 a）测量方案 X Y Z	1. 预备工作 将被测件放置在坐标测量机工作台上。 2. 基准体现 及其分离:确定基准要素 1)其分离:按一定的提取方案对被测圆柱面进行提取,得到被测圆柱提取面 2)拟合:对被测圆柱提取面在其轴线上进行拟合,得到其导出直线,即基准A 3. 被测要素的组成要素 及其分离 1)分离:对两个提取表面（两平行表面）及其导出中心面（两平行表面的拟合组成要素）的组成要素 2)提取:选择一定的提取方案,分别对被测两个提取表面为以基准A为约束下采用最小区域法得出的提取要素 4)拟合:对拟合组成要素进行拟合,得到两个对称中心面对应表面（即提取中心面,求得具有最小区域中心面的定位拟合平面） 5)评估:对被测要素采用最小区域法确定位置特征平面之间的距离,即被测要素的对称度误差值	1. 对为体现被测要素拟合操作,而进行有最小切域法、最小外接法,图上未明确出何方法,测缺省约定采用最小二乘法。其余备注说明同本表序号1

（续）

序号	图例	测量装置	检测与验证方案（图示）	检验操作集	备注
5**	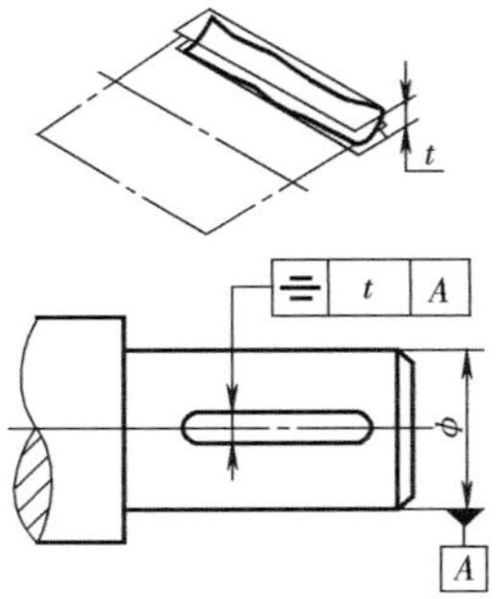	坐标测量机	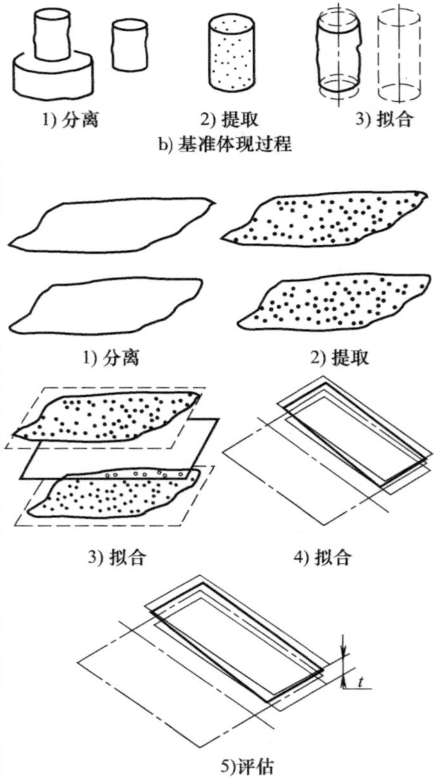 b) 基准体现过程：1) 分离　2) 提取　3) 拟合 c) 被测要素测量与评估：1) 分离　2) 提取　3) 拟合　4) 拟合　5) 评估与评估	4. 符合性比较 将得到的误差值与图样上给出的公差值进行比较，判定被测对称中心平面对基准的对称度是否合格	1. 对为体现被测要素而进行的拟合操作，拟合方法有最小二乘法、最大内切法、最小外接法和最大外接法，若在图样上未明确指出则缺省采用最小二乘法 2. 其余备注说明同本表序号1

（续）

序号	图 例	测量装置	检测与验证方案（图示）	检验操作集	备 注
6**	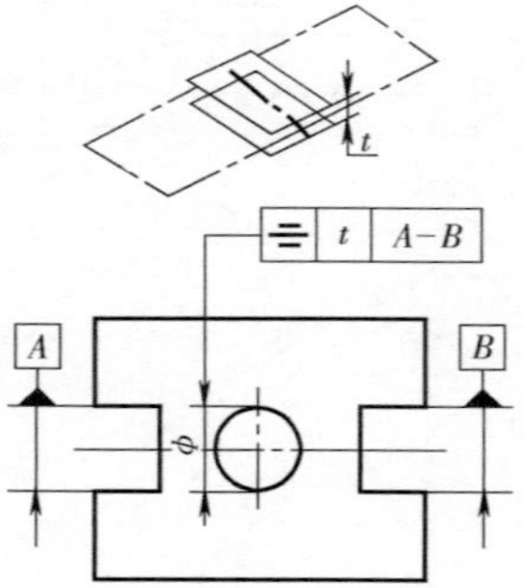	坐标测量机	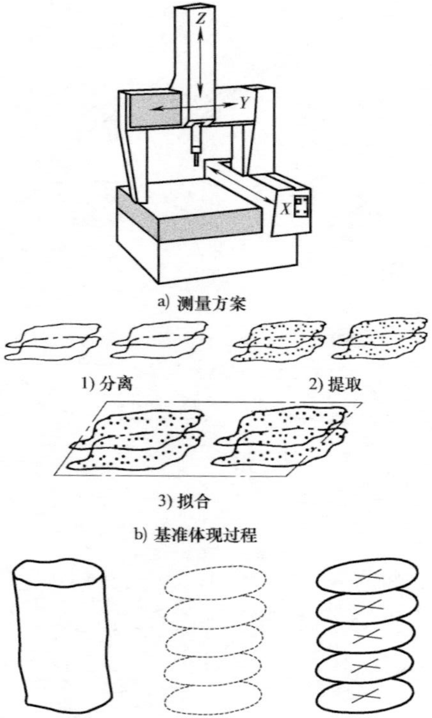 a）测量方案 1）分离　2）提取　3）拟合 b）基准体现过程 1）分离　2）提取　3）拟合	1. 预备工作 将被测件放置坐标测量机工作台合上 2. 基准体现 1）分离：确定基准要素（组成要素）及其测量界限 2）提取：选择一定的提取方案，对基准要素（组成要素）进行测量，分别得到基准要素（组成要素）A、B的两组提取组成要素 3）拟合：采用两组满足平行于目对称平行于目对称中心平面的平行约束方案，对基准要素A，B的两组约束平面，在实体外侧的两组表面（或取到最小区域法拟合（或取到最小区域共有的拟合组成要素的拟合中心平面（方位要素）中心平面，并以此共有的共有基准A－B 3. 被测要素测量与评估 1）分离：确定被测要素（组成要素）及其测量界限 2）提取：按被测面圆周法提取方案对被测要素的各截面进行测量，得到各截面的提取被测圆 3）拟合：采用最小二乘法对被测要素的各提取截面圆分别进行拟合，得到各截面拟合的提取被测圆的圆心 4）组合操作：对各提取截面圆的圆心进行组合，获得被测内圆柱面的提取导出要素（中心线）	该方案中： 1. 为体现图中A－B公共基准中心平面的拟合操作，必须在保证方向和位置约束的前提下，同时对A和B的拟合取组成要素进行拟合，获得共有要素的拟合组成要素，获得共有的方位要素（共有的拟合导出要素（共用公共基准中心平面A－B 2. 其余备注说明同本表序号1的备注

（续）

序号	图例	测量装置	检测与验证方案（图示）	检验操作集	备注
6**	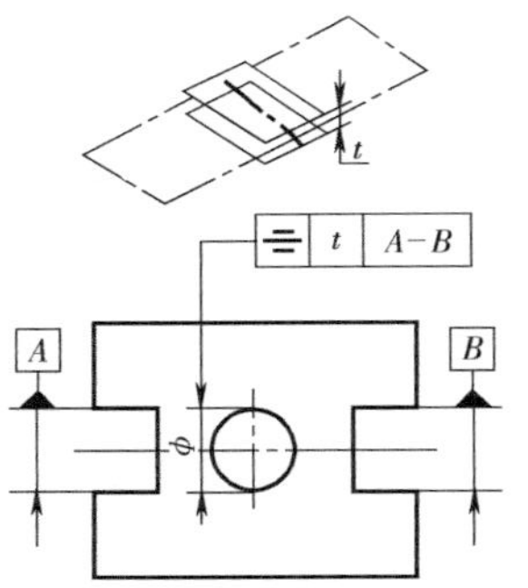	坐标测量机	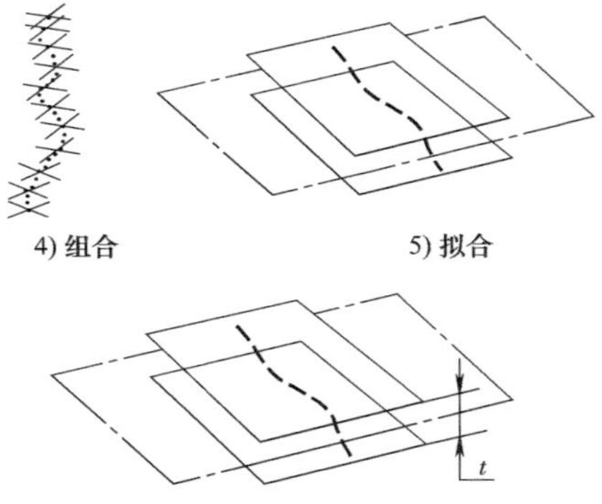 4) 组合 5) 拟合 6) 评估 c) 被测要素测量与评估	5) 拟合：在基准 A-B 的约束下，采用最小区域法对被测要素的提取组成要素（中心线）进行拟合，获得具有方位特征的两定位拟合平行平面（即定位最小区域） 6) 评估：包容提取导出的公共中心线与图样上给出的公共基准线之间的距离，即被测要素方位拟合平行平面的误差值 4. 符合性比较 将得到的误差值与给定的误差值进行比较，判定中心线对基准的对称度是否合格	该方案中： 1. 为体现图中 A-B 公共基准平面保证方向，必须在约束方位方向和方位，取组成要素的拟合要素进行拟合，获得具有方位的共有的拟合要素的方位拟合要素中心平面（中心线）体现本公共基准平面 A-B 2. 其余备注同表序号 1 的备注
7*	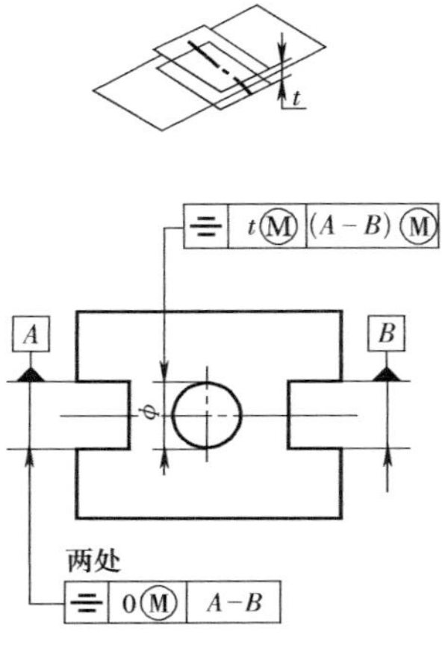	1. 功能量规 2. 平分尺	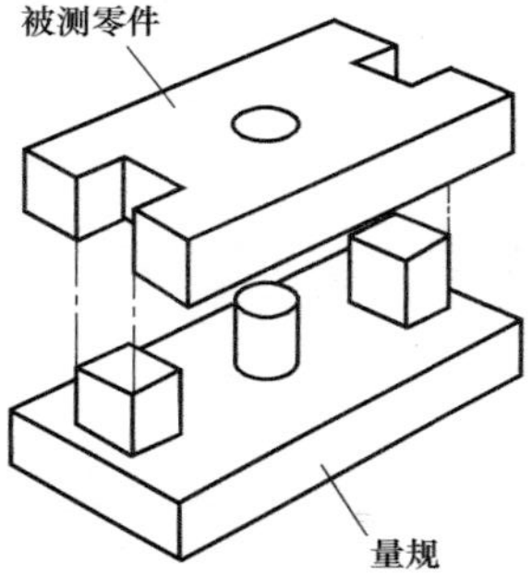 被测零件　量规	1. 准备工作 采用组合型功能量规的检验部位和定位部位体现被测要素，其被测部位的体现符合 2. 基准量规采用来体现基准 3. 基准量规采用了实体最大要求的功能 评估 1) 采用共同检验方式，同时检验被测要素的合格性，其被测要素实体最大实体尺寸和体现的公称尺寸（本例尺寸），如果量规自由通过地由自地通过两定位基准的最大实效尺寸，被测要素的最大实体外作用尺寸也合格 4. 符合性比较 圆柱面实际尺寸和体外作用尺寸均不得超过其最大实体尺寸，局部实际尺寸不得小于其最小实体尺寸，符合性合格时，可判定被测要素合格	1. 本方案是对被测要素和基准要素均采用了实体最大要求的检验，其应用了公差的功效值为零的功能检验，其检验部位为被测要素的功能量规，其检测部位为被测要素的实效尺寸 2. 检验被测验要素的功能量规通过被测要素的最大实效要素实体外作用尺寸 3. 本例采用了能最大要求，测功能量规采用了被测要素部位的公称最大实效值为 0，所以，最大实体尺寸等于其最大实效尺寸 4. 其余备注说明参考平行度（表5-19）序号 9 的备注

5.4.2.12 位置度误差的检测与验证方案应用示例

表 5-24 位置度误差的检测与验证方案应用示例

序号	图　例	测量装置	检测与验证方案(图示)	检验操作集	备　注
1	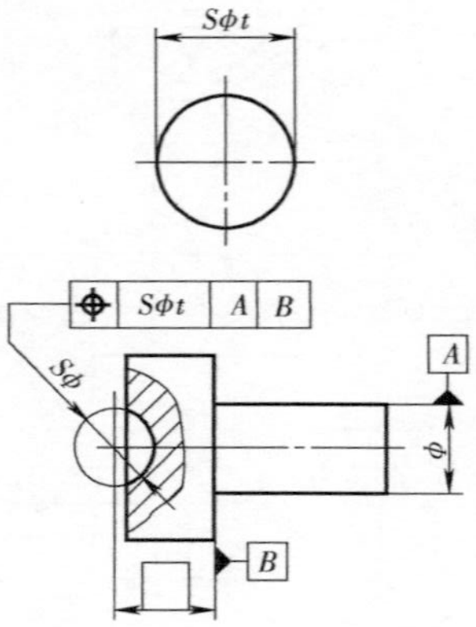	1. 标准钢球 2. 回转定心夹头 3. 平板 4. 带指示计的测量架	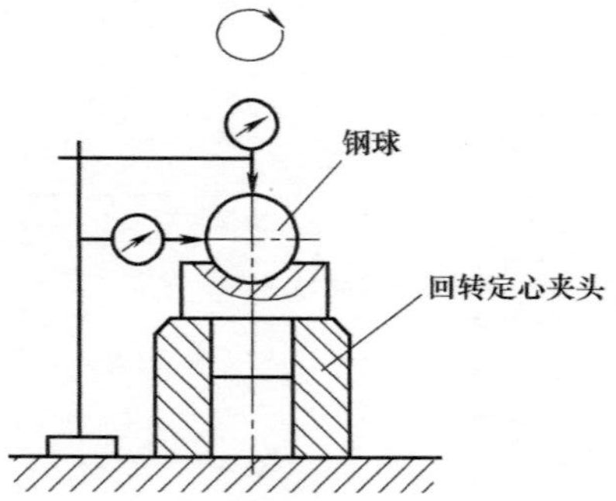 回转定心夹头　钢球	1. 预备工作 被测件稳定地放置在回转定心夹头上,且被测件与回转定心夹头的内孔和上表面稳定接触,使它们之间的最大距离为最小 将标准钢球放置在被测件的球面上且稳定地与上表面接触,使两者之间的最大距离为最小 2. 基准体现 采用回转定心夹头的中心线和上表面(模拟基准要素)体现基准 A 和 B 3. 被测要素测量与评估 1)分离:确定被测要素的模拟被测要素及其测量界限 2)提取:在标准钢球回转一周过程中,采用等间距提取方案对标准钢球面进行提取,记录各向指示计最大示值值差之半为相对基准轴线 A 的径向误差值 f_x 和垂直方向指示计最大示计相对于基准 B 的轴向误差 f_y 3)评估:被测点位置误差值为 $$f = 2\sqrt{f_x^2 + f_y^2}$$ 4. 符合性比较 将得到的误差值与图样上给出的公差值进行比较,判定定球心的位置度是否合格	1. 被测要素由标准钢球模拟体现 2. 该方案是一种简便实用的检测方法,但由于该方案不是直接对被测要素的组成要素进行提取,由此会产生相应的测量不确定度 3. 根据5.1.6节进行评估,并根据5.1.7节进行合格性评定

（续）

序号	图　例	测量装置	检测与验证方案（图示）	检验操作集	备　注
2	3刻线 ⊕ | t | A A	坐标测量机		1. 预备工作 将被测元件放置在坐标测量机工作台上 2. 基准体现 采用坐标测量装置的工作台（模拟基准要素）体现基准 A 3. 被测要素测量与评估 1）确定被测要素上的位置 2）提取操作：分别对三条被测刻线进行提取操作，得到各被测刻线的最大和最小的坐标值：$x_1-x_2，x_3-x_4，x_5-x_6$ 3）评估：将测得的各坐标值分别与相应的理论正确尺寸比较，取其中的最大的位置度误差 2，作为该零件的位置度误差 4. 符合性比较 将得到的误差值与图样上给出的公差值进行比较，判定被测刻线是否合格	1. 提取操作：根据被测要素工作的功能要求，结构特点和提取操作设备的情况等，参考图 5-12 选择合理的提取方案。比如，对被测要素进行提取处理，一般采用等间距提取方案，为方便于数间距提取方案，但也允许采用不等间距提取方案 2. 若在图样后面带有最大实体（Ⓜ）、最小实体（Ⓛ）、最小二乘（Ⓒ）、最小区域（Ⓝ）、相切（Ⓣ）等符号时，则表示该位置公差是对被测要素本身的要求　若位置公差值后面无相应的符号，则表示该位置公差是对包含要素的要求（如本图例） 3. 根据 5.1.6 节进行评估，并测量不确定度评估，并依据 5.1.7 节进行合格评定

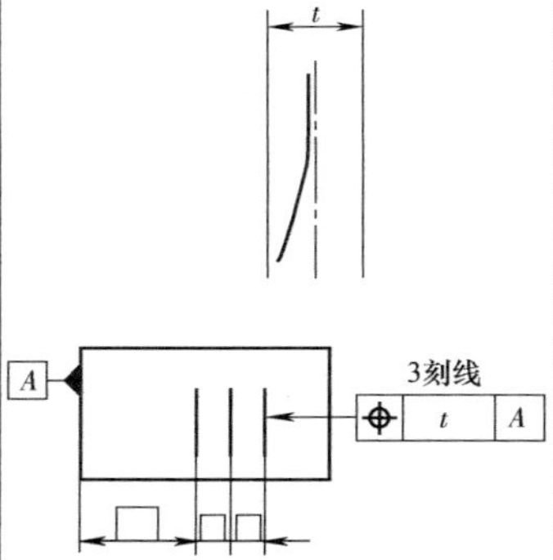

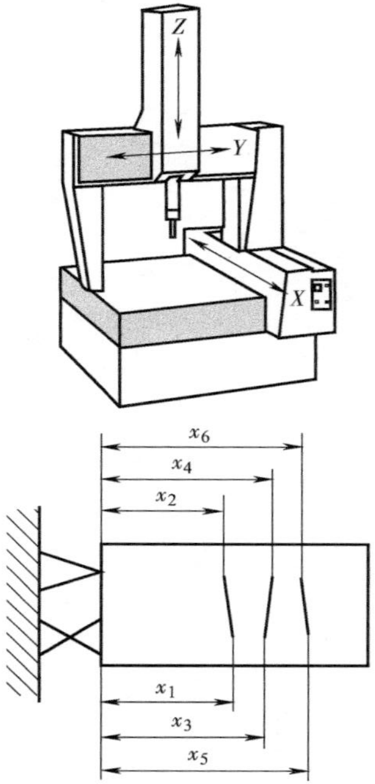

（续）

序号	图　例	测量装置	检测与验证方案（图示）	检验操作集	备　注
3**	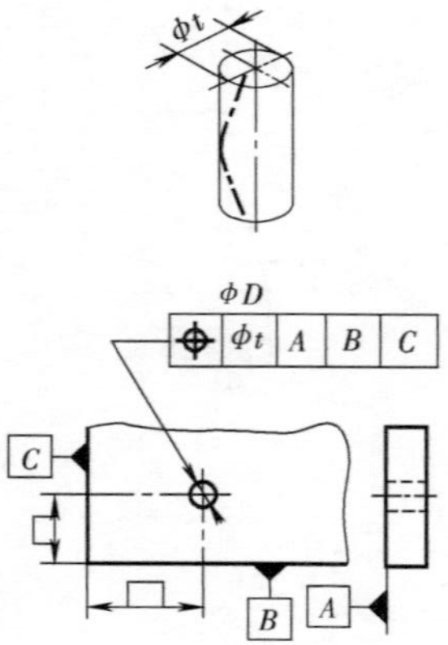 ϕD ⟦ϕt｜A｜B｜C⟧（⊕位置度公差框格，基准A、B、C）	坐标测量机	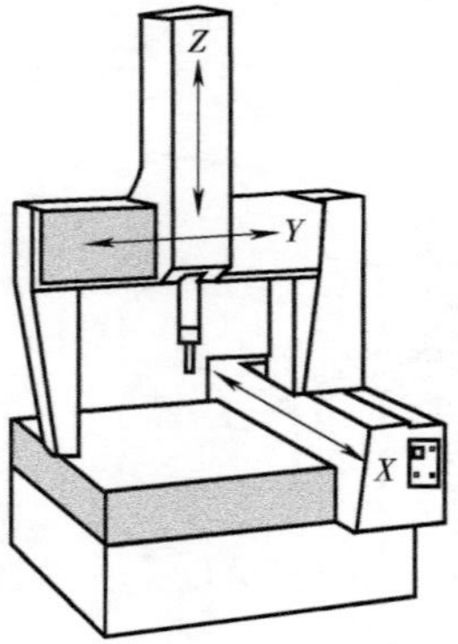	1. 预备工作 将被测件放置在坐标测量机工作台上 2. 基准体现 1) 分离：确定基准要素A,B,C及其测量界限 2) 提取：按米字形提取方案分别对基准要素A,B,C进行提取，得到其拟合表面 3) 拟合：采用最小区域法对提取表面A在实体外进行拟合，得到基准平面A，并以此平面体现基准A；在又以此平面垂直对基准要素B的拟合平面在实体外进行拟合，得到基准平面B，并以此拟合平面体现基准B；在又与基准平面A的拟合平面垂直，又与基准平面B的拟合平面垂直的约束下，采用最小区域法对基准要素C的提取平面在实体外进行拟合，得到基准平面C，并以此拟合平面体现基准C 3. 被测要素的拟合要素及其评估 1) 分离：确定被测要素的组成截面圆 2) 提取：采用最小区域圆周进行测量，若被测圆柱截面圆周沿策略布点测量，在轴线方向提取多个横截面，得到多个提取截面圆 3) 拟合：采用最小二乘法对每个截面圆组合圆进行拟合，得到各提取截面的圆心（中心点） 4) 组合：将各提取截面圆的圆心（中心点）组合，得到被测件的提取导出要素（中心线）圆柱的轴线 5) 拟合：在基准A,B,C的约束下，由理论正确尺寸确定的理想轴线的位置，采用最小区域法包容被测提取导出要素，得到包容提取导出要素的圆柱 6) 评估：误差值为误差值的直径值 4. 符合性比较 将得到的误差值与图样上给出的公差进行比较，判定位置度是否合格 对于多个孔组有相同的测量和位置度误差时，则可按上述方法逐孔的测量和计算	1. 提取操作：根据被测要素的功能和提取设备的情况，参考图5-12选择合理的提取方案。比如对被测要素时，为便于数据处理，一般采用等间距提取方案，但也允许采用非等间距提取方案 2. 对为拟合获得被测要素的拟合操作，定位误差采用方法缺省定位最小区域法 3. 其余备注同表序号2备注2,3

（续）

序号	图　例	测量装置	检测与验证方案（图示）	检验操作集	备　注
4	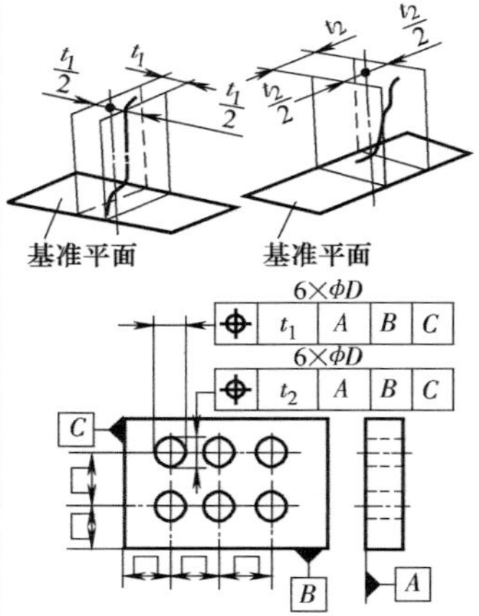	1. 坐标测量机 2. 可胀式心轴	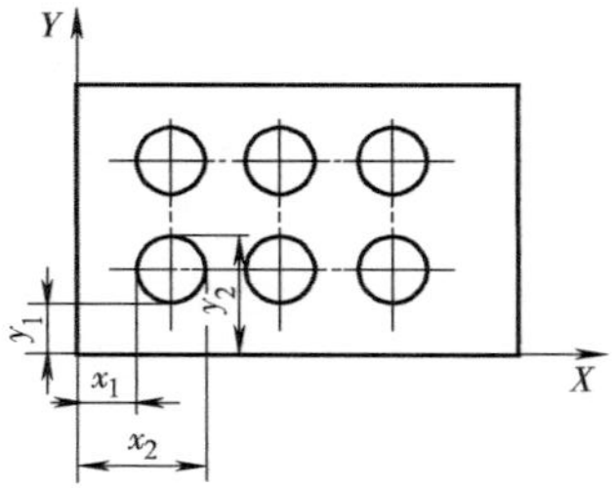	1. 预备工作 将被测件放置在坐标测量机工作台上。按基准调整被测件，使其与测量装置的坐标方向一致 安装心轴，并尽可能使心轴与被测孔之间的最大间隙为最小。以心轴的轴线模拟体现被测孔的中心线 2. 基准体现 采用坐标测量机工作台面（模拟基准要素）体现基准 A，采用基准要素本身（直接法）体现基准 B 和 C 3. 被测要素测量与评估 1）分离：确定被测要素的模拟被测要素（心轴）及其测量界限 2）提取：在模拟被测要素（心轴）上，靠近被测件的板面处，测量 x_1、x_2、y_1、y_2。按下式分别计算出坐标尺寸 x、y： X 方向坐标尺寸：$x=\frac{x_1+x_2}{2}$ Y 方向坐标尺寸：$y=\frac{y_1+y_2}{2}$ 3）评估：将 x、y 分别与相应的理论正确尺寸比较，得到 f_x 和 f_y，位置度误差值为： $f=2\sqrt{f_x^2+f_y^2}$ 然后把被测件翻转，对其背面按上述方法重复测量，取其中的误差较大值作为该零件被测孔的位置度误差值 对于多孔孔组，则按上述方法逐孔测量和计算 若位置度公差带为给定两个互相垂直的方向，则直接取 $2f_x$、$2f_y$ 分别作为该零件在两个方向上的位置度误差值 4. 符合性比较 将得到的误差值与图样上给出的公差值进行比较，判定位置度是否合格	1. 该方案是一种简便实用的检测方法，但由于该方案不是直接对被测要素的组成要素进行提取，且提取部位与被测要素不完全重合，由此会产生相应的测量不确定度 2. 在模拟被测要素（心轴）上，若提取截面之间的距离与被测要素的实际长度不等时，其位置度误差值的评估可按比例折算 3. 其余备注说明同本表序号 2 备注的 2、3

（续）

序号	图 例	测量装置	检测与验证方案（图示）	检测操作集	备 注
5	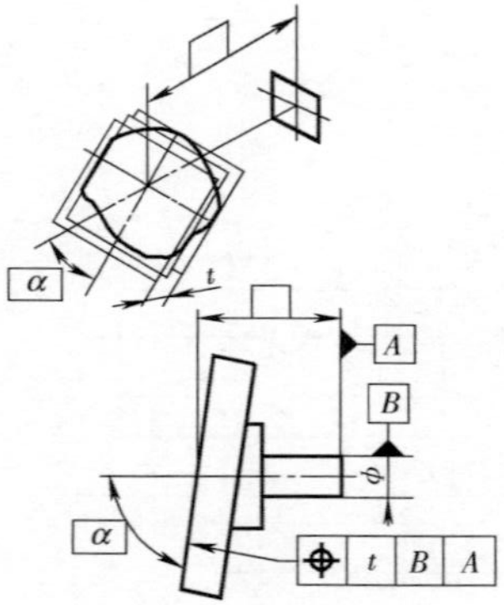 （图示：含 α、t、B、A 等符号的被测要素图样）	1. 平板 2. 专用测量支架 3. 带指示计的测量架	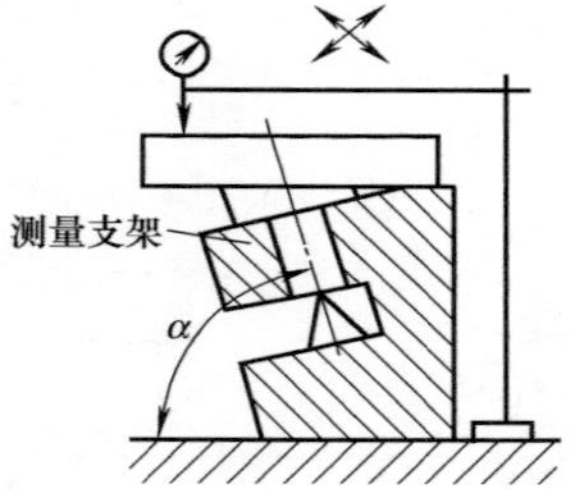 测量支架、α（图示）	1. 预备工作 将被测件安装于专用测量支架上，调整被测件在支架上的位置，使指示计的示值差为最小。指示计按专用标准零件调零。 2. 基准体现 采用专用测量支架（测量拟基准要素）体现基准 B 和 A 3. 被测要素测量与评估 1) 分离：确定被测要素（即测量界限） 2) 提取：采用米字形提取方案对被测要素进行拟合 3) 拟合：（在基准 B、A 约束下，以由理论正确尺寸确定的理想平面为中心，采用最小区域法对提取特征进行拟合，获得具有方位特征的最小区域） 评估：（即定位拟合平面之间的距离，即最小区域） 4) 评估：两定位面平行平面之间给出的位置度误差值 4. 符合性比较 将得到的误差值与图样上给出的公差值进行比较，判定被测平面的位置度是否合格	备注说明同本表序号 3 的备注
6*	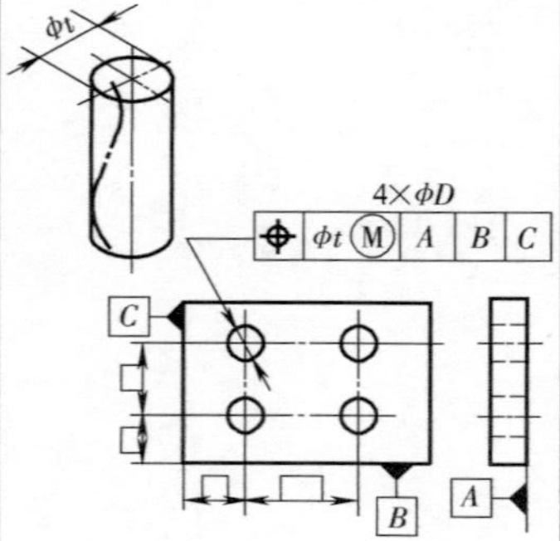 4×φD φt Ⓜ A B C （图示：含 φt 等符号的被测要素图样）	1. 功能量规 2. 千分尺	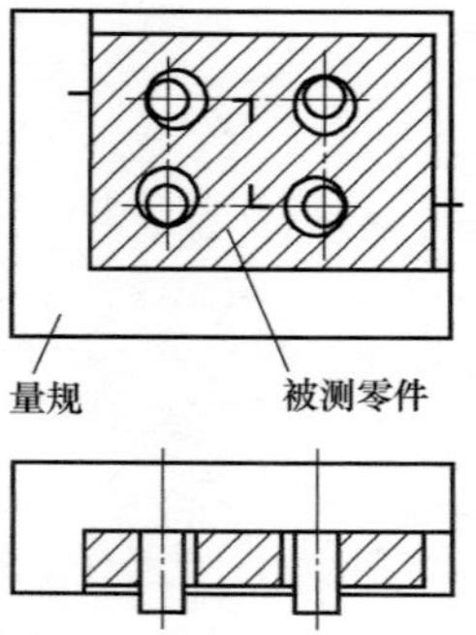 量规、被测零件（图示）	1. 预备工作 采用整体型或组合型功能量规，被测轮廓要素或检验部位与保证量规定位部位的定位面稳定接触。 2. 基准体现 用功能量规定位部位体现基准 3. 被测要素的测量与评估 用功能量规的定位部位体现基准 1) 实际尺寸测量：采用普通计量器具对被测轮廓的局部实际尺寸进行检验； 2) 体外作用尺寸的检验： 量规与被测要素实际体外作用尺寸相结合，如果被测件能通过功能量规，说明被测要素实际轮廓与其最大实体实效边界 实际轮廓与体外作用尺寸全部合格 4. 符合性比较 局部实际尺寸与被测零件比较，如果被测要素的测量结果超越其最大实体尺寸和体外作用尺寸均不得超越其最大实体实效尺寸，才可判定被测要素外轮廓合格	1. 本示例中，最大实体要求应用于被测检验要素 2. 功能量规检验部位的公称尺寸为被测要素的最大实体实效尺寸 3. 基准要素，功能量规部位的尺寸与基准要素形状、方向和位置的理想要素参见 4. 其余备注（表5-19）序号 9 平行度说明的备注相同

（续）

序号	图例	测量装置	检测与验证方案（图示）	检验操作集	备注
7**	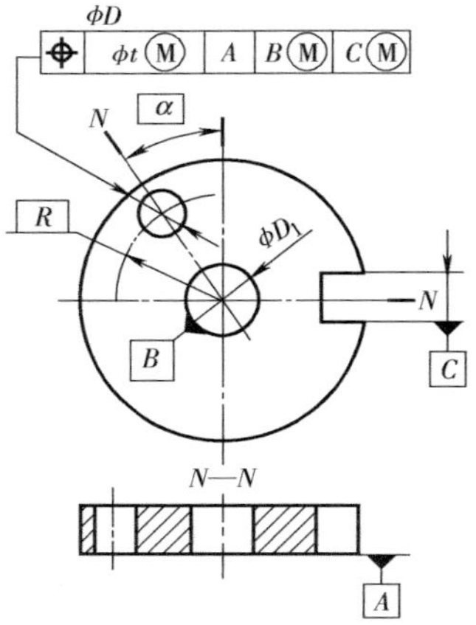	1. 功能量规 2. 千分尺	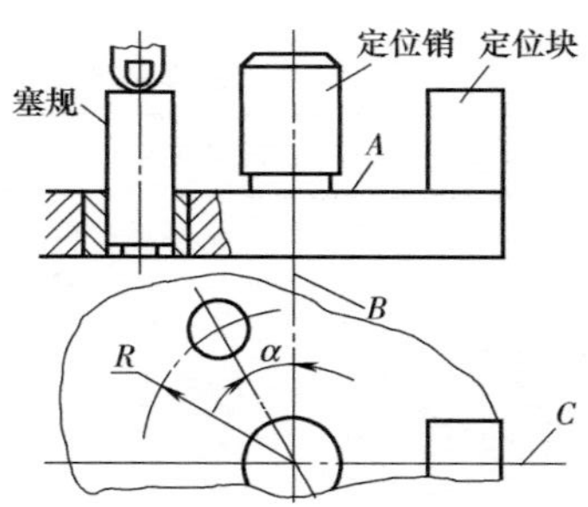	1. 预备工作 采用插入型功能量规。被测量规的检验部位与定位部位相结合，同时保证轮廓与被测定位部位与被测件的基准表面稳定接触 2. 基准的体现 用功能量规体现基准 3. 被测量要素的测量与评估 1）采用依次检验方式 量规上定位销是用来检验基准 B 的最大实体尺寸，其公称尺寸的定位块是光滑极限量规通规。用来检验基准 C 的光滑极限量规通规 B 的最大实体尺寸，量规上的定位块是用来检验基准 C 的光滑极限量规通规其公称尺寸为槽宽的最大实体尺寸。在保证尺寸量规定位 A 稳定接触的约束下，量规将检验的基准孔 B 和基准对称中心面 C 分别与槽的定位销和定位块相结合，若量规能自由通过被测件的基准要素件，则被测件的基准自由通过量规合格。 然后在基准的定位约束下，用赛规检验被测要素的位置度误差，如果赛规能自由通过被测孔，说明被测孔实际轮廓的位置度误差合格，其体外作用尺寸也合格 2）采用普通计量器具（如千分尺等）测量被测表面的局部实际尺寸，其任一局部实际尺寸均不得超越其最大实体尺寸和最小体外作用尺寸合格 4. 符合性比较 局部实际尺寸和体外作用尺寸全部合格，可判定被测要素合格	1. 本示例中最大实体要求应用于基准要素和被测功能量规采用插入型功能检验部位分别检验基准要素和被测基准要素是否合格 2. 功能量规检验部位的公称尺寸为被测要素的最大实体实效尺寸，功能量规定位部位的公称尺寸为基准要素的最大实体尺寸 3. 其余备注说明参见平行度（表5-19）序号 9 的备注

（续）

序号	图例	测量装置	检测与验证方案（图示）	检验操作集	备注
8**	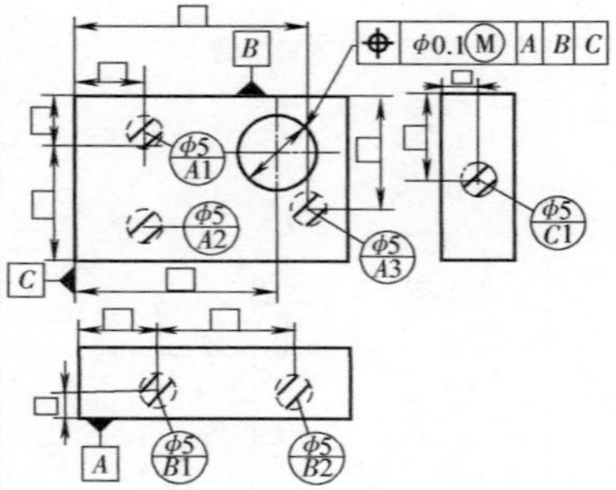	1. 功能检具 2. 千分尺	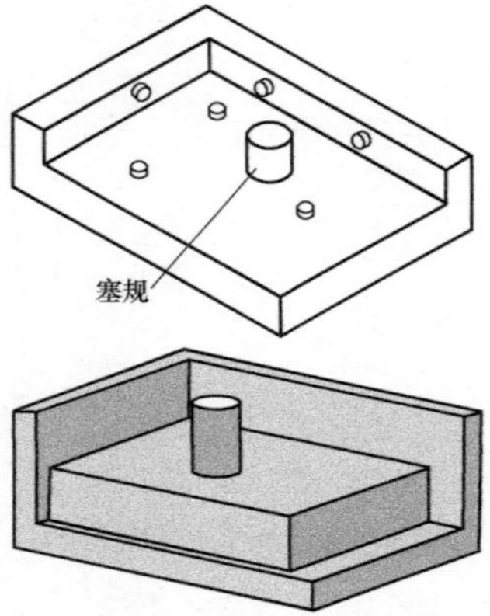	1. 预备工作 将检测操作稳定地放置在检具上 2. 基准目标法（检具上的小平面）体现基准 3. 被测要素测量与评估 1）采用普通计量器具（如千分尺等）测量被测要素实际的局部实际尺寸，其最大实体实际尺寸（检具上）体现其最小实体尺寸 2）体外作用尺寸均不得超越其最大实体实际尺寸，说明被测要素的体外作用尺寸合格 4. 符合性比较 实际轮廓相结合，如果被测要素能通过功能量规，说明被测实际轮廓的体外作用尺寸和最小实体尺寸全部合格，局部实际尺寸合格时，才可判定被测要素合格	备注说明同本表序号6的备注

5.4.2.13 圆跳动的检测与验证方案应用示例

表5-25 圆跳动的检测与验证方案应用示例

序号	图例	测量装置	检测与验证方案（图示）	检验操作集	备注
1	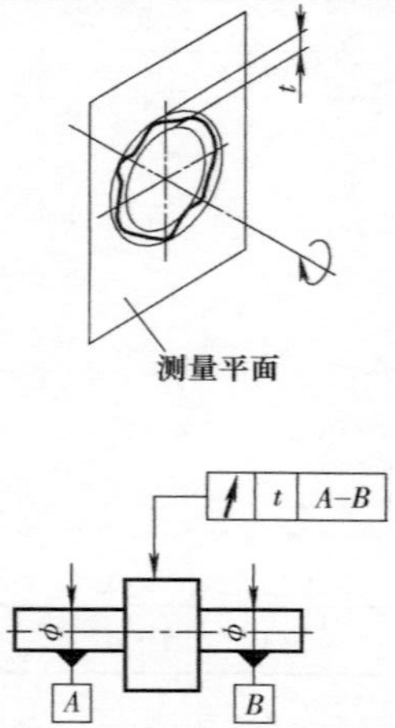	1. 一对同轴圆柱导向套筒 2. 带指示表的测量架	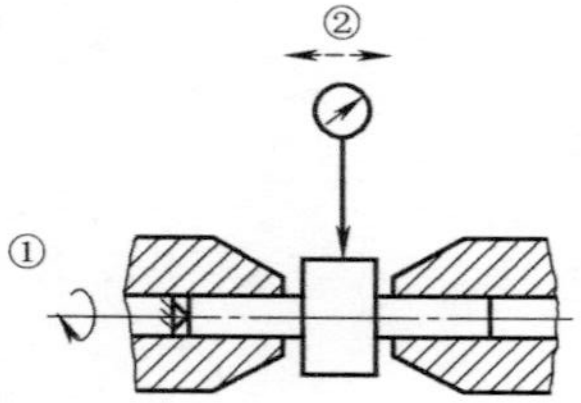	1. 预备工作 将被测操作支承在两个同轴圆柱导向套筒内，并在轴向定位 2. 基准向导体现 采用同轴圆柱导向套筒（模拟基准要素）体现基准A-B 3. 被测要素测量与评估 1）分离：在垂直被测要素A-B的截面的过程中，对被测要素进行一系列测量（单一测量值） 2）提取：且且取得一系列测量值最大差值，即为单一测量平面上，评估得到一系列测量值最大差值，即为单一测量平面上述提取操作，在若干个截面上进行重复工作，取各截面上测得的径向圆跳动中的最大值，取为该零件的径向圆跳动 4. 符合性比较 将得到的径向圆跳动与图样上给出的公差值进行比较，判定被测件的径向圆跳动是否合格	1. 径向圆跳动检测项目，简单易用 2. 基准要素采用模拟基准要素体现 3. 被测要素需要： 1）构建测量平面 2）明确基准提取方案 方法： 3）评估：无须拟合，可直接取示值中的最大、最小示值之差即得到的跳动值属于特定义方法采用基准

（续）

序号	图例	测量装置	检测与验证方案（图示）	检验操作集	备注
2	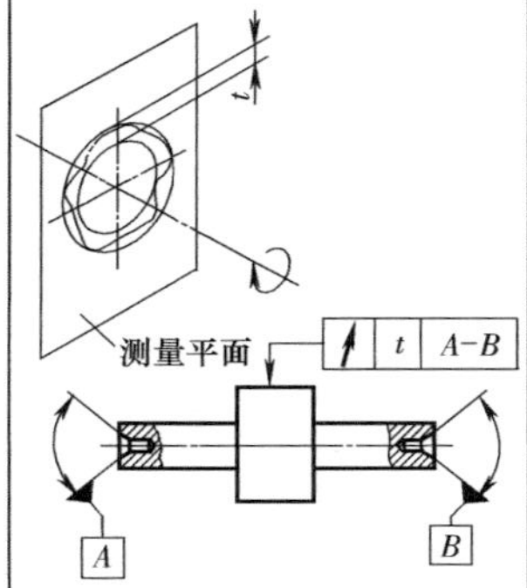	1. 一对同轴顶尖 2. 带指示计的测量架	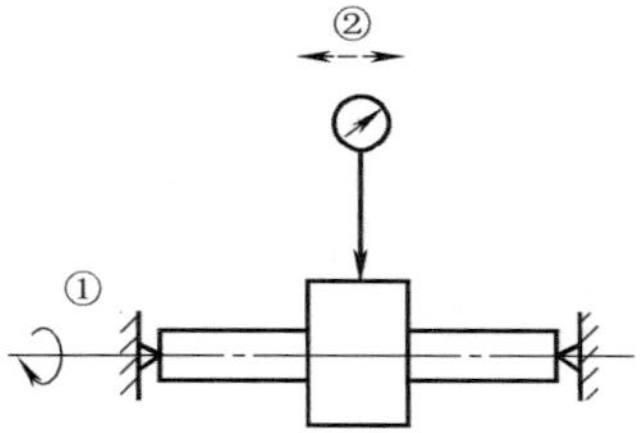	1. 预备工作 将被测件安装在两同轴顶尖之间 2. 基准体现 采用同轴顶尖（模拟基准要素）的公共轴线体现基准A-B 3. 被测要素测量与评估 其余步骤参见本表序号1	备注说明同本表序号1的备注
3	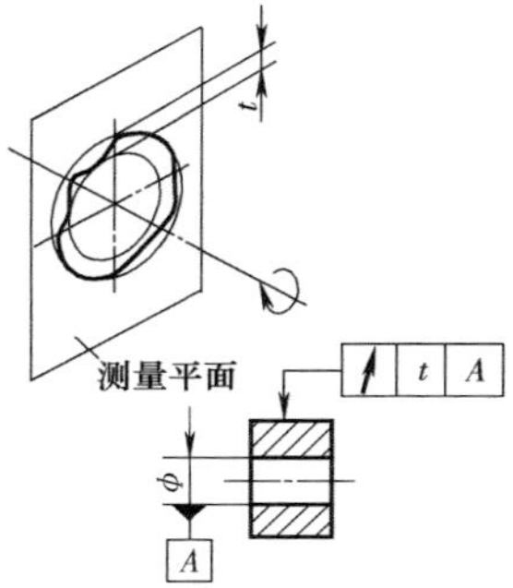	1. 一对同轴顶尖（或等高V形架）2. 导向心轴 3. 带指示计的测量架	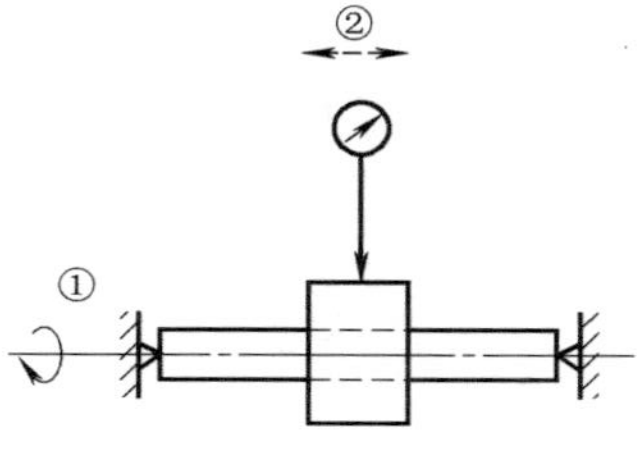	1. 预备工作 将被测件固定在导向心轴上，并安装在两轴顶尖（或等高V形架）之间 2. 基准体现 采用导向心轴及同轴顶尖（模拟基准要素）体现基准A 3. 被测要素测量与评估 其余步骤参见本表序号1	备注说明同本表序号1的备注

（续）

序号	图例	测量装置	检测与验证方案（图示）	检验操作集	备注
4	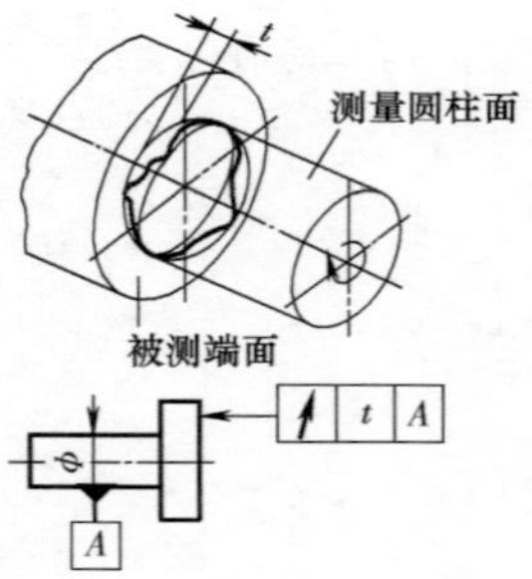t 测量圆柱面 被测端面 t A A	1. 导向套筒 2. 带指示计的测量架	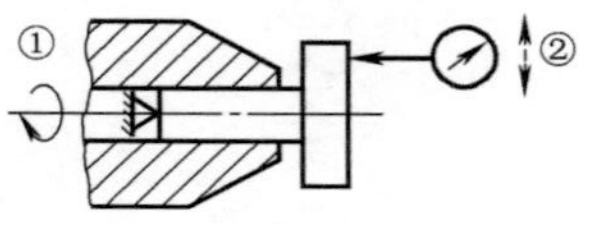① ②	1. 预备工作 将被测件固定在导向套筒内，并在轴向上固定 2. 基准体现 采用导向套筒（模拟基准要素）体现基准 *A* 3. 被测要素测量与评估 1）分离：确定被测要素（端面）及其测量界限 2）构建、提取：在被测要素（端面）的某一半径位置处，沿被测件的轴向，构建相应与基准 *A* 同轴的测量圆柱面；在测量圆柱面上，且当被测件回转一周的过程中，对被测要素进行测量，得到一系列测量值（指示计示值） 3）评估：取其指示计示值的最大差值，即为单一测量圆柱面的端面圆跳动 重复上述构建、提取、评估操作，在对应被测要素（端面）不同半径位置处的测量圆柱面上进行测量。取各测量圆柱面上测得的端面圆跳动量中的最大值，作为该零件的端面圆跳动 4. 符合性比较 将得到的端面圆跳动值与图样上给出的公差值进行比较，判定被测件端面圆跳动是否合格	1. 端面圆跳动属于特定检测方法定义的项目，简单实用 2. 基准的体现：采用模拟基准要素体现基准 3. 被测要素测量与评估，需要： 1）构建测量面（测量圆柱面） 2）明确提取策略与方法 3）评估：无须拟合，可直接由指示计的最大、最小示值之差即得到相应的跳动值
5	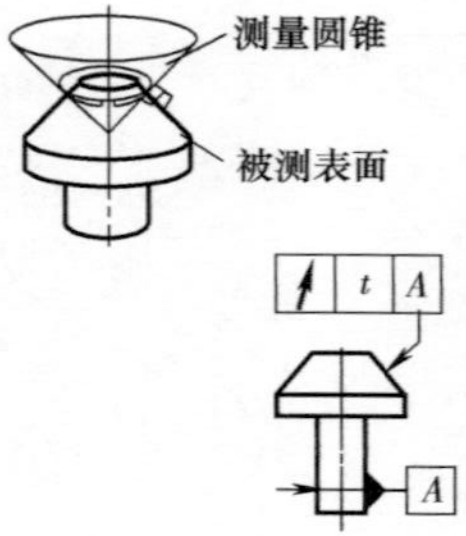测量圆锥 被测表面 t A A	1. 导向套筒 2. 带指示计的测量架	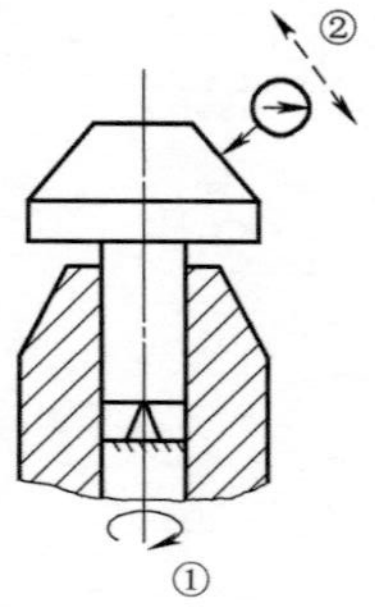② ①	1. 预备工作 将被测件固定在导向套筒内，并在轴向固定 2. 基准体现 采用导向套筒（模拟基准要素）体现基准 *A* 3. 被测要素测量与评估 1）分离：确定被测要素（圆锥面）及其测量界限 2）构建、提取：在被测要素（圆锥面）某一半径位置处，沿与锥面素线垂直的方向（或图样规范明确要求的方向）上，构建与基准 *A* 同轴的测量圆锥面；在测量圆锥面上，且当被测件回转一周的过程中，对被测要素进行测量，得到一系列测量值（指示计示值） 3）评估：取其指示计示值的最大差值，即为单一测量圆锥面的斜向圆跳动 重复上述构建、提取、评估操作，在对应被测要素不同半径位置处的测量圆锥面上进行测量。取各测量圆锥面上测得的斜向圆跳动量中的最大值，作为该零件的斜向圆跳动 4. 符合性比较 将得到的斜向圆跳动值与图样上给出的公差值进行比较，判定被测件锥面的斜向圆跳动是否合格	1. 斜向圆跳动属于特定检测方法定义的项目，简单实用 2. 基准的体现：采用模拟基准要素体现基准 3. 被测要素测量与评估，需要： 1）构建测量面（测量圆锥面） 2）明确提取策略与方法 3）评估：无须拟合，可直接由指示计的最大、最小示值之差得到相应的跳动值

5.4.2.14　全跳动的检测与验证方案应用示例

表5-26　全跳动的检测与验证方案应用示例

序号	图例	测量装置	检测与验证方案（图示）	检验操作集	备注
1	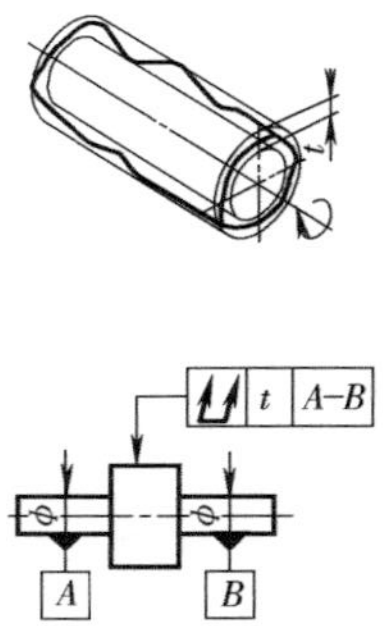	1. 一对同轴导向套筒 2. 平板 3. 支承 4. 带指示计的测量架	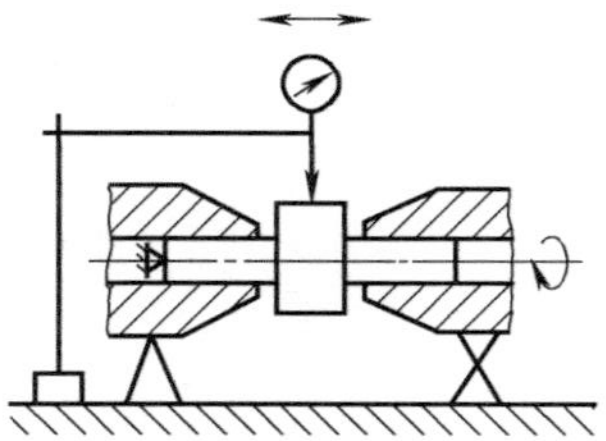	1. 预备工作 将被测件固定在两同轴导向套筒内，同时在轴向上固定，并调整两导向套筒，使其同轴导向且与测量平板平行 2. 基准体现 采用同轴导向套筒（模拟基准要素）体现基准A-B 3. 被测要素测量与评估 1）分离：确定被测要素（外圆柱面）及其测量界限 2）提取：在测计时沿基准A-B方向做直线运动的过程中，对被测要素进行测量，得到一系列测量值（指示计示值） 3）评估：取其指示计示值最大差值，即为该零件的径向全跳动 4. 符合性比较 将得到的径向全跳动值与图样上给出的公差值进行比较，判定被测件的径向全跳动是否合格	1. 径向全跳动属于特定检测方法定义的项目，简单实用 2. 基准的体现，模拟基准要素体现基准 3. 被测要素测量与评估，需要： 1）构建测量面 2）明确数据提取策略与方法 3）评估：无须拟合，可直接由指示计的最大、最小示值之差得到相应的跳动值
2	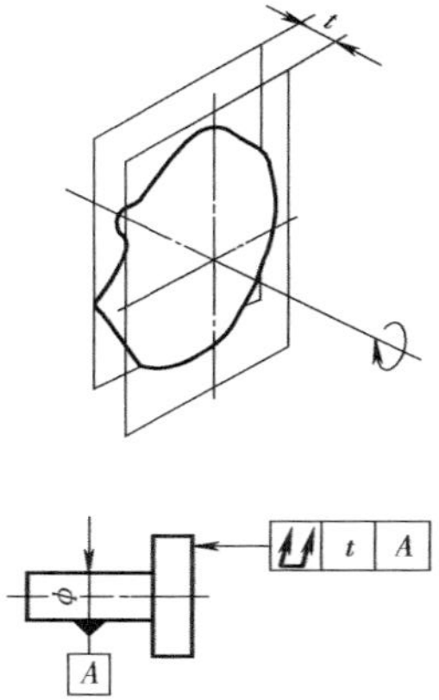	1. 导向套筒 2. 平板 3. 支承 4. 带指示计的测量架	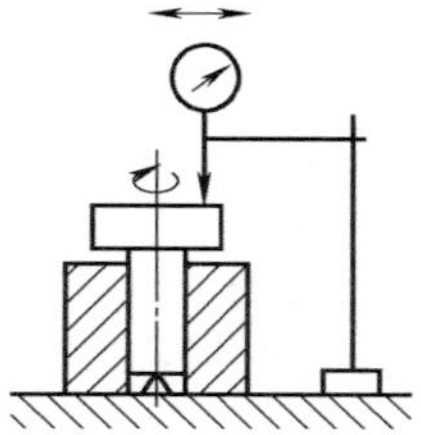	1. 预备工作 将被测件支承在导向套筒内，并在轴向上固定。导向套筒的轴线应与测量平板垂直 2. 基准体现 采用导向套筒（模拟基准要素）体现基准A 3. 被测要素测量与评估 1）分离：确定被测要素（端面）及其测量界限 2）提取：在测计时沿垂直基准A方向做直线运动，对被测要素进行测量，得到一系列测量值（指示计示值） 3）评估：取其指示计示值最大差值，即为该轴向全跳动 4. 符合性比较 将得到的轴向全跳动值与图样上给出的公差值进行比较，判定被测件的轴向全跳动是否合格	1. 轴向全跳动属于特定检测方法定义的项目，简单实用 2. 基准的体现，模拟基准要素体现基准 3. 被测要素测量与评估，需要： 1）构建测量面 2）明确数据提取策略与方法 3）评估：无须拟合，可直接由指示计的最大、最小示值之差得到相应的轴向全跳动值

5.4.3 GB/T 1958—2017 几何误差检测与验证规范的特点与分析

GB/T 1958—2017《产品几何技术规范（GPS）几何公差　检测与验证》在原标准 GB/T 1958—2004 的基础上，结合新一代 GPS 的发展需要及最新 ISO 相关标准内容（ISO 1101、ISO 5459、2692 等）进行更新修订，充分体现该标准的工程实用性和可操作性，是新一代 GPS 思想及数字化技术与"检测验证"实践的紧密结合。

5.4.3.1 关于检测原则

GB/T 1958—2004 给出了几何误差的五种检测原则，即与拟合要素比较原则、测量坐标值原则、测量特征参数原则、控制实效边界原则和测量跳动原则，标准附录中列出的检验示例均依据五种检测原则。在 GB/T 1958—2017 的几何误差的检验操作规范中，没有专门规范检测原则，新标准根据规范操作集制定实际检验操作集，其与原五种检测原则分析见表 5-27。

表 5-27　对五种检测原则的分析说明

GB/T 1958—2004 检测原则			基于新一代 GPS 的分析说明
检测原则	说　明	图　示	
1. 与拟合要素比较原则	将被测要素的提取要素与其拟合要素相比较，量值由直接法或间接法获得　拟合要素用模拟方法获得	1. 量值由直接法获得　刀口尺 2. 量值由间接法获得　自准直仪　模拟拟合要素　反射镜	按照新一代 GPS 原理与方法，分析 GB/T 1958—2004 规范的 5 种检测原则，其概念可以拓展描述的内容如下： 1. 从概念上讲，原则 1、原则 2 和原则 3 可以合并统称为"与拟合要素比较原则" 1）拟合要素可以用模拟方法获得，量值可由直接或间接的方法获得 2）拟合要素也可以按照 GPS 规范的拟合准则对（被测要素的）提取要素进行拟合及相关操作而获得 3）如果被测要素是关联要素，由 2）获得拟合要素时，必须满足基准和/或理论正确尺寸的约束，即：此情况下的拟合要素是具有方位特征要求的 4）"测量坐标值原则"，只是提取方式有特定的要求，其确定误差值仍然是需要通过提取要素与拟合要素的比较获得，而拟合要素的获得同 1）、2）和 3）
2. 测量坐标值原则	测量被测要素的提取要素的坐标值（如直角坐标值、极坐标值、圆柱面坐标值），并经过数据处理获得几何误差值	测量直角坐标值	
3. 测量特征参数原则	测量被测要素的提取要素上具有代表性的参数（即特征参数）来表示几何误差值	两点法测量圆度特征参数　指示计　被测件　直角座	

230

（续）

GB/T 1958—2004 检测原则			基于新一代 GPS 的分析说明
检测原则	说　明	图示	
4. 控制实效边界原则	检验被测要素的提取要素是否超过实效边界，以判断合格与否	用功能量规检验同轴度误差 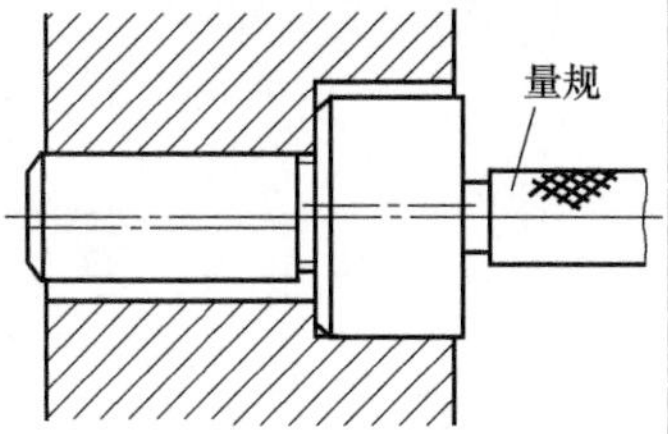 量规	2. 控制实效边界原则从广义上讲，也属于"与拟合要素比较原则"，其拟合要素是由被测要素的最大（小）实体尺寸与给定的几何公差值综合形成的理想包容面（实效边界），由功能量规模拟体现 注1：功能量规可以是实际的，也可以是虚拟的 注2：当给定的几何公差等于零时，其最大实体实效边界为最大实体边界
5. 测量跳动原则	被测要素的提取要素绕基准轴线回转过程中，沿给定方向测量其对某参考点或线的变动量。变动量是指指示计最大与最小示值之差	测量径向跳动 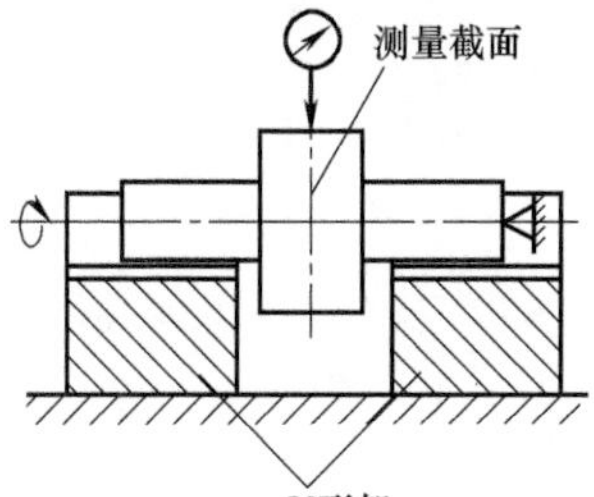 测量截面 V形架	3. 测量跳动原则属于特定检测方法定义的几何误差检测原则，简单实用。基于新一代 GPS 操作技术分析，跳动测量需要规范的环节主要有： ——基准的体现：采用模拟基准要素体现基准 ——被测要素的提取策略与方案： 1)测量面的构建：满足被测要素与基准之间的约束关系的前提下构建测量面。例如端面圆跳动：在被测要素（端面）的任一半径位置处，沿被测件的轴向，构建相应与基准同轴的测量圆柱面 2)提取策略：当被测件绕基准相对回转一周的同时，指示计相对于基准固定或移动的过程中，在给定方向（位于相应测量面上）进行提取 3)评估：直接由指示计的最大、最小示值之差即得到相应的跳动值

5.4.3.2　关于检测方法

（1）GB/T 1958—2017 的几何误差检测与验证方法分类

GB/T 1958—2017 的几何误差检测与验证方法可分为：比较法、模拟法、数字拟合法、实体或虚拟边界控制法。分类示例见表 5-28。

表 5-28　检测方法分类

检测方法	说　明	图　示	分类检索明细
1. 比较法	采用具有足够精确形状的实际表面（模拟基准要素）来体现基准平面、基准轴线、基准点等，即实物拟合	采用平晶测量平面度误差 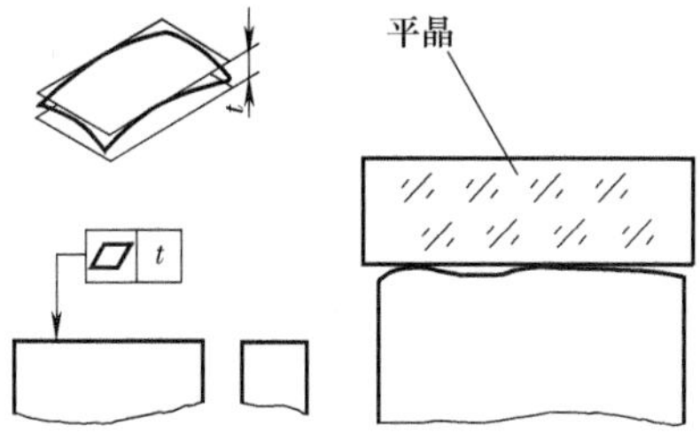 平晶 t	表 5-13（1），表 5-14（1），表 5-15（1），表 5-17（1、2），表 5-18（1），表 5-21（1）

（续）

检测方法	说　　明	图　　示	分类检索明细
2. 模拟法	（1）采用模拟被测要素体现被测要素	（1）模拟体现被测要素：采用平板、带指示计的测量架及心轴测量平行度误差 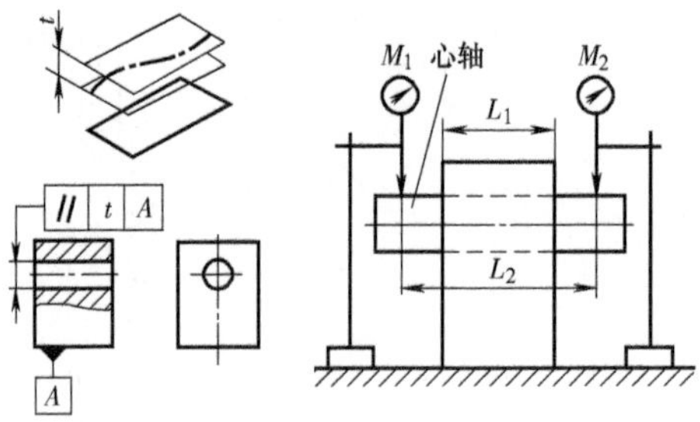 	表 5-19（6、7、8），表 5-20（1、3），表 5-21（3、5），表 5-23（2），表 5-24（1、4、5）
	（2）采用模拟基准要素体现基准（同恒定类） 　采用可胀心轴、同轴套筒等模拟基准要素体现基准（轴线）时，模拟基准要素与基准要素所属的恒定类相同，不需附加标注说明	（2）模拟体现基准要素：采用平板、等高支承、心轴、带指示计的测量架测量平行度，不需附加标注说明 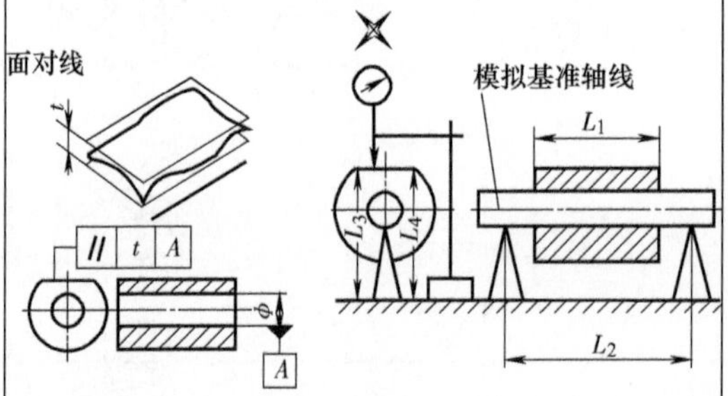 面对线 	表 5-19（1、2、3、6、7、8），表 5-20（1、2、3、4），表 5-21（1、2、3、5），5-22（3），表 5-24（1、5、6），表 5-25（1、2、3、4、5），表 5-26（1、2）
	（3）采用模拟基准要素体现基准（不同恒定类） 　采用 V 形块、L 形块等模拟基准要素体现基准（轴线）时，模拟基准要素与基准要素所属的恒定类不相同，必须在图样上附加标注说明，在框格中基准符号后标注［CF］，且在图上显示工件与模拟基准要素接触点位置	（3）模拟体现基准要素：采用 V 形块、平板、带指示计的测量架测量位置度，需附加标注说明 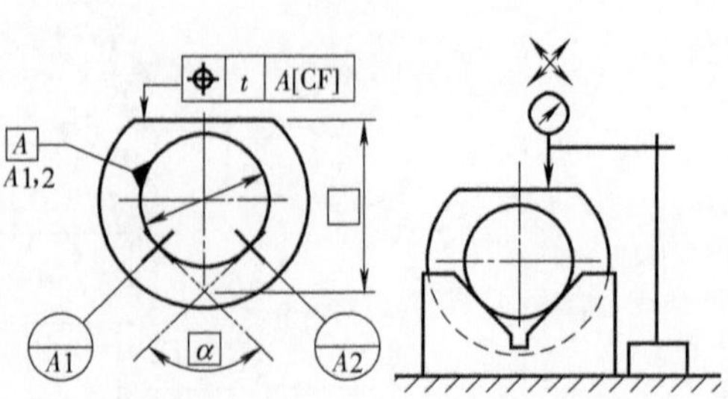 	

（续）

检测方法	说　　明	图　　示	分类检索明细
3. 数字拟合法	采用提取、拟合等操作数字化体现理想要素	1）采用圆柱度仪测量圆柱度误差 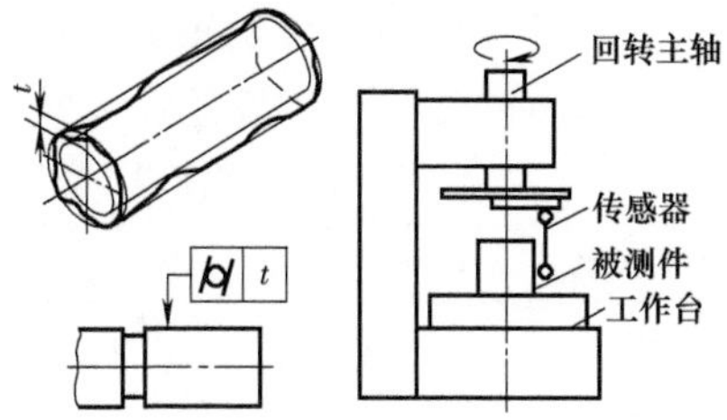 2）采用坐标测量机测量圆柱度误差 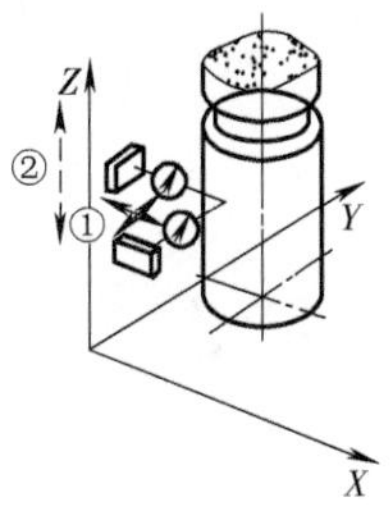 	表5-13（7、8、9），表5-14（2、3、4），表5-15（2、3），表5-16（1、2），表5-17（3、4），表5-18（2、3），表5-19（4、5），表5-20（4、5），表5-21（4），5-22（1、2、5），表5-23（5、6），表5-24（3）
4. 实体或虚拟边界控制法	采用相关要求的检验规范	1）采用整体型功能量规测量直线度误差 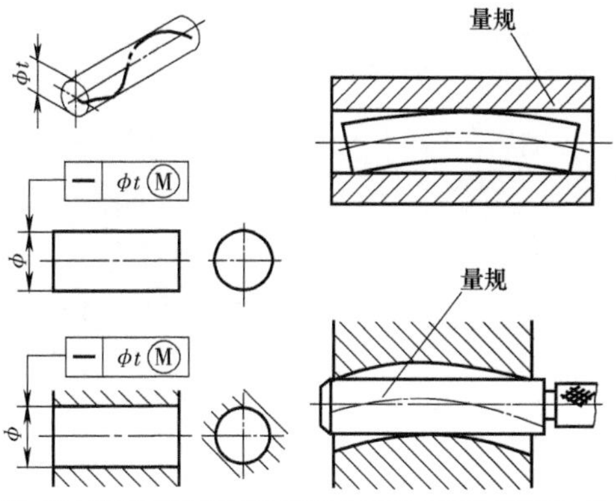 	表5-13（10），表5-19（9），表5-20（6、7），表5-22（4），表5-23（7），表5-24（6、7、8）
		2）采用坐标测量机测量直线度误差 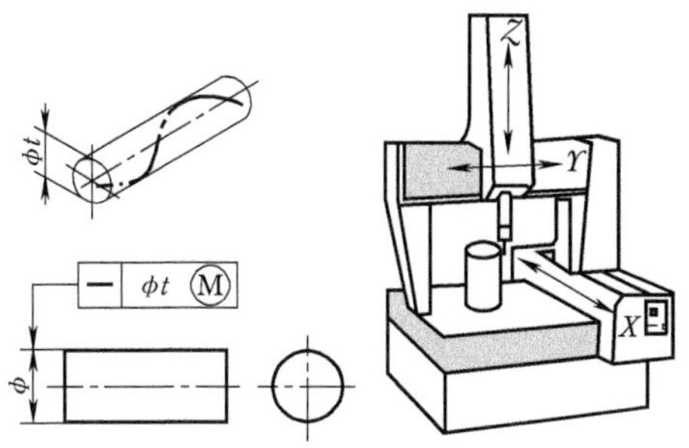 对提取圆柱面在实体外约束下采用最小外接圆柱法进行拟合，得到被测圆柱面的拟合圆柱，拟合圆柱直径应遵守最大实体实效边界要求	表5-13（11），表5-22（5）

（2）GB/T 1958—2017 突出数字化方法的应用

在几何误差的检测与验证中应用数字化技术优势明显。应用新一代 GPS 操作技术有机结合现代检测设备及数字化方法，可实现单次测量完成多个几何误差项目评定的功能，有效提高了检测效率。例如采用圆柱度仪测量阶梯轴类零件，测量一组数据即可依据检测与验证方案实现圆度、圆柱度、空间直线度、同轴度等误差项目的评定，见表 5-29。

表 5-29　多项目检测与验证示例

检测项目	测量器具及方法	图　示	检验操作说明
1. 圆度			依据圆度误差检验操作算子，分别对被测轴段的提取截面圆数据进行滤波、拟合、评估操作。重复上述操作，得到各个截面的误差值，取其中的最大误差值为圆度误差值
2. 圆柱度			依据圆柱度误差检验操作算子，先对被测轴段每个截面进行滤波及拟合（最小二乘法）得到各提取截面圆的圆心，通过组合操作得到提取导出要素（中心线），采用最小区域法对提取导出要素进行拟合，得到被测轴段的拟合导出要素（轴线）。圆柱度误差值为提取截面圆上各点到轴线的最大、最小距离值之差
3. 轴线直线度	1）准备工作： 将被测件放置在量仪上，同时调整被测件的轴线，使它与圆柱度仪的回转轴线同轴 2）测量过程： 对阶梯轴的两轴段（被测轴段和基准轴段）的多个横截面分别进行圆周测量，保存测量数据		依据任意方向直线度误差检验操作算子，先对被测轴段每个截面进行拟合（最小二乘法）得到各提取截面圆的圆心，通过组合操作得到提取导出要素（中心线），采用最小区域法对提取导出要素进行拟合，得到被测轴段的拟合导出要素（轴线）。直线度误差值为提取导出要素上的点到拟合导出要素的最大距离值的 2 倍
4. 同轴度			1）基准体现： 对基准轴段的各横截面采用最小外接法进行拟合，得到拟合组成要素的轴线（方位要素），并以此轴线（拟合导出要素）体现基准 2）被测要素测量与评估： 对被测轴段每个截面进行拟合（最小二乘法）得到各提取截面圆的圆心，通过组合操作得到提取导出要素。在与基准同轴的约束下，采用最小区域法对提取导出要素进行拟合，获得具有方位特征的拟合圆柱面（即定位最小区域）。同轴度误差为包容提取导出要素的定位拟合圆柱面的直径大小

5.4.3.3 关于检测示例

（1）示例的构成特点

GB/T 1958—2017 几何误差检测与验证方案以 GB/T 1958—2004 的图例为基础，经必要的筛选、更新、补充、调整形成了新的检测与验证示例。GB/T 1958—2017 检测与验证方案结合现代测量仪器（设备）及测量方法，更新或新增了有关示例，详见表 5-13~表 5-26 中序号中带 ∗ 和 ∗∗ 的示例。

（2）示例图样的规范、明确表达

GB/T 1958—2017 几何误差检测与验证示例更加明确规范，补充了标注，更新和新增了标注示例，如图 5-18 所示。

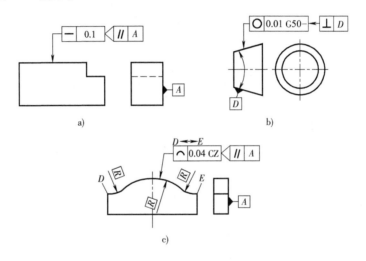

图 5-18 新增标注示例

a）直线度误差检测 b）圆度误差检测 c）线轮廓度误差检测

5.4.3.4 关于检测方案

（1）检测与验证方案的易读性与完整性

1）在 GB/T 1958—2017 附录 C 中对应原 GB/T 1958—2004 附录 A 的"检测方案（说明）"增加了必要的图示说明，易读性更强。

2）在 GB/T 1958—2017 附录 C 中增加了"备注"，旨在说明检测验证过程中各个操作步骤的应用须知，尤其是关键操作的应用要点及规范应用指南。比如：提取的要求、拟合准则的缺省及应用要点、被测要素的规范要求以及基准的体现与缺省等。

（2）对比分析

GB/T 1958—2004 附录 A 的"检测方案（说明）"与 GB/T 1958—2017 附录 C 的"检验操作集构成及说明"从规范几何误差检测与验证过程的目的来看，二者是一致的，差别在于规范程度与规范方法存在一定的差异。新标准的规范更加明确、操作无歧义、方法更科学、结果更准确。同时，GB/T 1958—2004 附录 A 的检测方案（说明）均可以用新一代GPS 的操作及算子技术对其进行规范与说明。

5.4.3.5 GB/T 1958—2017 典型示例中新增标注符号的应用

GB/T 1958—2017 典型示例中新增标注符号的应用，使得几何公差定义更清晰，检测与验证的可操作性更强。其检验应用示例见表 5-30。

表 5-30　工程图样相关符号及应用说明

工程图样	新增符号及含义	检测与验证过程中的体现说明	备注（应用启示）	索引
ϕt　0°　0°　3×　$\boxed{-\ \phi t\ CZ}$	CZ：组合公差带	在本图例中，符号 CZ 表示三个被测孔中心线的直线度具有组合公差带　在拟合操作中，采用最小区域法对三个孔的提取要素同时进行拟合，得到三个同轴的拟合导出要素（轴线）的组合	主要用于多个被测要素有较高的一致性要求；检验过程中拟合操作强调相互之间的方位约束及操作的"同时性"	表 5-13（6），表 5-17（1、2、3）
$\boxed{\oplus\ t\ A[CF]}$　A　$A1,2$　$A1$　α　$A2$	CF：接触要素	在本图例中符号 CF 表示由接触要素建立基准，即由基准要素的一部分（基准目标 A1 和 A2）建立基准　根据图样规范，采用基准目标 A1 和 A2 建立基准，而基准的体现则是由基准目标体现，即由基准要素（圆柱 A）与一个角度为 α 的 V 形块两斜面组合（接触要素）模拟接触定义的两接触点（基准目标点 A1 和 A2）体现	如果实际检测与验证过程采用模拟基准要素（V 形块），则图样上必须采用此标注	表 3-50
$\boxed{\triangle\ 0.3UZ-0.05\ A\ B\ C}$　B　C　A	UZ：（给定偏置量的）偏置公差带	在本图例中，符号 UZ 表示公差带的中心位置相对于理论正确要素（TEF）是偏置的，后面跟的数据 −0.05 为偏置量　在本例中，被测轮廓公差带的中心位于由理论正确要素（TEF）向实体内偏置 0.05mm 的位置上	主要用于轮廓形状和特定位置的控制	表 5-18（2），表 3-10
$H \longleftarrow K\ UF$　$\boxed{\triangle\ 0.2\ E\ D\ B}$　$\boxed{\triangle\ 0.05\ OZ\ E\ D\ B}$　E　$R20$　H　$R40$　B　20　K　D　(60)	OZ：（未给定偏置量的）线性偏置公差带	在本图例中，符号 OZ 表示公差带的中心位置相对于理论正确要素（TEF）有一个常数的偏置，但未规定该常数大小。有 OZ 修饰符的公差通常会和一个无 OZ 的较大公差组合使用，实现被测要素轮廓形状和位置的综合控制　在本例中，固定公差带相对于由基准和理论正确尺寸 R40、R20 和 20 确定的理论正确要素（TEF）对称分布；而偏置公差带相对于理论正确要素（TEF）向材料内或材料外有一个常数的偏置	主要用于轮廓形状和位置的综合控制，尤其是对轮廓形状有严格要求的场合　其中轮廓形状控制在偏置公差带内，偏置公差带控制在固定公差带内且可在其中浮动　OZ 一般不单独使用	表 3-10

（续）

工 程 图 样	新增符号及含义	检测与验证过程中的体现说明	备注（应用启示）	索引
○ 0.01 G50 ← ⊥ D D	← ⊥ D ：方向要素框格 ∥平行； ⊥垂直； ∠角度	在本图例中，符号← ⊥ D 是方向要素框格，用来标识公差带宽度的方向，框格中的"⊥"符号表示公差带的宽度方向垂直于基准 D 在提取操作中，采用一定的提取方案沿被测件横截面圆周进行测量，得到提取截面圆。被测截面圆的圆度误差值为提取截面圆上的点到拟合导出要素（圆心）之间的最大、最小距离值之差	当被测要素是组成要素且公差带的宽度方向与规定的几何要素表面不垂直时，应使用方向要素。对于非圆柱形或非球形要素的圆度，应使用方向要素来标注公差带宽度的方向	表 5-15（ 2、3、4、5 ），表 3-20
△ 0.2 ○ ∥ A A	○ ∥ A ：组合平面框格 ∥平行； ⊥垂直； ∠呈定义的角度	在本图例中，符号○ ∥ A 是组合平面框格，适用于被测要素为组合平面所定义的组合连续表面，而不是整个工件 在提取操作中，采用一定的提取方案沿被测件横截面轮廓平行于 A 面进行测量	组合平面由工件上的一个要素建立的平面，用于定义封闭的组合连续要素。当使用"全周"符号时，应同时使用组合平面框格定义	表 3-21
t 基准 — 0.1 ∥ A A	∥ A ：相交平面框格 ∥平行； ⊥垂直； ∠呈定义的角度	在本图例中，符号∥ A 是相交平面框格，表示被测要素是提取表面上与基准 A 平行的直线 在提取操作中，沿与基准 A 平行方向采用一定的提取方案对被测要素进行测量，获得提取线	相交平面是由工件的提取要素建立的平面，主要用于定义线要素的方向，如面内的线的直线度、线轮廓度、表面上全周符号规范的线等	表 5-13（4、5），表 5-17（ 1、2、3、4 ），表 5-19(4)，表 3-18
∥ 0.1 A ∥ B B A	∥ B ：定向平面框格 ∥平行； ⊥垂直； ∠呈定义的角度	在本图例中，符号∥ B 是平面框格，表示被测要素的公差带方向与基准平面 B 平行 在提取操作中，应沿平行于基准 A 且平行于基准 B 的方向，采用一定的提取方案对被测要素的组成要素进行提取及相关操作，获得被测孔的提取中心线	定向平面是由工件的提取要素在满足对基准平面 B 平行约束下进行拟合建立的平面，用于明确公差带的方向（即组成公差带的两平行平面的方向），也间接地明确定向误差的控制方向（两平行平面的法线方向）	表 3-19

（续）

工程图样	新增符号及含义	检测与验证过程中的体现说明	备注（应用启示）	索引
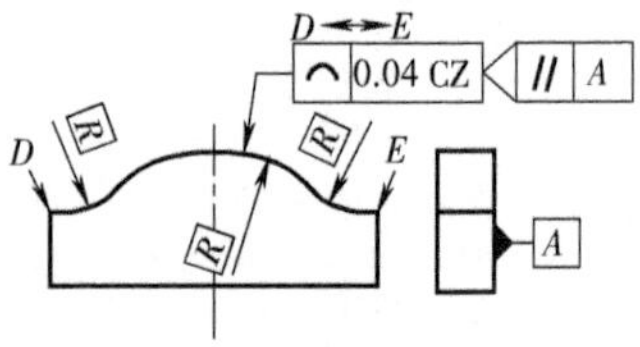	◄──►：在…之间	在本图例中，符号 D◄──►E 表示被测要素的测量界限范围 在提取操作中，被测要素测量起始点为 D，终止点为 E	补充说明的标注规范除区间标注外，还有多项，详见表3-22	表5-17（1、2、3），表3-22
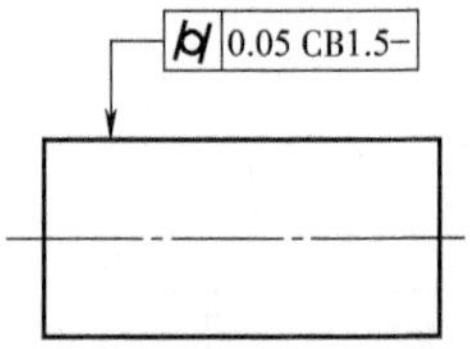	CB1.5－：滤波规范	本图例给出了需要采用滤波操作的规范，符号CB表示采用封闭球形态学滤波器，数值1.5表示球半径为1.5mm，数值1.5后面的"－"，表示这是一个低通滤波器	被测要素的滤波操作应同时标注滤波器的类型和滤波器的嵌套指数（表3-11）	表5-16（1*），表3-12

在方向或位置公差中，为体现被测要素而进行的拟合操作方法的规范符号

工程图样	新增符号及含义	检测与验证过程中的体现说明	备注	索引
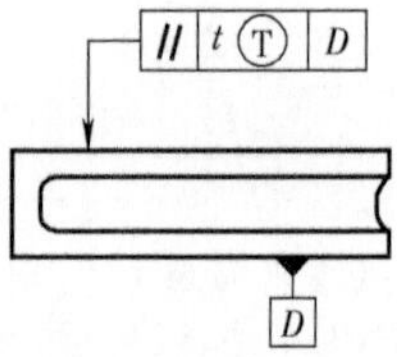	（1）Ⓣ：贴切要素	在本图例中，符号Ⓣ表示是对被测要素的贴切要素的方向公差要求 采用（外）贴切法对被测要素的提取表面进行拟合，获得提取表面的（贴切）拟合平面		表5-19（2），表3-13
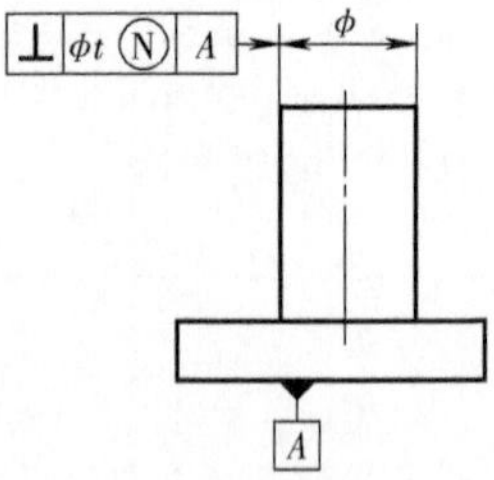	（2）Ⓝ：最小外接要素	在本图例中，符号Ⓝ表示是对被测要素的最小外接拟合要素有方向公差的要求 对提取圆柱面采用最小外接法进行拟合，得到提取圆柱面的拟合导出要素（轴线）	1）仅用于方向公差、位置公差项目中 2）如果图样上出现此类规范符号，被测要素体现为相应的规范要素 3）缺省情况下，为被测要素的提取要素本身	表5-20（4），表3-13
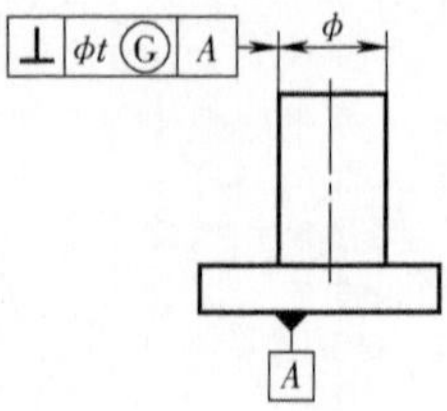	其余还有： （3）Ⓖ：最小二乘（高斯）要素 （4）Ⓧ：最大内切要素 （5）Ⓒ：最小区域（切比雪夫）要素			表3-13

（续）

形状误差评定中，为获得理想要素位置而进行的拟合操作方法的规范符号

工程图样	新增符号及含义	检测与验证过程中的体现说明	备注	索引
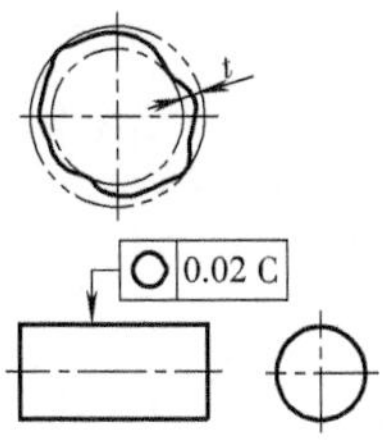	C：无约束的最小区域（切比雪夫）法 CE：有实体外约束的最小区域要素 CI：有实体内约束的最小区域法	符号 C、CE、CI 表示在为获得被测要素误差值而进行的拟合操作方法 例如在本图例中，C 为拟合操作采用无约束的最小区域法 CE、CI 的使用方法见 5.1.4.1 节		表 3-15
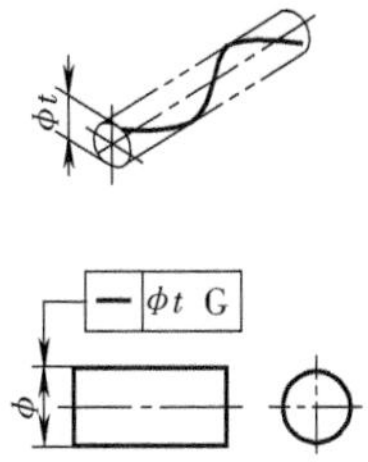	G：无约束的最小二乘法 GE：有实体外约束的最小二乘法 GI：有实体内约束的最小二乘法	符号 G、GE、GI 表示在为获得被测要素误差值而进行的拟合操作方法 在本图例中，符号 G 表示在为获得被测要素误差值而进行的拟合操作中，采用无约束最小二乘法对提取导出要素进行拟合，得到拟合导出要素（轴线）	1）仅用于规范形状误差评定中，为获得理想要素位置（评定参照要素）而进行的拟合操作方法 2）如果图样上出现此类规范符号，其（评定）参照要素为明确标注的规范要素 缺省情况下，为无约束的最小区域（切比雪夫）要素或无约束的最小区域法（注：该缺省规定主要用于仲裁）	表 5-13（9），表 3-15
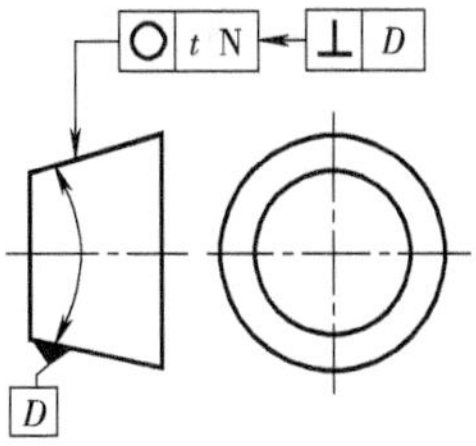	N：最小外接法	在本图例中，符号 N 表示在为获得被测要素误差值而进行的拟合操作方法 表明圆度误差值评估时采用最小外接法获得理想要素的位置，即拟合导出要素（圆心）		表 5-15（3＊＊），表 3-15
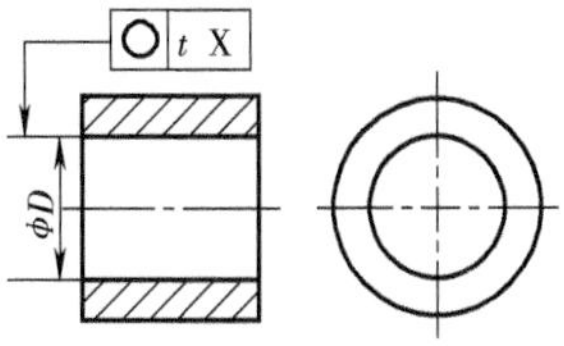	X：最大内切法	在本图例中，符号 X 表示在为获得被测要素误差值而进行的拟合操作方法 表明圆度误差值评估时采用最大内切法获得理想要素的位置，即拟合导出要素（圆心）		表 3-15

（续）

形状误差值评估参数的规范符号

工程图样	新增符号及含义	检测与验证过程中的体现说明	备注	索引
⊙ 0.01 G P	P：峰高参数（本例）	采用峰高参数，即被测要素上最高的峰点到理想要素的距离值	1. 参数规范元素仅用于无基准要求的形状公差项目 2. 峰谷参数（T）为缺省的评估参数	图5-3，表3-16
	V：谷深参数	采用谷深参数，即被测要素上最低的谷点到理想要素的距离值		图5-3，图5-4，表3-16
	T：峰谷参数	采用峰谷参数，T为缺省的评估参数		表3-16，图5-4，表5-13（2＊），表5-14（2），表5-15（2＊），表5-16（1＊）等
		采用均方根参数，即被测要素各点到理想要素的距离值的均方根值		
	Q：均方根参数			表3-16

5.5 测量不确定度评估示例

5.5.1 基于新一代GPS的测量不确定度管理程序

新一代GPS基于统计学优化等理论，将不确定度的概念由测量过程拓展到整个GPS过程，并利用拓展后不确定度的量化统计特性和经济杠杆调节作用，实现GPS系统的量化统一和过程资源的优化配置。为了实现测量不确定度的规范评定，ISO/TC213颁布了ISO 14253.2统一规范了测量不确定度的管理程序（procedure for uncertainty management，简称PUMA）。

不确定度管理程序（PUMA）包括给定测量过程的不确定度管理程序和不给定测量过程的不确定度管理程序。给定测量过程的PUMA（见图2-7）的功能目标是：在给定测量过程的条件下，评定出相应的测量不确定度值。不给定测量过程的PUMA（见图2-8）的功能目标则是：在产品测量过程开发中，优化确定出技术和经济都充分、合理的测量过程（程序）。

5.5.2 测量圆柱度误差的测量不确定度分析与评定示例

（1）目标和任务

测量任务为测量 $\phi 50\text{mm} \times 100\text{mm}$ 的基轴，其圆柱度误差预计为 $4\mu\text{m}$。目标不确定度为 $0.2\mu\text{m}$。

（2）原理、方法、程序和条件

1）测量原理：采用机械接触法，采用工作台旋转式圆柱度测量仪。

2）测量条件：圆柱度仪已经经过校准，其性能符合技术指标要求；温度可控制到它对测量结果不起作用的程度；操作人员经过培训，并且熟悉圆柱度仪的使用；圆柱度仪安装正确；工件轴与旋转轴的准直优于 $10\mu m/100mm$。

3）测量程序：将工件安放于工作台上；相对于转轴，对工件定心和准直；测量三次，并由该设备的软件进行计算。

（3）测量不确定度贡献因素列表

测量不确定度贡献因素列表和分析见表 5-31。

表 5-31 圆柱度误差测量的不确定度主要分量和评注

符号	分量名称	评 注
u_{IN}	噪声	测量过程中的电噪声和机械噪声是常见的
u_{IC}	闭合误差	测量的闭合误差是常见的
u_{IR}	重复性	重复性测量会带来误差
u_{IS}	主轴误差	主轴的最大允许误差与测量高度有关
u_{IM}	放大倍数误差	测量结果的放大倍数会带来误差,其最大允许误差为4%
u_{CE}	工件定心	工件轴线对旋转轴的偏心不超过 $20\mu m$
u_{AL}	工件准直	工件的轴相对于旋转轴的准直优于 $10\mu m/100mm$

（4）测量不确定度概算

本例采用 PUMA 方法进行测量不确定度的评定。

1）噪声

采用 A 类评定。为确定在实验室内仪器所检测到的噪声水平（电噪声和机械噪声），在一稳固的地基上进行实验。当主轴误差分离后，典型的噪声峰峰值为 $0.05\mu m$。假定该误差与根据正态分布的部分误差相互作用。为了确保不低估该不确定度分量，峰峰值当作 $\pm2s$ 估计，其中，s 为标准偏差 σ 的估计值。于是，对测量不确定度的贡献为：

$$u_{IN} = 0.05\mu m/4 = 0.013\mu m$$

2）闭合误差

采用 B 类评定实验表明，闭合误差小于 $a_{IC} = 0.05\mu m$。采用 U 形分布来模拟这种相互作用（$b = 0.7$）。于是，对测量不确定度的贡献为：

$$u_{IC} = 0.05\mu m \times 0.7 = 0.035\mu m$$

3）测量重复性

采用 A 类评定。已对重复性进行了研究，并给出重复性的 6σ 值为 $0.1\mu m$。其中，σ 为标准偏差值。假定其为正态分布，于是对测量不确定度的贡献为：

$$u_{IR} = 0.1\mu m/6 = 0.017\mu m$$

4）主轴误差

采用 B 类评定。根据技术指标，在工作台上方 h 处圆度测量的主轴误差不大于：$MPE_{IS} = 0.1mm + 1\times10^{-6}h$。测量是在工作台上方 $h = 25mm$ 处进行的，于是最大允许误差为 $a_{IS} = 0.125\mu m$。由于该误差是用一比较低的低通滤波器测量的，因此保守地估计这一误差对应于误差分布的 95%，于是对测量不确定度的贡献为（$b = 0.5$）：

$$u_{IS} = 0.125\mu m \times 0.5 = 0.063\mu m$$

5）放大倍数误差

采用 B 类评定。根据用定标块进行的校准，放大倍数的最大允许误差为 $\pm2\%$。测量部

分的圆柱度是 $4\mu m$ 量级。于是误差限为：$a_{IM}=4\mu m\times0.02=0.08\mu m$。假定放大倍数误差满足矩形分布（$b=0.6$）。于是不确定度分量为：

$$u_{IM}=0.08\mu m\times0.6=0.048\mu m$$

6）工件定心

采用 B 类评定。在测量高度上，工件轴与旋转轴的偏心不超过 $20\mu m$。由此得最大误差：$a_{CE}<0.001\mu m$，于是不确定度分量为：

$$u_{CE}\approx0$$

7）工件准直

采用 B 类评定。工件轴与旋转轴的准直优于 $10\mu m/100mm$。由此得最大误差：$a_{AL}<0.001\mu m$。于是不确定度分量为：

$$u_{AL}\approx0$$

上述分析见表 5-32。估计各不确定度分量之间无相关性。则合成标准不确定度为：

$$u_c=\sqrt{u_{IN}^2+u_{IC}^2+u_{IR}^2+u_{IS}^2+u_{IM}^2+u_{CE}^2+u_{AL}^2}$$

代入各分量的值，得到：

$$u_c=\sqrt{0.013^2+0.035^2+0.017^2+0.063^2+0.048^2+0+0}=0.089\mu m$$

测量不确定度为：

$$U=u_c\times k=0.089\mu m\times2=0.178\mu m$$

表 5-32　不确定度分量概算汇总

分量名称	评定类型	分布类型	测量次数	变化限	相关系数	分布因子	不确定度分量 /μm
噪声	A	正态	>10		0		0.013
闭合误差	B	U 型		$0.05\mu m$	0	0.7	0.035
重复性	A	正态	>10		0		0.017
主轴误差	B	高斯		$0.125\mu m$	0	0.5	0.063
放大倍数误差	B	矩形		2%	0	0.6	0.048
工件定心	B	—		—	0	—	0
工件准直	B	—		—		—	0
合成标准不确定度 u_c							0.089
测量不确定度 $U(k=2)$							0.178

第6章

典型几何（形状）误差检测与验证规范及图解

本章主要介绍典型几何特征（直线度、平面度、圆度、圆柱度）的误差检测与验证规范及应用示例。本章的内容体系及所涉及的标准如图6-1所示。

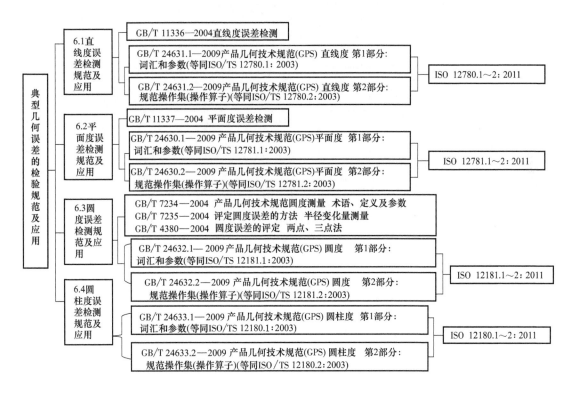

图6-1 本章的内容体系及结构

6.1 直线度误差检测规范及应用

直线度误差是指实际被测直线对拟合直线的变动量。直线度误差检测所涉及的标准规范主要有 GB/T 1958—2017、GB/T 24631.1—2009（ISO/TS 12780.1:2003，IDT）《产品几何技术规范（GPS）直线度 第 1 部分：词汇和参数》和 GB/T 24631.2—2009（ISO/TS 12780.2:2003，IDT）《产品几何技术规范（GPS）直线度 第 2 部分：规范操作集（操作算子）》以及 GB/T 11336—2004《直线度误差检测》，上述标准分别从采用实体计量和数字化计量技术的不同角度对直线度误差检测进行了规范，目前，ISO 最新版本是 ISO 12780.1~2:2011，其内容相对于现行国家标准有些许变化，与之相对应的国家标准正在修订转化中。本节将着重介绍相关标准的主要内容。

6.1.1 直线度误差检测

GB/T 11336—2004《直线度误差检测》规定了直线度误差检测的术语定义、评定方法、检测方法和数据处理方法。适用于机械产品中实际要素的直线度误差检测。

6.1.1.1 检测方法

根据不同的被测要素和规范要求，直线度误差的检测可分为三种情况：给定平面内的直线度误差、给定方向上的直线度误差和任意方向上的直线度误差的检测。直线度误差的检测方案见 GB/T 1958—2017 附录 C。不同情况下，可选择的检测方法参见表 6-1。

表 6-1 直线度误差检测方法选用

序号	实际要素情况	直线度误差检测方法
1	较短的被测实际要素	间隙法、指示器法、干涉法、光轴法和钢丝法
2	大、中型零件的直线度误差	水平仪法、自准直仪法、跨步距仪、表桥法和平晶法测量
3	具有高精度要求的直线度误差	反向消差法、移位消差法和多测头消差法（采用两次测量，利用误差分离技术，消除测量基线本身的直线度误差，从而提高测量精度）
4	被验轴线直线度公差遵守最大实体要求的零件	量规检验法

6.1.1.2 评定方法

直线度误差的评定方法有：最小包容区域法、最小二乘法和两端点连线法。直线度误差评定方法说明及使用见表 6-2。

表 6-2 直线度误差评定方法说明及使用

序号	直线度误差的评定方法	使用场合	图示说明
1	最小包容区域法 最小包容区域法是以最小区域线 l_{MZ} 作为评定基线的方法。最小区域线是两个包容实际被测直线的等距理想直线，按此方法求得直线度误差值 f_{MZ}	给定平面（或给定方向）上直线度误差 $f_{MZ}=f=d_{max}-d_{min}$ 式中 d_{max}、d_{min}——各测得点中相对最小区域线 l_{MZ} 的最大、最小偏离值	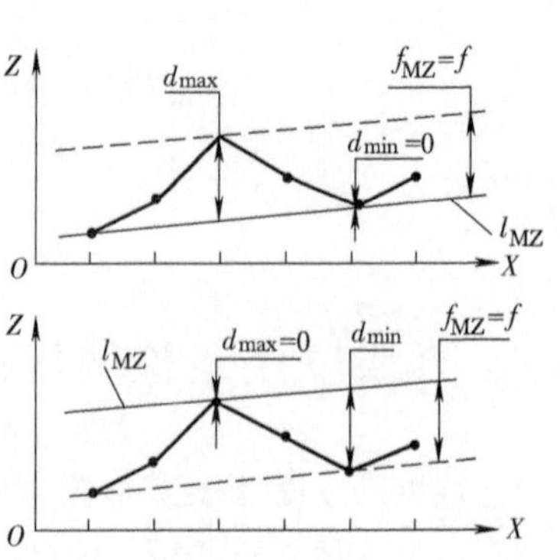

（续）

序号	直线度误差的评定方法	使用场合	图示说明
1	最小包容区域法 最小包容区域法是以最小区域线 l_{MZ} 作为评定基线的方法。最小区域线是两个包容实际被测直线的等距理想直线，按此方法求得直线度误差值 f_{MZ}	任意方向上直线度误差 对任意方向上的直线度误差所采用的最小包容区域为一圆柱，直线度误差为： $$f_{MZ} = \phi f = 2d_{max}$$ 式中 d_{max}——测得点中相对最小区域线 l_{MZ} 的最大距离值	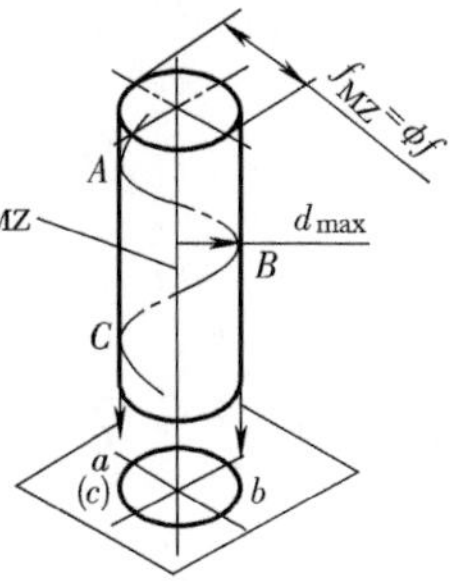
2	最小二乘法 以最小二乘中线 l_{LS} 作为评定基线（或基线方向）的方法，最小二乘中线是实际被测直线上各点至该中线距离的平方和为最小的理想直线，按此方法求得直线度误差值 f_{LS}	给定平面（或给定方向）上的直线度误差 $$f_{LS} = d_{max} - d_{min}$$ 式中 d_{max}、d_{min}——各测得点中相对最小二乘直线 l_{LS} 的最大、最小偏离值。d_i 在最小二乘直线的上方取正值，下方取负值 对任意方向上的直线度误差 $$f_{LS} = \phi f_{LS}$$ 式中 ϕf_{LS}——最小二乘中线包容圆柱面的直径	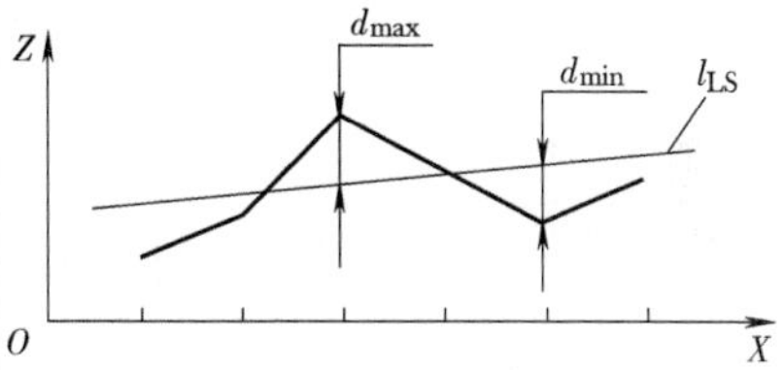 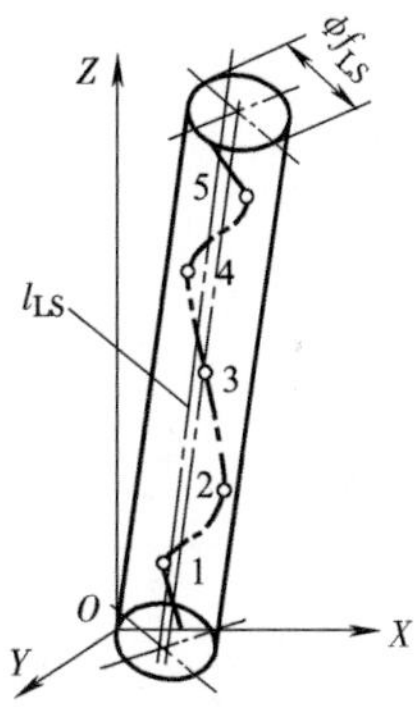
3	两端点连线法 以实际直线上首末的两端点连线 l_{BE} 作为评定基线（或基线方向）的评定方法，按此方法求得直线度误差值 f_{BE}	对给定平面（或给定方向）上的直线度误差 $$f_{BE} = d_{max} - d_{min}$$ 式中 d_{max}、d_{min}——各测得点中相对两端点连线 l_{BE} 的最大、最小偏离值。d_i 在 l_{BE} 的上方取正值，下方取负值 任意方向上的直线度误差 对任意方向的直线度误差，用轴线平行于实际被测轴线两端点连线 l_{BE} 的圆柱面包容该实际被测轴线时，取其中具有最小直径的圆柱直径 f_{BE} 作为误差值	

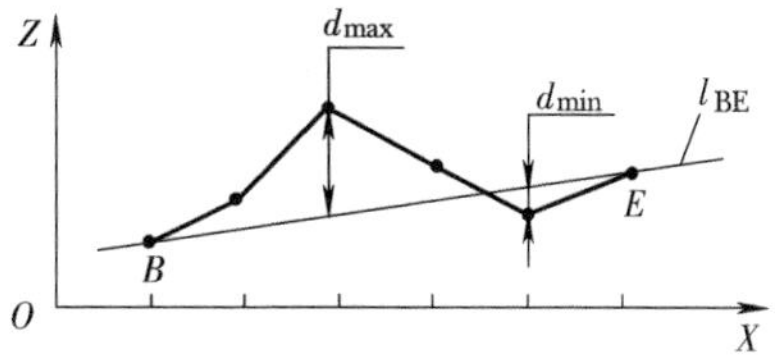

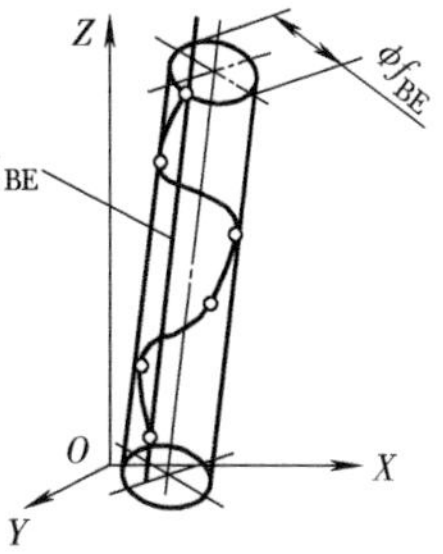

表6-3 直线度误差检验操作集构成与图解

工程图样规范（示例）	测量装置	构成	检验操作（检验操作集）	图解示意图	备 注
	1. 平板 2. 固定和可调支承 3. 带指示计的测量架 预备工作：采用固定和可调支承点将被测直线的两端大致调平行 	1. 预备工作 2. 被测要素测量与评估 1) 分离：确定被测要素及其测量界限 2) 提取：（采用所选测量装置沿被测要素线方向，按照一定的提取方案进行提取测量，获得提取素线 3) 拟合：采用最小区域法对提取线进行拟合，获得拟合直线 4) 评估：误差值为提取线上的最高峰点、最低谷点之间到拟合直线距离的按上述测量方法，取其中最大的误差值作为该被测要素线的直线度误差值 3. 符合性比较：将得到的误差值与图样上给出的公差值进行比较，判定被测件的直线度是否合格	分离操作		1) 分离：被测要素（素线）由所构建的提取截面（被测圆锥台轴向截面）与被测圆锥面的交线确定
			提取操作		2) 提取：对被测素线采用一定的提取方案，获得提取素线（参见GB/T 1958—2017 附录B.1）进行测量
			滤波操作		3) 滤波：图样上给出滤波操作规范，则进行滤波操作。本例中"SW-8"表示采用截止波长为8mm的滤波条小波高通滤波器对提取素线进行滤波，得到滤波要素。如果图样上未给出滤波操作，则不进行滤波操作
			拟合操作		3) 拟合：对为获得被测要素误差值而进行的拟合操作，拟合方法有最小二乘法、最小区域法两种。若在图样上未明确示出说明，则缺省约定采用最小区域法
			评估操作	d_{max} d_{min}	4) 评估：误差值为拟合点到被测要素的距离之和最低拟合点上述方法测量被测要素线，取其中最多被测素线，取其中最大的误差值 按上述方法对该被测要素线进行直线度的评估参数有T、P、V、Q、缺省为T（本例）
			符合性比较		符合性比较：将得到的误差值与图样上给出的公差值进行比较，判定直线度是否合格。并依据GB/T 1958—2017 第9章进行合格评定，并依据第10章进行测量不确定度评估

6.1.2　基于新一代 GPS 的直线度特征与规范操作集（GB/T 24631.1~2—2009）

随着直线度误差的测量越来越朝着测量信息量大、测量精度和效率要求高的方向发展，并减少人工因素对误差评定过程的影响，引入现代数字化计量技术并规范其检测评定过程势在必行。GB/T 24631—2009《产品几何技术规范（GPS）直线度》，即针对产品直线度特征的数字化计量所规定的相关术语及操作规范。该系列标准主要包括两部分：GB/T 24631.1—2009 词汇和参数与 GB/T 24631.2—2009 规范操作集。其中 GB/T 24631.1—2009 给出了直线度误差检测与验证中所涉及的术语和参数。GB/T 24631.2—2009 给出了规范操作集所涉及的有关传输带、探测系统、测量力及公称直线性工件的谐波分析等。该标准规定了组成要素直线度完整的规范操作集。直线度完整的规范操作集是给定的、有序的和完整的一组具有明确定义的规范操作。该操作集涉及分离、提取、滤波、构建、集成、拟合、评估等操作中的一个或多个。有关操作和操作集（操作算子）的定义及相关内容参见本书第2章及第5章。

6.1.3　直线度误差检验操作集的应用分析

直线度误差检验操作集（操作算子）是直线度规范操作集的计量仿真。根据产品工程图样和/或技术文件规范制定实际检验操作集，编制测量过程规范文件（即：检测与验证规范）。几何误差的检验操作参见 GB/T 1958—2017 附录 B，检测与验证方案及示例参见 GB/T 1958—2017 附录 C。

表 6-3 以圆锥台素线直线度检测与验证为例，给出了依据规范操作集（工程图样和/或技术文件）制定直线度误差检验操作集的过程，并以图解的形式对检验操作集的构成进行了分析说明，形象地表明了直线度检验操作集是一组检验操作的有序集合。

6.2　平面度误差检测规范及应用

平面度误差是指实际被测平面对拟合平面的变动量。GB/T 1958—2017 和 GB/T 11337—2004《平面度误差检测》，以及 GB/T 24630.1—2009（ISO/TS 12781.1—2003，IDT）《产品几何技术规范（GPS）平面度 第 1 部分：词汇和参数》和 GB/T 24630.2—2009（ISO/TS 12781.2：2003，IDT）《产品几何技术规范（GPS）平面度 第 2 部分：规范操作集》分别针对采用实体计量和数字化计量体系对平面度误差检测进行了规范，目前，ISO 最新版本是 ISO 12781.1~2—2011，其内容相对于现行国家标准有些许变化，与之相对应的国家标准正在修订转化中。本节将着重介绍相关标准的主要内容。

6.2.1　平面度误差检测

GB/T 11337—2004《平面度误差检测》规定了平面度误差检测的术语定义、评定方法、检测方法和数据处理方法。适用于机械产品中实际要素的平面度误差检测。

6.2.1.1　检测方法

前述直线度误差的检测方法均可用于平面度误差的检测。平面度的检测方案见 GB/T 1958—2017 附录 C。平面度误差的检测方法有三类：直接法、间接法和组合法。不同方法的说明参见表6-4。

表6-4　平面度误差检测方法

序号	检测方法	说　明	常用方法
1	直接法	将被测实际表面与理想平面直接进行比较,两者之间的线值距离即为平面度误差值	间隙法、指示器法、干涉法、液面法
2	间接法	通过测量实际表面上若干点的相对高度差或相对倾斜角,再换算为以线值表示的平面度误差	水平仪法、自准直仪法、跨步距仪法、表桥法
3	组合法	通过正反(翻转180°)两个方向测量,经数据处理消除测量基线本身的直线度误差,获得被测平面上各条测量线上测得值,求出被测工件平面度误差值	反向消差法,该方法适用于窄长工件的高精度平面度误差测量

6.2.1.2　平面度误差评定方法

平面度误差的评定方法有：最小包容区域法、最小二乘法、对角线平面法和三远点平面法。

（1）最小包容区域法

最小包容区域法是以最小区域面 S_{MZ} 作为评定基面的方法，如图6-2所示。

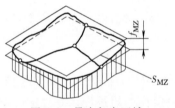

图6-2　最小包容区域

最小区域面是包容实际平面，且具有最小宽度的两平行平面。按此方法求得平面度误差值为 f_{MZ}。

所作两个平行平面是否符合最小包容区域法，可按下述方法判别。同时，不同的判别方法可通过计算得出平面度误差值。

1）三角形准则

三个高极点与一个低极点（或相反），其中一个低极点（或高极点）位于三个高极点（或低极点）构成的三角形之内或位于三角形的一条边线上，如图6-3所示。当已判定为三角形准则，可由计算得到平面度误差值。

若三个高（低）极点坐标分别为 M_1（x_1，y_1，z_1）、M_2（x_2，y_2，z_2）、M_3（x_3，y_3，z_3），一个低（高）极点的坐标为 M_4（x_4，y_4，z_4），则通过这三个高（低）极点 $M_1M_2M_3$ 构成的平面方程为：

$$\begin{vmatrix} x-x_1 & y-y_1 & z-z_1 \\ x_2-x_1 & y_2-y_1 & z_2-z_1 \\ x_3-x_1 & y_3-y_1 & z_3-z_1 \end{vmatrix} = 0$$

将上式展开，得上述平面方程的一般式：$Ax+By+Cz+D=0$ 由低（高）极点 M_4 到该平面

的距离即为被测平面的平面度误差值 $f_{MZ} = \dfrac{|Ax_4 + By_4 + Cz_4 + D|}{\sqrt{A^2 + B^2 + C^2}}$。

2）交叉准则

成相互交叉形式的两个高极点与两个低极点，如图 6-4 所示。当已判定为交叉准则，可由计算得到平面度误差值。

若两个高极点的坐标分别为 M_1（x_1，y_1，z_1）、M_2（x_2，y_2，z_2），两个低极点的坐标分别为 M_3（x_3，y_3，z_3）、M_4（x_4，y_4，z_4）。通过直线 $\overline{M_1 M_2}$ 且平行于直线 $\overline{M_3 M_4}$ 的平面方程为：

$$\begin{vmatrix} x-x_1 & y-y_1 & z-z_1 \\ x_2-x_1 & y_2-y_1 & z_2-z_1 \\ x_4-x_3 & y_4-y_3 & z_4-z_3 \end{vmatrix} = 0$$

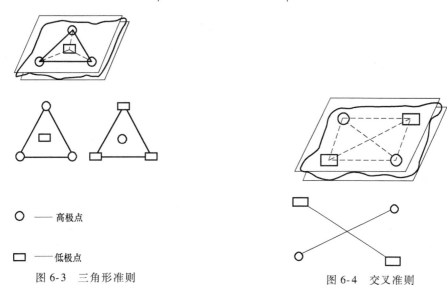

○ ——高极点

□ ——低极点

图 6-3 三角形准则

图 6-4 交叉准则

通过直线 $\overline{M_3 M_4}$ 且平行于直线 $\overline{M_1 M_2}$ 的平面方程为：

$$\begin{vmatrix} x-x_3 & y-y_3 & z-z_3 \\ x_4-x_3 & y_4-y_3 & z_4-z_3 \\ x_2-x_1 & y_2-y_1 & z_2-z_1 \end{vmatrix} = 0$$

将上述两式展开，得到上述两个平面方程的一般式：

$$A_1 x + B_1 y + C_1 z + D_1 = 0$$
$$A_2 x + B_2 y + C_2 z + D_2 = 0$$

这两个平行包容平面在 Z 坐标轴的截距之差即为被测平面的平面度误差值 $f_{MZ} = \left| \dfrac{D_1}{C_1} - \dfrac{D_2}{C_2} \right|$。

3）直线准则

成直线排列的两个高极点与一个低极点（或相反），如图 6-5 所示。

$$f_{MZ} = d_{max} - d_{min}$$

当无法直接由上述准则进行判别时，可通过变换作图法或旋转变换法，对测量数据进行处理后，再进行平面度误差的评定。

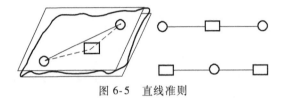

图6-5 直线准则

（2）最小二乘法

以最小二乘中心平面 S_{LS} 作为评定基面的方法，取各测点相对于最小二乘中心平面的偏离值中的最大值与最小值之差作为平面度误差值。最小二乘中心平面是使实际平面上各点到该平面距离的平方和为最小的理想平面，如图6-6所示。

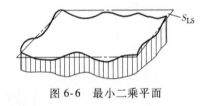

图6-6 最小二乘平面

按最小二乘法评定，需通过计算求出最小二乘中心平面上各点坐标值，进而求出平面度误差 f_{LS}。

（3）对角线平面法

以对角线平面 S_{DL} 作为评定基面的方法，取各测点相对于它的偏离值中的最大值与最小值之差作为平面度误差值。对角线平面是通过实际平面一条对角线上的两个对角点，且平行于另一条对角线的理想平面，如图6-7所示。

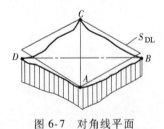

图6-7 对角线平面

测量评定时，若以对角线上四个角点调整测量基面，即一条对角线上两个角点的测量值相等，另一条对角线上两个角点的测量值也相等，则测得的各点坐标值 Z_{ij} 中的最大值和最小值之差即为平面度误差值 f_{DL}。

按对角线平面法评定，是以对角线上四个角点的坐标值构成评定基面，求出平面度误差值。主要有旋转法和计算法。

（4）三远点平面法

以三远点平面 S_{TP} 作为评定基面的方法，取各测点相对于它的偏离值中的最大值与最小值之差作为平面度误差值。三远点平面是通过实际平面上相距较远的三个点的理想平面，如

图 6-8 所示。

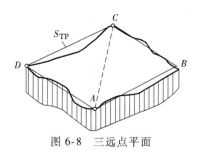

图 6-8　三远点平面

测量评定时，若以三远点调整测量基面，即将三远点的坐标值调成等值，则测得的各点坐标值 Z_{ij} 中的最大值和最小值之差即为平面度误差近似值 f_{TP}。

按三远点平面法评定，是以三远点的坐标值构成评定基面，求出平面度误差值 f_{TP}。主要有旋转法和计算法。

（5）仲裁

1）图样上未规定检测方案，而在测量时发生争议。

如用相同的测量方法和数据处理方法时，则用精确度更高的计量器具测量进行仲裁。

如用不同的测量方法时，则按不确定度较小的测量方法进行仲裁。

如用相同的测量方法，而用不同的数据处理方法时，则按最小包容区域法评定的误差值进行仲裁。

2）图样上已给定检测方案，而在测量时发生争议，则按给定的检测方案进行仲裁。

6.2.2　基于新一代 GPS 的平面度特征与规范操作集（GB/T 24630.1~2—2009）

GB/T 24630—2009《产品几何技术规范（GPS）平面度》，即是针对产品平面度特征的数字化计量所规定的相关术语及操作规范，包含 GB/T 24630.1—2009（词汇和参数）与 GB/T 24630.2—2009（规范操作集）两部分。其中 GB/T 24630.1—2009 给出了平面度误差检测与验证中所涉及的术语和参数。GB/T 24630.2—2009 给出了"规范操作集"所涉及的有关传输带、探测系统、测量力等内容，该标准规定了组成要素平面度的完整规范操作集。平面度完整的规范操作集是给定的有序和完整的一组具有明确定义的规范操作。该操作集涉及分离、提取、滤波、构建、集成、拟合、评估等操作中的一个或多个。有关操作和操作集（操作算子）的内容参见本书第 2 章及第 5 章。

6.2.3　平面度误差检验操作集的应用分析

平面度误差检验操作集是平面度规范操作集的计量仿真。根据工程图样和/或技术文件制定实际检验操作集，编制测量过程规范文件（即：检测与验证规范。几何误差的检验操作参见 GB/T 1958—2017 附录 B，检测与验证方案及示例参见 GB/T 1958—2017 附录 C）。

表 6-5 给出了依据规范操作集（工程图样和/或技术文件）制定平面度误差检验操作集的过程，并以图解的形式对检验操作集的构成进行了分析说明，形象地表明了平面度检验操作集是一组检验操作的有序集合。

表6-5 平面度误差检验操作集构成与图解

工程图样规范（示例）	测量装置	检验操作集构成	检验操作集	图解 图	示意图	备　注
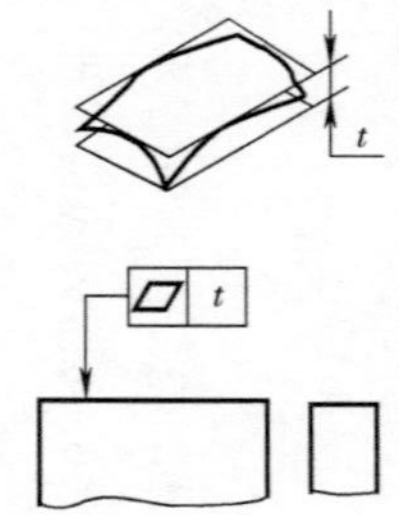	1. 平板 2. 带指示计的测量架 3. 固定示值和可调支承 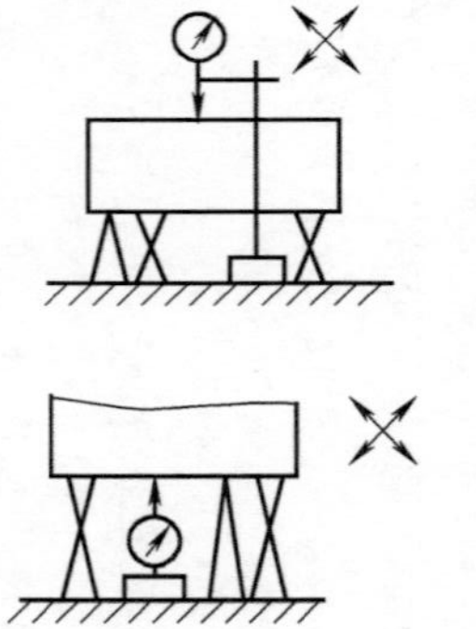 预备工作： 对被测件进行调平，将被测件测表面最远对角三点或对角线点，使被测表面大致与平板平行	1. 预备工作 2. 被测要素测量与评估 1)分离：确定被测表面及测量界限 2)提取：（采用所示测量装置）在三远点或对角线"调平"的基础上，按选定的测量布点方式对提取，记录各点提取数据和提取表面 3)拟合采用最小区域法对拟合，表面进行拟合，得到拟合平面 4)评估：误差值为提取点上的最高峰点、最低点到拟合平面的距离点之和 3. 符合性比较：将提取得到的误差值与图样上给出的公差值进行比较，判定被测表面的平面度是否合格	分离操作			1)分离：确定被测表面及测量界限
			提取操作			2)提取：按一定的提取方案对被测平面进行提取，得到提取表面。根据被测工件的功能要求，结合构造特点和提取操作设备的情况等，参考 GB/T 1958—2017 附录 B.1 选取合理的提取方案。比如，对被测要素进行提取操作时，为便于数据处理，一般采用等间距提取方案，但也允许采用不等间距提取方案
			滤波操作			滤波：图样上未给出滤波操作规范，因此不进行滤波操作
			拟合操作			3)拟合：对为获得被测要素误差值而进行的拟合，拟合方法有最小二乘法和最小区域法两种。若在图样上未明确说明，则缺省约定采用最小区域法（本例）
			评估操作			4)评估：误差值为提取表面上的最高峰点、最低点到拟合平面的距离之和。误差评估参数有 T、P、V、Q，缺省为 T（本例）
			符合性比较			符合性比较：将得到的误差值与图样上给出的公差值进行比较，判定是否合格。根据 GB/T 1958—2017 第 9 章进行合格定定评估，并依据第 10 章进行合格评定

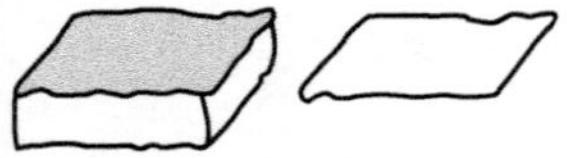

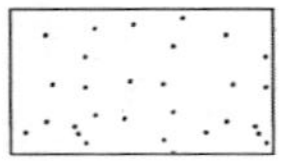

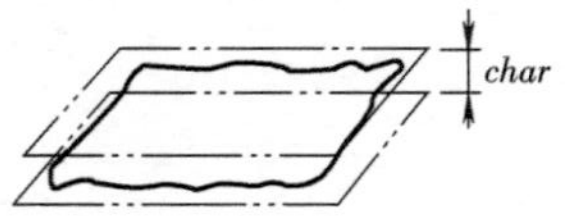

6.3　圆度误差检测规范及应用

圆度误差是指在圆柱面、圆锥面、球或圆环形回转体的同一正截面上实际被测轮廓对拟合圆的变动量。圆度误差检测所涉及的标准规范主要有 GB/T 1958—2017，GB/T 24632.1—2009（ISO/TS 12181.1：2003，IDT）《产品几何技术规范（GPS）圆度　第 1 部分：词汇和参数》和 GB/T 24632.2—2009（ISO/TS 12181.2：2003，IDT）《产品几何技术规范（GPS）圆度　第 2 部分：规范操作集》。上述标准分别针对采用实体计量和数字化计量体系对圆度误差检测进行了规范。目前，ISO 最新版本是 ISO 12181.1~2：2011，其内容相对于现行国家标准有些许变化，与之相对应的国家标准正在修订转化中。本节着重介绍相关标准的主要内容。

6.3.1　圆度误差检测

GB/T 7235—2004《评定圆度误差的方法　半径变化量测量》规定了用接触式（触针式）仪器测量半径变化量评定圆度误差的方法和仪器的一般特性。适用于在给定条件下，经轮廓转换，以最小区域圆圆心、最小二乘圆圆心、最小外接圆圆心、最大内切圆圆心等任一圆心来评定零件轮廓的圆度误差。GB/T 4380—2004《圆度误差的评定　两点、三点法》规定了用两点、三点法测量来评定圆度误差值的方法。适用于测量零件内、外圆形要素的圆度误差。

6.3.1.1　圆度误差检测方法

根据 GB/T 7235—2004 和 GB/T 4380—2004 的规定，圆度误差的检测方法有半径变化量测量法、两点测量法和三点测量法。不同方法说明见表 6-6，圆度的检测方案见 GB/T 1958—2017 附录 C。

表 6-6　圆度误差检测方法

序号	检测方法	说　　明	常用仪器
1	半径变化量法	利用接触式圆度测量仪器记录测量截面位置或与零件某些特征相关的截面位置各点的半径变化量。结果输出方式有图形记录式和参数直接显示式。适用于在给定条件下，经轮廓转换，以最小区域圆圆心、最小二乘圆圆心、最小外接圆圆心、最大内切圆圆心等任一圆心来评定零件轮廓的圆度误差。也用于圆柱度误差检测	圆度仪、圆柱度仪（类似设备）、回转工作台、三坐标测量机
2	两点法	常用千分尺、比较仪等测量，以被测圆某一截面上各直径间最大差值之半作为此截面的圆度误差。此法适于测量具有偶数棱边形状误差的外圆或内圆	平板、带指示计的测量架、V 形块、固定和可调支承
3	三点法	常将被测工件置于 V 形块中进行测量。测量时，使被测工件在 V 形块中回转一周，从测微仪（如比较仪）读出最大示值和最小示值，两示值差之半即为被测工件外圆的圆度误差。此法适用于测量具有奇数棱边形状误差的外圆或内圆	平板、支承、带指示计的测量架、千分尺
4	比较测量法	将被测轮廓的投影与理论的极限同心圆直接进行比较测量	投影仪或其他类似量仪

6.3.1.2　圆度误差评定方法

圆度误差的评定方法有比较法、最小二乘法、最小区域法、最小外接法、最大内切法、两点法、三点法。各种评定方法的说明及使用参见表 6-7。

表 6-7 圆度误差评定方法的说明及使用

评定方法		说明	图示	适用场合	备注
比较法		将被测圆轮廓的投影与事先绘制好的两极限圆同心圆相比较（同心圆同距按工件的圆度公差带选取，并放大 K 倍）误差带为两极限圆之间的距离值与被测轮廓的放大倍数 K 之比。即 $f=\dfrac{R_{max}-R_{min}}{K}$，再与公差值 t 进行比较，判断合格性	被测圆轮廓放大后的像 极限同心圆(公差带) 比较法结果示意图	适用于测量具有刃口形边缘的小型零件	对为获得被测要素误差值而进行的拟合操作，拟合方法有最小二乘法、最小区域法、最大内切法、最小外接法四种。若在图样上未明确示出或说明，则根据缺省约定采用拟合方法数学模型（最小外接法、最大内切法、最小区域法，以单纯形法算法构建其数学规划模型）： 最小二乘法： $$R_0=\frac{1}{m}\sum_{i=1}^{m}r_i$$ $$x=\frac{2}{m}\sum_{i=1}^{m}r_i\cos\varphi_i$$ $$y=\frac{2}{m}\sum_{i=1}^{m}r_i\sin\varphi_i$$ 最小外接法： $\min\ w=-v$ s.t. $v\leq r_i-x\cos\varphi_i-y\sin\varphi_i$ $v,x,y\geq0;i=1,2,\cdots,m$ 最大内切法： $\min\ w=u$ s.t. $u\leq r_i-x\cos\varphi_i-y\sin\varphi_i;i=1,2,\cdots,m$ $u,x,y\geq0;i=1,2,\cdots,m$
拟合法	最小外接法	结合相关数学理论，以最小外接法拟合出最小外接圆，包容被测截面轮廓曲线，作为评定基圆。测得的轮廓曲线上点到其最小外接圆半径 R 的最小向距离 r，即点相对于最小外接圆圆心 O_c 的最大径向距离 $f=\text{Max}|R-r|$，即为被测截面的圆度误差	最小外接法评定圆度误差结果示意图	适用于外圆表面	
	最大内切法	结合相关数学理论，以最大内切法拟合出最大的内切圆，并求出其最大内切圆圆心 O，作为评定基圆。测得的轮廓曲线上点到其最大内切圆半径 R 相对于最小外接圆半径 r 的最大向距离 $f=\text{Max}|R-r|$，即为被测截面的圆度误差	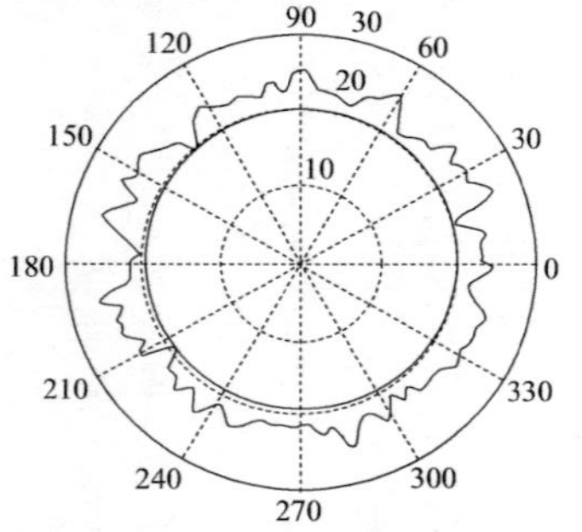 最大内切法评定圆度误差结果示意图	适用于内圆表面	

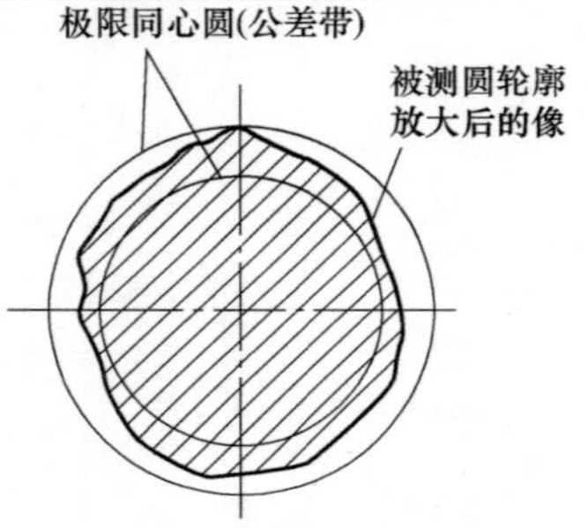

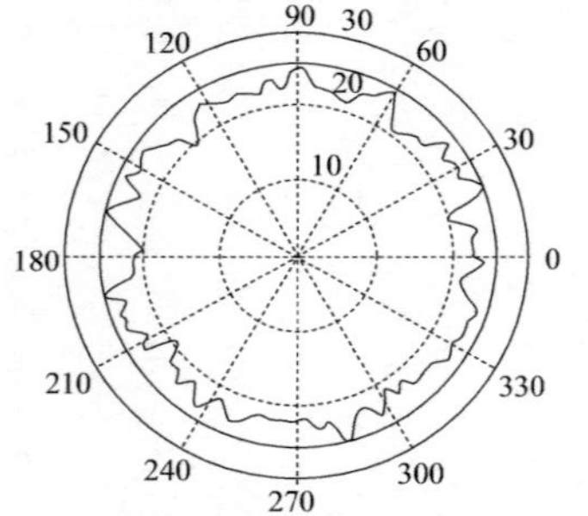

（续）

评定方法		说　明	图　示	适用场合	备　注
拟合法	最小区域法	结合相关数学理论，以最小区域拟合法拟合出包容被测截面轮廓线的两个半径之差即最小的两同心圆，其半径之差即圆度误差 $f=R_{max}-R_{min}$	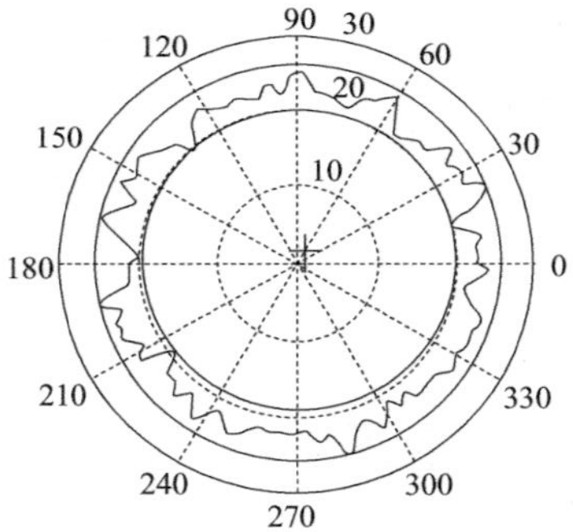 最小区域法评定圆度误差结果示意图	适用于内外圆表面	最小区域法： $\min w = u - v$ s.t. $u \geq r_i - x\cos\varphi_i - y\sin\varphi_i$ $v \leq r_i - x\cos\varphi_i - y\sin\varphi_i$ $u, v, x, y \geq 0; i = 1, 2, \cdots, m$ 式中，u, w 是拟合目标，u, v 为特征参数，分别表示拟合圆的最大半径和最小半径，u, v 是表示规划坐标，x, y 为拟合圆轴线与 xoy 平面的交点坐标，$(r_i, \varphi_i)(i=1,2,\cdots,m)$ 是被测点在 xoy 平面内投影点的极坐标；m 为采样点数
	最小二乘法	结合相关数学理论，以最小二乘拟合法求得拟合圆为评定基圆，并求出其圆心 O。以圆心 O 做包容截面轮廓曲线的同心圆，取该组截面轮廓曲线的半径差最大的同心圆。则该圆心圆半径差即为截面的圆度误差 $f=R_{max}-R_{min}$	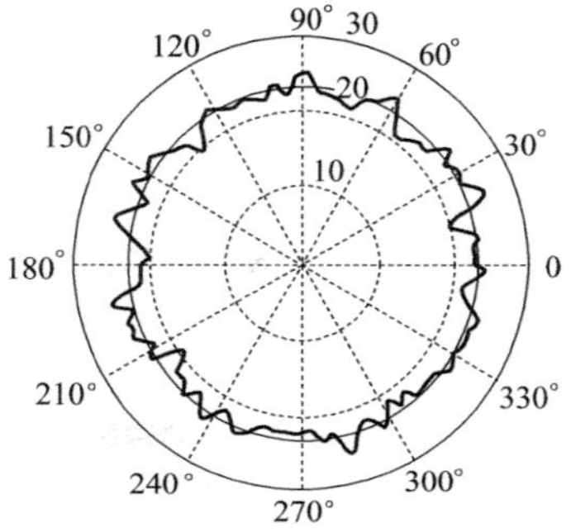 最小二乘法评定圆度误差结果示意图	适用于内外圆表面	

（续）

评定方法	说 明	图 示	适用场合	备 注
两点、三点法	1) 被测零件的棱数已知，直接选用反映系数 F 较大的测量装置。将被测零件装于测量装置中匀速旋转一周读取指示器的测得值，用相应的反应系数按下式计算出实际误差值： $$f = \frac{\Delta}{F}$$ 式中 f——实际圆度误差值 Δ——测得值，即指示器最大读数差值 F——反映系数。它反映了测得值对真实圆度误差值的放大（或缩小）程度 2) 被测零件的棱数未知，应采用两点法和三点法进行组合测量，组合方案见 GB/T 4380—2004。采用组合方案测量装置按下式计算出实际圆度误差值 f $$f = \frac{\Delta_{max}}{F_{av}}$$ 式中 Δ_max——各次测得值中的最大值 F_av——平均反映系数	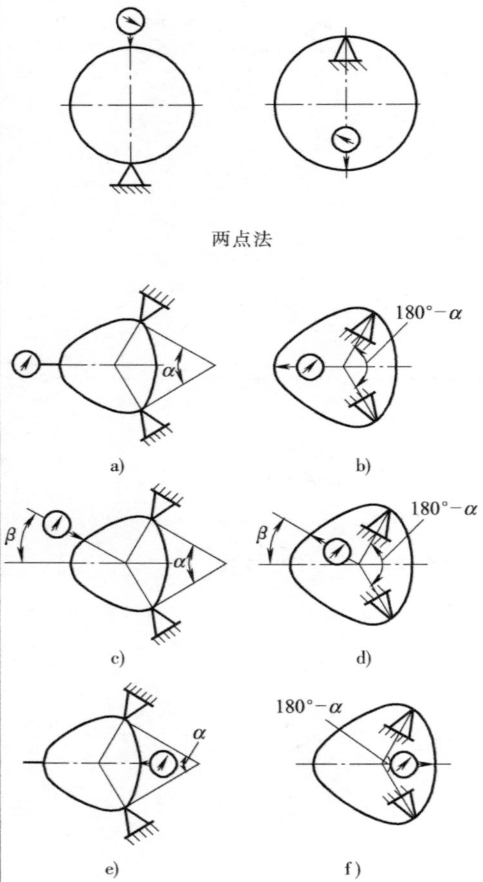 两点法 a) α b) 180°-α β c) α d) 180°-α e) α β f) 180°-α 三点法	两点法适用于具有奇数棱的圆截面 三点法适用于具有偶数棱的圆截面	测量方法与被测件的棱数是否已知直接有关。如果棱数已知，直接按 GB/T 4380—2004 选用反映系数 F 较大的测量装置；如果棱数未知，一次测量不能正确得出零件的圆度误差，应采用两点法和三点法进行组合，组合方案见 GB/T 4380—2004

表6-8　圆度误差检验操作集的构成与图解

工程图样规范（示例）	测量装置	构成	检验操作	图解（示意图）	备注
图例一 ⊥ D ○ 0.01 C50 − D 图例二 ○ 0.01 C50 −	圆度仪（或类似量仪） 预备工作： 将被测件放置在圆度仪上，同时调整整个量仪的回（旋）转轴线，使它与量仪的回转轴线同轴	1. 预备工作 2. 被测要素测量与评估 　1) 分离：确定被测要素及其测量界限 　2) 提取：采用所选定的提取方案沿被测截面圆同时进行测量，得到横截面同圆轮廓 　3) 滤波：采用低通高斯滤波器为50UPR的低通高斯滤波器对提取截面圆进行滤波，获得滤波后截面圆轮廓 　4) 拟合：采用最小区域法对滤波后的提取圆进行拟合，获得拟合导出要素（圆心） 　5) 评估：误差值为上述圆心到提取圆上测得的点（圆心）之间的最大距离之差。重复上述测量，沿测量件横截面方向得到各个横截面的误差，取其中的最大误差值为圆度误差值 3. 符合性比较 将圆度误差值与图样上给出的公差值进行比较，判定被测件的圆度是否合格	分离操作	（示意图）	1) 分离：被测要素（素线）由所构建的提取截面（被测截面）与提取圆锥台合的轴线截面与被测圆锥台面的交线确定 2) 提取：根据被测提取工作的功能要求，参考5.2.1.2节选择合理提取设备的提取方案。比如，对被测要素进行操作时，一般采用等间距提取方案，但也允许采用不等间距提取方案 3) 滤波：本图例给出了需要采用高斯滤波操作的规范，符号C表示采用高通滤波器，数值50表示嵌套指数为50 UPR，数值后面的"—"，表示一个低通滤波器；若参数值前面的"—"，则表示最高通滤波器 4) 拟合：对为求得拟合要素值而进行的拟合操作，拟合方法有最小二乘法、最小外接法、最大内切法、最小区域法。若在图样上未明确给出拟合方法，则按默认评估方法为最小区域法（本例） 5) 评估：被测截面的圆度误差为提取圆周上拟合导出要素（圆心）之间距离差值，缺省为T。误差评估有T、P、V、Q，缺省为T（本例） 符合性比较：将得到的误差值与图样上给出的公差值进行比较，判定是否合格。根据合格性评估GB/T 1958—2017第9章进行合格性评定
			提取操作	（示意图）	
			滤波操作	（示意图）	
			拟合操作	（示意图）	
			评估操作	（示意图）	
			符合性比较		

6.3.2 基于新一代 GPS 的圆度特征与规范操作集（GB/T 24632.1~2—2009）

GB/T 24632—2009 产品几何技术规范（GPS）圆度系列标准，是针对产品圆度特征的数字化计量所规定的相关术语及操作规范。该系列标准主要包括两部分：GB/T 24632.1—2009《产品几何技术规范（GPS）圆度 第 1 部分：词汇和参数》和 GB/T 24632.2—2009《产品几何技术规范（GPS）圆度 第 2 部分：规范操作集》。其中，GB/T 24632.1—2009 给出了圆度误差检测与验证中所涉及的术语和参数。GB/T 24632.2—2009《产品几何技术规范（GPS）圆度第 2 部分：规范操作集》GB/T 24632.2—2009 标准给出了规范操作集所涉及的有关传输带、探测系统、测量力及谐波分析等。该标准规定了组成要素圆度完整的规范操作集。圆度完整的规范操作集是给定的有序和完整的一组具有明确定义的规范操作。该操作集涉及分离、提取、滤波、构建、集成、拟合、评估等操作中的一个或多个。有关操作和操作集（操作算子）的内容参见本书第 2 章及第 5 章。

6.3.3 圆度误差检验操作集的应用分析

圆度规范操作集是制定其检验操作集的依据。根据产品工程图样和/或技术文件规范制定实际检验操作集，编制测量过程规范文件（即：检测与验证规范。几何误差的检验操作参见 GB/T 1958—2017 附录 B，检测与验证方案及示例参见 GB/T 1958—2017 附录 C）。

表 6-8 以常见回转类零件——圆锥台及圆柱零件的圆度误差检测与验证为例，给出了依据规范操作集（工程图样和/或技术文件）制定圆度误差检验操作集的过程，并以图解的形式对检验操作集的构成进行了分析说明，形象地表明了圆度检验操作集是一组检验操作的有序集合。

6.4 圆柱度误差检测规范及应用

圆柱度误差是指被测实际圆柱面对拟合圆柱面的变动量。GB/T 1958—2017，GB/T 24633.1—2009（ISO/TS 12180.1:2003，IDT）《产品几何技术规范（GPS）圆柱度 第 1 部分：词汇和参数》和 GB/T 24633.2—2009（ISO/TS 12180.2:2003，IDT）《产品几何技术规范（GPS）圆柱度 第 2 部分：规范操作集》分别针对采用实体计量和数字化计量体系对圆柱度误差检测进行了规范。目前，ISO 最新版本是 ISO 12180.1~2:2011，其内容相对于现行国家标准有些许变化，与之相对应的国家标准正在修订转化中。本节将着重介绍相关标准的主要内容。

6.4.1 圆柱度误差检测

6.4.1.1 圆柱度误差检测方法

针对圆柱度误差检测，目前采用的仪器有圆柱度仪、坐标测量机等，其进行数据提取时需根据实际情况选用不同的提取方案，如鸟笼提取方案、母线提取方案、圆周线提取方案、布点提取方案等（见图 5-12）。也可采用测圆度误差的方法近似测圆柱度误差，测量方法可参照 GB/T 7235—2004 和 GB/T 4380—2004 的规定。

6.4.1.2　圆柱度误差评定方法

圆柱度误差评定方法有最小二乘法、最小外接法、最大内切法、最小区域法，也可采用圆度误差评定的"三点法"近似评定圆柱度误差（见 GB/T 4380—2004 及 GB/T 1958—2017 附录 C）。其评定方法说明见表6-9。

表6-9　圆柱度误差评定方法的说明及使用

评定方法	说　明	适用场合	备　注
最小二乘法	结合最小二乘算法，求得拟合圆柱作为评定基圆柱，并求出其轴线 L。以轴线 L 做包容圆柱轮廓曲面的半径差最小的同心圆柱。则该组同心圆柱半径差即为截面的圆柱度误差：$f = R_{max} - R_{min}$	适用于快速近似评定	对于最小区域法，测量点轮廓被双包容，对于最小外接法，最小外接圆柱包容测量点轮廓；对于最大内切法，最大内切圆柱内切测量点轮廓 若在图样上未明确示出或说明，则缺省约定采用最小区域法 测量点中心线移到评定中心线
最小外接法	结合相关数学理论，求出最小外接圆柱，包容被测圆柱轮廓曲面，作为评定基圆柱，并求出其轴线 L。测得的轮廓上点到轴线 L 的最小距离 r 相对于最小外接圆半径 R 的最大径向距离 $f = \text{Max}\{R-r\}$，即为被测圆柱轮廓的圆柱度误差	适用于圆柱外表面圆柱度误差评定的场合	
最大内切法	结合相关数学理论，求出最大内切圆柱，作为评定基圆柱，并求出其轴线 L。测得的圆柱轮廓上点到最大内切圆柱轴线 L 的最大距离 R 相对于最大内切圆柱半径 R 的最大径向距离 $f = \text{Max}\{R-r\}$，即为被测圆柱的圆柱度误差	适用于圆柱孔类零件圆柱度误差的检测和评定	
最小区域法	结合相关数学理论，求出包容被测圆柱轮廓的两个半径之差最小的两同心圆柱，其半径之差即为圆柱度误差：$f = R_{max} - R_{min}$	适用于各类零件检测和评定圆柱度误差的场合	
三点法	连续测量若干个横截面，然后取各截面内所测得的所有读数值中的最大与最小读数值之差与反映系数 F 之比为圆柱度误差值。即 $$f = \frac{\Delta}{F}$$ 式中　f 为实际圆度误差值；Δ 为测得值，即指示器最大读数差值；F 为反映系数	适用于测量具有奇数棱的圆柱面	该方案属于圆柱度误差的近似测量法，为测量准确，通常使用夹角 $\alpha = 90°$ 和 $\alpha = 120°$ 的两个 V 形块分别测量

表6-10　圆柱度误差检验操作集的构成与图解

工程图样规范（示例）	测量装置	检验操作集的构成与图解			
		构成	检验操作	图解示意图	备注
（0.05 CB1.5-，a）	圆柱度仪（或类似量仪） 预备工作：将被测操作件安装在圆柱度仪工作台上，并进行调心和调平	1. 预备工作 2. 被测要素测量与评估 1) 分离：确定被测圆柱面及其测量界限 2) 提取：采用所选一定提取方案按照一定的提取方案对被测圆柱表面进行测量，得到提取圆柱面 3) 滤波：采用结合球1.5mm的封闭圆球形态学低通滤波器直径对提取圆柱面进行滤波，得到滤波后提取圆柱面 4) 拟合：采用最小区域法对拟合后的提取圆柱面进行拟合，得到被测要素（轴线）的拟合导出要素 5) 评估：圆柱度误差值为提取圆柱面上要素、轴线点到拟合导出要素最大、最小距离之差 3. 符合性比较 将得到的圆柱度误差值与给出的圆柱度公差值进行比较，判定被测件的圆柱度是否合格	检验操作集：分离操作		1) 分离：确定被测圆柱面及其测量界限
			提取操作		2) 提取：根据被测操作工作的功能要求、结构构成和提取设备的情况等，参考5.2.1.2节选择合理的提取操作方案。比如，对被测要素进行提取操作时，为便于数据处理，一般采用等间距提取方案，但也允许采用不等间距提取方案
			滤波操作		3) 滤波：本图例给出了需要采用滤波操作的规范，符号CB表示采用封闭圆球形态学滤波器，数值1.5表示滤波球半径为1.5mm，数值1.5后面的"-"，表示这是一个低通滤波器
			拟合操作		4) 拟合：对为获得被测被测要素值有采用滤波操作，拟合的拟合操作，进行最小外接法、最大内切法、最小二乘法四种。若在图样上未明确规定或约定采用最小区域法（如本例）
			评估操作		5) 评估：误差值比较：将得到的误差值进行比较。根据GB/T 1958—2017第9章进行确定度评估，并依据第10章进行合格评定
			符合性比较		符合性比较：误差值与图样上给出的公差值进行比较，判定出的圆柱度是否合格。根据测量不确定度评估是否合格，缺省为T（本例）

6.4.2 基于新一代 GPS 的圆柱度特征与规范操作集 （GB/T 24633.1～2—2009）

GB/T 24633—2009 产品几何技术规范 （GPS） 圆柱度系列标准，是针对产品圆柱度特征的数字化计量所规定的相关术语及操作规范。该系列标准主要包括两部分：GB/T 24633.1—2009《产品几何技术规范（GPS）圆柱度 第 1 部分：词汇和参数》和 GB/T 24633.2—2009《产品几何技术规范（GPS）圆柱度 第 2 部分：规范操作集》。其中，GB/T 24633.1—2009 给出了圆柱度误差检测与验证中所涉及的术语和参数。GB/T 24633.2—2009《产品几何技术规范（GPS）圆柱度 第 2 部分：规范操作集》给出了规范操作集所涉及的有关传输带、探测系统、测量方法（提取方案）、测量力及公称圆柱形工件的谐波分析等。该标准规定了组成要素圆柱度完整的规范操作集。圆柱度完整的规范操作集是给定的有序和完整的一组具有明确定义的规范操作。该操作集涉及分离、提取、滤波、构建、集成、拟合、评估等操作中的一个或多个。有关操作和操作集（操作算子）的内容参见本书第 2 章及第 5 章。

6.4.3 圆柱度误差检验操作集的应用分析

圆柱度误差检验操作集是圆柱度规范操作集的计量仿真。检验操作集可能是给定的规范操作集的理想模拟（即与产品工程图样和/或技术文件给定的规范操作及顺序完全一致），由此构成的检验操作集称为理想检验操作集；检验操作集也可能不是给定的规范操作集的理想模拟（可能有简化规范操作或改变操作顺序），由此构成的检验操作集称为简化检验操作集或实际检验操作集。因此，圆柱度规范操作集是制定其检验操作集的依据。根据工程图样和/或技术文件制定实际检验操作集，编制测量过程规范文件（即：检测与验证规范。几何误差的检验操作参见 GB/T 1958—2017 附录 B，检测与验证方案及示例参见 GB/T 1958—2017 附录 C）。

表 6-10 以圆柱形零件为例，给出了依据规范操作集（工程图样和/或技术文件）制定圆柱度误差检验操作集的过程，并以图解的形式对检验操作集的构成进行了分析说明，形象地表明了圆柱度检验操作集是一组检验操作的有序集合。

第 **7** 章

基于新一代GPS的几何公差设计
与检验数字化应用系统

新一代 GPS 是信息时代产品几何技术规范和计量认证综合为一体的标准体系，先进、科学、可操作性强，其优越性是毋庸置疑的，但是由于其涉及大量的应用数学、先进技术和新理论，限制了新一代 GPS 标准的推广和应用，为此需要开发基于 GPS 的知识库及配套的集成应用工具系统，为标准的进一步推广应用奠定扎实的理论和规范基础，并提供可靠的技术保证。

7.1 基于新一代 GPS 的产品公差设计与检验数字化应用系统的构成

郑州大学精度设计与测控技术研发团队综合应用人工智能技术、优化技术、信号分析及处理技术等研制了基于新一代 GPS 的产品公差设计与检验数字化应用系统，该系统的应用

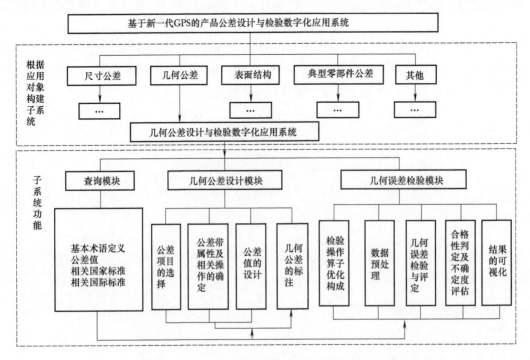

图 7-1 基于新一代 GPS 的产品公差设计与检验数字化应用系统的构成

对象主要包括尺寸公差、几何公差、表面结构和典型零部件公差针对不同的应用对象，分别有不同的子应用系统，每个子应用系统的主要功能为查询、公差设计和误差检验。系统的构成框图如图7-1所示。系统的主界面如图7-2所示。由图7-2可以看出，系统的主界面是各个子应用系统的接口，单击相应的按钮则进入相应的子应用系统。例如，单击图中的"几何公差"按钮，则进入几何公差设计与检验应用子系统，即"几何公差设计与检验数字化应用系统"，如图7-3所示。

在图7-3中，单击"几何公差设计"按钮，启动"智能化公差设计系统"，从该系统中单击"几何公差"，进入几何公差设计模块（见7.2节）。单击"几何误差检验"按钮，启动"基于新一代GPS的几何误差数字化检验系统"，进入几何误差检验模块（见7.3节）。

图7-2　基于新一代GPS的产品公差设计与
检验数字化应用系统的主界面

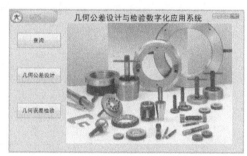

图7-3　基于新一代GPS的几何公差设计与
检验数字化应用子系统

7.2　几何公差设计模块

如上节所述，单击图7-3中的"几何公差设计"按钮，启动"智能化公差设计系统"，从该系统中再单击"几何公差"，进入几何公差设计模块。几何公差设计模块包括一般零件的几何公差设计和典型零部件的几何公差设计，其设计流程图如图7-4所示，系统进入界面如图7-5所示。

一般零件的几何公差设计首先需要输入被测要素的恒定类、尺寸及精度信息等参数，如图7-6所示。根据所输入的参数，系统将推荐出相应的几何公差项目，如图7-7所示；如果用户不采用系统所推荐的公差项目，可以单击图7-7中的"自定义"按钮，在"自定义项目"中自行进行选择。几何公差项目确定以后，系统根据该要素所在零件的工作状况进行几何公差值的设计，结果如图7-8所示。在图7-8中单击"标注"按钮，系统进入公差带属性及相关操作的确定界面，用户根据功能要求进行相应的选择，然后可单击"标注"按钮，可启动AutoCAD软件进行几何公差的标注，如图7-9所示。

典型零件的几何公差设计包括齿轮、轴段和箱体等典型零部件，图7-10所示为轴段的几何公差设计参数输入界面，图7-11所示为公差项目确认及相关要求设计界面，图7-12所示为设计结果显示界面，图7-13所示为公差带属性及相关操作的确定及标注接口界面。

所开发的智能化公差设计系统可以单独运行，也可以与CAD系统无缝集成。图7-14所示为与PRO/E系统集成的几何公差查询及标注界面。

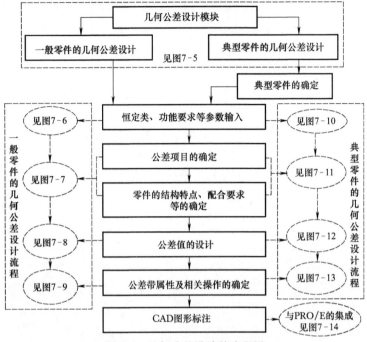

图 7-4　几何公差设计的流程图

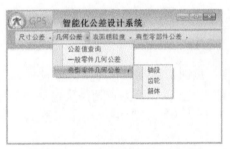

图 7-5　几何公差设计的进入界面

图 7-6　一般零件的几何公差设计——参数输入界面

图 7-7　一般零件的几何公差设计——
公差项目确认及相关要求设计界面

图 7-8　一般零件的几何公差设计——
公差值设计结果界面

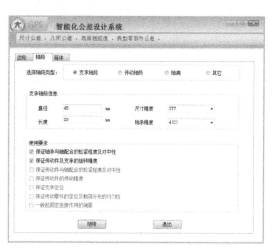

图 7-9 一般零件的几何公差设计——
公差带属性及相关操作的确定及标注接口界面

图 7-10 典型零件的几何公差设计——
典型零件的选择和功能要求输入界面

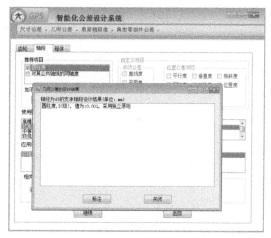

图 7-11 典型零件的几何公差设计——
公差项目确认及相关要求设计界面

图 7-12 典型零件的几何公差设计——
结果显示界面

图 7-13 典型零件的几何公差设计——结果显示及标注接口界面

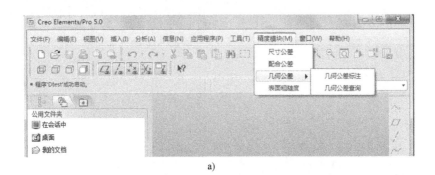

a)

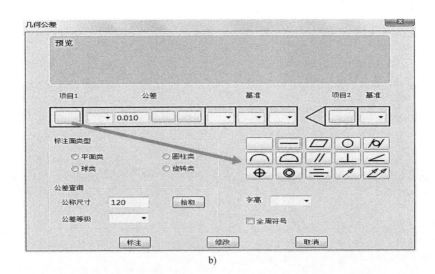

b)

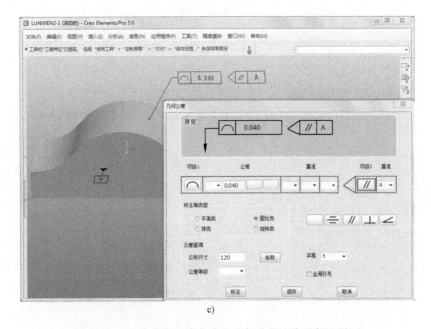

c)

图 7-14　与 PRO/E 系统集成的几何公差查询及标注界面

a）与 PRO/E 系统集成界面　b）几何公差查询与标注界面　c）标注实例

7.3 几何误差检验模块

几何误差检验模块既可以单独作为应用系统"基于新一代 GPS 的几何误差数字化检验系统"运行，也可以与三坐标测量机、高精度圆（柱）度仪、光学测量仪器等集成运行。如 7.1 节所述，单击图 7-3 中的"几何误差检验"按钮，启动"基于新一代 GPS 的几何误差数字化检验系统"，进入几何误差检验模块。其流程如图 7-15 所示。应用系统的主界面如图 7-16～图 7-22 所示。

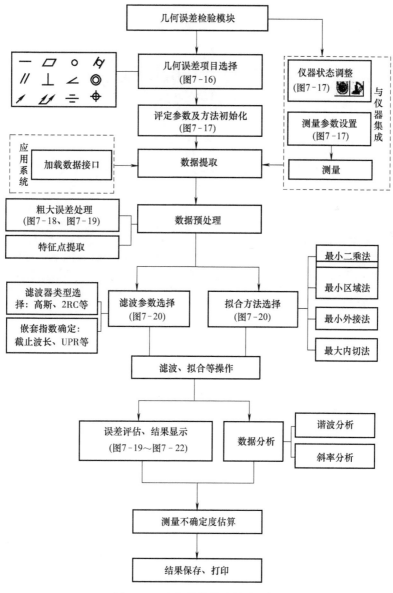

图 7-15 几何误差检验的流程图

图 7-16　基于新一代 GPS 的几何误差数字化检验系统——主界面

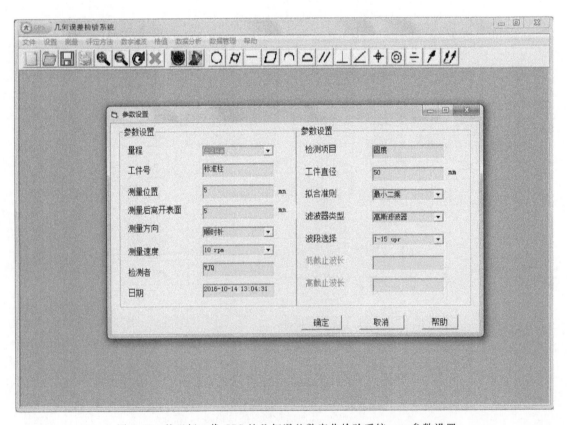

图 7-17　基于新一代 GPS 的几何误差数字化检验系统——参数设置

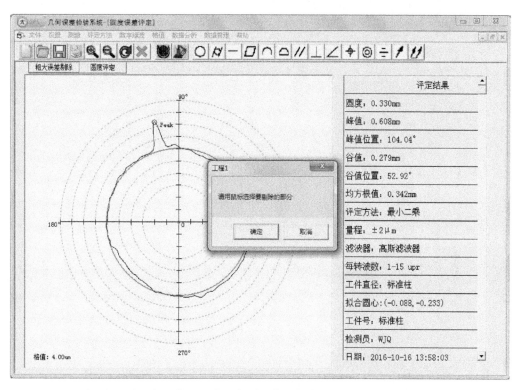

图 7-18 基于新一代 GPS 的几何误差数字化检验系统——粗大误差处理

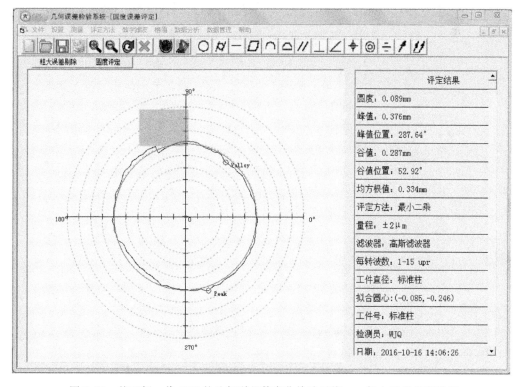

图 7-19 基于新一代 GPS 的几何误差数字化检验系统——粗大误差处理结果

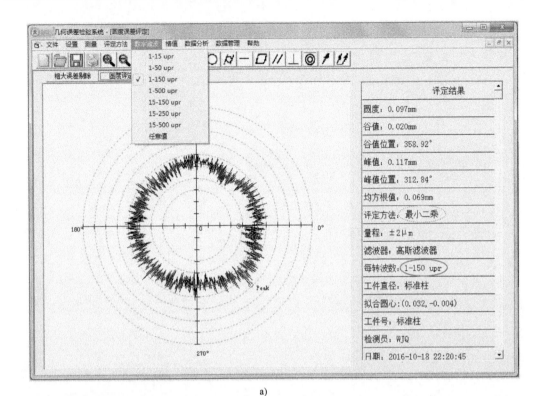

a)

b)

图 7-20 基于新一代 GPS 的几何误差数字化检验系统——评定参数及方法选择

a）滤波参数选择（1~150upr） b）拟合方法选择（最小二乘法）

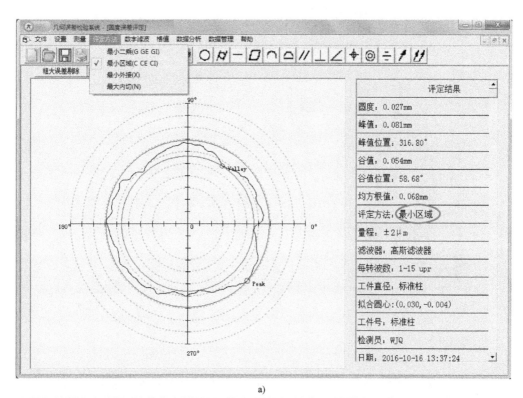

a)

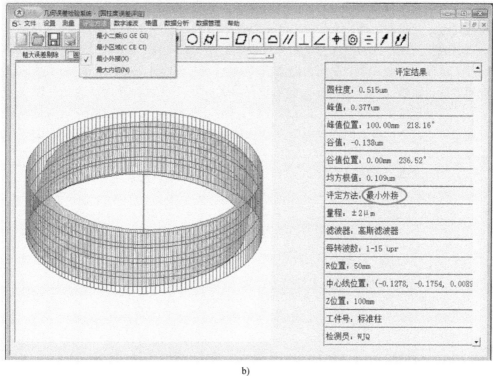

b)

图 7-21　基于新一代 GPS 的几何误差数字化检验系统——不同拟合方法及误差评定结果显示
a) 拟合方法 (最小区域法) 及评定结果显示 (例1)　b) 拟合方法 (最小外接法) 及评定结果显示 (例2)

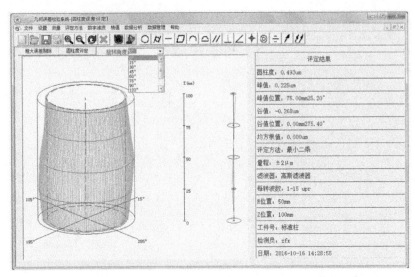

图 7-22 基于新一代 GPS 的几何误差数字化检验系统——误差评定结果及图形显示

7.4 结束语

所研制的几何公差设计模块或应用系统是基于最新的 GPS 标准，实现了 CAD/CAT 集成环境中产品公差设计、查询、标注的一体化，为 CAD 的发展及 CAD/CAM 系统在真正意义上的集成创造了必要的条件，为加速 GPS 标准的推广应用提供了技术支撑。

所研制的几何误差检验模块或应用系统以最新的 GPS 标准为依托，规范了几何误差检验操作的全过程，功能齐全；面向典型高精度测量仪器（CMM、圆柱度仪等），实现了"标准、应用软件、仪器"的一体化；面向测量仪器的标定校准过程和产品的几何误差评定过程，建立了不确定度评价模型及优化管理机制，加速了产品几何误差的数字化计量认证与控制的自动化统一。为产品几何误差的计量认证过程提供了规范性指导，加速了 GPS 标准的推广应用。

参 考 文 献

[1] 张琳娜. 精度设计与质量控制基础 [M]. 3 版. 北京：中国质检出版社，2011.

[2] 张琳娜，赵凤霞，郑鹏. 机械精度设计与检测标准应用手册 [M]. 北京：化学工业出版社，2015.

[3] 张琳娜，赵凤霞，李晓沛. 简明公差标准应用手册 [M]. 2 版. 上海：上海科学技术出版社，2010.

[4] 郑鹏. 形位误差计算机评定系统的研究 [D]. 郑州：郑州大学，2003.

[5] 方东阳. 形位精度数字化设计与评价技术的研究 [D]. 郑州：郑州大学，2004.

[6] 常永昌. GPS 操作算子技术及其在几何公差中的应用研究 [D]. 郑州：郑州大学，2005.

[7] 黄瑞. GPS 测量不确定度评定系统的关键技术研究 [D]. 郑州：郑州大学，2005.

[8] 庆科维. 产品几何误差计量过程的关键操作技术研究 [D]. 郑州：郑州大学，2007.

[9] 郑玉花. 基于 GPS 的几何误差数字化计量系统及提取技术的研究 [D]. 郑州：郑州大学，2008.

[10] 郑鹏. 面阵传感圆柱度非接触测量方法及评定技术研究 [D]. 上海：上海大学，2009.

[11] 尚俊峰. 基于 GPS 的不确定度评定关键技术及其应用研究 [D]. 郑州：郑州大学，2011.

[12] 周鑫. 基于 GPS 的典型几何特征数字化建模及规范设计研究 [D]. 郑州：郑州大学，2012.

[13] 张坤鹏. 基于新一代 GPS 的三维公差设计关键技术研究 [D]. 郑州：郑州大学，2014.

[14] 全国产品尺寸和几何技术规范标准化技术委员会. GB/Z 24637.1—2009 产品几何技术规范（GPS）通用概念第 1 部分：几何规范和验证的模式 [S]. 北京：中国标准出版社，2010.

[15] 全国产品尺寸和几何技术规范标准化技术委员会. GB/Z 24637.2—2009 产品几何技术规范（GPS）通用概念第 2 部分：基本原则、规范、操作集和不确定度 [S]. 北京：中国标准出版社，2010.

[16] 全国产品尺寸和几何技术规范标准化技术委员会. GB/T 18780.1—2002 产品几何量技术规范（GPS）几何要素 第 1 部分：基本术语和定义 [S]. 北京：中国标准出版社，2003.

[17] 全国产品尺寸和几何技术规范标准化技术委员会. GB/T 18780.2—2003 产品几何量技术规范（GPS）几何要素 第 2 部分：圆柱面和圆锥面的提取中心线、平行平面的提取中心面、提取要素的局部尺寸 [S]. 北京：中国标准出版社，2003.

[18] 全国产品尺寸和几何技术规范标准化技术委员会. GB/T 18779.1—2002 产品几何量技术规范（GPS）工件与测量设备的测量检验 第 1 部分：按规范检验合格或不合格的判定原则 [S]. 北京：中国标准出版社，2003.

[19] 全国产品尺寸和几何技术规范标准化技术委员会. GB/T 18779.2—2004 产品几何量技术规范（GPS）工件与测量设备的测量检验 第 2 部分：测量设备校准和产品检验中 GPS 测量的不确定度评定指南 [S]. 北京：中国标准出版社，2005.

[20] 全国产品尺寸和几何技术规范标准化技术委员会. GB/T 18779.3—2009 产品几何技术规范（GPS）工件与测量设备的测量检验 第 3 部分：关于对测量不确定度的表述达成共识的指南 [S]. 北京：中国标准出版社，2009.

[21] 全国产品尺寸和几何技术规范标准化技术委员会. GB/T 1182—2008 产品几何技术规范（GPS）几何公差形状、方向、位置和跳动公差标注 [S]. 北京：中国标准出版社，2008.

[22] 全国产品尺寸和几何技术规范标准化技术委员会. GB/T 17852—1999 形状和位置公差 轮廓的尺寸和公差注法 [S]. 北京：中国标准出版社，2004.

[23] 全国产品尺寸和几何技术规范标准化技术委员会. GB/T 13319—2003 产品几何量技术规范（GPS）几何公差 位置度公差注法 [S]. 北京：中国标准出版社，2003.

[24] 全国产品尺寸和几何技术规范标准化技术委员会. GB/T 17851—2010 产品几何技术规范（GPS）几何公差 基准和基准体系 [S]. 北京：中国标准出版社，2011.

[25] 全国产品尺寸和几何技术规范标准化技术委员会. GB/T 4249—2009 产品几何技术规范（GPS）公差原则 [S]. 北京：中国标准出版社，2009.

[26] 全国产品尺寸和几何技术规范标准化技术委员会. GB/T 16671—2009《产品几何技术规范（GPS）几何公差 最大实体要求、最小实体要求和可逆要求 [S]. 北京：中国标准出版社，2009.

[27] 全国形状和位置公差标准化技术委员会. GB/T 1184—1996 形状和位置公差 未注公差值 [S]. 北京：中国标准出版社，1996.

[28] 全国产品尺寸和几何技术规范标准化技术委员会. GB/T 1958—2004 产品几何量技术规范（GPS） 形状和位置公差 检测规定 [S]. 北京：中国标准出版社，2005.

[29] 全国产品尺寸和几何技术规范标准化技术委员会. GB/T 1958—2017 产品几何量技术规范（GPS）几何公差 检测与验证 [S]. 北京：中国标准出版社，2017.

[30] 全国产品尺寸和几何技术规范标准化技术委员会. GB/T 11336—2004 直线度误差检测 [S]. 北京：中国标准出版社，2005.

[31] 全国产品尺寸和几何技术规范标准化技术委员会. GB/T 11337—2004 平面度误差检测 [S]. 北京：中国标准出版社，2005.

[32] 全国产品尺寸和几何技术规范标准化技术委员会. GB/T 24631.1—2009 产品几何技术规范（GPS） 直线度 第1部分：词汇和参数 [S]. 北京：中国标准出版社，2010.

[33] 全国产品尺寸和几何技术规范标准化技术委员会. GB/T 24631.2—2009 产品几何技术规范（GPS） 直线度 第2部分：规范操作集 [S]. 北京：中国标准出版社，2010.

[34] 全国产品尺寸和几何技术规范标准化技术委员会. GB/T 24630.1—2009 产品几何技术规范（GPS） 平面度 第1部分：词汇和参数 [S]. 北京：中国标准出版社，2010.

[35] 全国产品尺寸和几何技术规范标准化技术委员会. GB/T 24630.2—2009 产品几何技术规范（GPS） 平面度 第2部分：规范操作集 [S]. 北京：中国标准出版社，2010.

[36] 全国产品尺寸和几何技术规范标准化技术委员会. GB/T 7234—2004 产品几何量技术规范（GPS）圆度测量 术语、定义及参数 [S]. 北京：中国标准出版社，2005.

[37] 全国产品尺寸和几何技术规范标准化技术委员会. GB/T 7235—2004 产品几何量技术规范（GPS）评定圆度误差的方法 半径变化量测量 [S]. 北京：中国标准出版社，2005.

[38] 全国产品尺寸和几何技术规范标准化技术委员会. GB/T 4380—2004 圆度误差的评定 两点、三点法 [S]. 北京：中国标准出版社，2005.

[39] 机械标准化研究所. JB/T 5996—1992 圆度测量 三测点法及其仪器的精度评定 [S]. 北京：机械科学研究院，1992.

[40] 全国产品尺寸和几何技术规范标准化技术委员会. GB/T 24632.1—2009 产品几何技术规范（GPS） 圆度 第1部分：词汇和参数 [S]. 北京：中国标准出版社，2010.

[41] 全国产品尺寸和几何技术规范标准化技术委员会. GB/T 24632.2—2009 产品几何技术规范（GPS） 圆度 第2部分：规范操作集 [S]. 北京：中国标准出版社，2010.

[42] 全国产品尺寸和几何技术规范标准化技术委员会. GB/T 24633.1—2009 产品几何技术规范（GPS） 圆柱度 第1部分：词汇和参数 [S]. 北京：中国标准出版社，2010.

[43] 全国产品尺寸和几何技术规范标准化技术委员会. GB/T 24633.2—2009 产品几何技术规范（GPS） 圆柱度 第2部分：规范操作集 [S]. 北京：中国标准出版社，2010.

[44] ISO 8015：2011 Geometrical product specifications （GPS）—Fundamentals—Concepts, principles and rules.

[45] ISO 17450.1：2011 Geometrical product specifications （GPS）—General concepts—Part 1：Model for geometrical specification and verification.

[46] ISO 17450.2：2012 Geometrical product specifications （GPS）—General concepts—Part 2：Basic tenets, specifications, operators, uncertainties and ambiguities.

[47] ISO 17450.3：2016 Geometrical product specifications （GPS）—General concepts—Part 3：Toleranced features.

[48] ISO/DIS 17450.4：2016 Geometrical product specifications （GPS）—Basic concepts—Part 4：Geometrical characteristics for quantifying GPS deviations.

[49] ISO 14253.1：2013 Geometrical product specifications （GPS）—Inspection by measurement of workpieces and measuring equipment—Part 1：Decision rules for proving conformity or nonconformity with specifications.

[50] ISO 14253.2：2011 Geometrical product specifications （GPS）—Inspection by measurement of workpieces and measuring equipment—Part 2：Guidance for the estimation of uncertainty in GPS measurement, in calibration of measuring equipment and in product verification.

[51] ISO 14253.3：2011 Geometrical product specifications （GPS）—Inspection by measurement of workpieces and measuring e-

quipment—Part 3: Guidelines for achieving agreements on measurement uncertainty statements.

[52] ISO/DIS 5458:2016 Geometrical product specifications (GPS)—Geometrical tolerancing—Pattern and combined geometrical specification.

[53] ISO 5459:2011 Geometrical product specifications (GPS)—Geometrical tolerancing—Datums and datum systems.

[54] ISO/FDIS 1101:2016 Geometrical product specifications (GPS)—Geometrical tolerancing—Tolerances of form, orientation, location and run-out.

[55] ISO/FDIS 1660:2016 Geometrical product specifications (GPS)—Geometrical tolerancing—Profile tolerancing.

[56] ISO 14405.1:2011 Geometrical product specifications (GPS)—Dimensional tolerancing—Part 1: Linear sizes.

[57] ISO 2692:2014 Geometrical product specifications (GPS)—Geometrical tolerancing—Maximum material requirement (MMR), least material requirement (LMR) and reciprocity requirement (RPR).

[58] ISO 12180.1:2011 Geometrical product specifications (GPS)—Cylindricity—Part 1: Vocabulary and parameters of cylindrical form.

[59] ISO 12180.2:2011 Geometrical product specifications (GPS)—Cylindricity—Part 2: Specification operators.

[60] ISO 12181.1:2011 Geometrical product specifications (GPS)—Roundness—Part 1: Vocabulary and parameters of roundness.

[61] ISO 12180.2:2011 Geometrical product specifications (GPS)—Roundness—Part 2: Specification operators.

[62] ISO 12780.1:2011 Geometrical product specifications (GPS)—Straightness—Part 1: Vocabulary and parameters of straightness.

[63] ISO 12780.2:2011 Geometrical product specifications (GPS)—Straightness—Part 2: Specification operators.

[64] ISO 12781.1:2011 Geometrical product specifications (GPS)—Flatness—Part 1: Vocabulary and parameters of flatness.

[65] ISO 12781.2:2011 Geometrical product specifications (GPS)—Flatness—Part 2: Specification operators.